中国通信学会普通高等教育『十二五』规划教材立项项目

21世纪高等院校信息与通信工程规划教材

21st Century University Planned Textbooks of Information and Communication Engineering

现代通信网

姚军 毛昕蓉 主编
郭芳华 代新冠 副主编

Modern Communication Networks

人民邮电出版社
北京

图书在版编目（CIP）数据

现代通信网 / 姚军，毛昕蓉主编. -- 北京 : 人民邮电出版社，2010.9（2014.1重印）
21世纪高等院校信息与通信工程规划教材
ISBN 978-7-115-23309-7

Ⅰ. ①现… Ⅱ. ①姚… ②毛… Ⅲ. ①通信网－高等学校－教材 Ⅳ. ①TN915

中国版本图书馆CIP数据核字(2010)第132713号

内 容 提 要

本书对目前常见的各种通信网络的系统组成、结构原理、工作特点以及工程应用和今后的发展进行了较全面的阐述。全书以通信网承载的业务为主线，分别介绍了电话通信网、宽带综合业务数字网、移动通信网、数字有线电视网、数据通信网、计算机网络与Internet以及信息传输网、宽带IP网、用户接入网等各种通信网络，最后落脚在今后通信网络发展的方向——下一代通信网。

全书内容充实、编排系统合理，基本涵盖了目前主要的通信网络。在注重基本概念和基本原理介绍的基础上，对各种通信网的应用进行了较多的描述。本书可作为普通高校通信、电信、电子等专业本科学生的教材或教学参考书，也可作为电信工程技术人员和管理人员的培训教材和从事通信、计算机网络工作的工程技术人员的参考书。

中国通信学会普通高等教育“十二五”规划教材立项项目
21世纪高等院校信息与通信工程规划教材

现代通信网

◆ 主　　编　姚　军　毛昕蓉
◆ 副 主 编　郭芳华　代新冠
　责任编辑　蒋　亮
◆ 人民邮电出版社出版发行　北京市丰台区成寿寺路11号
　邮编　100164　电子邮件　315@ptpress.com.cn
　网址　http://www.ptpress.com.cn
　北京艺辉印刷有限公司印刷
◆ 开本：787×1092　1/16
　印张：21　2010年9月第1版
　字数：513千字　2014年1月北京第5次印刷

ISBN 978-7-115-23309-7

定价：36.00元

读者服务热线：(010)81055256　印装质量热线：(010)81055316
反盗版热线：(010)81055315

前　言

人类社会进入 21 世纪，通信网络已经成为人们进行信息沟通的基础平台。通信网络正在进入一个高速发展的阶段，信息融合，技术融合，统一的网络平台，以及基于软交换的下一代网络是整个通信网络的发展方向。

本书以通信业务的划分为基础，在介绍不同的通信业务特点的基础上，重点阐述了各种不同通信网络的工作原理及应用，并对通信网络的发展进行了展望。

全书共分 11 章。第 1 章通信网概述：简单介绍通信网的组成、结构与分类，通信网中的信息处理技术，以及通信网的发展趋势。第 2 章电话通信网：介绍电话通信网的功能及组成，电话网中的信令系统，重点介绍 No.7 信令系统，最后介绍电话通信网开展的业务。第 3 章宽带综合业务数字网：介绍 ATM 技术的原理，在此基础上对宽带综合业务数字网进行描述。第 4 章移动通信网：介绍移动通信网的基础知识及 GSM 移动通信网、CDMA 移动通信网，第三代移动通信系统的特点及相关技术，并对未来移动通信网的发展进行了展望。第 5 章有线电视网：主要介绍两方面的内容：有线电视网的组成及其性能指标以及宽带有线电视综合业务数字网的结构、特点以及实施方案。第 6 章数据通信网：主要介绍数据通信网中常用的几种通信网络，包括 X.25 网、帧中继网以及 DDN。第 7 章计算机网络与 Internet：主要介绍计算机网的基本概念及特点，局域网、广域网相关技术，在此基础上对网络互连的概念及技术进行了较详细的描述，最后简单介绍几种网络新技术。第 8 章信息传输网：主要介绍骨干传输网络中的光纤网络技术，包括 SDH、ONT 光传送网和 WDM，以及微波与卫星通信网。第 9 章宽带 IP 网：主要介绍两方面的内容：宽带数据交换技术以及宽带 IP 网络的传输技术。第 10 章用户接入网：主要介绍各种用户接入网的相关知识，包括铜线接入网、光纤接入网以及无线接入网等。第 11 章软交换及下一代网络：在介绍软交换的概念及功能的基础上，对下一代网络的概念、发展趋势以及面临的问题进行较详细的描述。

本书第 1 章、第 2 章、第 7 章、第 9 章由姚军编写，第 8 章、第 10 章由毛昕蓉编写，第 4 章由郭芳华编写，第 3 章、第 5 章、第 6 章由代新冠编写，第 11 章由梁宏编写，全书由姚军进行统稿。在本书的编写过程中，朱晓蒙、石伟作了大量辅助性工作，在此表示感谢。

由于通信网络技术涉及的知识面广，发展速度快，加之编者的水平有限，书中难免存在疏漏和不妥之处，敬请读者批评、指正。

编　者

2010 年 7 月

目 录

第 1 章 通信网络概论

信息的传递与交换已经成为人类生活的重要组成部分。通信就是将带有信息的信号通过某种方式由发送者向接收者的传递或相互之间的交换。进入 21 世纪以来，以通信技术和计算机技术为基础的网络技术使人类社会发生了巨大的变化。通信已经成为现代社会的三大基础结构（能源、交通、通信）之一。如果将我们这个社会比作人的身体，通信就是我们这个社会机体的神经系统。

什么是通信网呢？为了完成多用户中任意两个用户之间信源与信宿间的通信过程，需要建立一个网络，这个多用户通信系统互连的通信体系称之为通信网。各种通信网承载的业务虽然有不同的形式，但所必备的功能都有以下几点。

（1）信息传输。这是通信网必备的基本功能，通信网中传输的信息种类是各种各样的。

（2）寻址和路由。在通信网中，信息的传输一般情况下不是由信源直接传输到信宿，而是由中间节点转发完成的。转发的路径有多种选择，就需要通信网必备选择最佳路径的功能。

（3）差错控制。任何一种通信网向用户提供的业务都有一定的误码率的要求。在实际通信过程中，传输的信号不可避免地受到各种干扰，同时网络设备在使用过程中也会出现各种故障或异常。干扰或设备的非正常工作都会使误码率超过允许的范围，导致服务质量不能满足要求。采用差错控制就可以将误码率控制在通信网允许的范围内，因此这项功能也是通信网不可缺少的。

（4）网络管理。通信网的正常运行，离不开对网络的管理。网络管理负责网络的运营管理、维护管理以及资源管理，使通信网能够在各种情况下都能提供良好的服务质量，或为查找和排除故障提供帮助。电信管理网（TMN）标准系列和基于 TCP/IP 的简单网络管理协议（SNMP）都是关于网络管理最重要的两大标准。

1.1 通信网的组成与分类

1.1.1 通信网的组成

最简单的通信网就是点对点通信系统。点对点通信模型可抽象为以下几个部分构成，即：信源、信宿、信道、调制发射系统和解调接收系统，如图 1-1 所示。

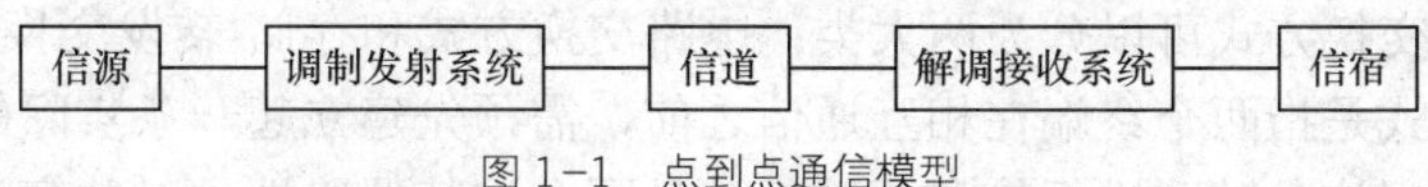

图 1-1 点到点通信模型

（1）信源：即信息源，是发出信息的基本设施。根据发出的信息的不同，可以是电话机、传真机、计算机等。

（2）信宿：即受信者，是信息传输的终点设施。负责将信息转换为相应的消息，可与信源一致，也可不一致。

（3）信道：即信息的传输介质。通常的情况下，信道的划分标准有以下两种方式。

按传输介质的不同可分为无线信道和有线信道。电磁信号在自由空间传输的信道称为无线信道。例如，我们常说的长波、短波、超短波、微波、散射和卫星信道等。把电磁信号约束在某种有形传输介质上传输的信道称为有线信道，例如，经常使用的各种双绞线、电缆和光缆等。

按传输信号形式的不同可分为模拟信道和数字信道。模拟信道上传送的是模拟信号，主要有音频信号的实线传输和采用频分复用技术的多路传输等方式。数字信道上传输的是数字信号。

（4）调制发射系统：该系统的任务是将信源产生的基带信号调制成适合在给定信道中传输的信号，然后通过发射系统将信号发射出去。该系统输出的信号在信道传输中具有较强抗干扰能力并且能够实现多路复用。

（5）解调接收系统：该系统基本任务正好与调制发射系统相反，它是将信道传输中带有噪声和干扰的信号解调成基带信号交给信宿。

点对点通信是通信网的基础形式，实际的通信网应解决任意两个用户间的通信问题。采用点对点方式为任意两个用户提供一条专用的信道是不现实的，因为这样需要提供的链路数将与用户数的平方成正比，在用户数较多时将造成线路的巨大浪费，链路的利用率也是比较低的，整个通信网的性价比将是不能接受的。

在实际的通信网中解决任意两个用户间的通信是通过采用交换技术，引入交换机，设置交换节点来完成的。

交换技术是在通信网中设置交换节点，使用交换机，用户之间不再直接连接，而是与交换机相连。在用户需要通信时，由交换机为他们提供物理或逻辑连接。

综上所述，通信网在硬件上由以下三部分组成。

（1）终端设备：终端设备是用户与通信网之间的接口设备，它包括如图 1-1 所示的信源、信宿与调制发射系统、解调接收系统的一部分。它必须具有以下功能：

① 能将发送信号和接收信号进行适当的调制与解调，以适应信道和用户的需要；

② 与信道相互匹配的接口；

③ 能产生和识别网络信令的信号，以便与网络相互联系、应答。

（2）传输设备及链路：传输设备及链路是信息的传输通道，是连接网络节点的媒介。它一般包括如图 1-1 所示的信道、调制发射系统和解调接收系统的一部分。传输链路是指信号传输的媒介，传输设备是指链路两端相应的变换设备。

（3）交换设备：交换设备是构成通信网的核心要素，它的基本功能是完成接入交换节点链路的汇集、转接接续和分配，实现一个呼叫终端（用户）和它所要求的另一个或多个用户终端之间的路由选择的连接。各种不同的交换设备完成不同的业务交换。例如电路交换、分组交换等。

交换设备的交换方式可以分为两大类：电路交换方式和存储-转发交换方式。

电路交换方式是指两个终端在相互通信之前，需预先建立起一条实际的物理链路，在通信中自始至终使用该条链路进行信息传输，并且不允许其他终端同时共享该链路，通信结束后再拆除这条物理链路。电路交换方式又分为空分交换方式和时分交换方式。

存储-转发交换方式是以包为单位传输信息的，当用户的信息包到达交换机时，先将信息包存储在交换机的存储器中（内存或外存），当所需要的输出电路有空闲时，再将该信息包发向接收交换机或用户终端。存储-转发交换方式主要包括报文交换方式、分组交换方式和帧中继方式等。

为了使整个通信网协调、正常的工作，除了硬件设备外，通信网还应该包括各种软件，主要有：信令方案、各种通信协议、网络拓扑结构、路由方案、编号方案、资费制度以及质量标准等。

1.1.2 通信网的分类

通信网从不同的角度出发，可以有各种不同的分类。常见的有以下几种。

1. 按功能划分

按照通信网的功能可划分为：

（1）业务网——用户信息网，是通信网的主体，是向用户提供各种通信业务的网络，例如，电话、电报、数据、图像等；

（2）信令网——实现网络节点间（包括交换局、网络管理中心等）信令的传输和转接的网络；

（3）同步网——实现数字设备之间的时钟信号同步的网络；

（4）管理网——管理网是为提高全网质量和充分利用网络设备而设置，以达到在任何情况下，最大限度地使用网络中一切可以利用的设备，使尽可能多的通信得以实现。

后三种网络又统一称为支撑网，业务网与支撑网之间的关系如图 1-2 所示。

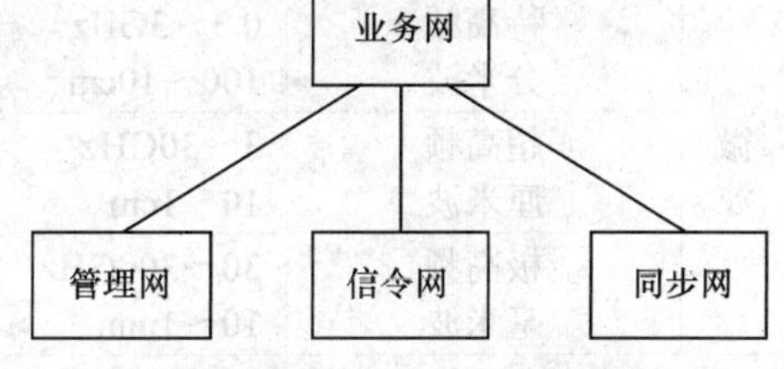

图 1-2 业务网与支撑网之间的关系示意图

2. 按业务类型划分

通信网按业务类型可划分为：

（1）电话网——传输电话业务的网络，交换方式一般采用电路交换方式；

（2）电报网——传输电报业务的网络；

（3）传真网——传输传真业务的网络；

（4）广播电视网——传输广播电视业务的网络；

（5）数据通信网——传输数据业务的网络，交换方式一般采用存储—转发交换方式。

3. 按服务范围划分

按服务范围划分，通信网可分为本地网、长途网和国际网，或者分为广域网、城域网和局域网。

4. 按所传输的信号形式分

按所传输的信号形式分，通信网可划分为：

（1）数字网——网中传输和交换的是数字信号；

（2）模拟网——网中传输和交换的是模拟信号。

5. 按传输介质划分

按所采用的传输介质分，通信网可分为：

（1）有线通信网——使用双绞线、同轴电缆和光纤等传输信号的通信网；

（2）无线通信网——使用无线电波在空间传输信号的通信网，根据电磁波波长的不同又可以分为中、长波通信、短波通信、微波通信网、卫星通信网等，如表 1-1 所示。

表 1-1　电磁波频段的划分及适用的传输介质

<table>
<tr><th colspan="2">频段及波段名称</th><th>频率、波长范围</th><th>传 输 介 质</th><th>主 要 用 途</th></tr>
<tr><td colspan="2">极低频
极长波</td><td>30～3000Hz
10^4～100km</td><td>有线线对
极长波无线电</td><td>对潜艇通信、矿井通信</td></tr>
<tr><td colspan="2">甚低频
超长波</td><td>3～30kHz
100～10km</td><td>有线线对
超长波无线电</td><td>对潜艇通信、远程无线电通信、远程导航</td></tr>
<tr><td colspan="2">低频
长波</td><td>30～300kHz
10～1km</td><td>有线线对
长波无线电</td><td>中远距离通信、地下通信、矿井无线电导航</td></tr>
<tr><td colspan="2">中频
中波</td><td>300～3000kHz
1000～100m</td><td>同轴电缆
中波无线电</td><td>调幅广播、导航、业余无线电</td></tr>
<tr><td colspan="2">高频
短波</td><td>3～30MHz
100～10m</td><td>同轴电缆
短波无线电</td><td>调幅广播、移动通信、军事通信、远距离短波通信</td></tr>
<tr><td colspan="2">甚高频
超短波</td><td>30～300MHz
10～1m</td><td>同轴电缆
超短波无线电</td><td>调幅广播、电视、移动通信、电离层散射通信</td></tr>
<tr><td rowspan="3">微
波</td><td>特高频
分米波</td><td>0.3～3GHz
100～10cm</td><td>波导
分米波无线电</td><td>微波中继、移动通信、空间遥测雷达、电视</td></tr>
<tr><td>超高频
厘米波</td><td>3～30GHz
10～1cm</td><td>波导
厘米波无线电</td><td>雷达、微波中继、卫星与空间通信</td></tr>
<tr><td>极高频
毫米波</td><td>30～300GHz
10～1mm</td><td>波导
毫米波无线电</td><td>雷达、微波中继、射电天文</td></tr>
<tr><td colspan="2">紫外线、可见光、红外线</td><td>10^5～10^7GHz
3～0.03μm</td><td>光纤
激光传播</td><td>光通信</td></tr>
</table>

6. 按运营方式划分

按运营方式划分，通信网可划分为：

（1）公用通信网——由国家邮电部门组建的网络，网络内的传输和转接装置可供任何部门使用；

（2）专用通信网——某个部门为本系统的特殊业务工作的需要而建造的网络，这种网络不向本系统以外的人提供服务，即不允许其他部门和单位使用。

1.2 通信网中的信息处理技术

在通信网中，通信的业务具有多样化的特点，需要传输的信息也有多种多样的表现形式，这些都需要通过信息处理技术来实现，进而提高通信网的有效性和可靠性。现代通信网的一个重要特点是越来越依赖于信号与信息处理技术。

1.2.1 信息处理技术

1. 信源编码

为了减少信源输出符号序列中的剩余度、提高符号的平均信息量，需对信源输出的符号序列施行变换。这些变换的目的是在保证一定通信质量和工程实现复杂度可接受的前提下，尽可能降低传送码率，以提高通信的有效率。

信源编码的基本目的是降低传送码率，提高码字序列中码元的平均信息量，那么，一切旨在减少剩余度而对信源输出符号序列所施行的变换或处理，都可以在这种意义下归入信源编码的范畴，例如过滤、预测、域变换和数据压缩等。当然，这些都是广义的信源编码。

一般来说，减少信源输出符号序列中的剩余度、提高符号平均信息量的基本途径有两个：①使序列中的各个符号尽可能地互相独立；②使序列中各个符号的出现概率尽可能地相等。前者称为解除相关性，后者称为概率均匀化。

信源编码通常按信号性质或按信号处理域的不同来分类。按信号性质分，有语言信号编码、图像信号编码等。按信号处理域分，有波形编码（或时域编码）和参量编码（或变换域编码）。常见的脉码调制（PCM）和增量调制（△M）等属于波形编码，各种类型的声码器属于参量编码。

在电话信号编码中，可采用基音预测技术进一步压缩比特率；在图像编码中利用相邻帧的相关性进行预测，称为帧间预测技术。这些都是较为有效的预测方法。在高质量信号（如广播节目、录音信号）的传输、录音和转录中，为获得高保真度已采用高比特率编码信号。这比用其他方法简便有效。

信源编码技术随着数字化技术的推广应用已普遍用于通信、测量、计算机应用和自动化系统中。各种比特率的单片集成电路和混合集成电路已得到广泛采用。

2. 信道编码

数字信号在传输中往往由于各种原因，使得在传送的数据流中产生误码，从而使接收端产生图像跳跃、不连续、出现马赛克等现象。通过信道编码，对数据流进行相应的处理，使系统具有一定的纠错能力和抗干扰能力，可极大地避免码流传送中误码的发生。

提高数据传输效率，降低误码率是信道编码的任务。信道编码的本质是增加通信的可靠性。但信道编码会使有用的信息数据传输减少，信道编码的过程是在源数据码流中加插一些码元，从而达到在接收端进行判错和纠错的目的，这就是我们常常说的开销。在带宽固定的信道中，总的传送码率也是固定的，由于信道编码增加了数据量，其结果只能是以降低传送有用信息码率为代价了。将有用比特数除以总比特数就等于编码效率了，不同的编码方式，其编码效率有所不同。

传统的分组码、卷积码等均已相当成熟并得到广泛应用。C.Benrrou 等提出的 Turbo 码，因其性能在满足一定的条件下可逼近仙农的理论极限而受到广泛的重视，已公认为是信道编码的重大突破。

Turbo 码的特点是短数据序列分别直接或经交织器输入相应的分量卷积（或分组）编码

器，其输出经适当删除和复用后形成并行级联的系统卷积（或分组）码。在接收端通过多级迭代译码，利用每一级译码的输出信息中反映该级硬判决可靠性的估值作为下一级译码的边信息，因此具有相当于长码的纠错性能。Turbo 码已被采纳为欧洲数字广播和 3G cdma2000 辅助业务信道的纠错码标准。Turbo 码与调制、ARQ、多用检测、分集接收等技术的结合，以及 Turbo 码的工程实现，是当前信道编码发展的热点。

Turbo 码的缺点是译码复杂度较高，因而近年来正在开展低密度奇偶校验码（LDPCC）的研究，其性能与 Turbo 码相当，但复杂度较低。在信道编码理论方面还将继续开展对代数几何码、阵列编码以及软判决理论和应用的研究。

1.2.2 差错控制技术

差错控制是指当信道的差错率达到一定程度的时候，必须采取用以减少差错的措施及方法。通信过程中的差错大致可分为两类：一类是由热噪声引起的随机性错误；另一类是由冲突噪声引起的突发性错误。突发性错误影响局部，而随机性错误影响全局。

通常应付传输差错采取办法如下。

（1）肯定应答。接收器对收到的帧校验无误后送回肯定应答信号 ACK，发送器收到肯定应答信号后可继续发送后续帧。

（2）否定应答重发。接收器收到一个帧后经校验发现错误，则送回一个否定应答信号 NAK。发送器必须重新发送出错帧。

（3）超时重发。发送器发送一个帧时就开始计时。在一定时间间隔内没有收到关于该帧的应答信号，则认为该帧丢失并重新发送。

结合上述方法差错控制可分为三种方式：差错重发（自动请求重发 ARQ）、前向纠错（FEC）以及使用 FEC 和 ARQ 的混合纠错方式。

（1）差错重发。差错重发又称为自动请求重发（ARQ），它是指发送端信源送出信息序列，一方面经编码器编码由发送机送入信道，另一方面把它存入存储器以备重传。接收端经译码器对接收到的数据进行译码，判断是否有错。如无错，则给出无错信号，经反馈信道送至发送端，同时通知信宿接收译码后的信息序列。如有错，则给出有错信号，经反馈控制器通知信宿拒收信息，并通过反馈信道送至发送端；发送端的信号检测器检测后，控制信源暂时停发新信息，并打开存储器将传输中出错的信息重发一遍；接收端收到重发信息序列后，若判定无错则通知信宿接收此数据，并经反馈信道通知发送端，可以发下一信道序列。发送一信息序列会重复上述过程，直到接收端内译码判定无错为止。如图 1-3 所示。差错重发的特点是需要反馈信道，译码设备简单，在突发错误和信道干扰较严重时有效，但实时性差，这种方式主要应用在计算机数据通信中。

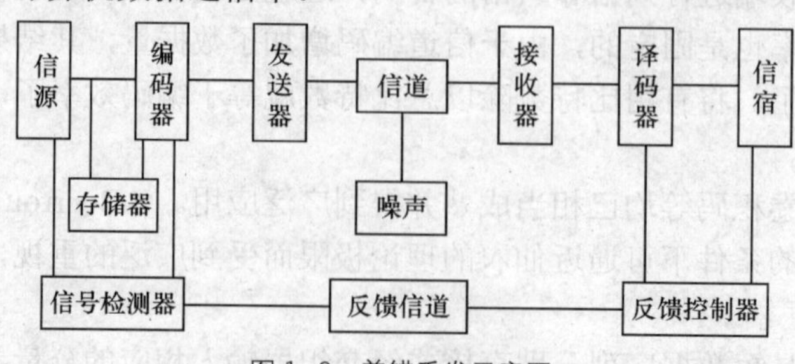

图 1-3　差错重发示意图

（2）前向纠错。前向纠错（FEC）又称为自动纠错，它是指在检测端检测到所接收的信息出现误码的情况下，可按一定的算法自动确定发生误码的位置，并自动予以纠正。如图 1-4 所示。其特点是单向传输，实时性好，但译码设备复杂而且所送纠错码必须与信道干扰情况紧密对应。如果为了纠正较多的错误，需要附加更多的冗余码，导致传输效率的降低。

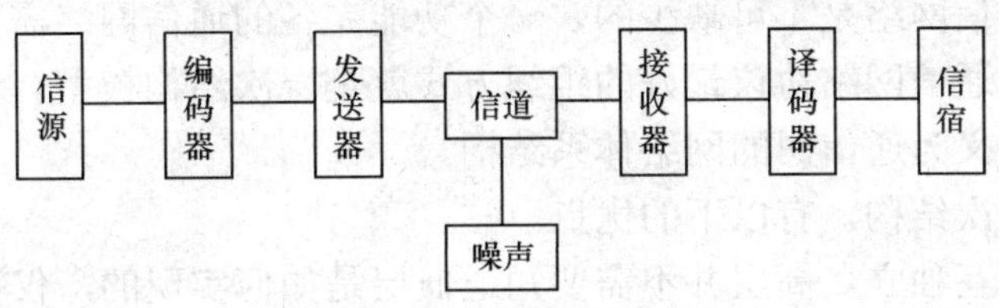

图 1-4 前向纠错示意图

（3）混合纠错，混合纠错方式记作 HEC，是 FEC 和 ARQ 方式的结合。在此种方式中，当接收端检测到所接收的信息存在差错时，只对其中少量的错误自动进行纠正，而超过纠正能力的差错仍通过反向信道发回信息，要求重发此信息。这种方式具有自动纠错和检错重发的优点，可达到较低的误码率，因此近年来得到广泛应用，但它需要双向信道以及较复杂的译码设备和控制系统。

差错控制技术中的编码又可分为检错码和纠错码。

检错码只能检查出传输中出现的差错，发送端只有重传数据才能纠正差错；而纠错码不仅能检查出差错也能自动纠正差错，避免了重传。

检错码有：奇偶校验码、循环码。

纠错码有：线性分组码、循环码、BCH 码、卷积码、比特交织奇偶效验（BIP）码以及 Turbo 码等。

编码的检错和纠错能力由汉明距离（码的最小距离 d_0）决定。通常存在下列几种情况：

（1）若要求检测 e 个错码，则 $d_{\min}$ 应满足 $d_{\min} \geqslant e+1$；

（2）若要求能够纠正 t 个错码，则 $d_{\min}$ 应满足 $d_{\min} \geqslant t+1$；

（3）若要求能够纠正 t 个错码，同时检测 e 个错码，则 $d_{\min}$ 应满足 $d_{\min} \geqslant e+t+1$。

1.3 通信网的体系与拓扑结构

通信网是一个庞大的复杂的通信实体，运用一般的概念化的方法对通信网进行整体分析将是非常困难的。因此，对于通信网的分析采用分解合成的方法，并利用分层等概念来表示通信网的理想结构。

通信网的网络体系结构由硬件和软件组成。硬件部分即拓扑结构。而软件部分是有关通信网的规约、协议以及网络管理结构等，也就是我们通常说的通信网的体系结构。

1.3.1 通信网的体系结构

通信网络是由多个互连的网络节点组成的，节点之间要不断地交换数据和控制信息。要使节点间能够准确无误地传递信息，各个节点都必须遵守一些事先约定好的规约。这些规约精确地规定了所交换信息的格式和时序。为网络信息交换而制定的规则、约定与标准被称为网络协议。一个通信网的网络协议主要由以下 3 个要素组成：

（1）语法，即用户数据与控制信息的结构和格式；

（2）语义，即需要发出何种控制信息，以及完成的动作与做出的响应；

（3）时序，即对事件实现顺序的详细说明。

网络协议对于通信网络是不可缺少的，一个功能完备的通信网络需要制定一整套复杂的协议集，对于复杂的通信网络协议最好的组织方式就是层次结构模型。通信网层次结构模型和各层协议的集合定义为通信网的网络体系结构。

通信网中采用层次结构，有以下的优点。

（1）各层之间相互独立。高层并不需要知道低层是如何实现的，仅需要知道该层通过层间的接口所提供的服务。

（2）各层都可以采用最合适的技术来实现，各层实现技术的改变不影响其他层。

（3）灵活性好。当任何一层发生变化时，只要接口保持不变，则在该层以上或以下各层均不受影响。另外，当某层提供的服务不再需要时，甚至可将这层取消。

（4）易于实现和维护。因为整个的系统已被分解为若干个易于处理的部分，这种结构使得一个庞大而又复杂系统的实现和维护变得容易控制。

（5）有利于促进标准化。因为每一层的功能和所提供的服务都已有了精确的说明。

整个协议划分为多少层由协议的制定者来确定。确定层次的数量时应考虑以下因素。

（1）对协议分的层次应当足够多，从而使得为每一层确定的详细协议不致过分复杂。

（2）层次的数量又不能太多，以防止对层次的描述和综合变得十分困难。

（3）选择合适的界面使得相关的功能集中在同一层内而截然不同的功能分配给不同的层次。希望分层结构中各层之间的互相作用较少，使得某一层次的改变对接口所造成的影响较小。

世界上第一个网络体系结构是 IBM 公司于 1974 年提出的，命名为“系统网络体系结构 SNA”。在此之后，又产生了各种不同的网络体系结构。它们共同的特点是均采用分层技术，但层次的划分、功能的分配与采用的技术术语并不相同。

1. OSI/RM 参考模型

国际标准化组织（International Organization for Standardization，ISO）发布的最著名的标准是 ISO/IEC 7498，又称为 X.200 建议，即“开放系统互连参考模型”（Open Systems Interconnection Reference Model，OSI/RM）。在这一框架下进一步详细规定了每一层的功能，实现开放系统环境中的互连性（interconnection）、互操作性（interoperation）和应用的可移植性（portability）。

开放系统中的“开放”是指只要遵循 OSI/RM 标准，一个系统就可以和位于世界上任何地方的、也遵循这同一标准的其他任何系统进行通信。

OSI/RM 定义了开放系统的层次结构、层次之间的相互关系及各层所包括的可能的服务。它是作为一个框架来协调和组织各层协议的制定，也是对网络内部结构最精炼地概括与描述。

OSI/RM 的服务定义详细地说明了各层所提供的服务。某一层的服务就是该层及其以下各层的一种能力，它通过接口提供给更高一层。各层所提供的服务与这些服务是怎样实现的无关。同时，各种服务定义还定义了层与层之间的接口和各层的所使用的原语，但不涉及接口是怎样实现的。

OSI/RM 标准中的各种协议精确地定义了应当发送什么样的控制信息，以及应当用什么样的过程来解释这个控制信息。

OSI/RM 并没有提供一个可以实现的方法。OSI/RM 只是描述了一些概念，用来协调进程间通信标准的制定。在 OSI/RM 的范围内，只有在各种协议是可以被实现的，而且各种产品只有和 OSI 的协议相一致时才能互连。这也就是说，OSI/RM 参考模型并不是一个标准，而只是一个在制定标准时所使用的概念性的框架。

OSI/RM 将整个通信过程分为 7 层。划分层次原则是：

（1）网络中各节点都有相同的层次；

（2）不同节点的同等层具有相同的功能；

（3）同一节点内相邻层之间通过接口过渡；

（4）每一层使用下一层提供的服务，并向上层提供服务；

（5）不同节点的同等层按照协议实现同等层之间的通信。

根据上述原则，OSI/RM 的 7 层分别是：物理层（Physical Layer）、数据链路层（Data Link Layer）、网络层（Network Layer）、传输层（Transport Layer）、会话层（Session Layer）、表示层（Presentation Layer）和应用层（Application Layer），其中下三层与网络连接及网络中继有关，若网络节点是中继节点，则节点只完成 1～3 层的功能。如图 1-5 所示各层相对独立，或者说下层对上层屏蔽了所有的细节，从而使得分配到各层的任务能够独立实现。这样当其中一层提供的实现细节变化时，不会影响其他层。

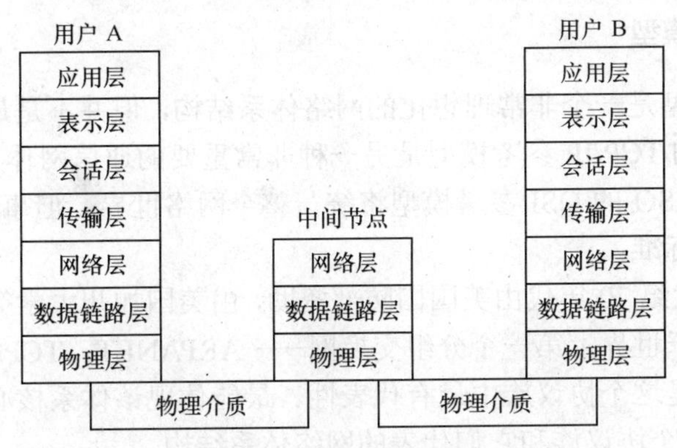

图 1-5 OSI/RM 结构示意图

应用 OSI/RM 传输信息时，在发送端从高到低依次将数据传递给各层进行处理。传输的数据由数据单元信息分组加报头（控制信息）构成，称为协议数据单元（Protocol Data Unit，PDU）。不同的协议层都有自己的协议数据单元。报头可使接收端借助报头来同步和检错。OSI 参考模型结构中除物理层外，其余 6 层都加有控制信息（应用层可为空），数据链路层还可能加一个帧尾。每一层从上层接收到一个数据单元，作为本次数据单元的数据部分，再加上本层的附加控制信息后，传给下一层。通信双方的同层利用其报头进行收发。邻层间相互不干扰。

在接收端，数据以相反的方向，从低层依次交给高层，直至应用层。在处理中以此去除发送端对应层添加的报文头。OSI/RM 传输过程中数据单元变化如图 1-6 所示。

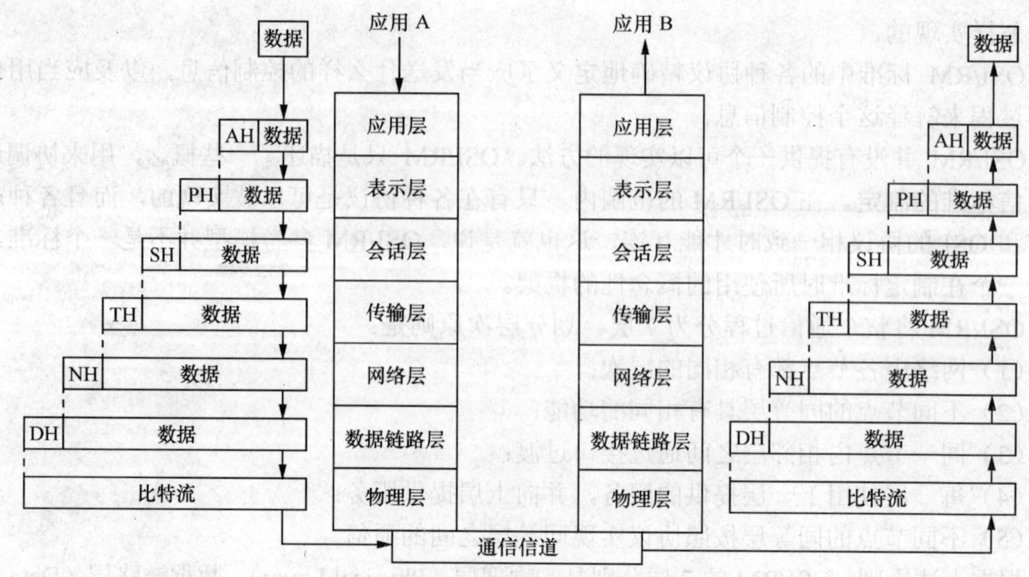

图 1-6 OSI/RM 数据单元变化示意图

在使用 OSI/RM 时，数据是垂直传输的，即：在发送端数据从发送进程依次向下传递，直到物理层；在接收端数据从物理层依次向上传递直到接收进程。但是在编程的时候却好像数据是在作水平传输。其中需要注意的一个细节是：由高层传来的协议数据单元，也许还会切割成几个下层的协议数据单元，而不一定像图 1-6 中所示意的那样从上往下逐渐增大。

2. TCP/IP 参考模型

尽管 OSI 参考模型是一个非常理想化的网络体系结构，但并不是最成功和最流行的网络体系结构。下面介绍的 TCP/IP 参考模型是另一种非常重要的通信网体系结构。虽然学术界的大部分专家曾经认为 ISO 的 OSI 参考模型将统一整个网络世界，但事实上 TCP/IP 体系才是网络世界里事实上的标准。

TCP/IP 是在 20 世纪 70 年代由美国国防部资助，由美国加州大学等研究机构开发的一个协议体系结构，并用于世界上第一个分组交换网——ARPANET。TCP/IP 协议是指一个协议族，其中 TCP 和 IP 是这个协议族中最有代表性、最能体现该体系核心思想的协议，因此人们用 TCP/IP 来称呼整个协议族和它们代表的网络体系结构。

TCP/IP 模型没有官方的文件来统一制定，在如何用分层模型来描述 TCP/IP 的问题上争论很多，但共同的观点是 TCP/IP 的层次数应该比 OSI 参考模型的 7 层要少。一般来说 TCP/IP 的层次划分可分为 4 层，即网络接口层、互连层、传输层和应用层。TCP/IP 的分层模型如图 1-7 所示。

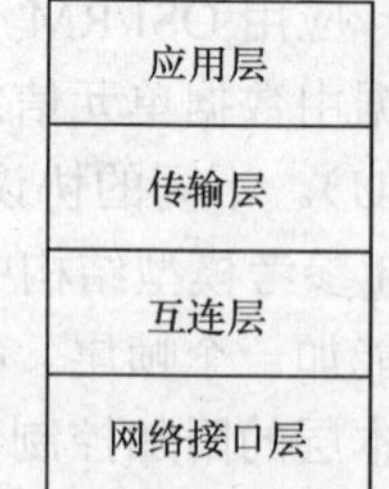

图 1-7 基于 TCP/IP 的体系结构示意图

（1）网络接口层。网络接口层是 TCP/IP 的最底层，它与 OSI 模型的物理层、数据链路层以及网络的一部分相对应，负责从物理介质上接收数据帧，然后交给互连层，或者接收互连层的数据包并通过物理介质发送出去。该层中所使用的协议为各通信网本身固有的协议，如：以太网的 802.3、分组交换网的 X.25 等。

（2）互连层。TCP/IP 族的设计者从开始设计，就从实际出发，将协议的重点放在异种网络的互连上。TCP/IP 体系结构中的互连层就是负责相邻网络间的互连与通信，IP 是该层的核心。其地位相当于 OSI 参考模型中网络层的无连接服务，对上层提供不可靠的数据包传输服务，数据包的可靠性依赖上层协议自身来保证。该层有以下 3 个主要功能。

① 处理来自传输层的分组发送请求。将分组装入 IP 数据报，填充报头，选择发送路径，然后将数据报发送到相应的网络输出线。

② 处理接收的数据报。检查目的地址，如需要转发，则选择发送路径转发出去；如目的地址为本节点 IP 地址，则去除报头，将分组交给传输层处理。

③ 处理互连的路径、流控和拥塞问题。

（3）传输层。传输层的主要功能是负责应用进程之间的端到端通信。从这一点上讲，TCP/IP 参考模型的传输层与 OSI 参考模型的传输层的功能是相似的。在该层 TCP/IP 参考模型定义了两种协议。一种是传输控制协议（Transmission Control Protocol，TCP），提供端到端之间的可靠传输，数据传送单位是报文段，即报文；另一种是用户数据报协议（User Datagram Protocol，UDP），在端与端之间提供不可靠服务，但传输效率在一些情况下比 TCP 高，数据传送单位被称为数据报(Datagram)，实际上也是报文。

TCP 是一种可靠的面向连接的协议，它允许将一台主机的字节流（Byte Stream）无差错地传送到目的主机。主要完成端到端的连接建立、拆除、报文的排序、报文确认、端到端的流量控制、报文错误处理等工作。TCP 要求接收端必须发送接收确认（Acknowledge），如果发送端在一定时间内没有收到确认就需要重新发送报文。

UDP 是一种不可靠的无连接协议，即发送端只需向接收端直接发送数据报，而不需要在进行其他的处理，因此简化了发送端和接收端的工作。相关的报文的排序、报文确认、端到端的流量控制、报文错误处理等工作交给了应用层的应用程序来处理。当下层可以提供可靠的网络服务时，在应用层进行这些处理的机会非常小，甚至完全没有。因为使用 UDP 时，两端的处理工作很小，所以在下层服务质量好时，UDP 有比 TCP 更高的效率。使用 UDP 的另一个动机是某些应用对个别的数据丢失不敏感，而对数据的延时比较敏感。

除了在端与端之间传送数据外，传输层还要解决不同程序的识别问题，因为在一台计算机中，常常是多个应用程序可以同时访问网络。传输层要能够区别出一台机器中的多个应用程序。这在 TCP/IP 体系结构里通过所谓的端口（Port）来进行区分。

（4）应用层。应用层是 TCP/IP 参考模型的最高层，向用户提供各种应用服务。应用层协议提供的服务有：远程登录（Telnet），用户可以使用异地主机；文件传输（FTP），用户可以在不同主机之间传输文件；电子邮件（E-mail），在用户之间传送电子邮件；Web 服务器，发布和访问具有超文本格式 HTTP 的各种信息；简单网络管理协议（SNMP），对网络进行管理。

基于 TCP/IP 的数据传输过程中的数据变化如图 1-8 所示。

3．OSI 和 TCP/IP 参考模型的比较

OSI/RM 和 TCP/IP 是目前通信网中最流行的两种网络体系结构，它们都采用层次化结构，在传输层中两者定义了相似的功能。但两者在层次划分、使用协议上有着很大的不同，如图 1-9 所示。由图中可以看出 OSI 参考模型是 7 层结构，TCP/IP 是 4 层结构。其中 TCP/IP 的应用层对应 OSI 的应用层、表示层和会话层，TCP/IP 的传输层对应 OSI 的传输层，TCP/IP 的互连层对应 OSI 的网络层，TCP/IP 的网络接口层对应 OSI 的物理层、数据链路层和网络层的一部分。

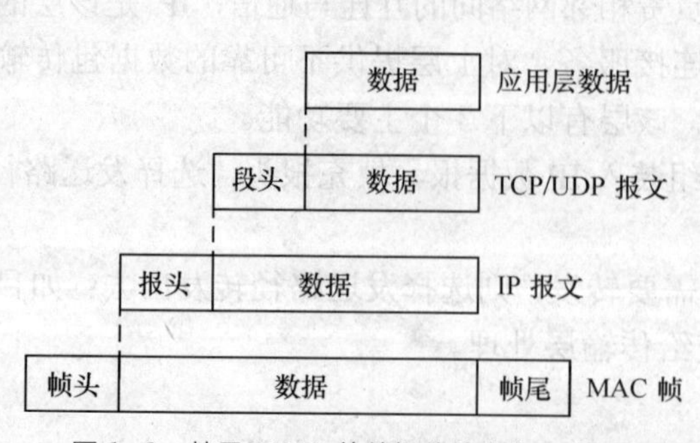

图 1-8 基于 TCP/IP 的数据传输变化示意图

OSI 参考模型		TCP/IP 参考模型	
7	应用层	4	应用层
6	表示层		
5	会话层		
4	传输层	3	传输层
3	网络层	2	互连层
2	数据链路层	1	网络接口层
1	物理层		

图 1-9 OSI 和 TCP/IP 参考模型比较

TCP/IP 与 OSL 参考模型之间的不同，主要表现在以下几个方面。

（1）TCP/IP 体系结构的层次明显比 OSI 参考模型少，其层次之间的关系没有 OSI 那样严格，应用层和网络接口层的层次划分比较模糊。

（2）OSI 参考模型对“服务”与“协议”的定义结合起来，使得参考模型变得格外复杂，将它实现起来是困难的，同时只有相邻的两层才能直接通信，并且下层对上层完全屏蔽了所有实现的细节。但是严格遵循这个原则将使相应的软件运行效率低下。而 TCP/IP 可以允许像物理网络的最大帧长（Maximum Transmission Unit，MTU）等信息向上层广播。这样做可以减少一些不必要的开销，提高了数据传输的效率。

（3）OSI 参考模型对服务、协议和接口的定义是很清晰的，而 TCP/IP 对这些概念区分并不清楚。一个好的软件工程应该将功能与实现方法区分开来，TCP/IP 恰恰没有很好地做到这一点，这使得 TCP/IP 参考模型对于使用新的技术的指导意义不够。

（4）OSI 参考模型在设计时只考虑到用一种统一标准的公用数据网将各种不同的系统互连在一起，而忽略了异种网的存在。而 TCP/IP 模型在设计时就充分考虑了对异构网的互连与互操作的问题，将异构网的互连作为协议设计的重点，做到兼容并蓄。

（5）TCP/IP 向用户同时提供可靠服务和不可靠服务，而 OSI 参考模型在开始时只考虑到向用户提供可靠服务。可以说 TCP/IP 体系结构比 OSI 参考模型有更大的灵活性。

（6）TCP/IP 体系结构的网络管理功能优于 OSI 体系结构。

1.3.2 通信网的基本拓扑结构

通信网的网络结构是指终端、节点或两者间的分布与连接形式。不同的通信网会有不同的网络结构形式，但其网络的基本拓扑结构是一样的。各种不同的通信网都是基本拓扑结构的组合。

目前，通信网的基本拓扑结构有网形、星形、复合形、总线形、环形和树形等。

1. 网形网

网形网是指网内任意两个节点间均有直连链路的网络。如图 1-10（a）所示。由图可见，当通信网有 n 个节点，网形网则需要的传输链路数为 $C_n^2 = n(n-1)/2$，链路数与节点数的平方成正比，当节点数增加时，传输链路将迅速增加。

网形网的优点是：网络链路的冗余度高，路由选择的自由度大，网络的可靠性和稳定性较好。

网形网的缺点是：由于链路数太多造成传输链路的利用率低，经济性较差，特别是随着节点的增加，问题表现得更突出。

在实际使用中，网形网一般用于通信业务量大的骨干网或者对可靠性要求高的需重点保障的节点或系统。

图 1-10（b）所示为网孔形网，是网形网的一种变形，也叫不完全网形网。其大部分节点相互之间有直连链路，一小部分节点可能与其他节点之间没有直连链路，需通过其他节点进行转接。哪些节点之间不需直达线路，要视具体情况而定（一般是这些节点之间业务量相对少一些）。网孔形网与网形网（完全网形网）相比，可适当节省线路，即线路利用率有所提高，经济性有所改善，但稳定性会稍有降低。

2．星形网

星形网是一种以中央节点为中心，把若干外围节点（或终端）连接起来的辐射形网络结构，因此又称为辐射网，如图 1-11 所示。中央节点是整个网络的核心，由它控制全网的工作，该节点的交换能力和可靠性直接影响整个网络的性能。它通过单独线路分别与外围节点（或终端）相连，如图 1-11 所示。一个星形网络有 n 个节点，需要的链路数为 $n-1$ 条，各用户间的通信都必须通过中央节点的转接才能完成。

星形网的优点：传输链路少，拓扑结构简单，链路利用率高。

星形网的缺点：存在单点故障，中央节点要求高，稳定性和可靠性不如网形网。

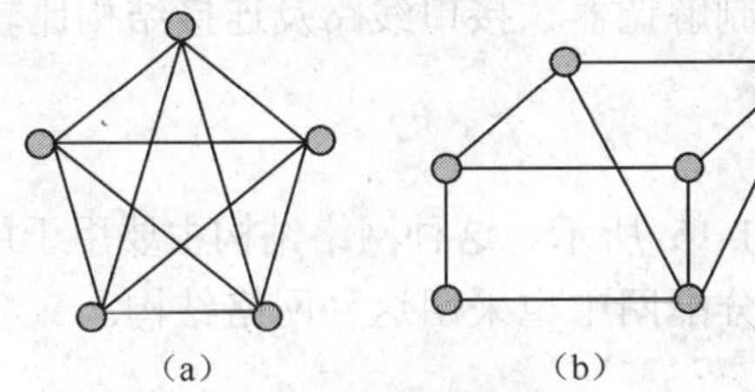

图 1-10 网形网与网孔网结构示意图

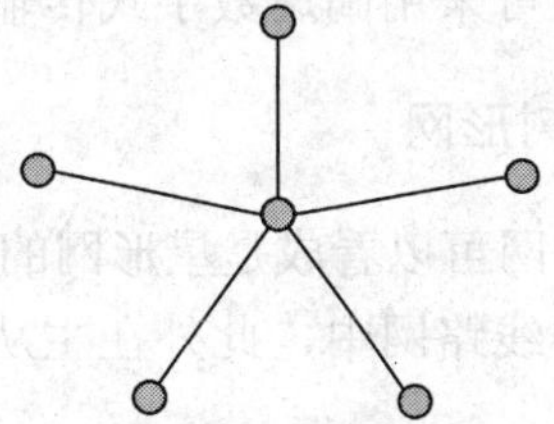

图 1-11 星形网结构示意图

3．复合形网

复合形网是由网形网与星形网复合而成的，如图 1-12 所示。这种网络中，信息量较大的区域采用网形网结构，然后以网形网的各个节点作为星形网的中央节点进行整个网络的延伸与覆盖。这种网络结构具有网形网与星形网的优点，比较经济合理，而且有一定的可靠性。这种网络设计的基本原则是要考虑使转接交换设备和传输链路总费用之和最小。实际通信网中复合形网络结构较常见。

4．总线形网

总线形网是将所有节点都连接在一个公共的传输信道—总线上，其实质是一种通道共享的结构，如图 1-13 所示。总线形结构网曾在计算机局域网中获得广泛的应用。

总线形网的优点：良好的扩充能力，增减节点方便，可以使用多种存取控制方式，不需要中央控制器，有利于分布式控制。

总线形网的缺点：网络稳定性较差，网络覆盖范围受到限制。

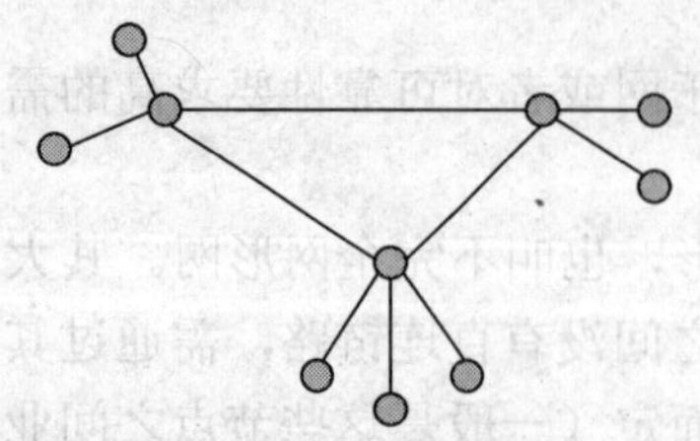

图 1-12 复合形网结构示意图

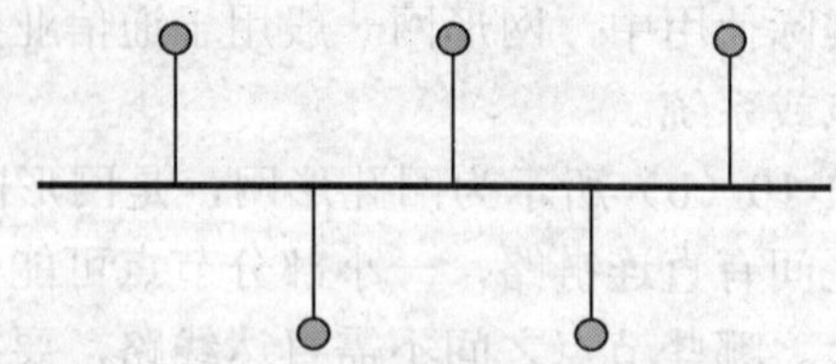

图 1-13 总线形网结构示意图

5．环形网

各节点连接成闭合的环路的通信网称为环形网，如图 1-14 所示。在环形网中，任何两个节点之间都要通过闭合环路互相通信，单条环路往往只支持单一方向的通信，所以任何两个节点通信信息都要围绕环路循环一周才能实现互相通信。这种网有以下主要特点。

（1）在环路中，每个节点的地位和作用是相同的，每个节点都可以获得并行使用控制权，很容易实现分布式控制。

（2）不需要进行路径选择，控制比较简单。因为在环型网中，路径只有一条，不存在为信息规定路径的问题。

（3）网中传送信息的延迟时间固定，有利于实时控制。

（4）可采用高速数字式传输信息，不需要调制解调器，接口线路及连接结构比较简单。

6．树形网

树形网可以看成是星形网的拓扑扩展，如图 1-15 所示。这种网络结构主要用于用户接入网或用户线路网中，此外在主从同步方式的时钟分配网中也采用这种网络结构。

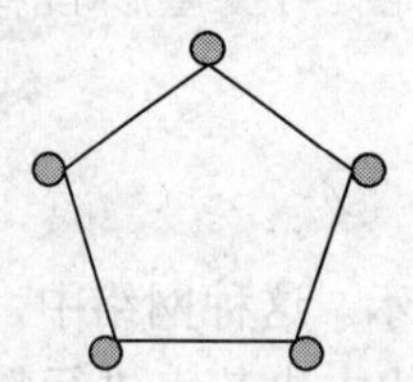

图 1-14 环形网结构示意图

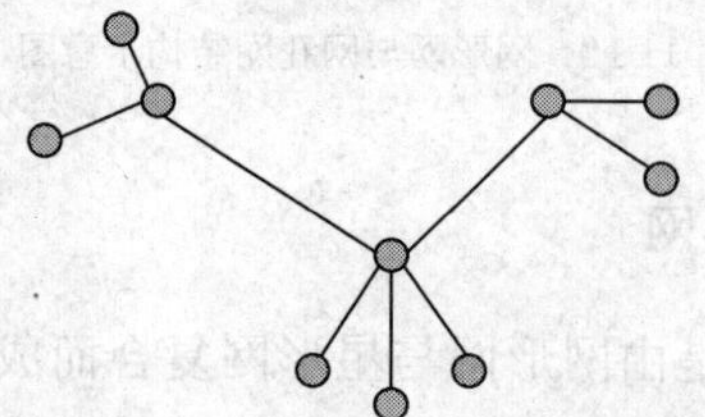

图 1-15 树形网结构示意图

1.4 通信网的发展趋势

21 世纪，人类社会进入到信息社会，人们的生活越来越离不开通信网络的支持。通信网络的建设已经成为社会发展的基础建设，建设的方向不仅包括容量与规模上的扩大，同时还包括功能的不断扩充，新业务的不断发展等。

随着通信网技术的发展以及人们的需求增长，通信网正在向着信息融合、技术融合的方向发展，具体体现在统一的网络平台，智能的终端处理，宽带的网络接入，灵活的业务使用等方面发展，目标是实现基于软交换技术的下一代（NGN）网络。

1.4.1 信息的融合

目前，传输的信息主要有4种类型，每种类型对网络容量的要求、对网络时延的可接受程度——特别是对时延偏差、对网络中潜在拥塞的可忍受度以及对网络损耗的要求等方面都是有差异的。

（1）语音——语音通信多年以来一直处于强势，用户线一直在部署。由于其具有带宽需求低，网络容量不大，实时性强等特点，因此，仍有巨大的市场需要。

（2）数据——数据通信指的是在两台机器之间交换数字化信息。数据通信量的增长要比语音通信量的增长快得多，在过去的10年，其增长的平均速度大约是每年30%～40%。数据通信能够支持多种通信业务，根据不同业务的需求，所需的带宽也有很大的变化，小到几十bit/s大到Mbit/s。不同的数据业务对时延的要求也不一样。基于文本的信息交换对时延的忍受能力一般就比较好，但是，对于那些包括了更多实时因素的信息类型，例如视频中的信息，就需要很好地控制等待时间。

（3）图像——图像通信能够带给人们更直观的信息感受，提供的信息容量也更大，当然要求也就越高。例如，医疗诊断中的很多图像就需要有很高的分辨率。图像通信可以容忍一定的时延，这是因为它不包括物体运动这样的人为因素，而运动是会受到网络中的任何失真影响的。

（4）视频——在网络带宽不断扩展，节点设备性能不断提升的情况下，视频业务已经变得越来越流行了，它要求很大的带宽，并且对时延极度敏感。视频通信业务正在成为网络中占用带宽最大的业务。

上述4种信息类型在早期的通信网络中采用不同的信号处理方式，应用不同的通信网络来进行传输。随着通信技术的发展，数字化技术全面应用于通信网络，所有的信息都可以利用数字技术来进行。在数字时代，所有的信息数据都可以用“1”和“0”来表示的。

1.4.2 技术的融合

1. 数字技术

在传统的通信业务中，电话业务、有线电视主要采用模拟技术进行传输。在今后的网络技术的发展中，由于数字通信具有容量大、质量好、可靠性高、保密性强等特点，因此数字技术将是整个通信网络发展的基础。数字技术将在通信网中全面的得到应用，包括数字传输、数字交换以及数字终端等。

2. IP技术

传统的电话交换采用电路交换技术，数据通信业务采用分组交换技术，有线电视网的视频业务主要采用单向传输的方式，这些技术都有其自身的特点。伴随着网络技术的发展，IP技术以其业务适应能力强，扩展方便等优势逐渐成为通信网络发展的方向。IP技术的发展，还提供了三网都能接受的统一的网络通信协议——TCP/IP，它为通信发展在业务层面上的融合奠定了基础。TCP/IP 的普遍采用使得各种以 IP 为基础的业务都能在不同的网上互通。

3．光纤技术

20 世纪 80 年代出现的光纤通信技术具有带宽宽，稳定性好，可靠性高，保密性能强等优点，已成为通信网传输技术的首选。伴随着光纤技术的发展，其低廉的价格优势也逐渐显现出来，目前在通信网中得到了广泛的应用。它的使用将为今后通信网中各种综合业务信息的传输提供了必要的带宽，保证了传输质量，同时也将使通信网的传输成本大幅下降。

4．宽带接入技术

不同的通信网络由于传输的信息特性不同，因此建立通信网的思路也是不一样的。电话网、计算机网以及有线电视网形成了不同的网络形态，其中的差异主要体现在接入技术的不同，而与用户直接相关的恰恰是终端如何接入网络。因此接入技术是通信发展的一个重要方向。信息的融合要求技术上应能够提供统一的接入技术，这种统一的接入技术应满足各种业务的需要，因此它一定是一种宽带的接入技术。

1.4.3　基于软交换的下一代网络

下一代网络（Next Generation Network，NGN）是一个定义及其宽松的术语，一般泛指采用了比目前的网络更为先进技术或能够提供更先进业务的网络。"下一代"提法最早出现在美国政府 1997 年 10 月提出的下一代 Internet（Next Generation Internet，NGI）行动计划中。其目的是研究下一代先进的组网技术、建立试验网络、开发革命性应用。然而，到了 20 世纪 90 年代末，电信市场在世界范围内开放竞争，Internet 的广泛使用使数据业务急剧增长，用户对多媒体业务产生了强烈需求，对移动性的需求也与日俱增，电信业面临着强烈的市场冲击与技术冲击。在这种形势下，出现了 NGN 的提法，并成为目前最为热门的一个话题。

国际电信联盟电信标准化部门（ITU-T）归纳的 NGN 的主要特征包括：

（1）基于分组传输；

（2）控制功能与承载能力、呼叫与会晤、应用与服务分离；

（3）业务提供与网络分离，并提供开放接口；

（4）支持广泛的业务，包括实时/流/非实时和多媒体业务；

（5）具有端到端透明传递的宽带能力；

（6）与现有传统网络互通；

（7）具有通用移动性，即允许用户作为单个人始终如一地使用和管理其业务，而不管采用什么接入技术；

（8）提供用户自由选择业务提供商的功能。

通过 ITU-T 归纳的 NGN 的主要特征可以看出 NGN 网络涉及的内容十分广泛，涉及到通信网的各个层面，几乎包含了所有的新一代网络技术。软交换技术是实现上述的功能的基础。

软交换概念的提出是基于这样一种思想：将传统的交换设备部件化，分为呼叫控制与媒体处理，二者之间采用标准协议（MGCP、H248）且主要使用纯软件进行处理。利用软交换技术，业务/呼叫分离、传输/接入分离，整个网络实现开放分布式网络结构，业务独立于网络。这时，人们通过开放的协议和接口，可以灵活、快速地定义业务特征，而不必关心承载业务的网络形式和终端类型。

软交换具有的特点可以归纳为：业务控制与呼叫控制分离；呼叫控制与承载连接分离；提供开放的接口，便于第三方提供业务；具有用户语音、数据、移动业务和多媒体业务的综合呼叫控制系统，用户可以通过各种接入设备连接到通信网中等。

通过软交换的这些特点可以看出软交换技术是 NGN 体系结构中的关键技术，其核心就是硬件设备的软件化，通过软交换的方式实现 NGN 要求的控制功能与承载能力、呼叫与会晤、应用与服务分离，使 NGN 能够更方便地为用户提供服务。

练　习　题

一、填空题

1．通信网由＿＿＿＿部分组成，分别是＿＿＿＿＿＿＿＿＿＿＿＿＿＿＿＿。

2．差错控制技术包含＿＿＿＿种方式，分别是＿＿＿＿＿＿＿＿＿＿＿＿＿＿＿＿。

二、多项选择题

1．通信网按照业务可分为（　　）。

A．电话网　B．广播电视网　C．数据通信网　D．传真网

E．信令网　F．电报网

2．TCP/IP 模型包含的层次有（　　）。

A．物理层　B．网络接口层　C．数据链路层　D．互连层

E．网络层　F．传输网　G．应用层　H．会话层

三、名称解释

1．软交换

2．NGN

四、简答题

1．简述 OSI/RM 参考模型与 TCP/IP 参考模型的区别与联系。

2．简述网形网与星形网的优缺点。

五、综述题

通信网未来的发展趋势及相关技术。

第2章 电话通信网

电话是人们日常工作、学习中进行信息交流的重要通信工具之一。它的广泛使用对社会的进步和人类的发展起到了非常重要的作用。电话通信网作为世界上最早的通信网络，同时也是遍布世界的规模最大的通信网之一，研究机构和商业厂家都对其投入极大的人力、物力和财力，进行网络理论的研究和网络设备研发，使得电话通信网的发展速度不断加快，业务不断扩展，功能不断增强，设备不断更新，其中的许多研究成果和经验直接或间接地影响到其他网络的发展与更新。

2.1 电话通信网概述

1876年伴随着电话通信技术产生，电话通信网也应运而生。电话通信网最初传输的信号是模拟信号，伴随着通信技术的发展，特别是数字通信技术的应用，电话通信网进入了数字时代。在此过程中，电话通信网的性能和业务质量得到了很大的提升，承载的业务从单一的话音业务到综合业务应用。在用户接入方面，xDSL 技术的应用，实现了在普通的两对双绞铜线间的数字连接，为用户提供了各种宽带的业务，使电话通信网有了更大的应用空间。中继线路上采用时分复用技术提高了线路的利用率，特别是光纤技术的应用使电话通信网主干网络的容量成倍地增加。交换节点中的交换矩阵单元随着计算机硬件和软件能力的提高，处理能力越来越强，极大地提高了交换节点的承载能力。

2.1.1 电话通信网的功能要求

通信网络的规模、业务和投资越来越庞大，为了保证网络的高可靠低成本的运行，电信管理网络（TMN）是电信网必不可少的支撑网络，TMN 完成配置管理、性能管理、故障/维护管理、资费管理和安全管理等5项基本功能。

随着通信网的发展，电话通信网的结构也逐渐向级数减少的方向演变。

电话通信网应满足的要求如下：

（1）保证每个用户能够呼叫网内的任一用户；

（2）根据用户需求建立/保持和释放呼叫；

（3）提供透明的全双工信号传输；

（4）保证一定的服务质量（满意的话音连接质量，有限的拥塞率）；

（5）能不断适应通信技术和通信业务的发展；

（6）在电话通信的基础上适当满足开放各种非话业务的需求。

在电话通信网中，为了能提供保证用户迅速接续和通话清晰的电话业务，除了必须配备的设备和完善的技术之外，还要有可靠的支撑网——No.7号信令的支持。判定电话业务的良好程度可由下述三方面来衡量。

1．接续质量

接续质量反映电信网是否容易接通和是否好用的程度，通常用接续损失（呼损）和接续时延来度量。对整个电信网络而言与接续损失具有同一含义的量叫做阻塞率。所以，有时也以阻塞率来衡量接续质量。在电话通信网中主要通过摘机忙呼损、接续过程呼损、拨号音时延、接续时延、被叫用户忙造成的呼损、被叫用户不应答所造成的呼损及其他几种接续时延等项指标衡量接续质量。

2．传输质量

传输质量反映信息传输的准确程度，对不同的电信业务有不同的传输质量标准。对电话通信的传输质量主要从以下三个方面来衡量：响度（反映通话的音量），清晰度（反映通话的清晰、可懂度），逼真度（反映收听到的语音的音色和特性的不失真程度）。

除上述三项由人来进行主观评定的指标外，对电话电路还规定了一些电气特性，如传输损耗、传输频率特性、串音、杂音等多项传输链路指标。

3．可靠性

可靠性是由系统、设备、部件等的功能在时间方面的稳定性程度来表示的。可靠性指标主要有下面几种。

（1）失效率：表示在设备或系统工作，时间后，单位时间内发生故障的概率，以λ（t）来表示。失效率通常取10^{-5}/h为单位，对于高可靠性的系统或设备通常采用10^{-9}/h为单位，这称为一个非特（Fit）。

（2）平均故障间隔时间（MTBF），当失效率λ（t）≡λ（常数），即失效率与t无关时，有

$$MTBF=\frac{1}{\lambda} \tag{2-1}$$

（3）平均修复时间（MTTR），表示发生故障时进行修复的平均处理时间。

（4）可用度（或有效度）A

$$A=\frac{\text{有效工作时间}}{\text{有效工作时间}+\text{平均修复时间}}=\frac{MTBF}{MTBF+MTTR} \tag{2-2}$$

当失效率$\lambda(t)\equiv\lambda$（常数），即失效率与t无关时，有

$$A=\frac{\mu}{\lambda+\mu} \tag{2-3}$$

其中$\mu=\frac{1}{MTTR}$，为修复率，

不可用度
$$U=1-A=\frac{\lambda}{\lambda+\mu} \tag{2-4}$$

以上指标的制定要考虑到用户的满意程度、社会的需求以及可能造成的影响，同时还应

考虑到技术上、经济上的可实现性等。

进入 21 世纪后，人类社会进入信息时代，随着 IP 技术的飞速发展，传统的电话业务受到前所未有的严峻挑战，各运营商纷纷开始组建各自的 VOIP 网络，IP 电话成为家喻户晓的业务，极大地分流了长途电话。在以 IP 为代表的数据业务的增长速度大大超过语音业务的前提下，VOIP 网络如何发展已经成为各运营商，特别是传统运营商进行技术转型、建设可持续发展网络的关注焦点。

电话网的终端设备也将从传统的电话机发展为能够实现多种业务的智能终端，实现电话网的综合业务的接入。

2.1.2 电话通信网的组成

电话网采用电话交换方式，主要由三部分组成：发送和接收电话信号的“用户环路”设备、进行电路交换的节点设备、连接交换设备之间的中继链路。

1. 用户环路

“用户环路”包括用户住宅设备（CPE）、连接到市话交换机的用户线、市话接入线的终端部分（即分布交叉连接的配线架）和用于控制接入线上业务流的逻辑电路。其中的 CPE 包括用户话机以及用户小交换机（PBX）。市话交换机向用户话机的供电方式一般采取电压供电方式，受到电压压降的影响，99%的用户话机到市话交换机的用户线的长度在无中继的情况下应控制在 5 公里以内。

2. 节点设备

电话通信网中的节点有三种类型：交换节点、传输节点和业务节点。

（1）交换节点：交换节点将不同地点的传输设备连接起来并在网络上分配流量，能根据拨号为信号建立电路连接。为了促进此种交换方式的发展，ITU 制定了全球编号方案的规范，作为电话通信网呼叫的路由指令。交换节点包括本地端局（直接连接用户）、汇接局（在一个城市里市话交换机之间的话务进行路由）、长途局（将长途呼叫路由到其他城市或接收来自于其他城市的呼叫）、国际局（路由国际呼叫）。图 2-1 所示绘出了各种电话交换局的位置。

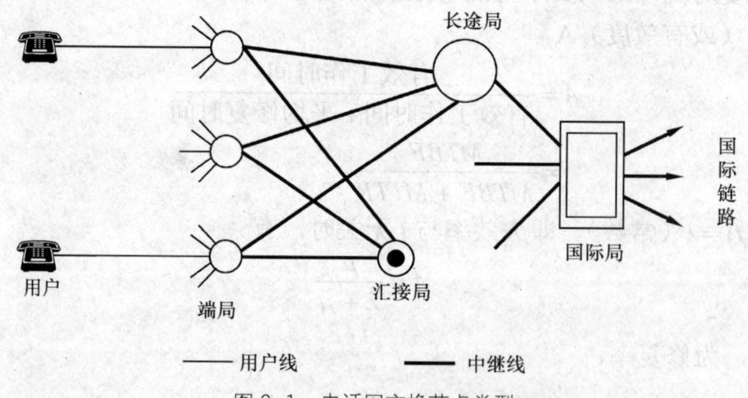

图 2-1 电话网交换节点类型

① 本地端局：本地端局是电信公司用户线的终节点以及对连接线路的交换设备进行定位的地点，代表市话网络。它为每一根用户线分配一个号码，通常是 7 位或 8 位。前 3（或 4）

位代表交换机用于识别为某部电话服务的市话交换设备。后 4 位识别线路号码，此线路是把交换机和用户连接到一起的电路；传统市话局可以区分一个或多个交换机，每个交换机容量为 10000 线，号码从 0000～9999。在闹市区的电信楼内，可以有几个市话交换设备，每个局负责处理 5 个或更多的交换机。

② 汇接局：汇接局是一个交换机，用作大城市市话局间的流量交换点。设置在市话局分布比较密集的地方。对所有的端局进行直连很不经济，可以建立汇接局用汇接中继把本地端局连接起来，汇接局能完成端局间的所有呼叫，但并不直接和用户相连。

③ 长途局：长途局是长途电路终结的电话交换中心——即进行国内长途连接的地方。一个城市通常只有一个长途局，在大城市里也可能有几个。

④ 国际局：国际局主要进行国际呼叫业务，国际局设备可能会有协议转换，ITU 术语中称作"中心转接"（CT）。CT1 交换机转接洲际流量，CT2 交换机转接区域性国家组间的容量，CT3 交换机转接国内电话通信网和国际电路之间的流量。

（2）传输节点：传输节点是传输基础设施的一部分，提供通信路径在网络接点间传送用户流量和网络控制信息。传输节点包括传输介质和放大器、中继器、复用器、数字交叉连接和数字环路载波等传输设备。

（3）业务节点：业务节点是提供增值业务及信令处理的节点。与业务节点有重要关系的是 ITU 标准规范 7 号信令（SS7）。

3. 中继链路

中继链路是交换设备间进行信息传递的传输通道。包括中继接口和中继线两部分，中继接口与中继线的使用是相互匹配的。数字中继线使用数字中继接口，模拟中继线使用模拟中继接口。电话通信网发展到现在，模拟中继线已经非常少了，目前绝大部分中继线路均为数字中继线路，因此中继接口绝大部分为数字的。

2.2 电话通信网的结构

电话网结构在很多国家采用等级结构，即将全国的交换局划分成若干个等级。采用复合形的网络结构。等级级数的选择主要考虑以下两个方面因素：

（1）整个网络的服务质量，例如：接通率、接续时延、传输质量、可靠性等；

（2）整个网络的经济性，即全网的费用问题。

此外级数的选择还应考虑国家的地域大小，各地区的地理状况，政治、经济条件，以及地区间的联系程度等因素。

根据网络的用途及覆盖范围，电话网一般分为本地网和长途网。

2.2.1 本地网

本地电话网简称本地网，是指在同一个长途编号区范围内，由若干个端局、汇接局、局间中继线、长市中继线，以及用户线、电话机组成的电话网。在同一个本地网内，用户相互之间呼叫只需拨本地电话号码，而无需拨长途区号。本地网是在市话网的基础上将郊话、农话纳入而形成的。

在同一个长途区号范围内设置的一个或几个长途交换局以及长途交换局之间的长途电路

属于长途网部分。本地网不包含长途局。

1. 本地网的类型

随着电信业务的迅速普及，本地网有扩大的趋势。扩大本地网的特点是城市周围的郊县与城市划在同一长途编号区内，其话务量集中流向中心城市。扩大本地网的类型有以下两种。

（1）特大和大城市本地网：以特大城市及大城市为中心，中心城市与所辖的郊县（市）共同组成的本地网，简称特大和大城市本地网。省会、直辖市及一些经济发达的城市如深圳组建的本地网就是这种类型。

（2）中等城市本地网：以中等城市为中心，中心城市与该城市的郊区或所辖的郊县（市）共同组成的本地网，简称中等城市本地网。地（市）级城市组建的本地网就是这种类型。

上述两种本地网的结构如图 2-2 所示。

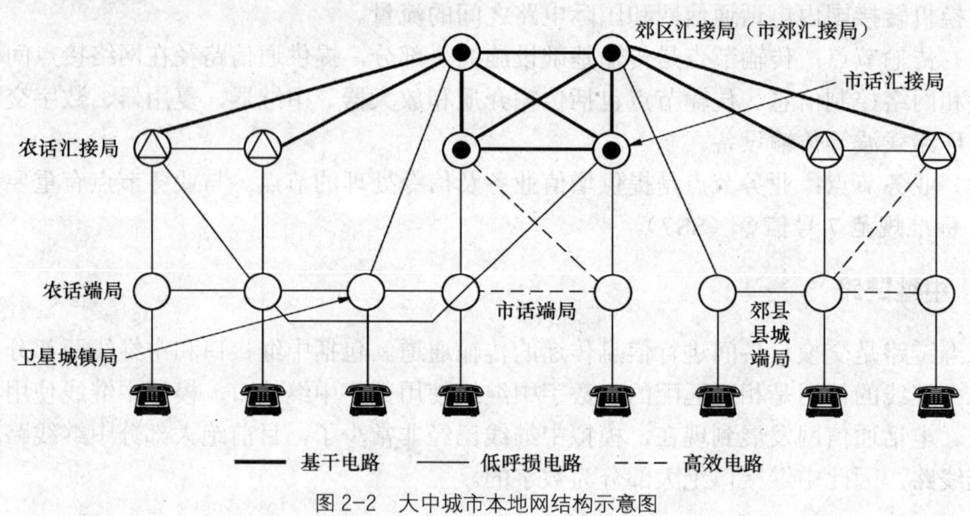

图 2-2　大中城市本地网结构示意图

2. 本地网交换局的分类及其职能

本地网的交换局可以分为端局和汇接局两大类。

端局根据服务范围的不同分为：市话端局、县城端局、卫星城镇端局以及农话端局等。职能是通过用户线与用户相连，负责疏通本局用户的来话和去话话务。

汇接局可分为：市话汇接局、市郊汇接局、郊区汇接局和农话汇接局。职能是与所辖的端局相连，以疏通这些端局间的话务；汇接局还与其他汇接局相连，疏通不同汇接区间端局的话务；根据需要还可与长途交换局相连，疏通本汇接区的长途转接话务。

本地网中，有时在用户相对集中的地方，可设置一个隶属于端局的支局（一般的模块局就是支局），经用户线与用户相连，但其中继线只有一个方向到所隶属的端局，用来疏通本支局用户的来话和去话话务。

3. 本地网采用的汇接方式

根据汇接局与端局以及其他汇接局间的话务关系，汇接方式可分为：集中汇接、来话汇接、去话汇接以及来去话汇接等四种方式。

（1）集中汇接：集中汇接是一种最简单的汇接方式，在一个汇接区内仅设一个汇接局，本地网的每一个端局都与汇接局相连。如图 2-3 所示。在实际中，为了提高可靠性，常常使用一对汇接局来全面负责本地网中各端局间的来去话汇接，这两个汇接局是平行关系，其中任意一个不能正常使用，基本上不影响网络的畅通。

（2）来话汇接：来话汇接的基本方式如图 2-4 所示。图中，虚线把本地网络分为两个汇接区，分别为汇接区 1 和汇接区 2。每个区内的汇接局除了汇接本区内各个端局之间的话务以外，还汇接另一个汇接区进入的话务，其他汇接区进入本汇接区的话务均由汇接局进行转接。每个端局对所属汇接区的汇接局建立直达来话中继电路，而对全网所有汇接局都建立低呼损去话直达中继电路，即“来话汇接，去话全覆盖”。

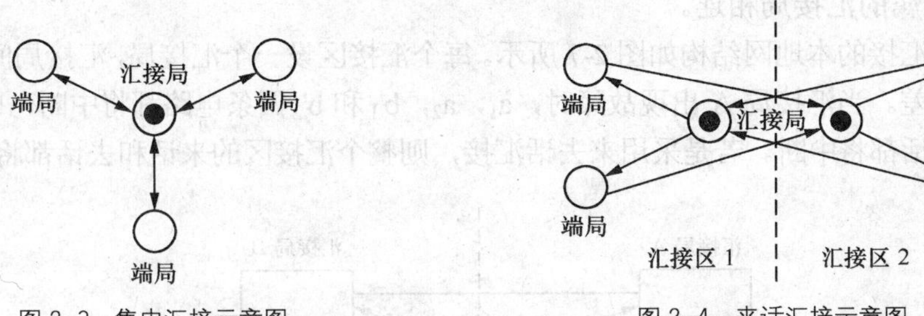

图 2-3　集中汇接示意图　　图 2-4　来话汇接示意图

在实际应用时，为了提高可靠性，常常在每一个汇接区内使用一对汇接局全面负责本汇接区内各端局间的来去话汇接任务，而且这一对汇接局还可以同时汇接另一汇接区中各个端局进入本区内的话务。

（3）去话汇接：对于去话汇接的汇接方式如图 2-5 所示，基本与来话汇接方式相似，仅改来话为去话即“去话汇接，来话全覆盖”。

（4）来去话汇接：图 2-6 所示为来去话汇接的基本结构示意图，其中每一个汇接区中的汇接局既汇接去往其他区的话务，也汇接从其他汇接区送过来的话务。每个端局仅与所属汇接区的汇接局建立直达来去话中继电路，区间只有汇接局间的直达中继电路连线。为了提高可靠性，在实际应用时往往在每个汇接区内设置一对汇接中心。每个端局与本区内的两个汇接局都有直达路由，汇接局和每一个端局与长途局之间也都可以有直达路由。

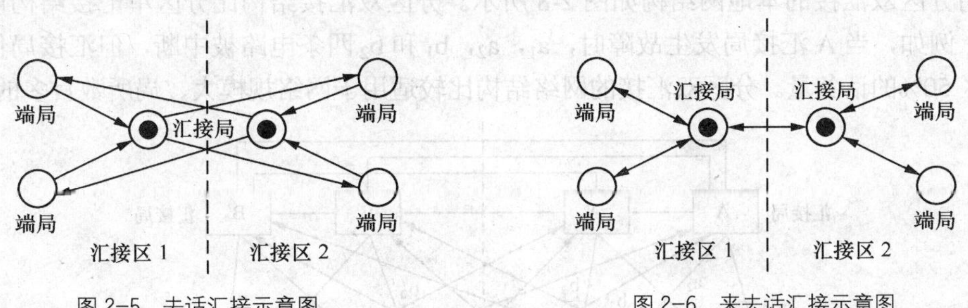

图 2-5　去话汇接示意图　　图 2-6　来去话汇接示意图

上述各种方式在实际应用中还可以根据实际情况在端局之间或端局与另一个汇接区的汇接局之间设置高效直达路由。高效直达路由的有关内容在后面的章节具体介绍。

4．本地网的网络结构

本地网通常采用两级基本结构，汇接局为高一级，端局为低一级。在两级结构中又包括分区汇接和全覆盖两种。

（1）分区汇接：分区汇接的网络结构是把本地网分成若干个汇接区，在每个汇接区内选择话务密度较大的一个局或两个局作为汇接局，根据汇接局数目的不同，分区汇接有两种方式：分区单汇接和分区双汇接。

① 分区单汇接。这种方式是比较传统的分区汇接方式。它的基本结构是每一个汇接区设一个汇接局，汇接局之间以网形网连接，汇接局与端局之间根据话务量大小可以采用不同的连接方式。在城市地区，话务量比较大，应尽量做到一次汇接，即来话汇接或去话汇接。此时，每个端局与其所隶属的汇接局及其他各区的汇接局（来话汇接）均相连，或汇接局与本区及其他各区的汇接局（去话汇接）相连。在农村地区，由于话务量比较小，采用来去话汇接，端局与所隶属的汇接局相连。

采用分区单汇接的本地网结构如图 2-7 所示。每个汇接区设一个汇接局，汇接局间结构简单，但是网路可靠性差。当汇接局 A 出现故障时，a_1，a_2，b'_1 和 b'_2 四条电路都将中断，即 A 汇接区内所有端局的来话都将中断。若是采用来去话汇接，则整个汇接区的来话和去话都将中断。

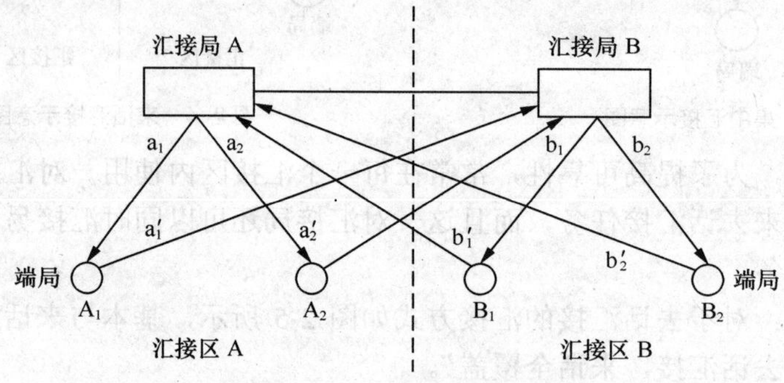

图 2-7　分区单汇接的本地网结构

② 分区双汇接。在每个汇接区内设两个汇接局，两个汇接局地位平等，均匀分担话务负荷，汇接局之间网状相连；汇接局与端局的连接方式与分区单汇接结构相同，只是每个端局到汇接局的话务量一分为二，由两个汇接局承担。

采用分区双汇接的本地网结构如图 2-8 所示。分区双汇接结构比分区单汇接结构可靠性提高很多，例如，当 A 汇接局发生故障时，a_1，a_2，b_1 和 b_2 四条电路被中断，但汇接局仍能完成该汇接区 50%的话务量。分区双汇接的网络结构比较适用于网络规模大、局所数目多的本地网。

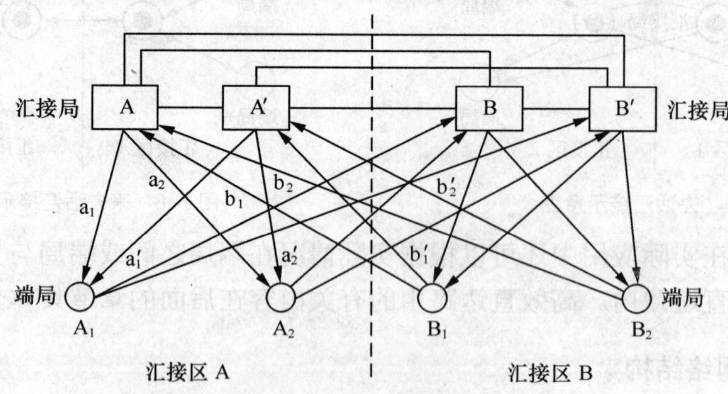

图 2-8　分区双汇接的本地网结构

（2）全覆盖：全覆盖的网络结构是在本地网内设立若干个汇接局，汇接局间地位平等，均匀分担话务负荷。汇接局间以网状网相连。各端局与各汇接局均相连。两端局间用户通话最多经一次转接。

全覆盖网络结构如图 2-9 所示。全覆盖的网络结构几乎适用于各种规模和类型的本地网。汇接局的数目可根据网络规模确定。全覆盖的网络结构可靠性高，但线路费用也提高很多，所以应综合考虑这两个因素确定网络结构。

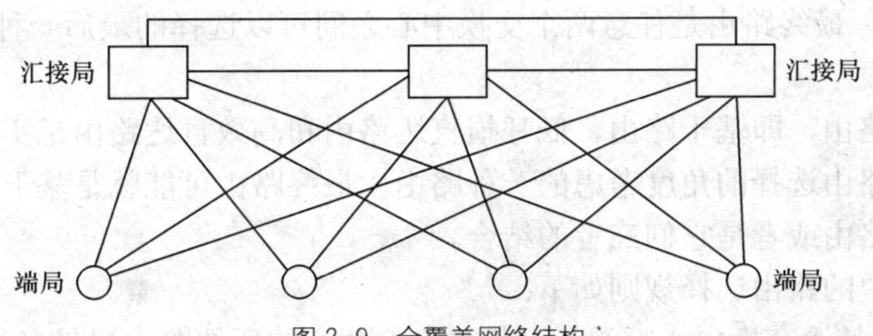

图 2-9 全覆盖网络结构

一般来说，特大或大城市本地网，其中心城市采取分区双汇接或全覆盖结构，周围的县采取全覆盖结构，每个县为一独立汇接区，偏远地区可采用分区单汇接结构。

中等城市本地网，其中心城市和周边县采用全覆盖结构。偏远地区可采用分区单（双）汇接结构。

2.2.2 长途电话网

长途电话网由国内长途电话网和国际长途电话网组成。国内长途电话网在全国各城市间为用户提供长途通话的电话网，网中各城市都设一个或多个长途电话局，各长途局间由各级长途电路连接起来，提供跨地区和省区的电话业务；国际长途电话网是指将世界各国的电话网相互连接起来进行国际通话的电话网。为此，每个国家都需设一个或几个国际电话局进行国际去话和来话的连接。一个国际长途通话实际上是由发话国的国内网部分、发话国的国际局、国际电路和受话国的国际局以及受话国的国内网等几部分组成的。

1．国内长途电话网

我国的国内的长途电话网采用分级结构，随着电话网的发展，结构也在发生变化，具体的内容将在下面章节作专门的介绍。长途电话网的一项重要的作用是进行主被叫长途路由的选择，保证电话接续的迅速、可靠。下面将重点介绍长途网路由选择方面以及长途电话网传输质量指标等内容。

（1）路由选择。路由是网路中任意两个交换中心之间建立一个呼叫连接或传递信息的途径。它可以由一个电路群组成，也可以由多个电路群经交换局串接而成。

① 基干路由：基干路由是构成网络基干结构的路由，由具有汇接关系的相邻等级交换中心之间以及长途网和本地网的最高等级交换中心之间的低呼损电路群组成。基干路由上的低呼损电路群又叫基干电路群。电路群的呼损率指标是为保证全网的接续质量而规定的，应小于或等于 1%，且基干路由上的话务量不允许溢出至其他路由。

② 低呼损直达路由：直达路由是指由两个交换中心之间的电路群组成的，不经过其他交换中心转接的路由。

任意两个等级的交换中心由低呼损电路群组成的直达路由称为低呼损直达路由。电路群的呼损率小于或等于 1%，且话务量不允许溢出至其他路由上。两个交换中心之间的低呼损直达路由可以疏通其间的终端话务，也可以疏通由这两个交换中心转接的话务。

③ 高效直达路由：任意两个交换中心之间由高效电路群组成的直达路由称为高效直达路由。高效直达路由上的电路群没有呼损率指标的要求，话务量允许溢出至规定的迂回路由上。两个交换中心之间的高效直达路由可以疏通其间的终端话务，也可以疏通经这两个交换中心转接的话务。

④ 最终路由：最终路由是任意两个交换中心之间可以选择的最后一种路由，由无溢出的低呼损电路群组成。

上述前三种路由，即基干路由、低呼损直达路由和高效直达路由是实际存在的路由，而最终路由则是从路由选择的角度考虑的一种路由。最终路由可能就是基干路由、低呼损直达路由、高效直达路由或者是它们三者的结合。

针对长途网中的路由选择规则如下：

- 网中任一长途交换中心呼叫另一长途交换中心的所选路由局最多为 3 个；
- 同一汇接区内的话务应在该汇接区内疏通；
- 发话区的路由选择方向为自下而上，受话区的路由选择方向为自上而下；
- 按照“自远而近”的原则设置选路顺序，即首选直达路由，次选迂回路由，最后选最终路由。

这样选择顺序的目的是为了充分利用直达路由，尽量减少转接次数和尽量减少占用长途电路。

图 2-10 所示为是按上述规则进行的路由选择示意图。图 2-10（b）所示为本大区内来话时的路由选择顺序，按照自上而下的原则，选择的顺序为 L1、L2、L3。图 2-10（a）所示为两个大区之间的路由选择顺序示意图，假设交换中心 A 与交换中心 B 之间有直达路由 L1。A 局用户要呼叫 B 局用户时，应先选择直达路由 L1，若 L1 全忙，则按照上述规则顺序选择 L2、L3、L4、L5、L6、L7（所选路由同时应满足路由局最多为 3 个）。

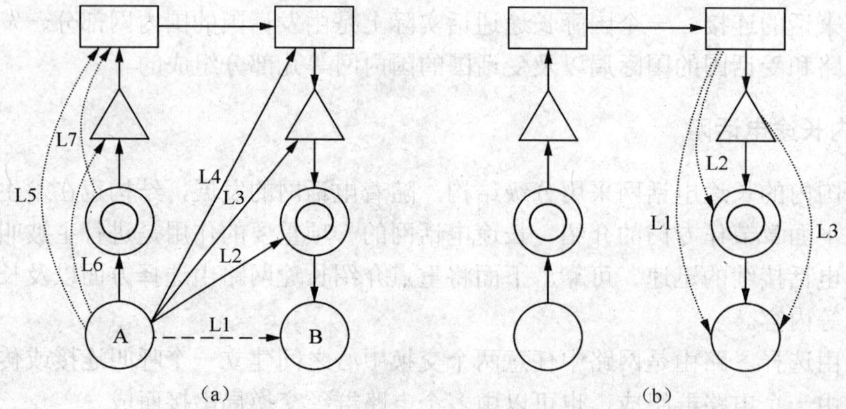

图 2-10　长途路由选择顺序示意图

（2）长途电话网传输质量指标。用户在打电话时希望电话网能够有一定的质量保证。电话接通以后，用户希望不困难地听清楚对方说些什么，同时让对方听清楚他所讲的话。这项要求应该由电话传输系统，包括电话机、传输线路、传输电路来保证。有人说清晰度是电话传输质量的最基本要求。实际情况是清晰度和用户“能清晰地听懂对方讲话”不一定完全对应。用户要求“不困难地”听清楚对方讲话。这里有诸多因素造成通话困难。对于长途电话网主要从以下几个方面来衡量长途电话网的传输质量。

① 全程参考当量。用户对某一电话传输系统的总的性能或某项性能的满意程度是通过对用户调查得到的，为减少重复测试时间，我们希望建立某种参数和用户满意程度的关系。被测人通过单纯收听对被测系统的传输性能进行评定，这叫做主观评定试验。为方便起见，通常在响度测试中采用比较法，即在标准系统中插入可变衰耗器，被测人反复调整这个衰耗器的数值，使其响度和被测系统一样。这样就出现了“响度参考当量”。目前国际上采用的标准参考系统叫做 NOSFER 系统。它放在日内瓦 CCITT 实验室作为国际参考当量基准系统。我国在 1977 年研制了电话参考当量标准系统，其主要特性和 NOSFER 系统相似，因此又叫 NOSFER 副系统。在该系统中规定国内任何两个用户之间进行长途通话时，全程参考当量不得大于 33.0dB。

② 杂音。衡量长途通话连接的杂音大小是以受话终端局为基准点来测量或计算总杂音的。规定总杂音功率不大于 3500pW_P。这里的总杂音包括长途电路杂音，交换机杂音和电力线感应杂音。

③ 串音。串音分为可懂串音和不可懂串音。不可懂串音作为杂音处理。可懂串音破坏了通信的保密性。因此提出了串音防卫度和串音衰减的指标要求。它包括：

- 四线电路间在 1100Hz 的近端串音防卫度或远端串音防卫度应不小于 65dB；
- 市内，长市中继线间近端串音衰减应不小于 70dB；
- 用户线间串音衰减（800Hz 时）应不小于 70dB；
- 交换机串音衰减（100Hz 时）应不小于 72dB。

④ 衰减频率特性。传输系统中有电感和电容，因此信号频带内各频率的衰减不完全一样。因此出现了频率失真。所谓频率特性是指在话音频带（300Hz～3400Hz）内，800Hz 的衰减值与其他各频率上的衰减值所表示的特性。用它表示电路的衰减失真最为恰当。我国电话网中规定的电路衰减频率失真要求如表 2-1 所示。

表 2-1　电路衰减频率失真要求

频率范围（Hz）	相对于 800Hz 衰减最大偏差（dB）
＜300	0～∞
300～400	−1.0～＋3.5
400～600	−1.0～＋2.0
600～2400	−1.0～＋1.0
2400～3000	−1.0～＋2.0
3000～3400	−1.0～＋3.5
＞3400	0～∞

2．国际长途电话网

国际长途电话通信通过国际长途电话局来完成。每个国家都设有国际长途电话局，国际局之间形成国际长途电话网。国际长途电话通信距离较长，为了满足话音通信的时效性，原则上国际局间设置低呼损直达电路群。

1964 年原国际电报电话咨询委员会（CCITT，现为 ITU-T）提出等级制国际自动局的规划，国际局分一、二、三级国际交换中心，分别以 CT1、CT2 和 CT3 表示，采用三级辐射式网络结构，其基干电路所构成的国际电话网结构如图 2-11 所示。但在实际应用中根据业务需要往往在国际交换中心之间设置低呼损直达电路群和高效直达电路群，如图 2-11 所示。

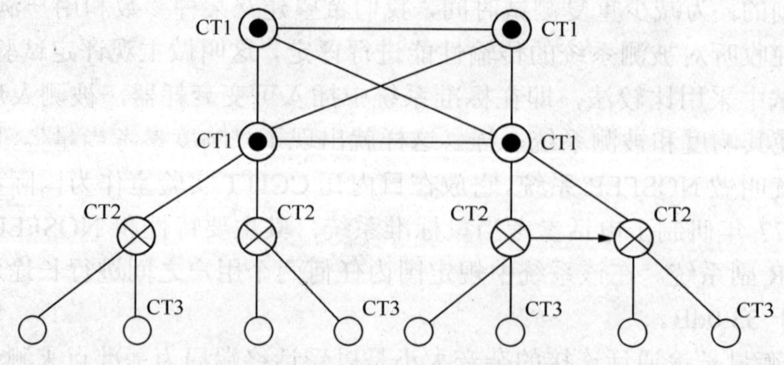

图 2-11　国际长途电话网结构示意图

（1）一级国际中心局：全世界范围内按地理区域的划分；总共设立 7 个一级国际中心局（CT1），分管各自区域内国家的话务，7 个 CT1 局之间全互连。

（2）二级国际中心局：二级国际中心局（CT2）是为在每个 CT1 所辖区域内的一些较大国家设置的中间转接局，即将这些较大国家的国际业务或其周边国家国际业务经 CT2 汇接后送到就近的 CT1 局。CT2 和 CT1 之间仅连接国际电路。

（3）三级国际中心局：三级国际中心局（CT3）是设置在每个国家内，连接其国内长话网的网际网关。任何国家均可有一个或多个 CT3 局，国内长话网经由 CT3 进入国际长话网进行国际间通话。

国际长话网中各级长途交换机路由选择顺序为先直达，后迂回，最后选骨干路由。任意 CT3 局之间最多通过 5 段国际电路。若在呼叫建立期间，通话双方所在的 CT1 局之间由于业务忙或其他原因未能接通，则允许经过另外一个 CT1 局转接，因此这种情况下经过 6 段国际电路。为了保证国际长话的质量，使系统可靠工作，原 CCITT 规定通话期间最多只能通过 6 段国际电路，即不允许经过两个 CT1 中间局进行转接。

2.2.3　我国电话网的结构及演化

在 1973 年电话网建设初期，根据当时长途话务流量的特点，即流向与行政管理的从属关系几乎相一致，呈纵向的流向，原邮电部明确规定我国电话网由长途网和本地网两部分组成。网络按等级分为五级，由一、二、三、四级长途交换中心（用 C1、C2、C3 和 C4 表示）及本地交换中心（设置汇接局和端局两个等级的交换中心，分别用 Tm 和 C5 表示）组成。五级电话网络结构示意图如图 2-12 所示。我国电话网结构的演化主要是长途网结构的变化。初期的长途网设置一、二、三、四级长途交换中心，随着通信技术的飞速发展，长途网络仍旧采用四级已经不能满足电话通信业务的发展，目前我国的长途电话网正在向二级制过渡。下面就两种体制作一个全面的介绍。

1. 四级长途电话网

我国长途电话网长期采用四级汇接的等级结构，全国分为 8 个大区，每个大区分别设立一级交换中心 C1。C1 的设立地点为北京、沈阳、上海、南京、广州、武汉、西安和成都，

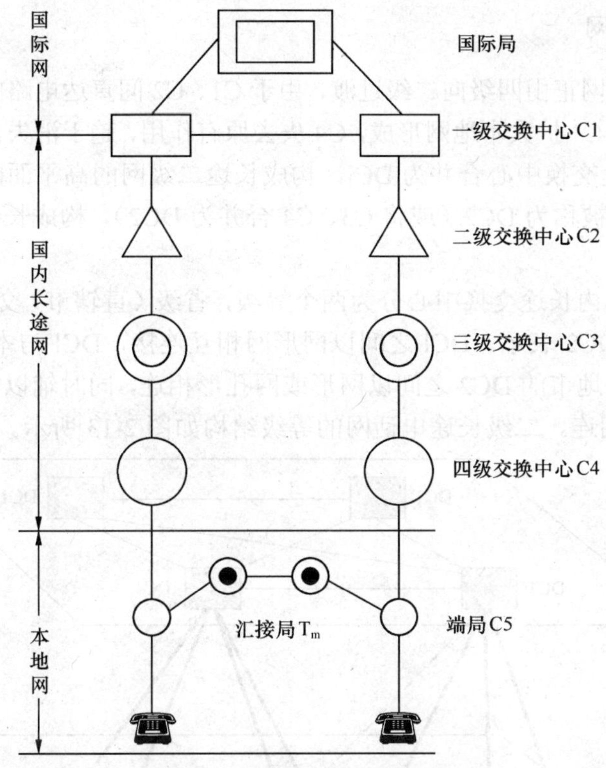

图 2-12 我国五级电话网结构示意图

每个C1间均有直达电路相连，即C1间采用网型连接。在北京、上海设立两个国际出入口局用以和国际网连接，并且根据业务需要在广州、南宁设置两个边境局，疏通与港澳地区间的话务量。每个大区包括几个省（区），每省（区）设立一个二级交换中心 C2，全国共有 22个二级交换中心；各地区设立三级交换中心C3，全国有350多个地区中心；各县设立四级交换中心C4，全国共有2200多个县中心。C1～C4组成长途网，各级有管辖关系的交换中心间一般按星形连接，当两交换中心无管辖关系但业务繁忙时也可设立直达电路。

C1、C2、C3分别疏通其交换中心服务区域内的长途来话、去话以及转话话务。C4疏通该交换中心服务区域内的长途终端话务。在实际中较高等级的交换中心具有较低等级交换中心的功能。

五级等级结构的电话网在网络发展的初级阶段是可行的，这种结构在电话网由人工向自动、模拟向数字的过渡中起了较好的作用，然而在通信事业高速发展的今天，由于经济的发展，非纵向话务流量日趋增多，新技术新业务层出不穷，多级网络结构存在的问题日益明显，就全网的服务质量而言存在如下问题。

（1）转接段数多。如两个跨地市的县用户之间的呼叫，需经C4、C3、C2等多级长途交换中心转接，接续时延长，传输损耗大，接通率低。

（2）可靠性差。多级长途网，一旦某节点或某段电路出现故障，将会造成局部阻塞。

此外，从全网的网络管理、维护运行来看，网络结构划分越小，交换等级数量就越多，使网管工作过于复杂，同时，不利于新业务网（如移动电话网、无线寻呼网）的开放，更难适应数字同步网、7号信令网等支撑网的建设。

2．二级长途电话网

目前，我国的长途网正由四级向二级过渡，由于 C1、C2 间直达电路的增多，C1 的转接功能随之减弱，并且全国 C3 扩大本地网形成，C4 失去原有作用，趋于消失。目前的过渡策略是：

（1）一、二级长途交换中心合并为 DCl，构成长途二级网的高平面网（省际平面）：

（2）C4 消失，C3 被称为 DC2（或将 C3、C4 合并为 DC2），构成长途二级网的低平面网（省内平面）。

在这种结构中，国内长途交换中心分为两个等级，省级（直辖市）交换中心以 DCl 表示，地（市）交换中心以 DC2 表示。DCl 之间以网形网相互连接，DCl 与本省各地市的 DC2 以星形方式连接；本省各地市的 DC2 之间以网形或网孔形相连，同时辅以一定数量的直达电路与非本省的交换中心相连。二级长途电话网的等级结构如图 2-13 所示。

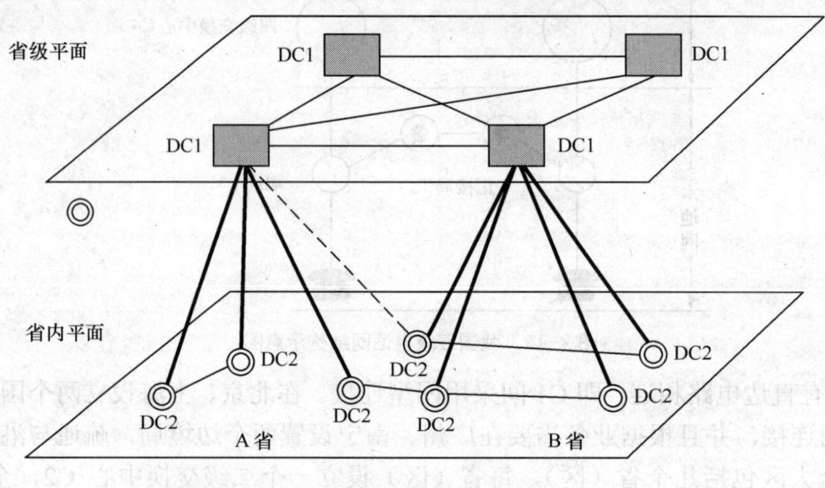

图 2-13　我国二级长途电话网结构示意图

（1）省级交换中心：省级交换中心（DC1）综合了原四级网中的 C1 和 C2 的交换职能，设在省会（直辖市）城市，汇接全省（含终端）长途话务。在 DCl 平面上，DCl 局通过基干路由全互连。DCl 局主要职能包括：

① 所在省的省际长话业务以及所在本地网的长话终端业务；

② 作为其他省 DCl 局间的迂回路由，疏通少量非本汇接区的长途转话业务。

省会城市一般设两个 DCl 局（含 DC2 功能）。

（2）本地网交换中心：本地网交换中心（DC2）综合了原四级中的 C3 和 C4 交换职能，设在地（市）本地网的中心城市，汇接本地网长途终端话务。在 DC2 平面上，省内各 DC2 局间可以是全互连，也可以不是。各 DC2 局通过基干路由与省城的 DCl 局相连，同时根据话务量的需求可建设跨省的直达路由。DC2 局主要职能包括：

① 所在本地网的长话终端业务；

② 作为省内 DC2 局之间的迂回路由，疏通少量长途转话业务。

随着光纤传输网的不断扩容，减少网络层次、优化网络结构的工作需继续深入。目前有两种提法：第一，取消 DC2 局、建立全省范围的 DCl 大本地电话网的方案；第二，取消 DC1

局，全国的 DC2 本地网全互连的方案。两个方案的目标都是要将全国电话网改造成长途一级，本地网一级的二级网。

2.3　信令系统

电话通信网的稳定、可靠运行均离不开信令系统的支持与控制。信令系统是整个电话通信网络的重要组成部分，是电话通信网的神经系统。由信令系统来控制电话通信网络中用户间、交换机间和用户与交换机间的通信，以及整个电话通信网的正常运行与维护。

2.3.1　概述

在自动电话交换网中完成通话用户的接续或转接需要有一套完整的控制信号和操作程序，用以产生发送和接收这些控制信号的硬件及相应执行的控制、操作等程序的集合体就称为电话网的信令系统。

图 2-14 所示为两个用户通过两个端局进行电话接续的基本信令流程。

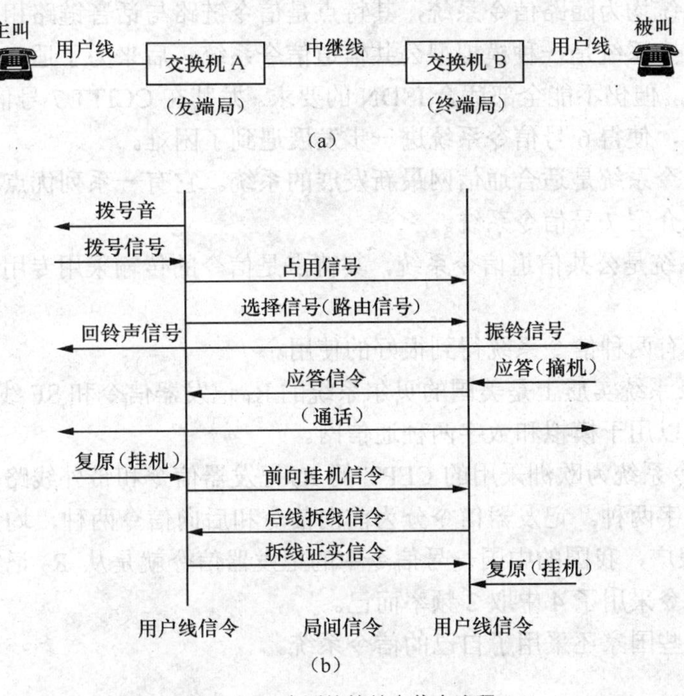

图 2-14　电话接续基本信令流程

对于各种信令的含义读者可参考交换技术相关的内容。

1．信令系统的简介

信令系统的发展是随着电话交换网的发展而发展的。原 CCITT 在电话通信网中建议的信令系统有如下几种。

CCITT 1 号信令系统是在国际人工业务中使用的 500/20Hz 信令系统。

CCITT 2 号信令系统是用于国际半自动业务，允许二线电路的 600/750Hz 音频系统。但这个系统在国际业务中从未使用过。

CCITT 3 号信令系统是应用有限的 2280Hz 单音频系统，它只在欧洲和其他几个地方得到有限的使用。新的国际电路都不使用此系统。

CCITT 4 号信令系统是双音频（2040Hz + 2400Hz）组合脉冲方式。它是带内信令，是以端到端方式传送的模拟信令。这个系统没有分开的记发器信令。它原本打算用于卫星电路，但由于地址信息传送较慢，因此在卫星电路上也未能使用。

CCITT 5 号信令系统是 CCITT 于 1964 年建议的一种模拟式信令系统。它具有分开的线路信令和记发器信令。线路信令是双音频（2400Hz + 2600Hz），带内，组合频率和单一频率的连续信令。并且是逐段转发的。记发器信令是 6 中取 2 多频信令，也是逐段转发的。并且只有前向信令没有后向信令。这个系统适合于 3000Hz 和 4000Hz 话路带宽的海底电缆、陆上电缆、微波和卫星电路。

CCITT 5_{bis} 系统是作为 5 号信令系统的变型而建议的。为减少拨号后等待时间，此系统完全按交替方式工作。但由于 5 号信令系统已为大多数国际电路所采用，具有令人满意的用户国际直拨业务，就没有理由用 5_{bis} 系统代替现有的 5 号系统。因此 5_{bis} 系统没有得到应用。

以上的信令系统均为随路信令系统，其特点是信令链路与话音链路相同。

CCITT 6 号信令系统是一种模拟型公共信道信令系统，后来为了适合数字网的需要，补充了一些数字形式，但仍不能全部适合 ISDN 的要求。尤其在 CCITT 7 号信令系统出现以后，人们乐意采用后者，使得 6 号信令系统进一步发展遇到了困难。

CCITT 7 号信令系统是适合通信网最新发展的系统。它有一系列优点和发展前途。我们将在本章后面专门介绍 7 号信令系统。

6、7 号信令系统是公共信道信令系统，其特点是信令的传输采用专用通道，与话音通道相互独立。

除此之外，还有两种信令系统得到很好的使用。

CCITT R_1 信令系统实质上是美国的贝尔系统的 R_1 记发器信令和 SF 线路信令的结合。它是模拟系统，但可以用于模拟和数字两种通信网。

CCITT R_2 信令系统为欧洲采用的 CEPT 的 R_2 记发器信令和带外线路信令的结合。线路信令包括模拟和数字两种。记发器信令分为前向信令和后向信令两种，均为 6 中取 2 频率。R_2 系统应用范围很广，我国的中国一号信令中的记发器信令就是从 R_2 记发器信令继承过来的，只不过后向信令采用了 4 中取 2 频率而已。

另外，欧洲一些国家还采用了自己的信令系统。

2．信令的分类

（1）用户信令和局间信令：按照信令工作的区域不同信令可分为用户信令和局间信令。

用户信令是通信终端与交换节点之间传递的信令，它们在用户线上传送。用户信令主要包括用户状态信令及用户拨号所产生的数字信号以及各种信号音。用户状态信令反映用户的忙闲状态，用以识别用户的摘、挂机状态。用户拨号所产生的数字信号包括两种：一种是直流脉冲（PLUSE）方式，采用号盘话机或直流脉冲按钮话机；另一种是双音多频（DTMF）方式，采用 DTMF 话机。信号音是交换节点通过用户线向通信终端发送的各种信号音和铃流，用以提示或通知终端采取相应的动作，如忙音、拨号音等。

局间信令是通信网中各个交换节点之间传送的信令。它在局间中继线上传送，主要有与呼叫相关的监视信令、路由信令和与呼叫无关的管理信令，用来控制通信网中各种通信接续的建立和释放，以及传递与通信网管理和维护相关的信息。

（2）随路信令和公共信道信令：按照信令传输通路与用户话路的关系，信令可分为随路信令和公共信道信令。

随路信令是指在呼叫接续中所需的各种信令与用户话路在同一通路上传输的信令，如图 2-15 所示。

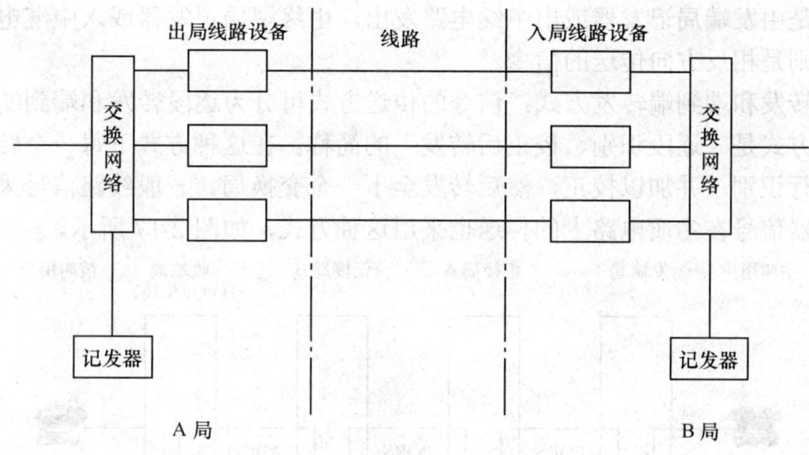

图 2-15　随路信令系统示意图

由图 2-15 可见，交换系统 A 和交换系统 B 之间没有专用的信令通道来传送两点之间的信令，信令是在所对应的用户话路上传送的。在通信接续建立时，用户信息通路是空闲的，没有信息要传送，因而可用于传送与接续相关的信令。

公共信道信令是利用一条专用的信令通道为多条话路传输信令的方式，信令通道与话音通道是分离的，如图 2-16 所示。

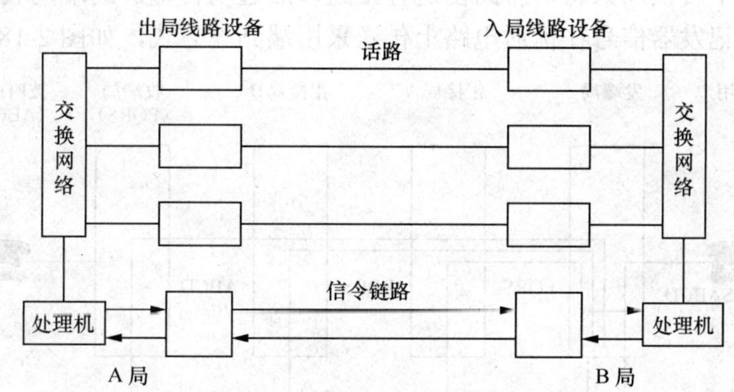

图 2-16　公共信道信令系统示意图

由图 2-16 可见，交换系统 A 和交换系统 B 之间设有专用信令通道来传送信令，而两点间的话音是在交换局间的话音通道上传输的。在通信连接建立和拆除时，A、B 交换局通过信令通道传输连接建立和拆除的控制信令，在通话过程中，交换系统在预先选好的空闲话路上进行话音信息的传递。

（3）模拟信令和数字信令：按照信令传输的形式可分为模拟信令和数字信令。

模拟信令是指按照模拟方式传送的信令，它适用于模拟通路。数字信令是指按数字方式进行编码的信令，它适合在数字化通路上传送。

（4）线路信令和记发器信令：当局间信令采用随路信令方式时，从功能上可划分为线路信令和记发器信令。

在线路设备间传送的信令叫做线路信令；在记发器间发送和接收的信令叫做记发器信令，如图 2-15 所示。

（5）前向信令和后向信令：按照信令发送的方向可分为前向信令和后向信令。

前向信令是由发端局记发器或出中继电路发出，由终端局记发器或入中继电路接收的信令。后向信令则是相反方向传送的信令。

（6）逐段转发和端到端转发方式：信令的传送方式可分为逐段转发和端到端转发。

逐段转发方式是“逐段识别，校正后转发”的简称。在这种方式下每一个转接局将信号收到以后，进行识别，并加以校正，然后转发至下一个交换局。一般线路信号采用逐段转发方式。而记发器信号在劣质电路上的传送也采用这种方式，如图 2-17 所示。

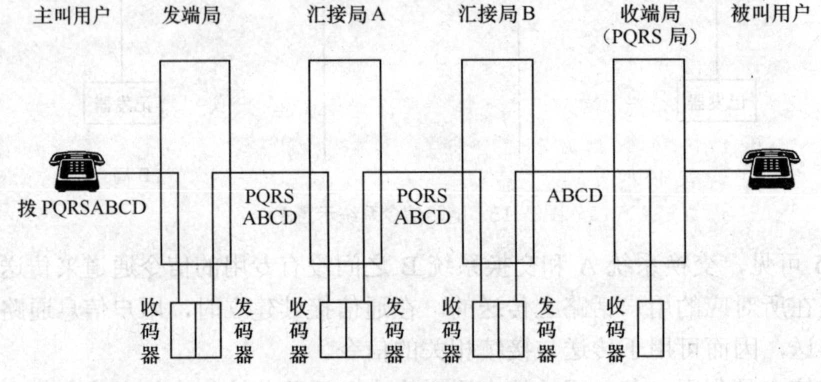

图 2-17 逐段转发方式示意图

在端到端方式下转接局只将信号路由进行接通以后透明传输。终端局收到的是由发端局直接发来的信号。记发器信号在优质电路上传送采用端到端方式，如图 2-18 所示。

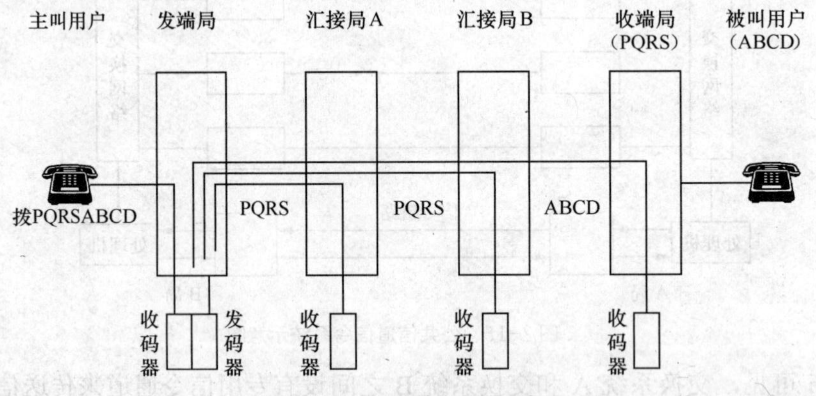

图 2-18 端到端转发方式示意图

在实际使用中，通常将两种方式结合使用。如中国 1 号信令中的记发器信令可根据线路质量，在劣质链路中使用逐段转发的方式，在优质链路上使用端到端转发的方式。No.7 信令通常使用逐段转发的方式，但也提供端到端信令。

（7）非互控、半互控及全互控方式：根据信令发送的控制过程可分为非互控、半互控及全互控三种方式。

① 非互控方式：如图 2-19（a）所示，非互控方式即发送端不断地将需要发送的信令发向收端，而不管收端是否收到。很明显，采用这种控制方式的信令系统，其信令发送的控制设备简单，信令传送速度快，但信令传送的可靠性不高。No.7 信令采用非互控方式来传送信令，以求信令快速传送，并采取有效的可靠性保证机制，以克服可靠性不高的缺点。

② 半互控方式：如图 2-19（b）所示，发端局向收端局每发一个信令，必须等到接收端返回的证实信令或响应信令后，才能接着发下一个信令，也就是说，发送端发送信令受到接收端的控制。采用这种控制方式的信令系统，其信令发送的控制设备相对简单，信令传送速度较快，信令传送的可靠性有保证。

③ 全互控方式：如图 2-19（c）所示，全互控方式是指信令在发送过程中，发送端发送信令受到接收端的控制，接收端发送信令也要受到发送端的控制。采用这种方式的信令发送互控过程可分为 4 拍。

- 发端局发前向信令。
- 终端局收到前向信令后发后向信令。
- 发端局收到后向信令后停发前向信令。
- 终端局检测到停发前向信令后停发后向信令。

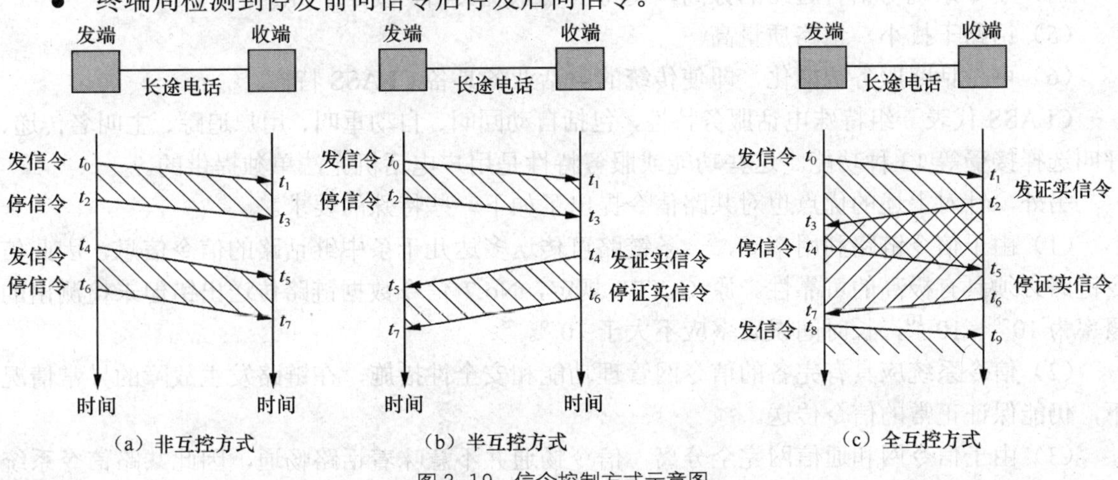

图 2-19　信令控制方式示意图

全互控方式的特点是抗干扰能力强，信令传送可靠性高，但信令收发设备复杂，信令传送速度慢。

2.3.2　No.7 信令系统

1．概述

原 CCITT 于 1980 年提出了通用性很强的 No.7 信令系统，此后，No.7 信令系统经过多次扩展修改，已形成一个完整的信令体系。No.7 信令系统以网络消息方式在信令点之间传送信令，它和国际标准化组织 ISO 的开放系统互连模型（OSI 模型）有对应的关系。

美国 1985 年开始使用 No.7 信令，并利用 No.7 信令开发了智能网业务；建立了 No.7 信令网管中心。AT&T No.7 信令网为二级长途信令网，分为 10 个信令区，每一个信令区设置 1

对 STP（信令转接点），STP 间网状连接，选用 5ESS2000 的 STP 设备。日本 NTT 1982 年开始在电话网中引入 No.7 信令系统，NTT No.7 信令网为二级网，共有 16 对 STP，采用 A、B 平面结构，为确保信令网可靠性，又引入第二信令网（即 α、β 平面），并改为网状结构。此外还有不少国家也都使用了 No.7 信令，建成了 No.7 信令网。

我国在 20 世纪 80 年代中期开始了 No.7 信令系统的研究、实施和应用。1985 年北京、广州、天津等大城市首先在同一制式的交换机间采用了 No.7 信令。1987 年北京对三种不同制式的交换机 E-10B、S1240、AXE10 的 No.7 信令系统进行了联试，并在此基础上开通了 No.7 信令系统。1993 年开始组建公用 No.7 信令网。目前，三级 No.7 信令网已初步建成，包括全国长途信令网和各地的本地二级信令网。No.7 信令正广泛应用于电话网（PSTN）、ISDN 网、智能网（IN）、GSM 网中。

作为公共信道信令，No.7 信令系统具有以下许多优点。

（1）信令传送速度高，呼叫接续时间短，对远距离长途呼叫它可以使拨号后时延缩短到 1s 以内。这不仅提高了服务质量，还提高了传输设备和交换设备的使用效率。

（2）信号容量大，一条 64kbit/s 的链路在理论上可处理几万话路，还有利于传送各种控制信令，如网管信令、集中维护信令、集中计费信令等，并有可能发展更多的补充业务。

（3）统一了信令系统，随路信令通常是针对某一网路的专用信令，而公共信道信令是一个通用的信令系统，有利于在 ISDN 中应用。

（4）信令系统与话音通路的分离，使得信令系统灵活，易于扩充。

（5）话路干扰小，话路质量高。

（6）可使话路服务智能化，即使传统的电话业务具备 CLASS 特性。

CLASS 代表一组特殊电话服务特性，包括自动回叫、自动重叫、用户追踪、主叫名传递、呼叫选择接受等 13 种功能。这些功能或服务特性是用户电话机无法单独提供的。

另外，针对上述的优点也对共路信令提出了如下一些特殊的要求。

（1）由于信令链路利用率高，一条链路可传送多达几千条中继话路的信令信息，因此信令链路必须具有极高的可靠性。原 CCITT 规定，No.7 信令数据链路传送出错但未检测出的概率为 10^{-8}～10^{-10}，长时间误码率应不大于 10^{-6}。

（2）信令系统应具有完备的信令网管理功能和安全性措施，在链路发生故障的异常情况下，仍能保证正常的信令传送。

（3）由于信令网和通信网完全分离，信令畅通并不意味着话路畅通，因此共路信令系统应具有话路导通检验功能。

2．应用

No.7 信令作为目前最适合数字通信网中使用的公共信道信令技术，其应用主要有以下几个方面。

（1）话路信令。No.7 信令的一个最基本应用是替代老的 1 号信令～6 号信令，用作现代数字程控交换机的局间信令，控制局间呼叫的接续。

（2）800 号服务。据统计，1993 年美国每天处理 8000 万个～1 亿个 800 号电话，年营业额数百亿美元，年增长率为 15～20%。800 号服务是一个巨大的市场，吸引着各个电信公司，是他们最主要的收入之一。所谓 800 号电话是公司企业向客户提供一种特殊的电话号码，该号码的地区码为 800（虚拟地区码），客户使用这个电话和公司企业通话时的费用由公司支付，打电话的客户免费。800 号电话号是一个虚拟的逻辑电话号，一个公司可能拥有许多的实际电话号码，但 800 号电话只有一个，客户可能在任何地方拨这个号码要求与该公司某个职能部门通话，这就存在一个将 800 号电话转变成实际电话号的过程。这个过程的实现依赖于 No.7 信令系统。

（3）他方付费电话。他方付费电话有三种形式：第一种形式是信用卡电话，它不同于我国目前流行的磁卡电话；第二种形式是被叫付费电话；第三种形式是第三方付费电话。在公共信道信令网建立之前，他方付费电话依赖电话局操作员才能实现，有了公共信道信令网，他方付费电话基本自动化，方便而高效。

（4）蜂窝移动通信系统。蜂窝移动通信系统需要在公共信道信令网中增加至少三种节点：MSC、HLR（Home Location Register）和 VLR（Visitor Location Register）。蜂窝移动通信系统将一个通信区域分成许多个 CELL，每个 CELL 内设立一个 MSC，负责 CELL 内无线用户的通信。MSC 是一个使用 No.7 信令的无线交换机，它包括 No.7 信令中的 MTP、SCCP、TCAP 和 MAP。在蜂窝移动通信系统中，每个无线用户必须在数据库 HLR 和 VLR 中登记。

（5）其他应用。No.7 信令有着广阔的应用前景。除了上述 4 种应用之外，它可以用作 ATM 网络和 B-ISDN 网络的内部信令，智能网的实现等。此外，由于数据通信网络规模的扩大，技术复杂度的增强，网络的操作维护、管理、测试和故障诊断的矛盾日益突出，解决这个问题的最好方法是利用 No.7 信令的 OMAP 在共路信令网中建立网络管理维护中心。由于信令网是一个速度快，可靠性好的分组交换网，网络管理中心的操作员可以对通信网进行远程的实时的测试、诊断、监视、控制和管理，并且不干扰正常的数据通信。

3. No.7 信令基本功能结构划分

基于上述 No.7 信令的优点及特点，No. 7 信令采用了模块化的功能结构，实现在一个系统框架内多种应用并存的灵活性。对于一种应用来说，只用到系统的一个子集。根据这一构思，No.7 信令系统的基本功能结构分为两部分，如图 2-20 所示。

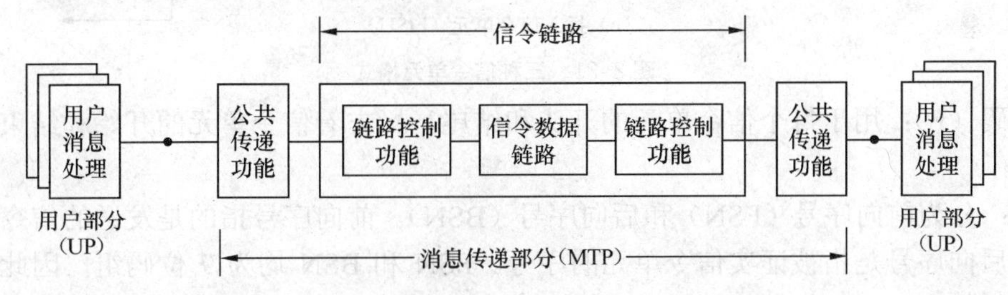

图 2-20 No.7 信令系统的基本功能结构示意图

（1）公共的消息传递部分。消息传递部分（MTP）的全部功能就是作为一个传送系统，在正在通信的用户功能位置之间保证信令信息无差错、不丢失、不错序、不重复的可靠传递。MTP 分为三个功能级：

① 信令数据链路级（第一级）；

② 信令链路控制级（第二级）；

③ 信令网功能级（第三级）。

（2）适合不同用户的独立用户部分。用户部分（UP）包括电话用户部分（TUP）、数据用户部分（DUP）和 ISDN 用户部分（ISUP）等。由于 MTP 是各用户部分的公共运载系统，因此不同的用户部分的消息传递部分有共同之处。

4．No.7 信令单元格式

No.7 信令采用数字编码的形式传送各种信令时，是通过信令消息的最小单元——信令单元（SU）来传送的。由于信令消息本身的长度不相等，如摘、挂机等监视信令通常较短，而地址信令则较长，故采用不等长的信令单元。每个信令单元由若干个 8 位位组组成，分为用户部分产生的可变长度信令信息字段和固定长度的其他各种控制字段。共有三种形式的信令单元：

（1）消息信令单元（MSU），用于传送用户消息；

（2）链路状态信令单元（LSSU），用于传送信令链路的状态；

（3）插入信令单元（FISU），用于链路空或链路拥塞时来填补位置。

三种形式的信令单元的格式如图 2-21 所示。图中符号的具体含义如下。

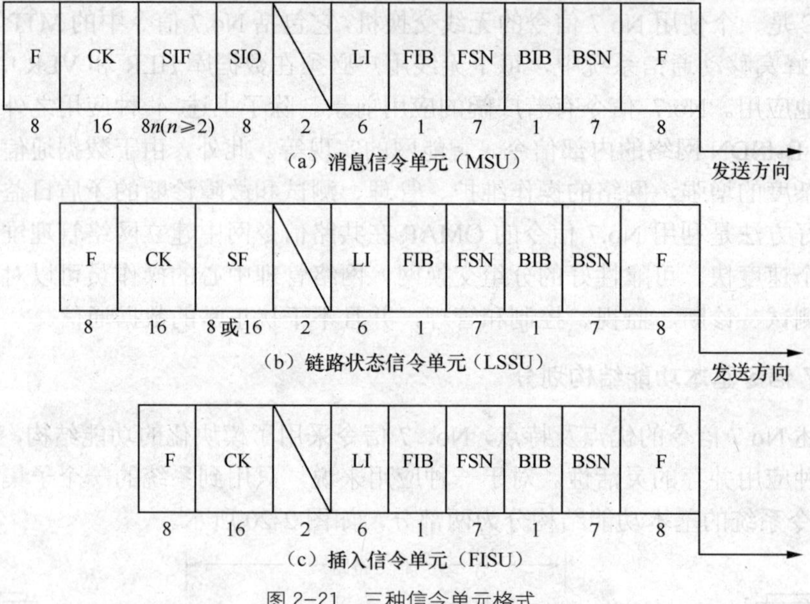

图 2-21　三种信令单元格式

标志码（F）：用于每个信令单元的开头和结尾，标志着信令单元的开始和结束，码型为 01111110。

序号：分为前向序号（FSN）和后向序号（BSN）。前向序号指的是发送的信令单元本身的序号；后向序号是指被证实信令单元的序号。FSN 和 BSN 均为 7 位码组，因此可以指示的信令单元的序号为 0～127。

指示比特：分为前向指示比特（FIB）和后向指示比特（BIB）。它们与前向序号和后向序号一起用于差错校正，完成信令单元的顺序控制、证实和重发功能。

长度表示语（LI）：用来指示信令单元的长度。LI 由 6 比特组成，因此可指示的数为 0～63。具体是指示 SIF 或 SF 字段的字节数，通过它可以区分三种不同的信令单元：

（1）LI = 0，插入信令单元（FISU）；

（2）LI = 1 或 2，链路状态信令单元（LSSU）；

（3）LI＞2，消息信令单元（MSU）。

No.7 信令的不等长的信令单元实际上是指 MSU 为不等长的。在国际通信网中消息信令单元中的信息字段（SIF）所允许的最大信令长度为 62 个字节，在国内应用时可以大于 62

字节，最大允许 272 个字节。当超过 62 字节时，LI = 63。

校验码（CK）：采用循环校验码。校验对象为开始标志码最后 1 比特（但不包括它）以后至第一位校验比特（但不包括它）之间的信息内容。

以上为三种信令单元共有的部分。

信令信息字段（SIF）：是信令要传送的信令消息本身。它由用户部分规定，由整数个字节组成，最长可达 272 字节。

业务信息字段（SIO）：用于 MSU 中分配用户部分的信令消息，由业务表示语和子业务字段两部分组成。

状态字段（SF）：标志本端链路的工作状态，是 LSSU 的主要组成部分。

2.3.3　No.7 信令网

No.7 信令是公共信道信令，它区别于早期的随路信令的一个重要特征是有一个独立于信息网的信令网。在 No.7 信令网中除了传送电话的呼叫控制等电话信令外，还可以传送其他如网络管理和维护等方面的信息，因此 No.7 信令网实际上是一个业务支撑网。它可支持电话通信网（PSTN）、电路交换的数据网（CSPDN）、窄带综合业务数字网（N-ISDN）、宽带综合业务数字网（B-ISDN）和智能网（IN）等各种信令信息的传送，从而实现呼叫的建立和释放、业务的控制、网路的运行和管理以及各种补充业务的开放等功能。

No.7 信令网传送的信令单元就是一个个数据分组，各节点对信令的处理过程就是存储转发的过程，各路信令信息对信令信道的使用采用时分复用的方式，因而可以说 No.7 信令网其本质是一个载送信令信息的专用分组交换数据网。

1. No.7 信令网的组成

No.7 的信令网由信令点、信令转接点和信令链路组成，如图 2-22 所示。

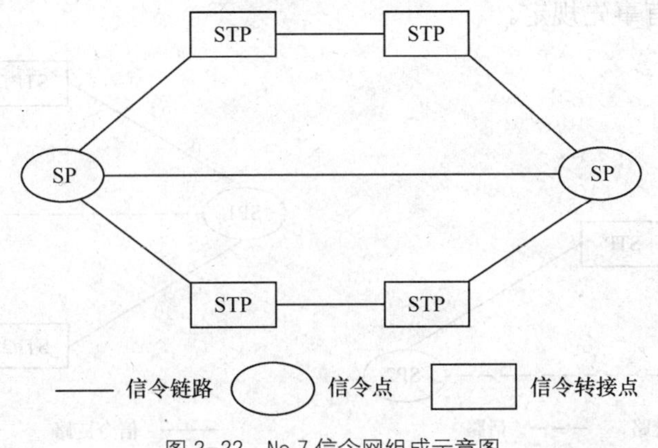

图 2-22　No.7 信令网组成示意图

（1）信令点：信令点（SP）是信令消息的起源点和目的点，它是信息网中具有 No.7 信令功能的业务节点，是信令消息的源点和目的地点。它可以是各类交换局也可以是各种特服中心（如网管中心、操作维护中心、网络数据库、业务交换点、业务控制点等）。

（2）信令转接点：信令转接点（STP）是将一条信令链路收到的信令消息转发到另一条信令链路的信令转接中心，它具有信令转接功能。STP 可分为：独立的信令转接点和综合的信令转接点。

① 独立的信令转接点：独立的信令转接点是只完成信令转接功能的 STP，即专用的信令转接点。独立的信令转接点只具有 No.7 信令系统中的 MTP 功能。

② 综合的信令转接点：综合的信令转接点既完成信令转接的功能，同时又是信令消息的起源点和目的点。综合的信令转接点具有 No.7 信令系统中的 MTP 和 UP 部分的功能。

(3) 信令链路：信令链路是 No.7 信令网中连接信令点和信令转接点的数字链路，其速率为 64kbit/s，它由 No.7 信令的第一和第二功能级组成，即具有 No.7 信令系统中的 MTP1 和 MTP2 部分的功能。

根据通话电路和信令链的关系，No.7 信令网可以采用三种工作方式：直联工作方式、准直联工作方式和非直联工作方式。

(1) 直联工作方式。如果信令消息是在信令的源点和目的点之间的一段直达信令链路上传送，并且该信令链路是专为连接这两个交换局的电路群中的话路服务的，则这种传送方式叫做直联工作方式。图 2-23 所示为直联工作方式。

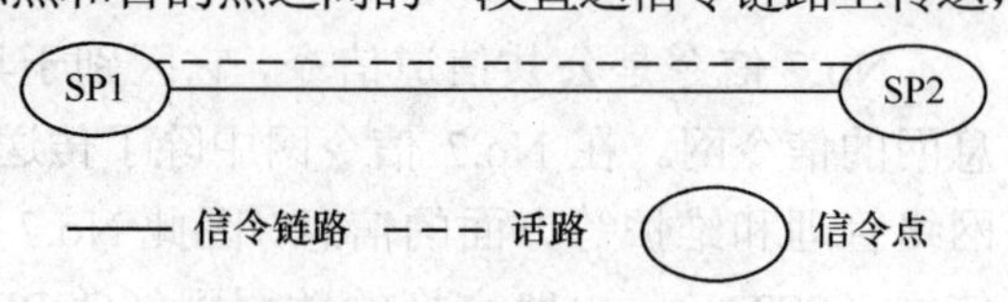

图 2-23　直联工作方式示意图

(2) 准直联工作方式。如果信令消息是在信令的源点和目的点之间的两段或两段以上串接的信令链路上传送，信令传送路径与话路路径是非对应的，但只允许通过预定的路由和信令转接点，则这种传送方式叫做准直联工作方式。图 2-24 所示为准直联工作方式。

(3) 非直联工作方式。与准直联工作方式相同，信令消息是在信令的源点和目的点之间的两段或两段以上串接的信令链路上传送，但信令消息在信令的源点和目的点之间的多条信令路由中的传输是随机的，与话路无关，是由整个信令网根据实际的运行情况动态选择的，这种方式可有效地利用网络资源，但会使信令网的路由选择和管理非常复杂。图 2-25 所示是非直联工作方式，信令传送时，对信令路由 1（SP1—STPl—SP2）和信令路由 2（SPl—STP2—SP2）的选择是随机的，没有事先规定。

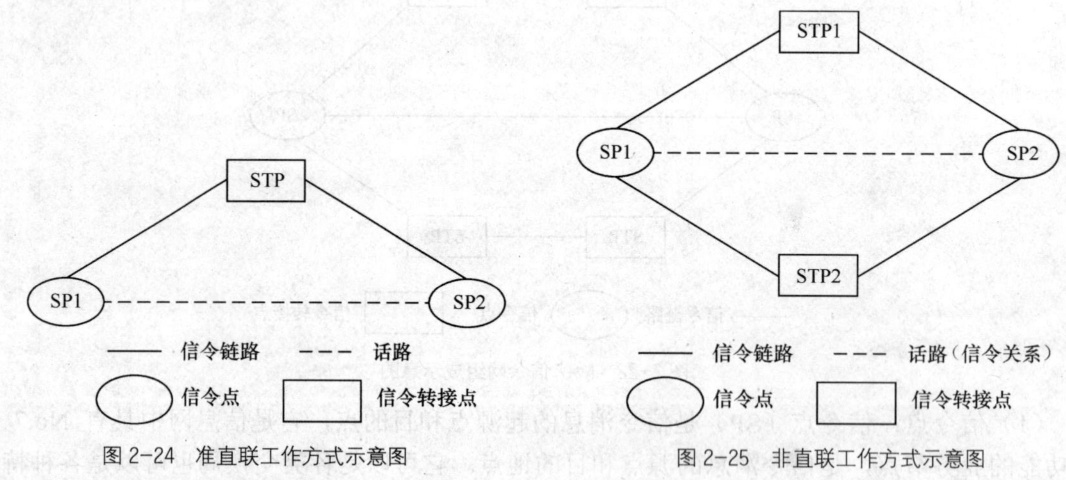

图 2-24　准直联工作方式示意图

图 2-25　非直联工作方式示意图

2．No.7 信令网的结构

No.7 信令网的结构取决信令网节点之间选择的连接方式。连接方式分为 STP 与 SP 之间的连接方式和STP之间的连接方式。

（1）STP与SP间的连接方式：根据STP与SP间的相互关系，STP与SP间的连接方式可分为以下两种方式。

① 分区固定连接方式：分区固定连接方式示意图如图2-26所示。为保证信令的可靠转接在这种方式中每个SP需成对地连接到本信令区的两个STP。每一信令区内的SP间的准直联接必须经过本信令区的STP的转接。某一个信令区的一个STP故障时，该信令区的全部信令业务负荷都转到另一个STP；如果某一信令区两个STP同时故障，则该信令区的全部信令业务中断。若是两个信令区之间的SP间的准直联连接则至少需经过两个STP的两次转接。采用该方式连接时，信令网的路由设计及管理较方便。

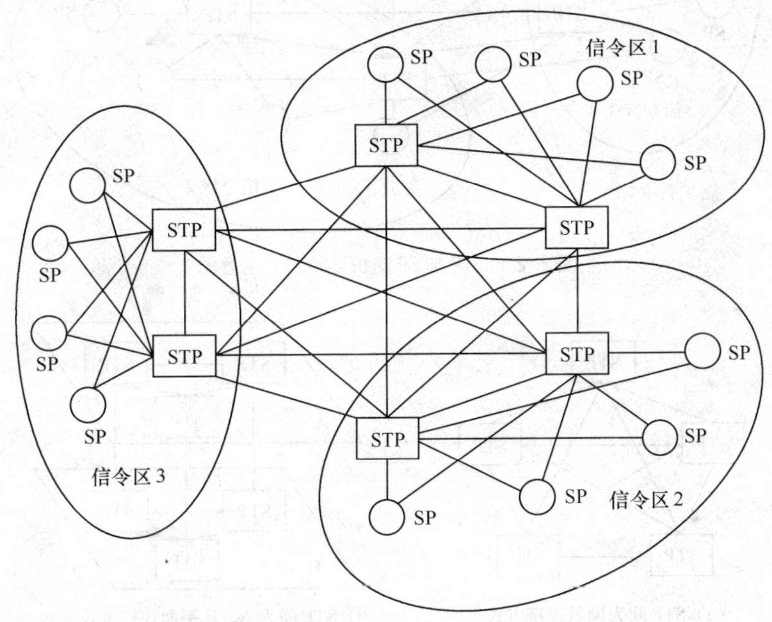

图2-26　STP与SP分区固定连接方式示意图

② 随机连接方式：随机连接方式示意图如图2-27所示。这种方式是按信令业务负荷的大小采用自由连接的方式，即本信令区的SP根据信令业务负荷的大小可以连接其他信令区的STP；为保证信令连接的可靠性每个SP需接至两个STP（可以是相同信令区，也可以是不同信令区）；当某一个SP连接至两个信令区的STP时，该SP在两个信令区的准直联连接可以只经过一次STP的转接；随机连接的信令网中SP间的连接比固定连接时灵活，但信令路由比固定连接复杂，所以信令网的路由设计及管理较复杂。

（2）STP间的连接方式：

① 网状连接方式：网状连接方式的主要特点是各STP间都设置直达信令链路，在正常情况下，STP间的信令连接可不经过STP的转接。但为了信令网的可靠，还需设置迂回路由，如图2-28（a）所示。

② A，B平面连接方式：A，B平面连接的主要特点是A平面或B平面内部的各个STP间采用网状相连，平面之间则采用成对的STP相连。在正常情况下，同一平面内的STP间信令连接不经过其他STP转接。在故障情况下同一平面内的STP间信令连接需经由不同平面的

STP 连接时，这种方式除正常路由外，也需设置迂回路由，但转接次数要比网状连接时多，如图 2-28（b）所示。

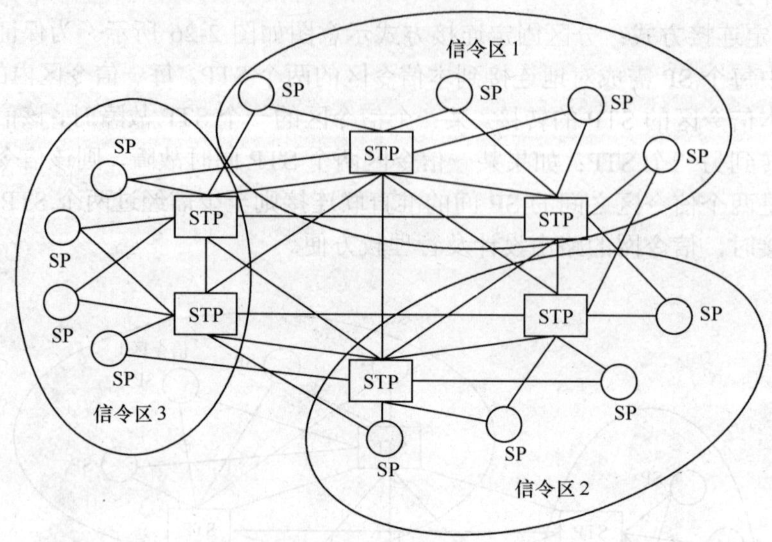

图 2-27　STP 与 SP 随机连接方式示意图

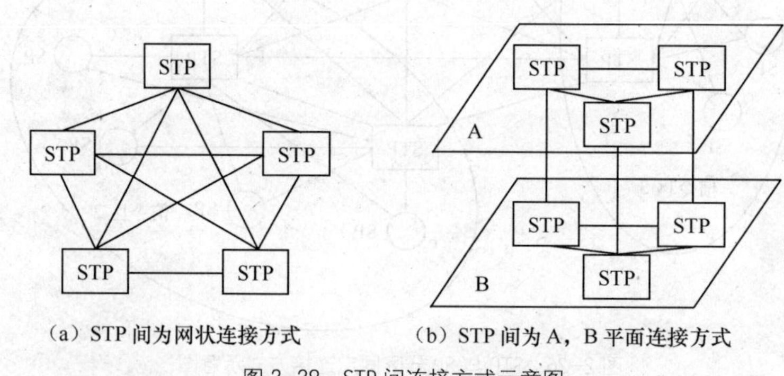

（a）STP 间为网状连接方式　　（b）STP 间为 A，B 平面连接方式

图 2-28　STP 间连接方式示意图

结合上述节点间的连接方式，信令网的结构可分为无级信令网和分级信令网。

（1）无级信令网就是信令网中不引入信令转接点，信令点间采用直联工作方式，网络拓扑结构为网形网，因此该种结构具有信令路由多，信令消息传递时延短等优点。但同时由于采用网形网的结构，局间信令的链路数量会随着节点的增加而呈指数增加，因此这种方式无法满足较大范围的信令网的要求，从而导致其在信令网的容量和经济性上都满足不了国际、国内信令网的要求，故未被广泛采用。无级信令网如图 2-29（a）所示。

（2）分级信令网就是含有信令转接点的信令网，它可按等级分为两种。一种是二级信令网，如图 2-29（b）所示，由一级 STP 和 SP 组成。另一种是三级信令网如图 2-29（c）所示，由两级信令转接点，即 HSTP（高级信令转接点）、LSTP（低级信令转接点）和 SP 组成，采用几级信令网，主要取决于信令网所能容纳的信令点数量以及 STP 的容量。

二级信令网相对三级信令网具有信令转接点少、信令传递时延小等优点，在信令网容量可以满足要求的条件下，通常都采用二级信令网。目前大多数国家采用二级信令网结构。当二级信令网容量不能满足要求时，就必须采用三级信令网。

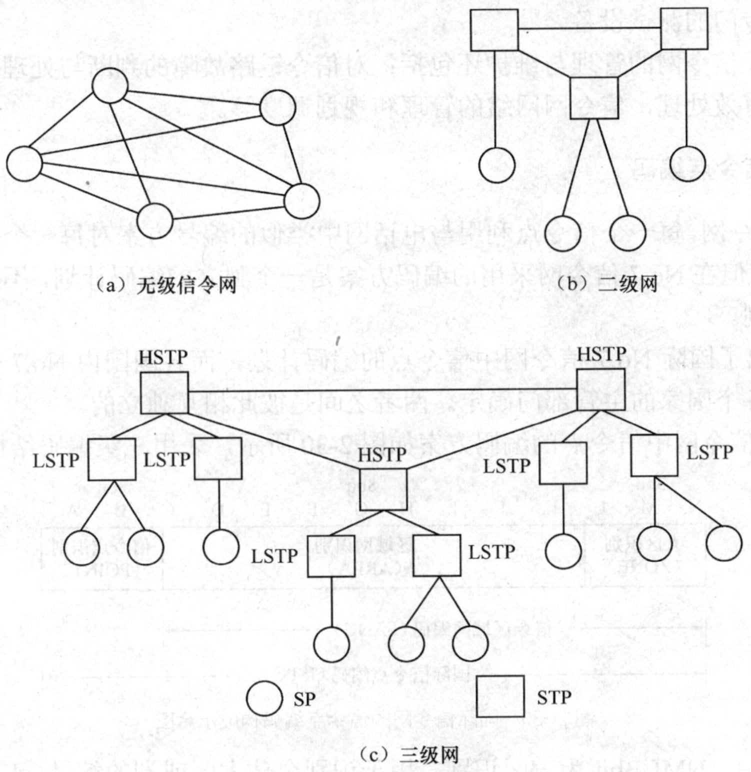

（a）无级信令网

（b）二级网

（c）三级网

图 2-29 信令网结构示意图

3. No.7 信令网的维护、管理

No.7 信令可以提供丰富的信令消息，为信令网的管理、维护提供了先进的维护管理手段。同时也对信令网的管理和维护工作提出了新的更高的要求。

No.7 信令网的运行、管理和维护（OA&M）主要包括以下功能：

（1）信令网中信令点、信令转接点和信令业务量的监视测量；

（2）信令网的路由测试；

（3）信令链路的运行管理；

（4）信令网的数据采集；

（5）信令网故障的监视和测量。

对于信令网的监视和测量主要有以下几个方面：

（1）信令链路性能；

（2）信令链路可用性；

（3）信令链路利用率；

（4）信令链路组和路由组可用性；

（5）信令点状态的可接入性；

（6）信令路由利用率。

进行信令网的监视和测量有两种主要测试工具：

（1）人机命令；

（2）利用专门的测试设备。

此外，对于信令网的管理与维护还包括：对信令链路故障的判断与处理；STP 设备故障的及时发现并有效处理，信令网网络的管理和规划调度等。

4．No.7 信令点编码

在 No.7 信令网，每一个信令点利用与电话网中类似的编号方案对每一个信令点进行编码来唯一标识它。但在 No.7 信令网采用的编码方案是一个独立的编码计划，不从属于任何一种业务的编码计划。

ITU-T 给出了国际 No.7 信令网中信令点的编码计划，而各国国内 No.7 信令网的信令点的编码计划由各个国家的主管部门确定。两者之间是彼此相互独立的。

国际 No.7 信令网中信令点的编码方案如图 2-30 所示，采用三级编码结构，共 14 位。

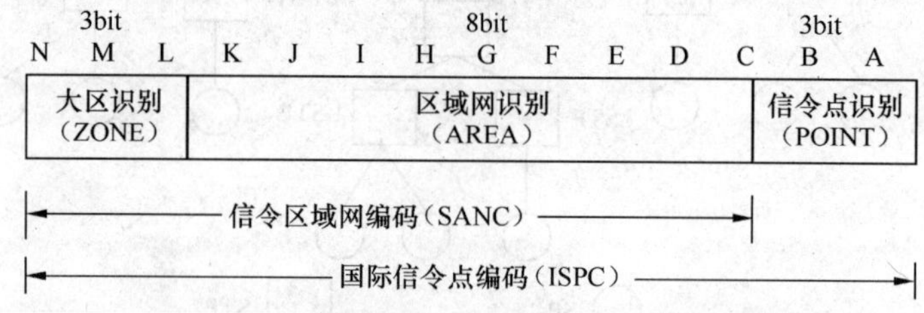

图 2-30 国际信令网的信令点编码构成示意图

在图 2-30 中，NML 3bit 为大区识别，用于识别全球大区或洲的编号；K～D 8bit 为区域网识别，用于识别全球编号大区内的地理区域或区域网，即国家或地区；CBA 3bit 为信令点识别，用于识别地理区域或区域网中的信令点。在这里，大区识别和区域网识别合称为信令区域网编码（SANC）。

我国的 No.7 信令网内信令点的编码方案采用统一的分级编码方案。考虑到未来信令网的发展以及组网的灵活性等因素，我国国内信令点编码采用 24bit 全国统一编码方案，编码格式如图 2-31 所示。

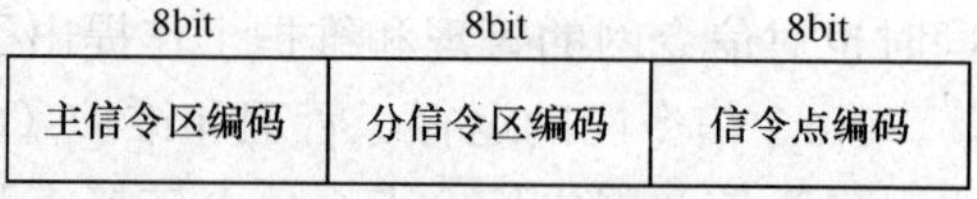

8bit	8bit	8bit
主信令区编码	分信令区编码	信令点编码

图 2-31 国内信令网信令点编码构成示意图

由图 2-31 可知，我国国内信令点编码由主信令区、分信令区、信令点三部分组成。主信令区编码原则上以省、自治区、直辖市为单位编排；分信令区编码原则上以每省、自治区的地区、地级市或直辖市的汇接区和郊县为单位编排；国内信令网的每个信令点都分配一个信令点编码。

对于支持 No.7 信令的国际出口局，应有两个信令点编码，一个是国际信令网 14bit 的信令点编码，例如我国大区编码为 4，区域网编码为 120，而我国在国际网中分配有 8 个信令点，其编码为 4-120-XXX。另一个是国内信令网 24bit 的信令点编码，两者之间的转换由该国际出口局来完成。

2.3.4 我国 No.7 信令网概况

No.7 信令网与电话网是一种共生的关系。因此我国的 No.7 信令网的发展是伴随着我国的电话交换网的发展而展开的。根据我国电话网的现状，结合前面讲述的 No.7 信令网的网络结构的相关内容，我国的 No.7 信令网采用三级结构，如图 2-32 所示。

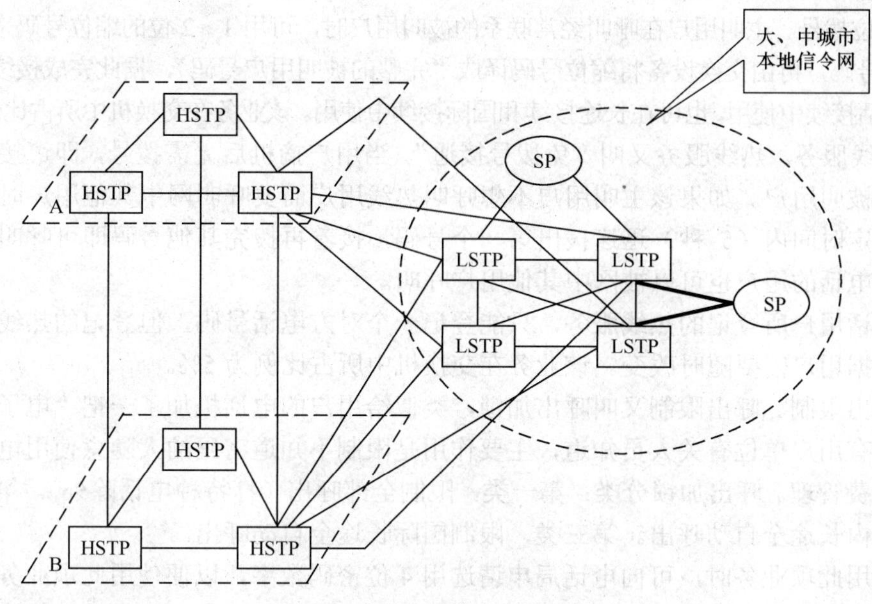

图 2-32 我国 No.7 信令网结构示意图

在我国的No.7信令网中，HSTP采用A、B平面连接方式，A、B平面内的各个HSTP采用网状网结构以提高信令网的可靠性。A、B平面间成对的HSTP相连。HSTP负责转接它所汇接的LSTP和SP的信令信息。HSTP作为高级信令转接点信令负荷较大，因此应尽量采用独立的信令转接点。

LSTP负责转接本信令区各SP的信令消息。可根据实际情况采用独立信令转接点或综合信令转接点。其与HSTP和SP之间的连接采用分区固定连接方式。在同一信令区内的LSTP间采用网状连接，以提高可靠性。

每个SP至少连接两个LSTP，连接方式可采用分区固定连接方式或随机连接方式。若根据实际情况连接至HSTP，应分别以分区固定连接方式连接至A、B平面内成对的HSTP。

2.4 电话网业务

1. 基本业务

（1）市话、国内长途及国际长途的自动接续服务。

（2）提供话务员接入服务。

（3）提供录音通知，将一些特殊业务（例如：报时、天气预报、用户改号等）用话音通知用户。

（4）提供特种服务（例如119、110、120等）。

（5）公用电话业务。

（6）呼叫禁止，用于设备有故障或用户欠费而暂停使用。

（7）恶意呼叫跟踪，可以对恶意的呼叫进行追踪，从而制止这种行为。

2. 补充业务

要想使用新服务项目的用户，需要事先向话局申请，经话局同意后予以登记，并通过人机命令赋予该用户线使用该项业务的权利。下面对常用的补充业务进行简要的介绍。

（1）缩位拨号。主叫用户在呼叫经常联系的被叫用户时，可用 1～2 位的缩位号码来代替原来的多位被叫号码，再由交换设备将缩位号码译成“完整的被叫用户号码”，据此完成接续，缩位拨号不仅在市话接续中使用，也可在长途接续和国际接续中使用。该业务在交换机中所占比例为 10%。

（2）热线服务。热线服务又叫“免拨号接通”。当用户摘机后无需拨号，即可接通到事先指定的某一被叫用户。如果该主叫用户不想呼叫热线用户而要呼叫网中其他用户时，只需在摘机后的规定时间内（5 秒）迅速拨出第一个号码，接着再拨完其他号码即可呼叫网中其他用户，热线电话的用户也可以被网中其他用户呼叫。

一个电话用户所登记的热线服务，只能登记一个对方电话号码，但登记的热线服务电话号码可以根据用户需要随时改变。该业务在交换机中所占比例为 5%。

（3）呼出限制。呼出限制又叫呼出加锁，类似给用户的电话机加了一把“电子密码锁”，这个密码只有用户单位有关人员知道，主要作用是限制不知道密码的人随意使用电话，有利于加强电话费管理。呼出加锁分类：第一类，限制全部呼出（打特种电话除外）。第二类，限制国际和国内长途全自动呼出。第三类，限制国际长途全自动呼出。

用户需用此项业务时，可向电话局申请选用 4 位密码数字，以便使用此项业务。该业务在交换机中所占比例为 10%。

（4）闹钟服务。闹钟服务又叫叫醒服务，在预定的时间，对用户振铃起闹钟作用，以提醒用户去办计划之中的事情。闹钟服务是一次性服务，只要交换机提供这次服务，此后即自动撤销。预定的响铃时间限定为登记之时算起的 23 小时 59 分之内。该业务在交换机中所占比例为 1%。

（5）免打扰服务。免打扰服务又叫暂不受话服务。当用户在某一段时间里不希望来话呼叫对他干扰时，他可以请求将他的呼叫转移到话务员或录音通知设备。该业务在交换机中所占比例为 5%。

（6）转移呼叫。转移呼叫又称随我来。程控局的某用户，若有事外出他处，为了避免耽误受话，可以事先向电话局登记一个他临时去处的电话号码。此后若有其他用户呼叫该用户时，数字程控交换机可将这次呼叫转移到他的临时去处。该业务在交换机中所占比例为 5%。

（7）呼叫等待。某一用户（简称 A）发起呼叫，并与被叫用户（简称 B）建立了接续，就在 A、B 用户通话期间，又有第三者（简称 C）呼叫 A，此时，尽管 A 处在通话状态，C 可听到回铃音，同时 A 听到呼入等待音，在此情况下，A 用户可作如下选择：①接收新呼叫结束原呼叫；②保留原呼叫接收新呼叫：在与新呼叫者说话时保持原有的接续，随后并能根据需要在二者之间进行转换；③拒绝新呼叫：当 A 用户听呼叫等待音超过 20～25s，交换机向 C 用户送忙音。该业务在交换机中所占比例为 5%。

（8）遇忙回叫。当 A 用户呼叫 B 用户遇忙，应用本项功能可以在 B 用户空闲时，自动地把这两个用户接通，交换机在实现遇忙回叫时，先向主叫用户振铃，主叫摘机后改向被叫用户振铃（同时让主叫用户听回铃音）。该业务在交换机中所占比例为 5%。

（9）缺席用户服务。根据用户要求，当该用户不在，恰有其他用户呼叫他时；可以提供事先录制的录音通知，例如“今日外出，请明日来电话”等。该业务在交换机中所占比例为 5%。

以上提供的是针对一般个人用户的补充业务。单位使用的小交换机如果是数字程控交换还可以提供小交换机号连选，夜间服务，直接拨入分机以及多方会议电话等业务。在管理与维护方面数字程控交换机还可以提供话务自动控制、话务自动统计、自动故障诊断、自动设备测试、迂回路由寻找以及遥控遥测无人值守等业务。

3．增值业务

（1）电话会议业务。该业务是建立在电话增值业务平台上的一种交互式会议电话服务，与会者无论身在何处，只需通过电话拨打业务接入码并输入会议号和相应密码，即能接入会议，进行旁听，发言或相互自由交谈沟通。这是一种方便、省时、高效的会议新形式，是为企事业单位、跨国机构、机关团体召开远程会议提供的一种高效的解决方案。

（2）4008业务。4008业务又称为主被叫分摊付费业务，业务特征与业务功能类似于已经广泛开放的800业务，是800的升级版，在很多方面弥补了800存在的缺陷和不足，更多个性化服务，更智能化的功能设置。4008业务为被叫客户提供一个全国范围内的唯一号码，并把对该号码的呼叫接至被叫客户事先规定目的地（电话号码或呼叫中心）的全国性智能网业务。该业务的通话费由主、被叫分摊付费。

（3）企业小总机/一号通。为企业提供终身唯一号码企业小总机可以帮助中小企业用户将移动电话、固定电话等多个号码绑定为一个企业小总机号码上，并且可以将来电按照用户预先设置的顺序进行接续。

（4）中继线业务。所谓中继线业务，是指将若干条普通的连接用户小交换机的环路中继线捆绑成为一个号码，这个号码称之为“引示号”，对外只要公布这个引示号，就可以达到若干电话号码同时呼入。中继线可以只对外公布1个号码，便于人们记忆，方便硬件平台的搭建，减少话务流失，提高企业形象。

练 习 题

一、填空题

1．衡量电话业务质量的指标有________、________和________。

2．电话通信网由________部分构成，分别是________和________。

3．按照信令工作区域的不同信令分为________和________；按照信令传输通路与用户话路的关系，信令可分为________和________。

4．正常通信情况下，No.7信令系统使用的信令单元有________和________。

二、名词解释

1．失效率

2．来话汇接

3．4008业务

三、简答题

1．随路信令系统与公共信道信令系统的区别是什么？

2．简述电话通信网中各类交换局的作用。

四、综述题

我国长途电话网结构的发展过程。

第3章 宽带综合业务数字网

由前几章的知识可知，传统的电话业务和电报业务使用电路交换网；而像帧中继等新型数据业务则使用分组交换网。另外，除了PSTN电话网和数据通信网外，还有有线电视（CATV）网。对于电信公司来说，由于网络的专门化，使得网络在不同业务的兼容性、灵活性和资源利用率等方面存在着严重的缺陷。因此建立了一个与业务无关的网络，使它能够传送现有所有业务，并能以一种低成本的方式不断引入新业务，这对运营商和用户均有利。

3.1 ATM与B-ISDN的产生和发展

3.1.1 N–ISDN概述

1972年原CCITT提出了综合业务数字网（ISDN）的概念。并在20世纪80年代初制定了一整套关于ISDN的I系列建议，奠定了ISDN发展的基础。

CCITT把ISDN定义为："ISDN是以提供了端到端的数字连接的电话网IDN为基础发展而成的通信网，用以支持包括电话及非话的多种业务。用户对通信网有一个由有限个标准多用途的用户/网络接口构成的出入口"。

ISDN的基本概念可以归纳为：

（1）ISDN是通信网；

（2）ISDN是以电话网的数字化并形成综合数字网为基础发展起来的；

（3）ISDN支持端到端的数字连接；

（4）ISDN支持各种通信业务，包括电话业务与非话业务；

（5）ISDN提供标准的用户/网络的访问；

（6）用户通过一组有限个多用途用户/网络接口接入ISDN。

鉴于当时技术能力和业务需求的限制，首先提出的只能是窄带综合业务数字网（N-ISDN）。

N-ISDN采用同步转移模式（STM）使得语音和数据在同一介质中传输。这里所谓的"转移模式"，是这样定义的：转移模式就是在电信网中传输、复用和交换的方式。

而所谓同步传送模式是指各个需要交换的通路的分割是依靠同一个共有的网络参考时钟来精确地进行分割的，其原理如图3-1所示。

在图3-1中采用周期为125μs的帧结构，在信息发送时，首先将用户信息以字节或比特形式插入到每帧内的固定时隙，在连接建立后，不论有无发送信息，所分配的时隙由该连接所独享，而不能被其他连接占用。图中发送信道加入每帧内的第3时隙，这种依据帧内的时隙位置识别通路的复用方式又称为位置复用。

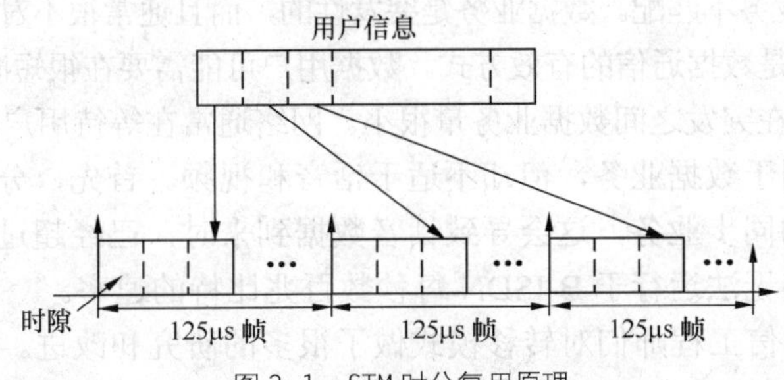

图3-1 STM时分复用原理

N-ISDN提供端到端的数字连接，定义了两种用户网络接口：基本速率接口（BRI）和基群速率接口（PRI），实现了用户网络接口的标准化。

（1）基本访问速率（basic access rate）。基本访问速率由2个速率为64kbit/s的B信道和1个速率为16kbit/s的D信道组成（2B + D）。B信道用于传送用户数据；D信道用于传送控制信息；加上分帧、同步等其他开销，总速率为192kbit/s。基本访问速率可利用现有用户电话线支持，提供电话、传真等常规业务。

（2）基群访问速率（primary access rate）。基群访问速率可由多种信道混成。在北美和日本使用（23B + D）的结构，速率为1.544Mbit/s。而在欧洲则使用（30B + D）的结构，其中B、D信道均为64kbit/s。基群访问速率是针对专用小型电话交换机（PBX）或LAN等业务量大的单位用户。

3.1.2 B-ISDN与ATM概述

随着用户对于信息传送量和传送速率的要求的不断提高，N-ISDN已无法满足用户需要。例如，要传送高清晰度电视图像要求达到155Mbit/s量级的速率，要支持多个交互式或分布式应用，一个用户线的总容量需求可能达到622Mbit/s的数量级。在此情况下，人们提出了宽带ISDN，即B-ISDN。所谓宽带是指要求传送信道能够支持大于基群数量的服务。B-ISDN可以提供视频点播（VOD）、电视会议、高速局域网互连以及高速数据传输等业务。B-ISDN要支持如此高的速率，要处理很广范围内各种不同速率和传输质量的需求，需要面临两大技术挑战：一是高速传输；二是高速转移模式。

高速传输可以借助于光纤信道来实现。

我们这里着重讨论B-ISDN对于转移模式的要求。

（1）要能够提供高速传送业务的能力：随着宽带业务的出现，要求网络中的复用、交换设备能够提供高达每秒千兆比特到几十千兆比特的吞吐能力。

（2）对信息损伤要小：即要满足时间透明性（信息传输的时延和时延抖动要小）和语义透明性（信息传输的丢失与差错要小）。

（3）能灵活地支持各种业务：这就要求交换机能迅速地完成多种业务的适配和交换。不同业务对带宽、时延的要求不同，信源的突发性等差异也很大，并且新的业务不断出现。这就要求B-ISDN的转移模式要具有很大的灵活性，不仅能支持现有的多种业务，而且能适应业务发展的需要，支持将来出现的各种业务。

（4）要具有可行性：尽可能的简化设备和网络的结构及管理。

针对 B-ISDN 对于转移模式的要求，分析已有的电路交换（STM）和分组交换，可以得到以下结论。

（1）STM 与数据业务不匹配。数据业务是突发性的，而且通常很不对称。在 STM 网络中使用对称固定时隙显然不是数据通信的有效方式。数据用户可能需要在很短时间内在一个方向上以很高带宽突发传输，但在突发之间数据业务量很小。网络通常在等待用户输入，浪费网络资源。

（2）分组交换适用于数据业务，但却不适于话音和视频。首先，分组网络延迟可能变化很大。对于语音之类的同步业务，这会导致话音数据到来时，已经超过了预定的输出时间。而且，典型的数据网络无法运行于 B-ISDN 每秒数百兆比特的速率。

针对以上问题，通信工程师们对转移模式做了很多的研究和改进。1983 年，美国贝尔实验室的 TurnerJ.等人提出了快速分组交换（Fast Packet Switching，FPS）原理，研制了原型机。同年，法国 CoudreuseJ.P.提出了 ATD 交换概念，并在法国电信研究中心研制了演示模型。

20 世纪 80 年代中期，原 CCITT 也开始了这种新的传送模式的研究。ATM 最早于 1984 年由 ITU 引入。1987 年，原 ICCITT 决定采用固定长度的信元，定名为 ATM（异步转移模式），并认定 B-ISDN 将基于 ATM 技术。

ATM 是一种采用固定长度信元传送数字信息的快速分组交换技术。信元持续以异步方式传递信息，在时间上不占用固定位置（因此称为异步）。这与在固定位置时隙发送信息的电路交换技术不同。ATM 也不同于 X.25 或 TCP/IP 那样的分组交换技术，ATM 运行于很高的速度，面向连接，信元长度固定，在网络层不重传。服务质量根植于协议之中。

选择 ATM 作为 B-ISDN 的转移模式有如下优势。

（1）综合业务：采用单一宽带连接利用信元传送话音和非话音信息。

（2）透明业务：ATM 网络可以简单地通过与网络协商所需带宽和服务质量向用户提供附加的业务，而中心局不需额外为提供这些新业务增加硬件。

（3）复用增益：ATM 允许用户在同一物理线路上同时进行数据通信和话音通信。ATM 信元可以传递话音信号，而在语音静默期则可以透明地传送数据。

数据信元简单地在队列中等待，以复用的方式传送。对队列的管理则依据该连接所需的 QoS 功能。语音信元实时性要求高，从队列取出时有优先权。

3.2 ATM 基本原理

3.2.1 ATM 信元

1. ATM 信元及其结构

ATM 网络以 ATM 信元作为传送信息的基本载体，ITU-T 规定其长度为 53byte，分成信头（Header）和净载荷（Payload）两部分，信头占 5byte，净载荷占 48byte。依据其位置不同，在用户-网络接口（User Network Interface，UNI）、网络节点接口（Network Node Interface，NNI），信元格式略有区别，如图 3-2 所示。

信头主要由以下几部分构成。

VPI：虚通道标识，NNI 中为 12bit，UNI 中为 8bit。

VCI：虚信道标识，16bit，标识虚通道中的虚信道，通常用 VPI/VCI 一起标识一个虚连接。

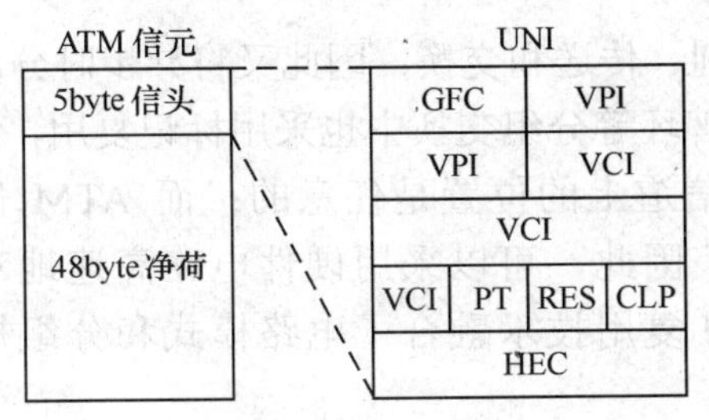

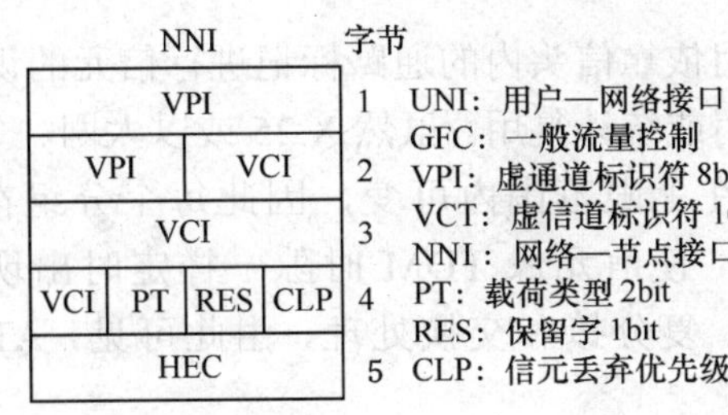

图 3-2　ATM 信元格式

HEC：信头差错控制，8bit，检测出有错误的信头，可纠正信头中 1bit 的差错。HEC 的另一个作用是进行信元定界，利用 HEC 字段和它之前的 4 字节的相关性可识别出信头位置。由于在不同的链路中 VPI/VCI 的值不同，所以在每一段链路都要重新计算 HEC。

PT：净载荷类型，3bit。比特 3 为 0 表示为数据信元，为 1 表示为 OAM 信元。对 OAM 信元，后两比特表明了 OAM 信元的类型。对数据信元，比特 2 用于前向拥塞指示（EFCI），当经过某一节点出现拥塞时，就将这一比特置位；比特 1 用于 AAL5。

CLP：信元丢失优先级，1bit，用于拥塞控制。

GFC：一般流量控制，4bit，只用于 UNI 接口，可能用于流量控制或在共享媒体的网络中标识不同的接入。

2. ATM 信元传输

ATM 传输是面向连接的，当用户有通信需求时，首先发送建立连接请求，请求中包括被叫用户地址、本次通信所需要的带宽和服务质量（QoS）。请求消息从源端沿着信令 VC 传送到目的端。沿途各交换节点依据网络资源决定是否接受呼叫。若接受呼叫，就给各段链路分配 VPI/VCI，并在各交换机内建立控制转发的转发表，路由选择算法决定消息要通达目的地的路径，从而也决定了虚连接的路径。

信元传送阶段，高层用户信息经过切割封装成信元送入源端交换机，交换机按已确定的转发表转发信息至目的地。目的地将一个个信元重新恢复成原始信息递交给高层用户。在通信期间沿途各交换机要监视和管理连接，预防网络内流量过载。

通信结束后，用呼叫结束请求拆除 VPC 和 VCC，释放分配的 VPI 和 VCI。

ATM 连接建立和拆除由控制平面使用的 Q.2931 协议处理。

3.2.2　异步时分复用技术

ATM 的最大特点就是能适配任何类型的业务，并且都能达到最佳的网络资源利用率。要达到这一目标就要对网络资源进行统计复用。所谓统计复用就是根据各种业务的统计特性，在保证业务质量要求的前提下，在各业务间动态地分配网络资源，以达到最佳的资源利用率。

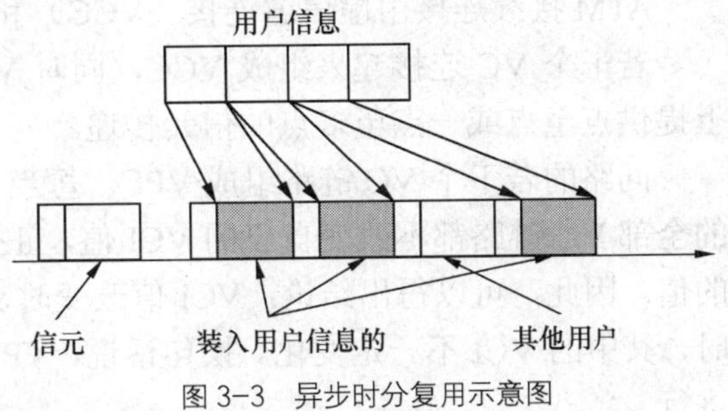

图 3-3　异步时分复用示意图

与图 3-1 所描述的 STD 不同，异步时分复用（ATD）只要信道上存在的空位置就可将发送信息组成的信元加入信道，显然，信元的复用无周期性和固定位置（如图 3-3 所示）。由于异步时分复用依靠信头内的通路标记进行信元的识别、传送和交换，因此又将异步时分复用称作标记复用或统计复用。虽然 X.25 或以太网、令牌环等分组交换中也采用标记复用，但由于分组长度在上限范围内可变，因此每个分组在信道上的位置是任意的；而 ATM 信元的长度固定，使信元像 TDM 时隙一样定时出现。因此，可以采用硬件电路高速地对信头进行识别、复分接和交换处理，由此可见，ATM 复用技术融合了电路模式和分组模式的优点。

3.2.3 面向连接的工作方式

ATM 网络采用面向连接的呼叫接续方式，以满足某些业务对于实时性的要求。ATM 网络的操作类似于电路交换呼叫接续过程，在通信前必须在源端和目的端之间建立连接，但这个连接是一个“虚连接”，网络根据用户的要求分配 VPI/VCI 和相应的带宽，并在交换机中设置相应的路由。

ATM“虚连接”的核心是虚信道 VC，信元的复用、交换和传输均在虚信道（VC）上进行。

根据 VC 的建立/释放方法，可将其分成两种：交换虚信道（Switched Virtual Channel，SVC）和永久虚信道（Permanent Virtual Channel，PVC）。

SVC 是用户需要通信时，通过终端设备由信令建立的虚信道，SVC 类似于电话网的用户线路，只有经过呼叫请求，网络为通信双方建立起相应虚信道后，才能进行通信，通信完成后，释放 SVC。使用 SVC 的用户对网络资源的利用率高，通信费用较低，是 ATM 网络中使用的主要通信方式。

PVC 是由系统预先分配的，不论是否有业务通过或终端设备接入，PVC 一直保持，直到由系统释放。因此，PVC 类似于电话网中的租用线路，经过 PVC 连接的用户需要通信时，不会因通信网络资源不够而导致通信失败。

虚信道由 VCI 标识，它是 ATM 网络链路端点之间的一种逻辑联系，是在两个或多个端点之间传送 ATM 信元的通信通路，可用于用户到用户、用户到网络、网络到网络的信息转移。

多个 VC 组成虚通道（VP），VP 由 VPI 进行标识。VP 与 VC 的关系如图 3-4 所示。

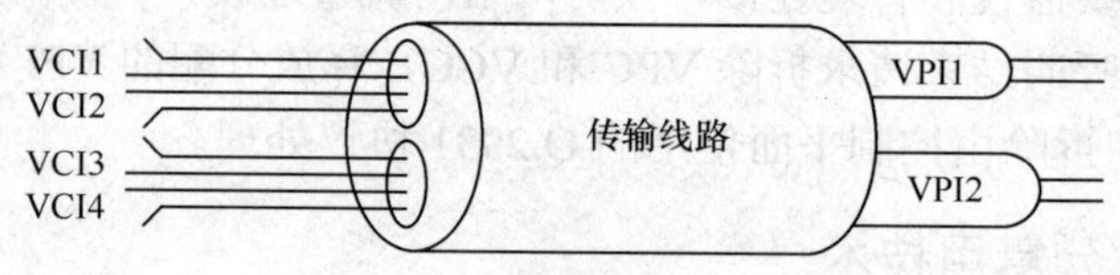

图 3-4　传输线路和 VP、VC 的关系

ATM 接续连接由虚信道连接（VCC）和虚通道连接（VPC）两种构成，如图 3-5 所示。

若干个 VC 连接起来组成 VCC，同时 VCC 也可由多段 VC 链路连接构成，用于在网络上提供点至点或一点至多点的信元传递。

同路的若干个 VC 链路组成 VPC。每当 VP 被交换时，VPI 就要改变，但是整个 VPC 中的全部 VC 链路都不改变自己的 VCI 值，正如在图 3-5 中，VCIy 在整个 VPC 中都不改变它的值。因此，可以得出结论：VCI 值改变时支持它的 VPI 也一定相应地变化了，而 VPI 改变时，其中的 VCI 不一定变化。换句话说，VP 可以单独交换，而 VC 交换必然和 VP 交换一起进行。

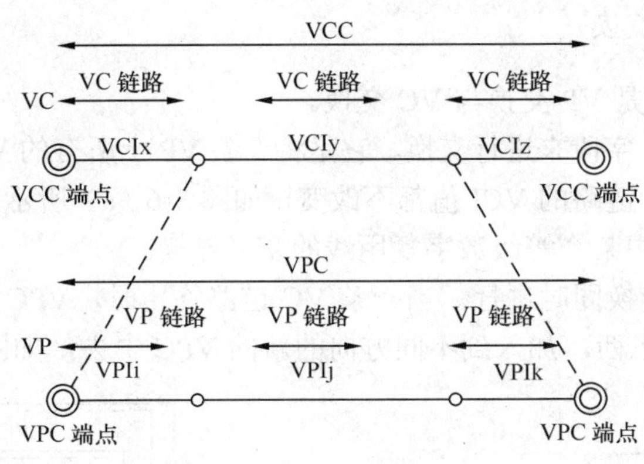

图 3-5　VPC、VCC 示意图

3.3　ATM 交换技术

3.3.1　ATM 交换原理

ATM 交换是指 ATM 信元从输入端的逻辑信道到输出端的逻辑信道的传递过程。输出信道的确定是在众多的输出信道中进行选择来完成的。

1. ATM 交换执行的功能

ATM 交换主要执行三种基本功能：信头变换、路由选择和排队。

（1）信头变换：信头变换主要是指 VPI/VCI 值的变换，即入口 VPI/VCI 变换为出口 VPI/VCI。VPI/VCI 的变换体现了信元交换的重要概念，意味着入线上某逻辑信道中的信息被传送到出线上的另一逻辑信道中去。为了实现信头变换，应建立翻译表。

VPI/VCI 的变换方法有两种，即自选路由法和转发表控制法。

① 自选路由法：ATM 交换机利用自选路由法实现快速选路，这种方法是通过给信元添加标识实现的。输入端在信头前插入内部标识符，因而交换网络内部的信元格式大于 53 个字节。每个连接都有一个特定的交换网内部标识符，这个内部标识符因交换矩阵而异。在一个点到多点的连接中，给 VPI/VCI 分配一个多路交换标识，根据它复制信元并选路送往各目的端。

② 转发表控制法：转发表控制法进行选路的原理是提前在交换矩阵内存储所需要的路由表，路由表中包括了新的 VPI/VCI 和对应的输出端口号或链路号。当信元到达 ATM 交换机后，如果交换机读到的 VPI/VCI 与路由表中的一致，就会很快自动找到输出端口并更新信头的 VPI/VCI 值，发往下一个节点。

（2）路由选择：路由选择是在信头变换的基础上，给输入信元找到一个输出端口。需要注意的是，信头变换和路由选择是不可分割的，也就是说根据信头变换的结果，在翻译表中从入线的 VPI/VCI 查到出线号码以及新的 VPI/VCI 值。

（3）排队：由于 ATM 采用异步时分交换，往往会出现传送信息阶段，发生在同一时刻有多个信元争抢公用资源的情况。因此，ATM 交换系统需要有排队功能，以免在发生资源争抢时丢失信元。

2．VP 交换与 VC 交换

ATM 交换的实质就是 VP 交换与 VC 交换。

VP 交换只根据 VPI 字段来进行交换。它是将一条 VP 上所有的 VC 链路全部转送到另一条 VP 上去，而这些 VC 链路的 VCI 值都不改变，如图 3-6（a）所示。VP 交换的实现比较简单，可以看成传输通道中某个等级数字复用线的交叉连接。

VC 交换要和 VP 交换同时进行。当一条 VC 链路终止时，VPC 也就终止了。这个 VPC 上的 VC 链路可以各奔东西，加入到不同方向的新的 VPC 中去，如图 3-6（b）所示。

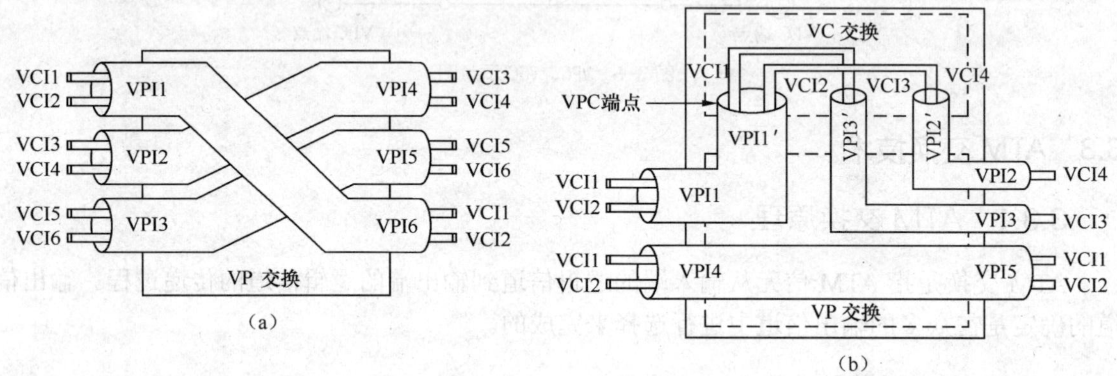

图 3-6 VP、VC 交换示意图

在 VC 交换中，VPI 和 VCI 作为逻辑链路标识，只是局部有效的，也就是说，每个 VPI/VCI 的作用范围只局限在链路级，即链路级与之相连的收/发器。每个交换节点在读取 VPI/VCI 值后，根据本地的转发表，查找对应的输出 VPI/VCI 进行交换并改变 VPI/VCI 的值。因此，信元流过 VPC/VCC 时要经过多次中继。

3.3.2 ATM 交换系统

1．ATM 交换节点组成

ATM 交换节点由输入、输出线路接口单元、交换结构和控制单元三大部分组成。

（1）输入、输出线路接口单元。输入、输出线路接口单元主要完成 HEC 信元定界、扰码/解扰、传输帧的生成/恢复/适配、比特定时恢复及与媒质相关的功能。

此外输入模块还有另外两个功能：①VPI/VCI 的转换；②根据建立连接时协商的参数，对业务流进行监控，对违约的信元进行适当处理。

（2）控制单元。控制单元主要完成 B-ISDN 协议参考模型中控制平面的功能，由处理机系统及各种控制软件组成，其中主要包括呼叫控制软件与操作管理维护软件。呼叫控制软件主要完成呼叫连接的建立和拆除，包括寻址、选路、交换网络的控制等功能，含 UNI 和 NNI 接口的信令处理。操作管理维护软件主要完成对交换系统的操作维护，具体包括配置管理、计费管理、性能统计、故障处理等功能。

（3）交换结构。交换结构是真正交换信元的地方，它是整个交换机的心脏，也是限制交换机吞吐量的瓶颈，交换结构实现交换连接功能，具体作用就是信头变换、选路和排队的功能，用户信息、信令消息和处理机之间的控制信息都可通过交换结构来交换。

2．ATM 交换结构

交换结构（Switch Fabric）是 ATM 交换系统的核心，大型交换机一般由多个交换结构互连而成，小型交换机则可能由单个交换结构组成。根据具体使用的交换方式，交换结构可分为时分和空分两大类。如图 3-7 所示。

（1）时分交换结构。时分交换结构中各接口以时分复用的方式共享一条通信信道，信道的带宽决定了交换容量。时分结构又可分为以下两类。

① 共享总线和共享环：共享总线和共享环交换结构如图 3-8 所示，它由信元总线（环）以及仲裁机制构成，各个端口模块都挂接在总线上，当一个端口模块有信元要交换时，首先由该端口模块发出请求，由仲裁机制决定是否允许发送。若允许，该模块就将信元广播到总线上，总线上的所有接口模块都检查总线上信元所携带的路由信息，如果发现目的地址包括本模块，就将该信元从总线上拷贝下来，这就完成了一个信元的交换。

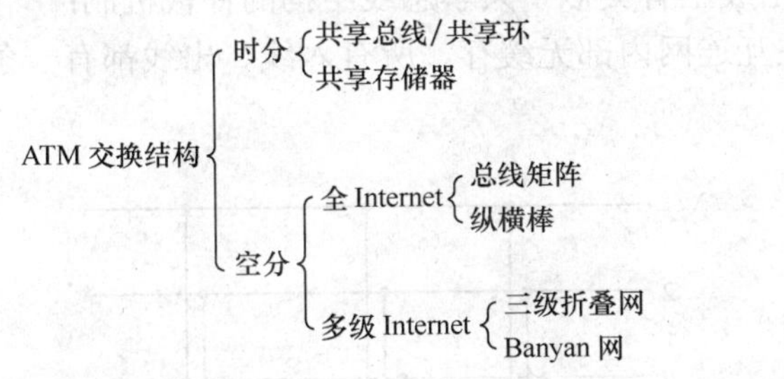

图 3-7 ATM 交换结构分类

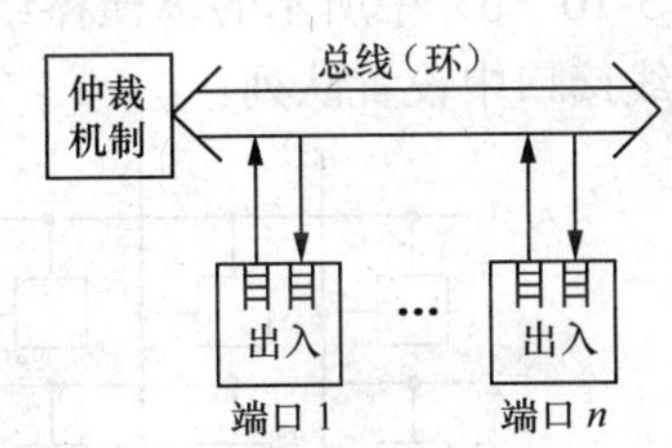

图 3-8 共享总线（环）交换结构

共享总线和共享环有如下特点：

- 结构简单，但吞吐量有限。这是因为，总线的速率受到工艺的限制。一般采用增加总线宽度的方法降低总线速率，但由于 ATM 信元的字节数是一定的，所以总线的最大宽度只能是一个 ATM 信元加上路由标签，即最快为一个总线时钟交换一个信元。这样，共享总线和共享环这种结构的交换容量上限约为 10G 左右。
- 易于实现广播和点到多点通信。这是由总线这种拓扑结构决定的。
- 适于各端口模块流量不均的情况。由于只有在有信元交换时各模块才申请总线，所以交换资源最大程度地被所有接口共享。
- 易于实现不同的服务等级和优先级控制，在总线仲裁机制中还可加入各种优先级控制机制。

② 共享存储器结构：共享存储器交换结构如图 3-9 所示，它由输入处理单元、输出处理单元及存储器构成，又可细分为选路控制、存储器控制、信元传输媒质和存储器。交换容量由存储器的容量决定。典型的共享存储器交换结构有共享输出队列的排队机制和地址链表管理存储器。地址链表中存放着共享存储器的空闲地址，当一个信元到达时，就从链表中弹出一个地址，信元就存放入这个地址所指的存储区中；同时，信头进入选路控制器，由它识别

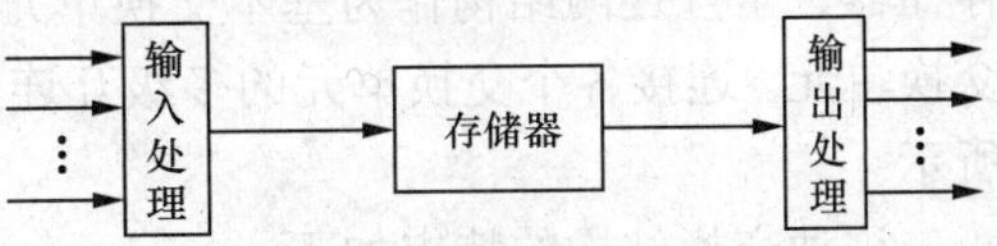

图 3-9 共享存储器结构

该信元的出口线，每个出口线对应一个输出队列，选路控制器将该信元所存放的地址推入相应的输出队列中，这样各出口线只要从输出队列中取出地址，就可根据这个地址从共享存储器中取出信元。

共享存储器交换结构具有以下特点：

- 点到多点通信实现较复杂。
- 存储器控制机制较复杂。
- 具有成本和交换容量优势。这是由于存储器是一种非常通用的器件，并且存储器电路设计具有重复性。
- 存储器利用率较高，这是由存储器自身的共享性决定的。

（2）空分交换结构。空分交换结构包括全互连网、多级互连网等。

① 全互连网：利用全互连网的交换结构主要有总线矩阵和纵横棒两种，如图 3-10 所示，全互连网结构是共享总线结构的演化，各输入线独占一条传送媒质。

图 3-10（a）中所示的总线矩阵结构为了避免出现各入线上的信元竞争相同出线的问题，在每一入线和出线间设置了缓存，在各出线上有类似于共享总线结构的仲裁机制；

图 3-10（b）中所示的纵横棒结构在互连网内部无缓存，所有入线、出线都有一条通路，需在总线接口中设置队列。

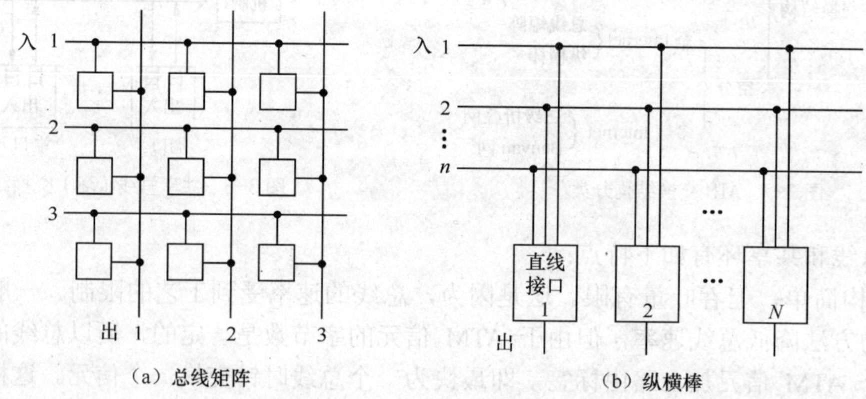

图 3-10 全互连网交换结构

全互连网具有如下特点：

- 无阻塞的交换结构，信元丢失只发生在队列中。
- 易于扩展。
- 连线数多。

② 多级互连网：多级互连网（MIN）结构是一种混合结构，其思想是将前面所讲的共享存储器、全互连网结构作为基本交换单元，然后将多个基本交换单元连接起来构成大容量的交换单元。连接各个交换单元的多级互连网主要有两类：三级折叠网和 Banyan 网，如图 3-11 所示。

这种交换结构的特点如下：

- 连线数少，与端口数成正比，能形成大容量交换机。
- 内部有阻塞。
- 路由选择比较复杂。

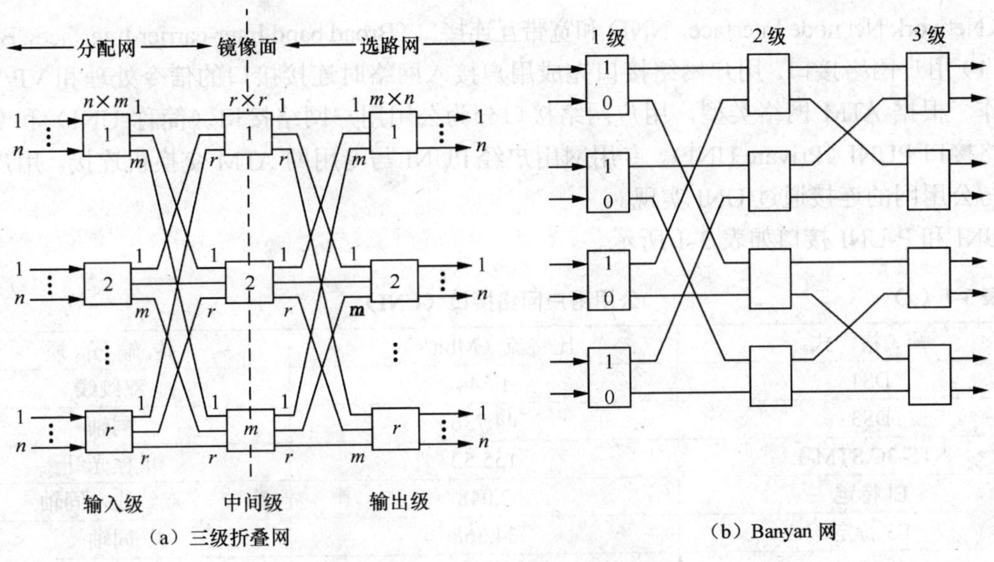

（a）三级折叠网　　（b）Banyan网

图3-11　多级互连网交换结构

3.3.3　ATM网络组成和接口

1．ATM网络组成

ATM网络结构如图3-12所示。

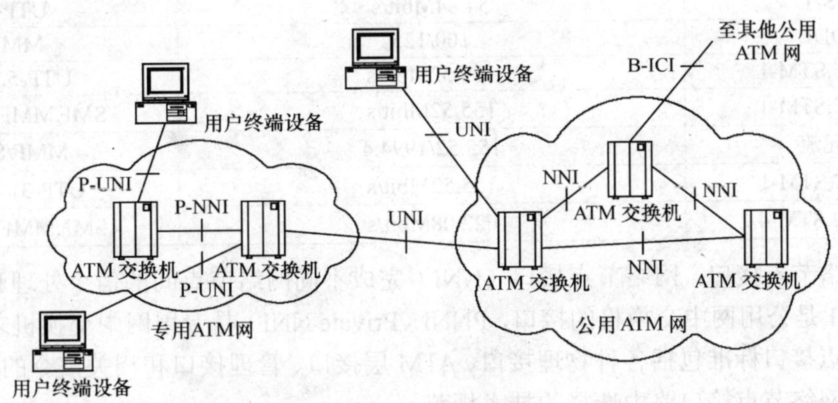

图3-12　ATM网络结构图

（1）ATM交换机。ATM交换机是ATM宽带网络中的核心设备，它完成物理层和ATM层的功能。对于物理层，它的主要工作是对不同传送介质电器特性的适配；对于ATM层，它的主要工作是完成ATM信元的交换，也就是ATM信头中VPI/VCI的变换。

（2）ATM端系统。ATM端系统有两类：在纯ATM网络中，端系统就是各种终端设备；在互连的网络中，端系统就是互连设备，也叫做虚终端，用于连接不同或相同网络结构的网络。

2．ATM通信网接口

ATM网络接口总体来说分为三类：用户网络接口（User Network Interface，UNI）；网络节点接口（Network Net node Interface，NNI）和宽带互连接口（Broad band Inter-carrier Interface，B-ICI）。

（1）用户网络接口。用户网络接口完成用户接入网络时连接接口的信令处理和 VP/VC 交换操作。根据 ATM 网络类型，用户网络接口分为公用用户网络接口（简称 UNI）和专用用户网络接口 PUNI（Private UNI）。专用网用户经 PUNI 与专用网 ATM 交换机连接。用户或专用网与公用网的连接通过 UNI 实现。

UNI 和 P-UNI 接口如表 3-1 所示。

表 3-1（a）　　公用用户网络接口（UNI）

帧 格 式	比特流（Mbit/s）	传 输 介 质
DS1	1.544	双绞线
DS3	44.736	同轴
STS-3C,STM-1	155.52	单模光纤
El 待定	2.048	双绞线，同轴
E3 待定	34.368	同轴
J2	6.312	同轴
N×T1 待定	*N*×1.544	双绞线
N×E1	*N*×2.048	双绞线

表 3-1（b）　　专用用户网络接口（P-UNI）

帧 格 式	比特流（Mbit/s）/波特率（Mbaud/s）	传 输 介 质
信元流	25.6/32	UTP-3
STS-1	54.84Mbit/s	UTP-3
FDDI	100/125	MMF
STS-3C,STM-1	155.52Mbit/s	UTP-5,STP
STS-3C,STM-1	155.52Mbit/s	SMF,MMF，同轴
信元流	155.52/1994.4	MMF/STP
STS-3C,STM-1	155.52Mbit/s	UTP-3，待定
STM-12,STM-4	622.08Mbit/s	SMF,MMF，待定

（2）网络节点接口。网络节点接口（NNI）完成不同网络节点间的信令处理和 VP/VC 交换操作。NNI 是公用网中交换机的接口，PNNI（Private NNI）是专用网中交换机之间的接口。

网络节点接口标准包括各种物理接口、ATM 层接口、管理接口和相关信令的定义。PNNI 还包括专用网络节点接口路由选择的技术规范。

（3）B-ICI。B-ICI 用于实现 ATM 网间互连。其技术规范包括各种物理接口、ATM 层接口、管理接口和高层功能接口。高层功能接口用于 ATM 和各种业务互通。

3.3.4　ATM 呼叫控制信令

信令技术用于实现 ATM 接续的建立、维持及释放，在 ATM 网络中占有重要的地位。也就是说，ATM 网中虚电路连接的建立、保持、释放等各阶段的控制以及 ATM 网与其他非 ATM 网络的呼叫控制都是由信令来完成的。由于 ATM 网络要支持综合业务，因此对信令提出了比以往的通信网更高的要求。ATM 信令应具备如下功能。

（1）为 ATM 网中的数据通信建立、维持、释放 VCC。这种建立可以是随时需要的，也可以是永久或半永久的。

（2）在建立连接时，还要为这些连接预先分配网络资源。

（3）支持点到点通信、点到多点通信。

（4）对于已建立的连接，还可以重新协商、分配网络资源。

（5）支持对称和非对称呼叫。前者两个方向带宽相等，后者有可能在一个方向上只占很少带宽，而在另一方向需要很高带宽。

（6）可以为一个呼叫建立多个连接。

（7）在一个已建立的呼叫中加上或去掉连接。

（8）支持多方呼叫，在多个端点间建立连接（如视频会议），可以在一个多方呼叫中加上或去掉一个通信端点。

（9）支持与非B-ISDN业务的互通。

（10）支持不同编码方案间的互通。

ATM网中，信令以与用户数据相同的方式（也就是ATM信元的方式）在ATM层传送。根据完成呼叫控制的对象不同，ATM 网中信令可分为：用户-网络间接入信令；局间信令两类。ATM网信令结构如图3-13所示。

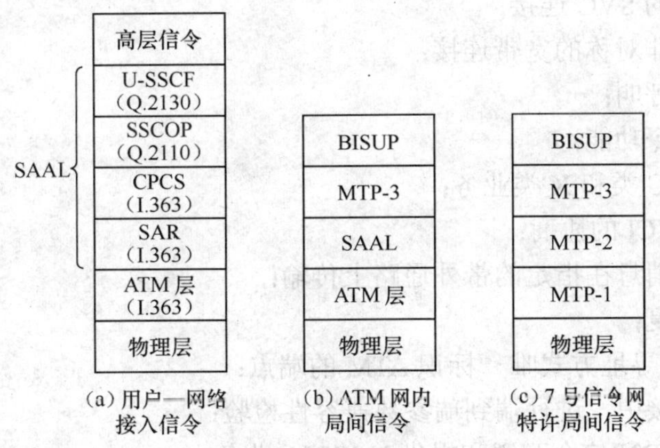

图3-13 ATM网信令结构

如图3-13（a）所示，用户-网络接入信令结构与B-ISDN协议参考模型相对应。当用户接入网络时，利用SAAL（信令ATM适配层）将高层协议适配到ATM信令信元。高层信令协议为ITU-T的仅支持点对点的Q.2931协议及增加的支持点对多点的Q.2971协议。

在网络节点接口处，高层的局间信令协议是ITU-T制定的BISUP（宽带ISDN用户部分）。它源于No.7信令的ISUP。根据连接交换局的不同，有两种支持BISUP方式。一种如图3-13（b）所示，直接通过ATM链路，利用SAAL和MTP-3支持BISUP；另一种如图3-13（c）所示，通过No.7信令网，经过MTP-1，MTP-2，MTP-3支持BISUP。

下面详细介绍ATM网的接入信令和局间信令。

1. ATM接入信令

ATM接入信令用于终端用户接入ATM网络的呼叫控制，如图3-13可知，其协议可以分为高层功能信令及低层功能信令两类。

低层功能信令完成信令消息传递，在 ATM 方式下，UNI 信令低层功能相应地由物理层、ATM 层及 SAAL 来完成。

高层功能信令完成消息及应用功能，具体功能有：

（1）呼叫连接控制：根据用户请求，建立、保持和释放用于传递用户信息的虚信道连接。要支持点对点、点对多点、多点对点和多点对多点等连接类型。

（2）提供补充业务，包括号码识别、呼叫转移、多方通信、闭合用户群等。

（3）支持智能网业务，如虚拟专用网（VPN）等。

（4）支持网络管理应用，网管信息可通过信令系统传送（利用 OMAP 和 TCAP 等功能），当然也可采用独立的电信管理网（TMN）传送。

下面分别介绍用户接入信令中的相关协议。

（1）ATM Q.2931 信令。Q.2931 协议是在 N-ISDN 用户网络接口 DSS1 协议 Q.931 基础上发展起来的，因此它又被称为二号数字用户信令协议（DSS2）。Q.2931 定义了在用户网络接口上建立、维持和释放点对点网络连接的过程及在此过程中所使用的各种消息。

① Q.2931 的基本功能：

- 支持实时的 SVC 连接；
- 支持点对点的 SVC 连接；
- 支持对称和非对称的宽带连接；
- 支持单连接呼叫；
- 支持基本信令功能；
- 支持 A 类、C 类和 X 类业务；
- 支持 VPI / VCI 的协商；
- 所有的信令消息在指定的带外通路上传输；
- 支持差错恢复；
- 用公共 UNI 寻址方式唯一标识 ATM 的端点；
- 在每一个连接中，进行端到瑞参数兼容性检验；
- 支持与 N-ISDN 信令互通和提供 N-ISDN 业务；
- 支持前向兼容性。

② Q.2931 消息格式：如图 3-14 所示，Q.2931 消息格式一般由 5 部分构成：协议鉴别符、呼叫参考值、消息类型、消息长度和信息元素。其中协议鉴别符、呼叫参考值、消息类型、消息长度为公共部分，而不同的消息其信息元素有一定的差异。

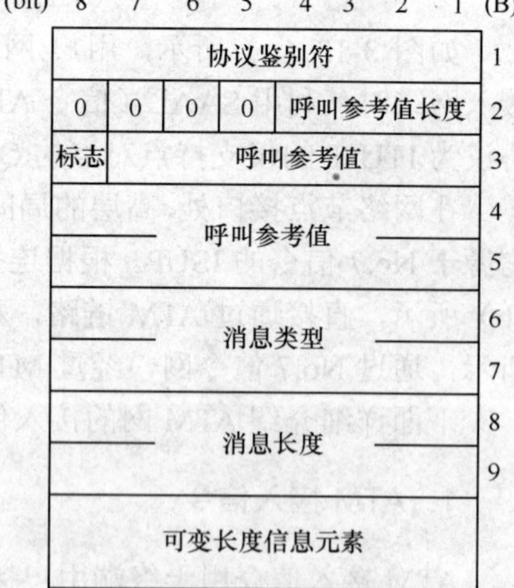

图 3-14 Q.2931 消息格式

用户网络接口上的呼叫控制都是通过消息的传递来实现。Q.2931 中每个消息的定义都包含下列内容：

- 消息方向（用户到网络、网络到用户或双向）；
- 消息有效范围（局部、接入、双重或全局）；
- 构成消息的信息单元。

每条消息均由 9 字节（B）的公共信息单元和可变长度信息元素组成。

● 协议鉴别符（Protocol Discriminator），占 1 字节，用于标识 Q.2931 信令消息，其格式如图 3-15 所示。

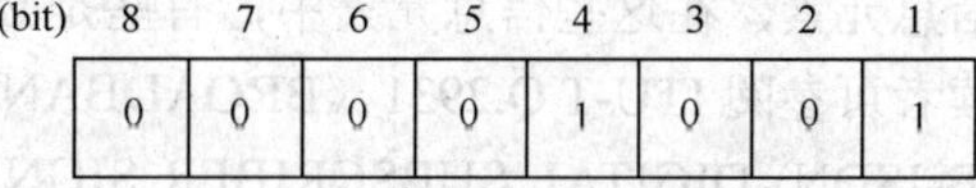

图 3-15 Q.2931 消息中协议鉴别符格式

● 呼叫参考值，占 4 字节，第一字节用于表示呼叫参考值长度，缺省 3B。第二字节最高位为呼叫参考值标志，用于区分消息是发送端的（设为 0）还是接收端的（设为 1），其余部分为呼叫参考值，用于标识呼叫类型，以区别 UNI 接口的不同接续，呼叫参考值为全 0 时表示全局呼叫。

● 消息类型，占 2 字节，第一字节表示消息类型，消息类型及其功能如表 3-2 所示；第二字节为“一致性指令”用于给出若消息编码无法识别时的处理方法。

表 3-2　　Q.2931 消息类型及其功能

消 息 类 型	意　义	功　能	消 息 编 码
呼叫建立消息		为呼叫建立相应虚电路连接	000XXXXX
ALERTING	告警	表示被叫用户已经开始处理呼叫	00000001
CALL PROCEDING	呼叫进程	表示呼叫建立已经开始	00000010
PROGRESS	进程	表示呼叫建立正在进行中	00000011
SETUP	建立	呼叫建立请求	00000101
CONNECT	连接	表示被叫用户已经接受呼叫	00000111
SETUP ACKNOWLEDGE	建立证实	证实已经接受呼叫建立请求	00001101
CONNECT ACKNOWLEDGE	连接证实	证实呼叫已被接受	00001111
呼叫清除消息		用来释放虚电路连接	010XXXXX
RELEASE	释放	释放呼叫请求	01001101
RELEASE COMPLETE	释放完成	通知释放完毕	01011010
RESTART	再启动	用户请求重新开始建立连接	01000110
RESTART ACKNOWLEDGE	再启动证实	网络同意重开始建立连接	01001110
其他信息		呼叫控制辅助消息	011XXXXX
INFORMATION	信息	提供附加信息	01111011
NOTIFY	通知	发送与呼叫和连接有关信息	01101110
STATUS	状态	响应状态查询	01111101
STATUS ENQUIRY	状态查询	查询网络当前状态	01110101
		保留的扩展值	11111111

● 消息长度，占 2 个字节，表示信息元素（不含协议鉴别符、呼叫参考值、消息类型和消息长度本身）的长度。第一字节 1～7 位表示消息长度，第 8 位用于扩展消息字段长度，“1”表示消息长度字段只占 1 字节，“0”表示消息长度字段占 2 字节。

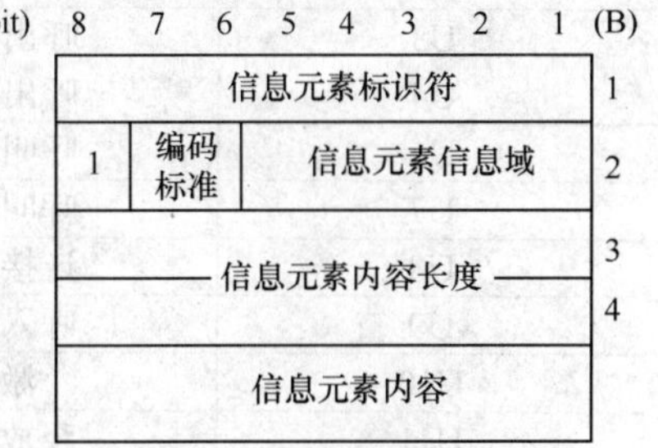

图 3-16 可变长度信息元素格式

● 可变长度信息元素的一般格式如图 3-16 所示，由信息元素标识符（编码标准、一致性指令）、信息元素内容长度及信息元素内容（变长）构成。信息元素标识符占 2 个字节，第 1 个字节表示各种信息元素。第 2 个字节与消息类型类似。信息元素内容长度占 2 个字节，表明信息元素内容自身长度。

在 Q.2931 中，不同的信令消息的信息元素内容各不相同，每一个信息消息可能包含多个信息元素，在这些信息元素中，有些是必选的，有些是可选的。这里就不在赘述，有兴趣的读者可参阅 ITU-T Q.2931《BROADBAND INTERGRATED SERVICES DIGITAL NETWORK (B-ISDN)-DIGITAL SUBSCRIBER SIGNALLING SYSTEM NO.2(DSS 2)-USER-NETWORK INTERFACE (UNI) LAYER 3 SPECIFICATION FOR BASIC CALL/CONNECTIONCONTROL》。

③ Q.2931 呼叫/连接控制过程：利用各种信令信息的通信，就可以实现对呼叫/连接的控制，进一步为了实现更安全、更方便的呼叫/连接控制，通常需要加上定时器和呼叫/连接控制中的状态量。

● 定时器：为了避免出现发端在发送一个消息后，陷入等待死循环而设置的。通过采用定时器，在定时器超时前，若收到相应的响应，便停止定时器。若在定时器超时，仍没收到消息的响应，可进行重发消息和重启定时器或释放网络资源，并返回到空态。定时器可分为网络侧定时器和用户侧定时器。Q.2931 中各定时器定义如表 3-3 所示。

表 3-3　　网络侧/用户侧定时器

用户侧	网络侧	启 动 原 因	正 常 停 止
T303	T303	发送 SETUP	收到 CONN、CALL PROC、ALTERT、REL COMP
T308	T308	发送 REL	收到 REL COMP 或 REL
T309	T309	断开 SAAL	完成 SAAL 连接重建
T310	T310	收到 CALL PROC	收到 CONN、ALERT、REL
T313		发送 CONN	收到 CONN ACK
T316	T316	发送 REL	收到 RESTART ACK
T317	T317	收到 RESTART	清除内部呼叫参考
T322	T322	发送 STAT ENQ	收到 STAT、REL、REL COMP

● 状态量主要是针对主、被叫及网络因受到不同消息而设置不同状态，当收到一消息时，有可能进行状态转移，从而推动整个呼叫 / 连接控制过程。状态量也可分为用户侧和网络侧，如表 3-4，表 3-5 所示。

表 3-4　　用户侧呼叫/连接状态量

用 户 侧	状 态	说明 消息编码
U0	零状态	没有呼叫
U1	呼叫启动	主叫用户向网络请求建立呼叫
U2	重选发送	主叫用户以重选方式向网络发送附加呼叫信息
U3	呼出进程	主叫用户收到证实、得知网络已收到呼叫建立信息
U4	呼出传递	主叫用户收到已向被叫启动警告的指示
U6	呼叫存在	被叫用户收到呼叫建立请求但未响应
U7	呼叫接收	被叫用户收到警告但尚未应答
U8	连接请求	被叫用户已应答并等待电路接续
U9	呼入进程	被叫用户已发送可接受呼叫的证实
U10	激活	主被叫用户进入通话阶段
U11	释放请求	用户请求网络释放链接
U12	释放指示	用户收到网络释放连接指示
U25	重选接收	被叫用户以重选方式从网络接收附加呼叫信息

表 3-5　　网络侧呼叫/连接状态量

用户侧	状态	说明 消息编码
N0	零状态	没有呼叫
N1	呼叫启动	网络收到建立呼叫请求
N2	重迭发送	网络以重迭方式向网络发送附加呼叫信息
N3	呼出进程	网络发出证实
N4	呼出传递	网络已向被叫启动警告的指示
N6	呼叫存在	网络已向被叫用户发出呼叫建立请求但未收到响应
N7	呼叫接收	网络收到正在向被叫用户警告但尚未应答
N8	连接请求	网络收到应答但尚未连接
N9	呼入进程	网络收到证实
N10	激活	网络已建立通话链路
N11	释放请求	网络收到用户释放链接请求
N12	释放指示	用户已切断端到端连接并发出释放连接请求
N25	重迭接收	网络以重迭方式发送附加呼叫信息

以下以主叫建立连接为例，介绍一个完整的 Q.2931 建立/释放点对点连接过程。如图 3-17 所示。

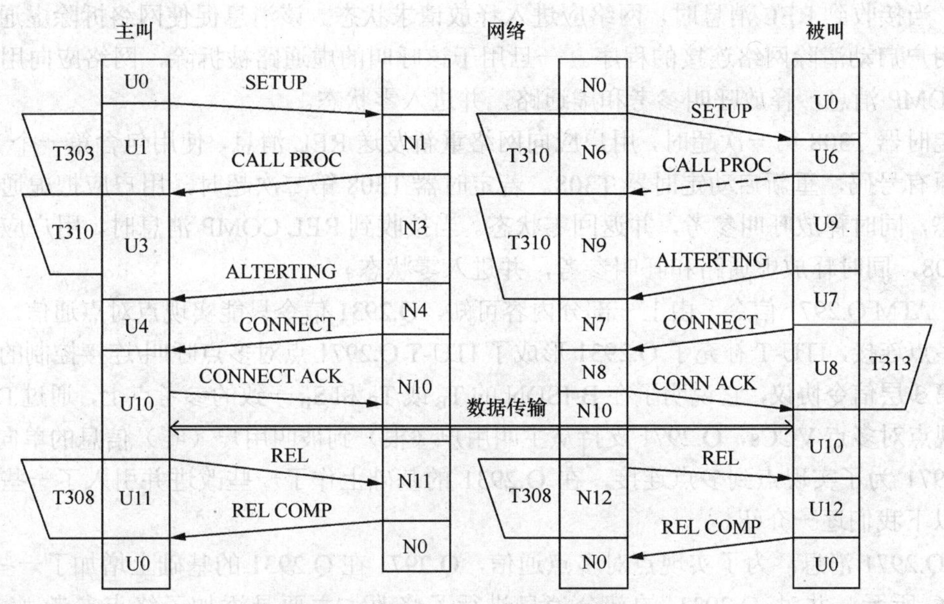

图 3-17　Q.2931 呼叫建立及释放过程

主叫用户若有呼叫请求需要建立连接时，便由发端接口信令实体的用户侧发送一个建立消息 SETUP 请求建立连接，并启动定时器 T303，同时状态迁移到 U1 态。若在定时器超时前仍没收到网络的任何响应，便重发 SETUP 消息和重启定时器 T303。若再超时，主叫便释放这次呼叫请求，这时主叫用户也由 U1 态变到 U0 态。

用户侧发送的 SETUP 消息中包括 ATM 业务量描述符、宽带承载能力、宽带高低层信息、QoS 参数、被叫用户号码和连接标识等信息单元。网络侧收到 SETUP 消息后，便进行信息单元检查以判断网络资源能否满足用户的要求。若可以接受，则向被叫用户所在的网络接口转发 SETUP

消息，同时向主叫用户发送响应消息 CALL PROC 以指示呼叫正在处理，并进行相应的状态转换。

若主叫用户收到 CALL PROC 消息，便停止 T303，并启动 T310 定时器，等待被叫方的消息，同时状态由 U1 转到 U3。若在 T310 超时时仍没有收到任何消息，主叫便清除这次呼叫，其状态迁移到 U0。

被叫用户在收到 SETUP 消息后，便进行地址及兼容性检查，若不兼容，便释放次呼叫并向主叫发送 REL 消息；若满足的话，向网络发送 CALL PROC 消息，其状态由 U0 迁移到 U6。在接收到一个被叫地址处的用户已启动用户振铃指示时，网络应通过主叫地址的用户网络接收回送 ALERTING 消息，并进入相应的状态，当用户收到 ALERTING 消息时，用户便开始内部振铃指示，并停止 T310，进入 U4 态；当接收一个已经接收的呼叫指示时，网络应通过 UNI 发送 CONNECT 消息给主叫并进入 U10 态。CONNECT 消息向主叫指示通过网络的连接已经建立，并停止可能的本地振铃指示，主叫用户在接收到 CONNECT 消息时，应停止定时器，停止任何用户产生振铃指示，连接到用户平面虚通路，发送 CONNECT ACK 消息给网络已响应 CONNECT 消息，同时进入 U10 态。

在正常的情况下，主、被叫双方通信结束后，由用户或网络发送 RELEASE 消息来启动呼叫清除。

正常情况下，用户发送 RELEASE 消息，启动定时器 T308，拆除虚通路，并进入释放请求状态。当接收到 REL 消息时，网络应进入释放请求状态。该消息促使网络拆除虚通路，并向远端用户启动清除网络连接的程序。一旦用于该呼叫的虚通路被拆除，网络应向用户发送 RELE COMP 消息，释放呼叫参考和虚通路，并进入零状态。

当定时器 T308 第一次超时，用户应向网络重新发送 REL 消息，使用包含第一个 REL 消息中的原有号码，重新启动定时器 T308。若定时器 T308 第二次超时，用户应把虚通路置于维护状态，同时释放呼叫参考，并返回零状态。当接收到 REL COMP 消息时，用户应停止定时器 T308，同时释放虚通路和呼叫参考，并进入零状态。

（2）ATM Q.2971 信令。由上一部分内容可知，Q.2931 信令只能实现点对点通信，为了实现点对多点连接，ITU-T 补充了 Q.2931 形成了 ITU-T Q.2971 点对多点呼叫/连接控制的用户网络接口第 3 层信令协议，它说明了在 B-ISDN 的 T_B 或 T_B 和 S_B 一致的参考点上，通过 DSS2 信令来实现点对多点 VCCs，Q.2971 支持从主叫用户（根）到被叫用户（叶）信息的单向传输。

Q.2971 为了实现点到多点连接，在 Q.2931 的基础上作了一些改进并引入了一些新的功能块，以下我们逐一介绍。

① Q.2971 消息：为了实现点对多点通信，Q.2971 在 Q.2931 的基础上增加了一些消息，如表 3-6 所示。并对 Q.2931 的部分消息进行了修改，主要是添加了终点参考（endpoint reference）和终点状态（endpoint status）等信息元素。

表 3-6　　Q.2971 修改 Q.2931 的消息

消息类型	意　义	添加的信息元素			
		终点参考		终点状态	
		类型	长度	类型	长度
ALERTING	告警	O	4～7		
CALL PROCEDING	呼叫进程	O	4～7		
SETUP	建立	O	4～7		

续表

消息类型	意义	添加的信息元素			
		终点参考		终点状态	
		类型	长度	类型	长度
CONNECT	连接	O	4～7		
NOTIFY	通知	O	4～7		
STATUS	状态	O	4～7		
STATUS ENQUIRY	状态查询	O	4～7	O	4～5

- 终点参考信息元素格式如图 3-18 所示，用于标识点对多点呼叫中的单个终端。
- 终点状态信息元素格式如图 3-19 所示，由图可以看出在终点状态信息元素中添加了终点参考用户状态这一新的状态量，这是 Q.2971 呼叫进程的关键。这些新添加的状态信息及其编码如表 3-7 所示。不同消息的信息元素也有相应的差异，有兴趣的读者可以参考 ITU-T Q.2971《BROADBAND INTEGRATED SERVICES DIGITAL NETWORK (B-ISDN) – DIGITAL SUBSCRIBER SIGNALLING SYSTEM No. 2 (DSS2)–USER-NETWORK INTERFACE LAYER 3 SPECIFICATION FOR POINT-TO-MULTIPOINT CALL/CONNECTION CONTROL》，限于篇幅，不再赘述。

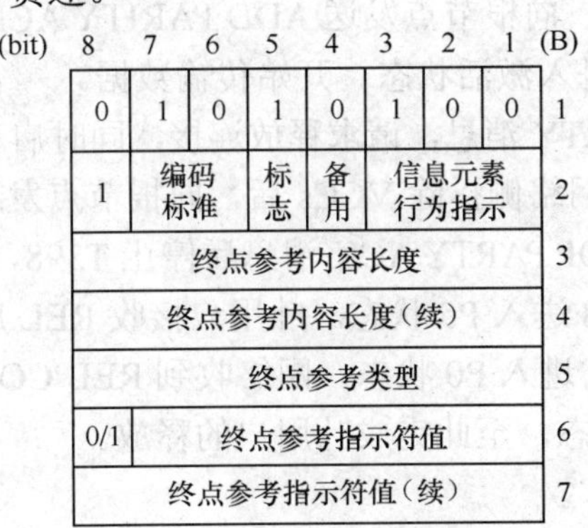

图 3-18 终点参考信息元素格式

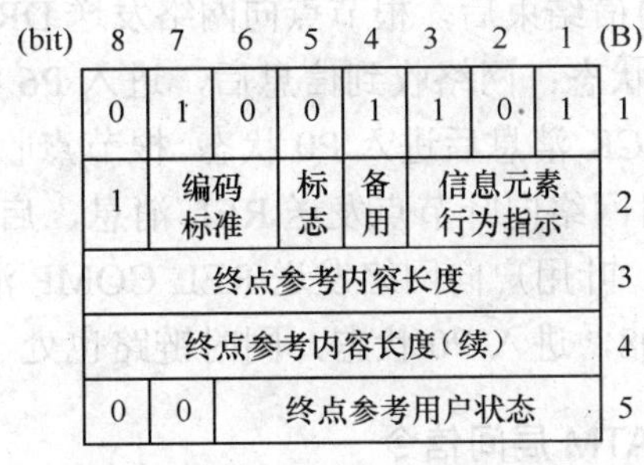

图 3-19 终点状态信息元素格式

表 3-7 终点参考用户状态编码及其意义

状态	意义	编码
P0	Null 空状态	000000
P1	Add Party Initiated 启动加入一个用户	000001
P2	Add Party Received 收到加入用户	000110
P3	Party Alerting Delivered 传送用户告警	000100
P4	Party Alerting Received 收到用户告警	000111
P5	Drop Party Initiated 启动释放用户	001011
P6	Drop Party Received 收到释放用户	001100
P7	Active 激活	001010

② Q.2971 点对多点呼叫/连接控制过程：为了方便读者更好的理解点对多点连接，我们首先介绍 Q.2971 引入的两个名词：根（root）与叶（leaf）。所谓根是指点对多点连接中的主叫用户；相对应的叶是指点对多点链接中的被叫用户。在 Q.2971 中允许根节点将消息传送给多个叶节点。点对多点连接的建立就是在信令的基础上实现叶节点的增加和删除。

Q.2971 规定只有当链路处于激活状态时才能增加叶节点。即当连接处于激活状态，根节点即可通过发送 Add Party 消息，把请求加入的叶节点加入到现存的连接中。类似的可以通过 Drop Party 断开根节点与叶节点间的连接。

下面以增加和释放一个叶节点为例，介绍 Q.2971 呼叫/连接控制过程。

若呼叫由根节点发起，当链路处于激活状态，根节点发送 Add Party 信息，启动定时器 T399，进入 P1 状态。每个 Add Party 状态有相同的呼叫参考值和端点参考值。Add Party 信息元素包括：ATM 适配层参数、被叫用户号码、被叫用户子地址、主叫用户号码、主叫用户子地址、端点参考、高层宽带信息、低层宽带信息、宽带发送完成和转接网络选择等。网络接收到 Add Party 信息后，转入 P2 状态。

网络将接入信息传送给叶节点后，向根节点发送 Party Alerting 信号，并转入 P3 状态。当根节点收到已向叶节点发送告警信息指令后停止 T399，并启动 T397 转入 P4 状态。

当网络收到叶节点送来的 CONNECT 消息时，向根节点发送 ADD PARITY ACK 消息，进入 P7 状态。根用户收到此消息后停止 T397，进入激活状态。开始传输数据。

当通信结束后，根节点向网络发送 DROP PARTY 消息，请求释放连接，同时启动 T398，进入 P5 状态；网络收到信息后，进入 P6 状态。网络侧拆除 VCCs 后，向根节点发送 DROP PARTYACK 消息后进入 P0 状态。根节点收到 DROP PARTY ACK 消息后停止 T398，进入 P0。

同时网络向叶节点发送 REL 消息，启动 T308 进入 P5 状态。叶用户接收 REL 后，进入 P6 状态。叶用户向网络发送 REL COMP 消息后，进入 P0 状态。网络收到 REL COMP 消息停止 T308，进入 P0 状态，同时链路也处于 P0 状态，至此完成叶用户的释放。

2．ATM 局间信令

ATM 局间信令分为两类：专用 NNI 信令和公共 NNI 信令。专用 NNI 由 ATM 论坛所定义的 PNNI，用于 ATM 局域网络互连。公共 NNI 采用由 ITU-T 所制定的 BISUP，用于 ATM 广域网络互连。

PNNI 信令协议主要完成 ATM 网络间点对点、点对多点的建立、监视和释放。PNNI 信令以 ATM FORUM 的 UNI4.0 为基础。利用 PNNI 路由协议所传递和收集的信息完成呼叫控制。

PNNI 协议采用层次结构，包括 PNNI 呼叫控制子层和协议控制子层，其中 PNNI 呼叫控制用于向高层提供服务；PNNI 用于向呼叫控制子层提供服务，两者之间通过服务原语进行通信。

PNNI 消息格式与 Q.2931 类似，这里就不再赘述。

公用网网络节点信令由 ITU-T Q.2761、Q.2762、Q.2763、Q2764 定义，称 B-ISDN 网络信令功能模块为 BISUP，对于 BISUP 的传送机制仍称为消息传送部分 MTP，BISUP 利用 MTP 所提供的服务，BISUP 与 MTP 之间也是通过服务原语来交换信息，其原语包括 MTP_TRANSFER.request、MTPPAUSE.indication、MTP_RESUME. indication、MTP_STAUTS. indication 等几种。但由于采用 ATM 信元来传送信令，所以与 No.7 信令的 MTP 也有很大的区别。按 ITU-T 的规划，BISUP 也可分为三个能力集，与 UNI 的一样，第一阶段 BISUP 支持点对点的对称和非对称双向连接，支持 CBR 中继业务，支持 E.164 地址。在信令传送方面，定义了有关信令网的一些基本 OAM 功能、流量控制功能。第二阶段，它可以支持点到多点连接、VBR 业务和服务质量（QoS），并将信令的呼叫控制和连接控制功能分开，使信令有更大的灵活性。

BISUP 消息格式如图 3-20 所示，由路由标识符、消息类型编码、消息长度、消息兼容性信息及信息元素组成。

下面逐一介绍各部分的内容和功能。

① 路由标识符：BISUP 路由标识符占 7 个字节，用于指示 BISUP 消息路由，其格式如图 3-21 所示。

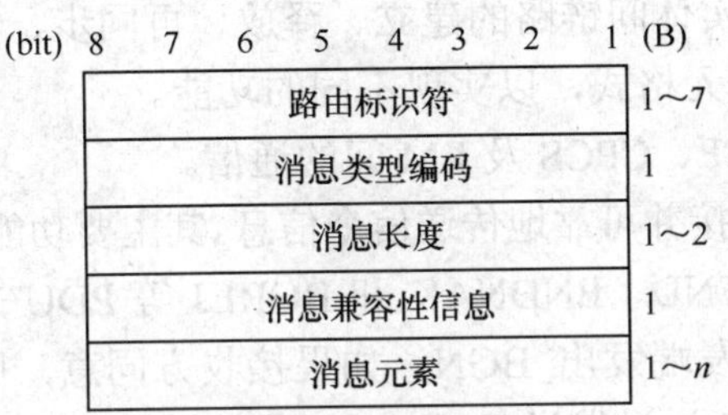

图 3-20　BISUP 消息格式

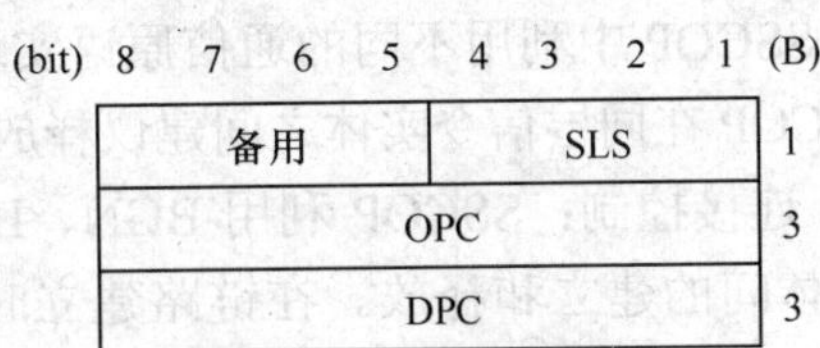

图 3-21　BISUP 路由标识符格式

其中：

- SLS（Signaling Link Select）为信号链路选择，占 1 字节，指示所选择的链路编号；
- OPC（Original Point Code）为源点编码，占 3 字节，指示信号源地址；
- DPC（Destination Point Code）为目的点编码，占 3 字节，指示目的地址。

② 消息类别编码：占 1 字节，用于指示各种 BISUP 消息类型。

③ 消息长度：占 2 字节，用于指示消息元素的长度。

④ 消息兼容性信息：占 1 字节，用于指示收到不能识别的消息类型的处理方法。在 BISUP 中，消息兼容性信息共有以下 7 类。

- 扩展位，1bit，“0”表示消息兼容性信息域长度包括下一字节；“1”表示消息兼容性信息域长度仅限于本字节。
- 宽带/窄带互通，2bit。00：传送消息；01：丢弃消息；10：释放呼叫；11：保留。
- 无法传送，2bit。0：释放呼叫；1：丢弃消息。
- 丢弃消息，1bit。0：传送而不丢弃；1：丢弃消息。
- 转发通知，1bit。0：不转发通知；1：转发通知。
- 呼叫释放，1bit。0：不释放呼叫；1：释放呼叫。
- 中间局转接，1bit。0：在转接点翻译；1：在终端节点翻译。

⑤ 信息元素：BISUP 信息元素与 Q.2931 的信息元素格式相同，不同消息所带的信息元素不同。

3. ATM 信令适配

（1）信令适配层 SAAL 的结构。前面分别介绍了用户/网络接口与网络节点接口上的 ATM 信令协议。ATM 网中利用 ATM 信元传输信令信息，为了能够在 ATM 网中传送高层信令信息，需要进行信令的适配功能，也就是将各种消息形式的信令信息转换成可在 ATM 网中传送的形式，并为信令建立 AAL 连接。完成这一功能的是信令 ATM 适配层 SAAL。

SAAL 采用第五类 ATM 适配层规范（AAL5），它由业务特定会聚子层（SSCS）与公共部分(CP)组成。而 SSCS 又包括业务特定协调功能(SSCF)与业务特定面向连接规程(SSCOP)两部分。CP 则由公共部分会聚子层（CPCS）和拆装子层（SAR）两部分组成，这两部分要采用建议 I.363 中给出的 AAL5 的 CPCS 和 SAR 规程。

（2）SSCOP。由于 AAL 协议不支持简单可靠的点到点的传输连接。需要这种服务的应用程序可以使用另一种协议——特定服务的面向连接协议（Service Specific Connection Oriented Protocol，SSCOP）。但是，SSCOP 只是用于控制，不能用于数据传输。

SSCOP 利用各种不同的 PDU，实现 SSCOP 实体间链路的建立、释放、再同步、恢复及确保数据传输功能。不同的 PDU 有不同的数据单元格式，以实现不同的功能。

在 SSCOP 中利用不同的通信原语实现与 SSCF、CPCS 及 LM 间的通信。

SSCOP 在同层信令实体之间建议释放 AAL 连接并可靠地传送信令信息。其主要功能如下。

① 连接控制：SSCOP 利用 BGN、BGAK、END、ENDNAK 和 BGREJ 等 PDU 来控制对等实体间的建立和释放。在链路建立时，先由发端发出 BGN，如果接收方同意，则回传 BGAK，否则返回 BGREJ 拒绝。收发双方 SCCOP 通过发送 END PDU 释放链路。

② 数据传输：SSCOP 提供了确保数据传输和非确保数据传输两种数据传输方式。确保数据传输通过 SD PDU 对数据进行编号，通过这种方式接收方可以进行差错控制。非确保数据传输不需对数据进行编号；因此是一种不可靠的数据传输；它利用 UD PDU 发送非确认数据的快速传输。

③ 差错控制和错误恢复：在确保数据传输方式中，如果接收端发现 SD PDU 数据发生丢失或序号混乱，就向发送端传送 USTAT PDU 报告接收状态，要求重发丢失的数据包。

（3）SSCF。SSCF 的主要功能是在信令实体和 SAAL 中的 SSCOP 之间进行原语的转换。在用户/网络接口它完成 B_ISDN 用户/网络信令呼叫控制的第 3 层规范（Q.2931）和 SSCP 间的原语转换。在网络节点接口，SSCF 则进行 BISDN 的 No.7 信令系统第 3 功能级消息传递部分（MTP3）规范和 SSCOP 间的原语转换。除此之外，SSCF 还具有以下功能：

① 流量控制，通知用户有关拥塞的消息以防信元丢失；

② 链路状态，根据从 MTP3 或 SSCOP 接收到的原语等维持链路状态；

③ 层管理，利用 SSCS LM 监视信令链路工作状态；

④ 队列程序，当一条链路开始服务或终止服务时维持所有队列程序中的信息。

SSCF 只有一种 PDU 格式，包括正在发送 SSCF 状态的信息，用于指示诸如终止服务、处理器中断、服务中、常规、突发事件、排队不成功、管理初始化、协议错误、证实不成功等状态或问题。

SSCF 通过各种服务原语与高层（MTP3）、LM 层管理及低层 CPCS 间进行通信。

3.4 宽带综合业务数字网

3.4.1 B-ISDN 协议参考模型

ITU-T 定义了 B-ISDN 协议参考模型。该模型是立体结构的，由三个不同的平面：用户平面、管理平面和控制平面构成，如图 3-22 所示。

用户平面（The user plane）：负责提供用户信息传送、端到端流量控制和恢复操作。

控制平面（Control plane）：主要包括呼叫建立、维护以及撤消等相关功能以及 ATM 的信令功能。

管理平面（Management plane）：负责与系统有关的网络管理、维护功能。依据功能不同，管理平面又可细分为层管理和面管理两部分，层管理主要用于各层内部的管理，面管理用于各个功能层之间管理信息的交互和管理在每个平面内，采用了分层结构，如图 3-23 所示。

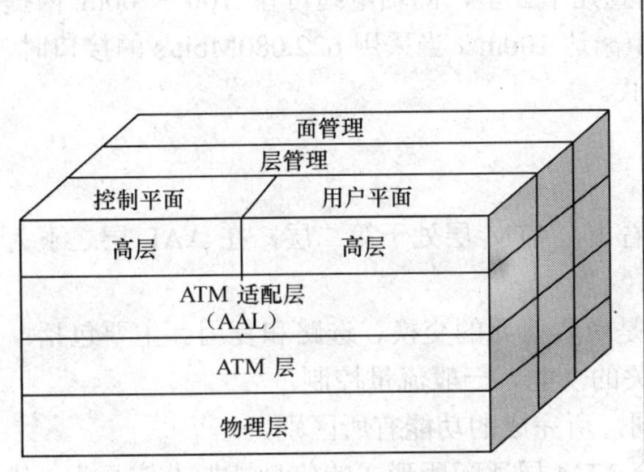

图 3-22　B-ISDN 协议参考模型

	层功能	层号	
层管理	会聚	CS	AAL
	拆装	SAR	
	一般流量控制 信头处理 VPI/VCI 处理 信元复用和解复用	ATM	
	信元速率去耦 HEC 序列产生和信头检查 信元定界 传输帧适配 传输帧生成和恢复	TC	PHY
	比特定时 物理媒体	PM	

图 3-23　ATM 层管理

1．物理层

（1）物理层的位置和功能。物理层（PHY）位于 B-ISDN 协议参考模型的最底层，主要负责将 ATM 层送来的 ATM 信元转换成相应物理传输介质可传送的信号，并正确地收/发这些物理信号。

根据功能不同，ATM 物理层又划分为物理媒质相关子层（PMD）和传输会聚子层（TC）两个子层。

① 物理媒质相关子层（PMD）主要提供与传输介质有关的机械和电气接口，正确地发送和接收数据比特，负责线路编码、比特定时等功能。

② 传输汇聚子层（TC）具有以下功能：

- 传输帧的产生/恢复与适配：在发送端将信元流适配成适合传输系统要求的帧结构送到 PMD 子层，在接收端则将 PMD 子层送来的比特流恢复成信元流；并在信元流与传输帧转换时完成格式的适配。

- 信头差错控制 HEC：主要完成对于信头的差错控制，以保护信头中的有关控制选路及其他的重要信息。为此，对信头前 4 个字节作循环冗余校验（CRC）。在发送端是按 CRC 算法生成 1 字节的 HEC 码，在接收端按同样算法进行检验。

- 信元定界和扰码：信元定界用于识别信元的边界。为防止信元的信息段出现伪 HEC 码而影响正确的定界；利用扰码修正错误影响。

- 信元速率去耦：为了克服 ATM 层传输媒体速率对传送信元的速率的影响，通常在发送端物理层插入空闲信元。在接收端，通过特定的预分配信头值，可以识别出空闲信元予以丢弃，并不送往 ATM 层。

（2）物理层工作过程。物理层的工作过程如下：经物理层送来的信号在接收端的 PMD

子层恢复成连续比特流，然后送入 TC 子层，比特流利用传输帧恢复功能确定传输帧的结构，然后将传输帧的净载荷提取出来。净载荷是由信元组成的，通过信元定界机制保证信元同步，并判定其 HEC 有无错误，对正确信元进行速率去耦，丢弃发送时插入的空闲信元，将有效信元作解扰处理后送入 ATM 层。

（3）ATM 物理层接口类型。ITU-T 规定了 155.520Mbit/s 和 622.080Mbit/s 两种接口速率，以 SDH 帧结构或纯信元形式传送。采用不同物理媒质时传送距离和传输质量不尽相同，采用光纤（单模/多模）媒质的传送距离可达几公里到几十公里，同轴电缆可在 100～200m 内提供满意的传输，屏蔽双绞线（STP）最大传输距离达 100m。当采用 622.080Mbit/s 的接口时，通常用光纤传输，可使用对称方式或不对称方式。

2．ATM 层

（1）ATM 层所处的位置。由图 3-24 可以看出，ATM 层处于第二层，在 AAL 层之下为 AAL 提供服务。

（2）ATM 层的功能。ATM 层的主要功能是负责信元的交换、选路和复用。主要包括：信元的复用与交换，QoS，实现净载荷类型有关的功能，一般流量控制。

用户设备与网络节点中 ATM 层的位置不同，所完成的功能有所区别。

对于用户设备 ATM 层而言，它主要实现给 ATM 层适配所形成的信息帧加上信元头，从而形成能够在 ATM 网中传送的信元。与此同时，通过分配与识别信元头中的 VPI 与 VCI 值完成信元的复接与分接功能。

网络节点中的 ATM 层主要实现信元头的变换，完成 VP 交换与 VC 交换。

3．ATM 适配层

ATM 适配层（AAL）位于 ATM 层和高层之间，它的主要功能是将高层业务信息或信令信息转化成 ATM 信元流或其反过程。AAL 层是为 B-ISDN 网络适应不同类型业务的特殊需要而设定的，不仅支持用户面的高层功能，还支持控制面（信令）和管理面（OAM）的高层功能，以及 ATM 网络与非 ATM 网络的互通。

根据功能不同，AAL 层分成两个子层：分段和重组子层（SegmentationandReassembly，SAR）及会聚子层（ConvergenceSublayer，CS），如图 3-25 所示。

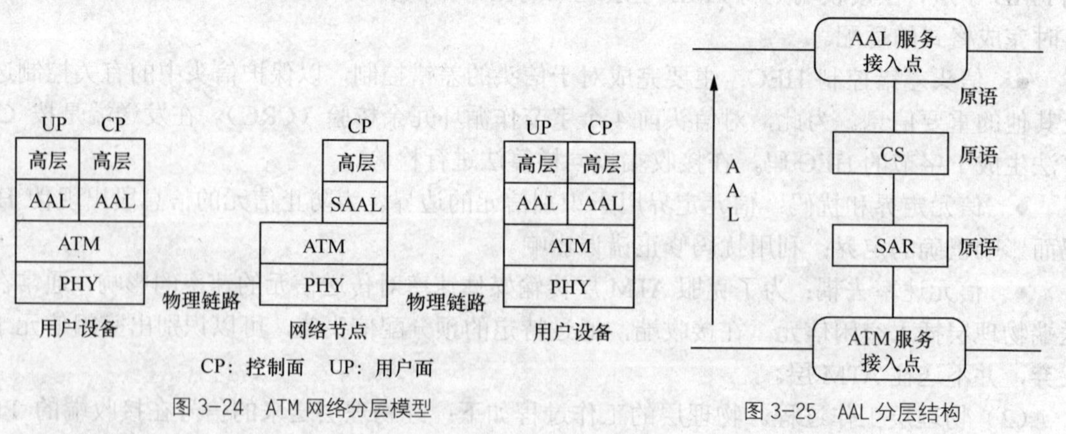

图 3-24　ATM 网络分层模型　　　　图 3-25　AAL 分层结构

SAR 子层位于 AAL 层的下层，其作用是将一个虚连接的全部信元净载荷组装成数据单元并交给高层或在相反方向上将高层信息拆成一个虚连接上的信元净载荷。

CS 子层位于 AAL 层的上层，其作用与业务相关，根据业务质量要求，提供不同业务所需的附加功能。如控制信元的延时抖动，在接收端恢复发送端的时钟频率，以及对帧进行差错控制和流控等。会聚子层又可细化为公共部分会聚子层（Common Part Convergence Sub layer，CPCS）和业务特定会聚子层（Service Specific Convergence Sub layer，SSCS）。

ITU-T 将 AAL 业务分成 4 类，如表 3-8 所示。

表 3-8　　AAL 业务分类

	A 类	B 类	C 类	D 类
源与终端的定时关系	需要	需要	不需要	不需要
比特率	恒定	可变	可变	可变
连接模式	面向连接	面向连接	面向连接	无连接

为了适配 4 类（A、B、C、D）用户业务，ITU-T 定义了 4 类 ATM 适配功能。

（1）AAL1：用于适配 A 类业务，也就是为了适配固定速率的、面向连接的业务。在信源和信宿之间需要定时信息的传送。这类业务典型的例子是目前的电路交换业务，如话音业务、各类 N-ISDN 业务。

AAL1 层完成如下功能：

- 用户信息的分段和重装；
- 信元时延抖动的处理；
- 信元净载荷重装时延的处理；
- 丢失信元和误插信元的处理；
- 接收端对信源时钟频率的恢复；
- 接收端对信源数据结构的恢复；
- 监控 AAL1 头的误码并进行误码处理；
- 监控用户信息域的误码和对误码的纠错。

以下详细介绍 AAL1 中的 SAR 子层和 CS 子层。

① SAR 子层：发端 SAR 子层从 CS 子层接收 47 字节的数据块，然后加上 1 字节的控制信息，组成 SAR-PDU。接收端 SAR 子层从 ATM 层获得 48 字节数据块，分离出控制信息，把 47 字节 SAR-PDU 净载荷上送至 CS 子层。

② CS 子层：AAL1 会聚子层完成下列功能：

- 信元延时变化（CDV :Cell Delay Variation）处理；
- 定时信息传递；
- 信源和信宿之间的结构信息传递；
- 丢失或错插信元的监视及可能的纠错动作；
- 向管理层报告端到端性能状况。

（2）AAL2：AAL2 是为适配端到端具有定时关系的可变比特率（VBR）的 B 类业务。ITU-T 于 1997 年提交此变比特率实时业务适配标准。

在 AAL2 中的 CS 子层进一步划分为与业务密切相关的业务特定会聚子层 SSCS 和公共

部分会聚子层CPCS。其中SSCS和特定业务相关，I.366.1定义了用于数据单元分段的SSCS；I.366.2定义了用于语音窄带业务的SSCS；CPCS和SAR是所有AAL2协议必需的，因此又将CPCS和SAR合并，称为公共部分子层（Common Part Sub layer，CPS）。

公共部分子层（CPS）完成在收、发端CPS之间传递CPS-SDU。CPS用户分成两类：SSCS实体和层管理实体LM。CPS完成的功能如下：

① CPS-SDU数据传送，CPS-SDU最长45字节（默认）或64字节；

② AAL2信道的复用和分解；

③ 传输延时的处理和定时信息的传递及时钟的恢复；

④ CPS-SDU数据的完整性保证。

CPS层的数据格式由CPS分组和CPS-PDU组成。CPS分组格式如图3-26所示。

① CID用于标识AAL2层的通信信道。AAL2通信信道是双向的，可以在ATM层通过PVC或SVC建立，两个方向具有相同的CID标志。CID取0~255的值，其中0不用（因为CPS-PAD中使用全0填塞），1用于层管理实体间通信，2~7保留，8~255可以被SSCS使用。

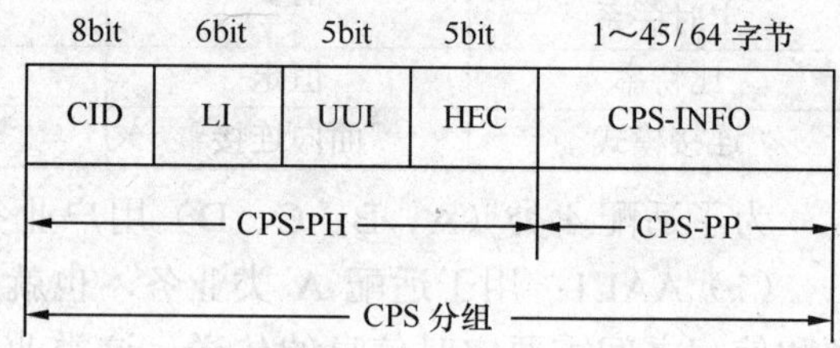

图3-26 AAL2的CPS分组结构

② LI取0~63的值。LI等于CPS-INFO长度减1，所以CPS-INFO长度为1~64字节，默认CPS-INFO的最大长度为45字节。CPS-INFO的最大长度必须由信令或管理过程设定，每个CPS信道都由相应的CPS-INFO最大数值规定。

③ UUI可以在CPS层透明传送CPS用户之间的控制信息，并可区分不同类型的CPS用户（SSCS和LM）。UUI取0~31的值，其中0~27用于SSCS实体间的通信，30和31用于LM实体间通信，28和29保留。

④ HEC为5bitCRC校验序列，生成多项式为X^5+X^2+1，保护对象是CPS-PH中的CID、LI和UUI，共19bit长。

（3）AAL3/AAL4：在ATM网中，数据业务有两类：远程计算机局域网互连对应于无连接的数据业务（即D类），另一类是面向连接的数据业务（C类）。ITU-T最初针对C类和D类业务分别制定AAL3和AAL4协议，后经研究发现支持D类的AAL4协议也可用于支持C类业务，所以，将两者合并制定了AAL3/4协议，同时可支持C类和D类业务。

① 工作模式

AAL3/4定义了两种工作模式：消息模式（Message Mode）和数据流模式（Streaming Mode）。

- 消息模式：消息模式中，AAL-SDU以每次一个数据块的形式到达AAL，数据块可定长或不定长，在AAL中完成分割组装，如图3-27所示。

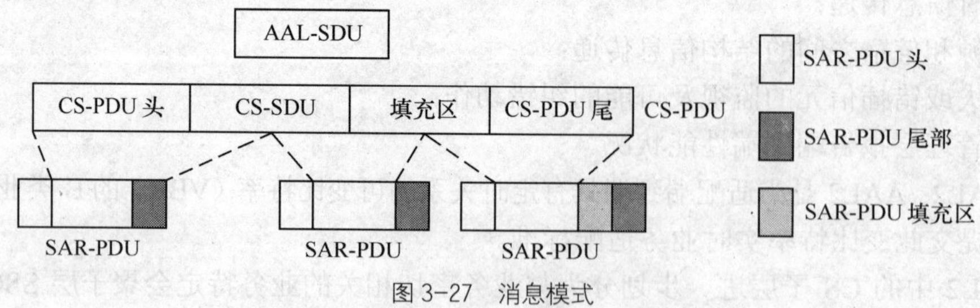

图3-27 消息模式

● 数据流模式：数据流模式如图 3-28 所示。在数据流模式下会聚子层将一个或多个 AAL-SDU 合并放置在一个 CS-PDU 中，然后通过 SAR 层分割成适合 ATM 信元的传递格式。在这种工作模式中，规定 SAR-PDU 装载信息部分只能装载来自同一个业务流 AAL-SDU 的信息。

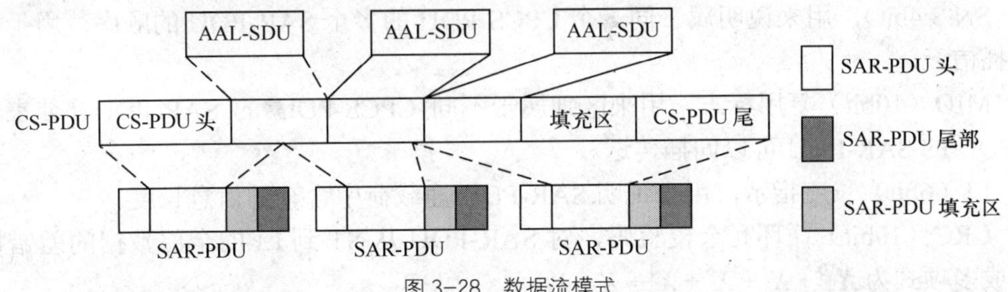

图 3-28 数据流模式

对每种模式 AAL3/4 都有两种操作：确保操作和非确保操作。前者通过重传出错或丢失的 CS-PDU，确保每个 AAL-SDU 正确传送；后者只通知是否出错，由业务高层对错误进行处理。

② AAL3/4 协议功能和格式

AAL3/4 具有 CS 子层协议和 SAR 子层协议。CS 子层又分为特定业务会聚子层（SSCS）和公共部分汇聚子层（CPCS）。

SAR 子层功能如下：

- 可变长度 CS-PDU 的拆装；
- 错误检测；
- 在 ATM 层的 VPI/VCI 上多个 CS-PDU 的复用。
- CPI（1 字节）公共部分指示。

CPCS 子层完成的功能有：

- 保护 CPCS-SDU；
- 差错检测和处理；
- 缓冲区容量分配等。

另外 AAL3/4 支持多路复用。

从应用程序到达 CPCS 子层的可容纳 l-65535 字节的净负荷，并具有 4byte 的首部和 0～7 字节的尾部。首先将其填充为 4 的整数倍字节，接着加上头和尾信息，对报文进行重构，然后将报文传送给 SAR 子层，由 SAR 子层将报文分为最大 44byte 的数据块，加上 SAR-PDU 头和尾信息，构成 SAR-PDU。AAL3/4 SAR、CPCS 的格式如图 3-29 所示。

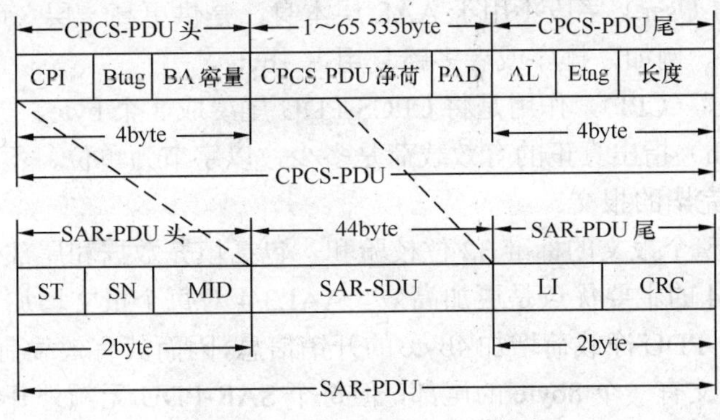

图 3-29 AAL3/4SAR 和 CPCS 格式

从图 3-29 可见，SAR-PDU 有以下开销。

- ST（2bit）段类型，说明拆装后的 CPCS-PDU 是开始（BOM）、继续（COM），还是结束（EOM）消息。如果 CPCS-PDU 长度小于 44byte，就形成单段消息（SSM）。
- SN（4bit），用来说明属于同一个 CPCS-PDU 的多个 SAR-PDU 的顺序。用于检测丢失和错插信元。
- MID（10bit）复用标志，用来区别属于不同 CPCS-PDU 的 SAR-PDU，使来自不同 CPCS-PDU 的 SAR-PDU 可以间插传送。
- LI（6bit）长度指示，用来说明 SAR-PDU 净载荷中含有的信息长度。
- CRC（10bit）循环冗余校验码，对 SAR-PDU 从 ST 到 LI 的全部数据的差错检测。编码生成多项式为 $X^{10}+X^9+X^5+X^4+X+1$。

CPCS-PDU 有以下开销。

- Btag（1byte）/Etag（1byte）。用于差错，每发送一次 CPCS-PDU，Btag/Etag 值加 1。每个 CPCS-PDU 中，Btag 和 Etag 置成同样的值，接收端据此检查 Btag 和 Etag 的一致性，以发现组合错误。
- BA 容量（2byte）是缓冲器容量分配指示，指明接收端接收 CPCS-PDU 时的最大缓冲容量。
- PAD（0～3byte）填充段，用来将 CPCS-PDU 净载荷的长度凑成 4byte 的整数倍。
- AL（1byte）校准段，用于将 CPCS-PDU 尾部长度凑成 4byte。
- 长度（2byte）域：说明 CPCS-PDU 净载荷长度，接收端据此可检查净载荷丢失和误增。

（4）AAL5：AAL5 支持收发端之间没有时间同步要求的可变比特率业务，主要用来传递计算机数据、B-ISDN 中 UNI 信令信息和 ATM 上的帧中继。

AAL5 向其应用程序提供了两种服务。一种是可靠服务；另一种是不可靠服务。

AAL5 支持点到点方式和多点播送方式的传输，但多点播送方式未提供数据传输的保证措施。

AAL5 支持消息模式和流模式。在消息模式中，应用程序可以将长度 1～65535byte 的数据报传送到 AAL 层。当到达会聚子层时，将报文填充至有效载荷字段并加上尾部信息，选择填充（PAD）域的长度为 0～47byte，以使整个报文（包括填补的数据和尾部信息）为 48byte 的整数倍。

AAL5 没有会聚子层头，只有一个 8byte 的尾。

- UU（User to User）字段不用于 AAL 层本身，是供更高一层（可能是会聚子层的特定服务子部分）使用。例如，排序或者多路复用占 1byte。
- 公共部分指示（CPI），作用是将 CPCS-PDU 尾凑成 8 个 byte。
- 长度（Length）指出真正的有效载荷是多少，以字节为单位，不包括填充的字节数。0 值用于终止未传送完毕的报文。
- CRC 是基于整个报文的标准 32 位校验和，包括填充数据和尾部信息。

AAL5 较 AAL3/4 的主要优点是更加高效。AAL3/4 对每个报文增加 8byte 的开销信息，同时还要为每个 SAR-PDU 净载荷增加 4byte 的开销信息，因而其有效载荷的容量只有 44byte，而在 AAL5 的每个报文有一个 8byte 的尾部，但每个 SAR-PDU 无额外开销。AAL5 可以通过长的校验和来检测丢失的或错误的信元，而不需要使用顺序号。

3.4.2 B–ISDN 业务

宽带业务的形式是多种多样的，ITU 和 ATM 论坛分别从不同的角度对业务进行了分类，这里作简单介绍。

（1）从网络的角度进行分类。

由上一节内容可知，ITU 从网络的角度根据恒定速率/可变速率、要求/不要求端到端定时、面向连接/无连接这三个方面进行分类的。而 ATM 论坛从流量控制的角度出发，保留了 ITU 的前两项区分标准，区分了恒定比特率业务（CBR）和可变比特率业务（VBR），并根据实时/非实时性，把 VBR 业务进一步分为实时（VBR-rt）和非实时（VBR-nrt）两类。另外考虑了日益增长的数据业务的要求，网络以尽力而为（Best Effort）的方式提供数据业务，进一步划分了可利用比特率业务（ABR）和未指定比特率业务（UBR），前者保证一定的丢失率要求，后者不提供任何形式的保证，并根据这五类业务的服务质量要求，网络提供不同的流量控制机制。这五类业务可以从两个方面来区分（如表 3-9 所示）。

① 从业务特性上区分。如峰值信元速率（PCR）、可维持信元速率（SCR）、最小信元速率（MCR）、最大突发长度（MBS），它们描述业务本身的流量特性，又称为源流量参数；另一些业务特性参数并不表示业务本身的流量，而是体现业务对时间特性的要求，如业务所能允许的信元抖动容限（CDVT）等。

② 从业务的 ATM 层服务质量（QoS）上区分。包括峰—峰信元时延抖动（peak to peak CDV）、最大信元传送时延（max CTD）、信元丢失率（CLR）、信元错误率（CER）、严重出错的信元块比例（SECBR）、信元误插入率（CMR）。

表 3-9　　ATM 业务的分类

特　性		ATM 业务分类				
		CBR	VBR-rt	VBR-nrt	ABR	UBR
业务特性	PCR,CDVT	√	√	√	√	√
	SCR,MBS,CDVT	–	√	√	–	–
	MCR	–	–	–	√	–
QoS 参数	Peak-to-peakCDV	√	√	×	×	×
	maxCTD	√	√	×	×	×
	CLR	√	√	√	√	×

注：“√”表示“有规定”，“×”表示“未规定”，“–”表示“无关”。

（2）从具体的业务形式和应用上进行分类。

ITU I.211 将宽带业务分为两大类：分配型业务和交互型业务。交互型业务又可分为会话型业务、消息型业务、检索型业务；分配型业务又可分为不由用户控制的分配型业务和可由用户控制的分配型业务。每种业务又有视频、图像、音频、数据各种媒体形式。

①　交互型业务。会话型业务是一种实时双向通信业务，通信双方的地位是相等的，都以主动的方式加入会话，典型业务有：会议电视、电话业务、多媒体会议中的图像交互、计算机网络的互连等。

消息型业务是一种不要求实时性的业务，往往经过存储转发或消息处理，消息型业务可以是单向的也可以是双向的。典型业务有：高速传真、Email 以及各种文件传送业务。

检索型业务是一种双向通信业务，通信的一方是主动的，而另一方只是根据检索命令将对方需要的信息传送过去。这种业务对实时性的要求介于会话型和消息型之间，不要求有严格的定时关系，但也不允许过长的响应时间。典型的业务包括：高清晰度的医疗图像检索、宽带可视图文、视频点播（VOD）、文件检索及各种查询业务。

② 分配型业务。分配型业务是一种点到多点的广播业务，其基本特征是接收方只能被动地接收。

对于用户不能控制的分配型业务，信息总是连续地传送着，不同用户在不同的时间接入就会接收到不同的内容，信息的开始和结束都不受用户的控制，典型的业务有高清晰度电视等。

可由用户控制的分配型业务中，信息是循环地播放的，所以用户总能看到完整的一段信息，典型的业务有电视图文广播、远程教学等。

练　习　题

一、简答题

1．什么是综合数字网？什么是综合业务数字网？

2．为什么窄带 ISDN 要以电路交换为基础？2B + D 代表什么意思？

3．B-ISDN 与 N-ISDN 的主要区别是什么？B-ISDN 与 ATM 有何关系？

4．试计算用 ISDN 的 B 通道传真发送一个长 10 英寸、宽 8 英寸的图像所需的时间。假定数字化后的图像每英寸有 300 个像素，而每个像素用 4bit 编码。若此图像在电话线上用传真机发送，调制解调器速率为 14.4kbit/s，问用传真机传送是快还是慢？

5．ATM 的主要优点是什么？UNI 和 NNI 有何不同？

6．画出 ATM 的协议参考模型。三个平面在协议模型中的作用是什么？

7．ATM 中的 VCI 和 VPI 各有何用处？试举例说明。

8．ATM 提供的四种服务类别各有何特点？与 AAL 的类型有何关系？

9．ATM 信元的结构是怎样的？信元首部的结构分为哪些字段？各有何用处？

10．DSS2 消息格式由哪几部分组成？各部分的功能是什么？

11． 定时器和状态控制有何作用？

二、判断题

试判断以下各种说法的正确性。给出“是”或“否”的答案。

1．ATM 的差错控制是对整个信元进行校验。（　　）

2．ATM 不使用统计复用。（　　）

3．ATM 提供固定的服务质量保证。（　　）

4．ATM 的信元采用动态路由选择。（　　）

5．TCP 不能在 ATM 上运行。（　　）

6．ATM 的数据传送之前必须先建立呼叫连接。（　　）

7．ATM 的信元的长度是可变的。（　　）

第 4 章 数字移动通信网

现代社会已经进入了信息社会，信息在经济发展、社会进步以及人民生活等方面都起着日益重要的作用。人们对于信息量的要求，以及获得信息的方便快捷的要求也越来越高。能够随时随地、方便而及时地获取所需要的信息是人们一直都在追求的梦想。电报、电话、广播、电视、人造卫星、国际互联网带领着人们一步步向这个梦想飞近，然而最终能够使人们美梦成真的却是移动通信。

移动通信是指通信的双方至少有一方是在移动中进行信息交换的。例如，固定点与移动体之间，或者移动体之间以及活动的人与人和人与移动体之间的通信。移动通信不受时空的限制，其信息交流灵活、迅速可靠。移动通信是实现通信理想目标的重要手段，它已成为现代通信中的三大支柱之一，具有广阔的发展前景。限于篇幅，本章主要介绍体现移动通信主流技术的公众数字蜂窝移动通信系统、第三代移动通信系统以及移动通信系统发展的前景。

4.1 移动通信概述

4.1.1 移动通信的发展历程

移动通信诞生于 19 世纪末 20 世纪初，至今已有 100 多年的历史。早在 1897 年，意大利科学家马可尼成功地进行了移动体之间的无线通信，这是移动通信的开端。但在此后相当长的一段时间内，移动通信发展缓慢，只在短波的几个频段上开发出了专用移动通信系统，而且一般只用于军队和政府部门。近十几年来，移动通信的发展迅速，已广泛应用于国民经济和人民生活的各个领域之中。至今移动通信已成为现代通信网中一种不可缺少的手段。

1. 移动通信发展简史

纵观移动通信的发展历程可以归纳为以下几个发展阶段。

第 1 阶段是从 20 世纪的 20 年代至 40 年代，此阶段为早期萌芽阶段。在此期间初步进行了一些传播特性试验，在短波的几个频段上建立了一些专用的、简单的移动通信系统。美国底特律市警察使用的车载无线电系统是这个阶段的代表性网络。这种警车无线电调度电话采用 AM 调幅，使用频率为 2MHz，到 20 世纪 40 年代提高到 30～40MHz，在这个时期，移动通信设备采用的是电子管，移动终端体积和重量都较大，基本以车载为主，系统为专用。

第 2 阶段是从 20 世纪 40 年代中期至 60 年代初期。这是移动通信的初期发展阶段。这个阶段在专用移动通信发展的基础上，开始向公用移动通信系统过渡。采用人工接续的移动电话，FM（调频）方式，单工工作，系统容量较小，主要采用 150MHz VHF 频段大区制工作。这个阶段代表性的网络为 1946 年根据美国联邦通信委员会（FCC）的计划，贝尔实验室在圣路易斯城建立的世界上第一个公用汽车电话网，称为“城市系统”。

第 3 阶段是 20 世纪 60 年代中期至 70 年代中期。这是移动通信系统的改进和完善阶段。这一阶段的特点是公用移动电话网络逐渐扩大，采用大区制组网，中等容量，全双工工作方式，使用频段为 150MHz 及 450MHz，频道间隔缩小到 25～30kHz，实现了信道自动选取和自动接续，并开始使用便携式移动终端。代表性网络是美国提出的改进型移动电话系统（IMTS），同时德国也推出了具有相同技术水平的 B 网。

第 4 阶段是 20 世纪 70 年代中期至 80 年代中期，这是移动通信蓬勃发展的时期。随着移动通信业务的不断发展，用户数量增加和频率资源有限的矛盾日益尖锐。为此，美国贝尔实验室于 20 世纪 70 年代初提出了蜂窝系统的概念和理论。第一代蜂窝移动电话系统——模拟蜂窝移动电话系统诞生了，这一阶段网络小区制组网，全双工工作，采用频率复用、多信道共用技术和全自动接入，工作频段为 800～900MHz，其主要技术是模拟调频、频分多址，主要业务是电话，全自动拨号，具有越区频道转换，自动漫游通信功能，频谱利用率、系统容量和话音质量都有明显的提高。

这一阶段的代表性的网络有：美国的 AMPS（Advanced Mobile Phone Service）系统，其工作频段为 800MHz，信道间隔为 30kHz；英国的 TACS（Total Access Communications System）系统，其工作频段为 900MHz，信道间隔为 25kHz；由丹麦、芬兰、挪威、瑞典等国研究的 NMT（Nordic Mobile Telephone）系统，其工作频段为 450MHz，信道间隔为 25kHz。

我国模拟蜂窝移动电话系统也采用了 TACS 标准。

第 5 阶段是 20 世纪 80 年代中期到 90 年代中期，泛欧数字蜂窝网正式向公众开放使用，标志着第二代蜂窝网（2G）的建立。这时采用了时分多址（TDMA）技术，信道带宽为 200kHz，使用新的 900MHz 频谱，称之为 GSM（全球移动通信）系统。GSM 不但能克服第一代蜂窝网的弱点，还能提供语音、数字多种业务服务，并与综合业务数字网（ISDN）兼容。

同时，诞生了另一项移动通信新成果——码分多址（CDMA）通信系统。与 GSM 相比，CDMA 具有更多的优点，如容纳的用户数比 GSM 多，频谱利用率高，抗干扰能力更强，提高了语音质量，采用了软切换方式降低了切换时的掉话率等。

GSM、美国的 IS-54、IS-95（窄带 CDMA），以及日本的 PDC 等数字蜂窝移动通信系统，这些都是典型的第二代蜂窝移动电话系统。

第 6 阶段是 20 世纪 90 年代末至 21 世纪初。在这期间，一个世界性的标准——未来公用陆地移动电话系统（Future Public Land Mobile Telephone System，FPLMTS）诞生，1995 年更名为国际移动通信 2000（IMT-2000），第三代移动通信系统的标准，简称为 3G。IMT-2000 的第三代蜂窝移动通信标准已于 2000 年正式颁布，cdma2000、W-CDMA、TD-SCDMA 等第三代系统陆续开始投入使用，使用频段为 1885～2025MHz，2110～2200MHz，全球统一标准。

第三代移动通信系统支持图像、音乐、视频流等多种媒体形式传输，提供网页浏览、电话会议、电子商务等多种信息服务。区别于第一代和第二代移动通信系统，它能实现全球无缝漫游、具有支持高速率多媒体业务的能力（最高速率达 2Mbit/s），并便于过渡及演进。据有关数据显示，截止到 2007 年 12 月，全球 3G 用户总数达到 5.6 亿户，比前一年增长 30%。

截止到2008年1月，已经有超过435个基于CDMA的3G网络在全球部署，比上一年增长了大约33%。在我国，2007年主要3G技术的商用都有不同程度的发展，cdma2000和WCDMA迎来了一个飞速发展的阶段，TD-SCDMA在加紧商用进程，WiMAX也正式融入到了3G家庭。2009年1月7日14时30分，工业和信息化部向中国移动、中国电信和中国联通发放3张第三代移动通信（3G）牌照。其中，中国联通已经建设7.1万个3G基站，3.6万套室内分布系统，3G业务试商用城市达到285个，覆盖了国内将近80%的人口。中国移动TD网络覆盖238个地级城市的业务热点区，占全国地级城市数量的7成以上。2010年底我国TD基站总数达22万个，网络覆盖全部县城。

第四代（4G）移动通信系统的研究已经开始。4G要求达到2～100Mbit/s的数据传输速率，比第三代标准具有更多的优越性。

2．我国移动通信的发展状况

我国的移动通信虽然起步比较晚，但发展速度极快。我国移动通信自1987年投入运营以来，一直保持高速增长势头。1994年移动用户规模超过百万，移动电话用户数每年几乎比前一年翻一番。1997年我国移动用户数超过1000万，标志着我国移动通信的一个新的里程，中国的移动通信用了不到10年的发展用户数已经超过了固定电话上百年的历程。2001年8月，中国的移动通信用户数超过了1.2亿，已超过美国跃居为世界第一位。2003年6月底移动电话用户总数达到2.3447亿。目前我国移动用户总数已接近7亿，移动通信网络的增长速度也名列世界第一位。我国移动通信发展史上几个标志性的事件如下。

（1）1987年11月18日，第一个TACS模拟蜂窝移动电话系统在广东省建成并投入商用。

（2）1994年7月19日，中国第二家经营电信基本业务和增值业务的全国性国有大型电信企业——中国联合通信有限公司（简称中国联通）成立。

（3）1994年12月底，广东首先开通了GSM数字移动电话网。

（4）1995年4月，中国移动在全国15个省市相继建网，GSM数字移动电话网正式开通。

（5）1998年，北京电信长城CDMA数字移动蜂窝网商用试验网——133网，在北京、上海、广州、西安投入试验，2000年开始大规模使用。

（6）1999年10月底，在芬兰赫尔辛基举行的国际电信联盟（ITU）会议上，由工业信息化部电信科学技术研究院代表中国提出的TD-SCDMA标准提案被国际电信联盟采纳为世界第三代移动通信（3G）无线接口技术规范建议之一。

（7）2008年7月20日，中国移动接手的TD-SCDMA网（奥运3G服务标准）正式向公众试商用放号，标志着我国3G服务即将展开。

（8）2009年1月7日14时30分，工业和信息化部向中国移动、中国电信和中国联通发放3张第三代移动通信（3G）牌照，标志着我国3G时代的全面到来。

3．移动通信的发展趋势

移动通信业务之所以发展迅猛主要是其满足了人们在任何时间、任何地点与任何个人进行通信的愿望。移动通信是实现未来理想的个人通信服务的必由之路。科学技术的不断发展，市场竞争和用户需求的不断提高，移动网络面临伟大的变革。人们已经开始认真探索第三代以后的无线通信前景。

未来移动通信技术发展的主要趋势是宽带化、分组化、智能化、综合化、个人化。重要特点体现在以下几个方面。

（1）宽带化是通信技术发展的重要方向之一。伴随着用户对数据、多媒体业务需求的增加，网络业务向数据化、分组化发展，移动网络必然走向宽带化。无线传输速率将从第三代系统的 2Mbit/s 向第四代移动通信系统的最高速率 150Mbit/s 发展。尽管 3G 网络相对于 2G 网络已经是宽带网络，而 4G 网络的带宽更大，使用更高的频谱，并进一步提高频带利用率。

（2）分组化是网络发展的必然结果。用户对于多媒体业务需求的不断增加，在网络中数据业务量已经形成了主导地位。这就要求交换方式由传统的电路交换技术逐渐转向以分组特别是以 IP 为基础的交换网络发展。GPRS 骨干核心网广泛采用路由器技术，在 GSM 电路交换网络之上叠加了基于 IP 的分组交换网络，开始了移动骨干网 IP 应用的实践。未来移动通信网络的骨干网将是全 IP 的，以数据为重心、分组为基础的 IP 网，统一传输话音、图像和多媒体通信，仍能保证每种信息的 QoS，与未来的固定通信网相似。

（3）网络技术的智能化，移动终端的智能化，才能使电信业务经营者能够方便、快速、经济、有效地提供客户所需的各类电信新业务，使用户能够方便灵活地获取所需的信息。随着移动网的发展，移动用户对于新业务、智能业务的需求越来越迫切。移动网络由单纯地传递和交换信息，逐步向存储和处理信息的智能化发展，把交换与业务分离，建立集中的业务控制点和数据库，进而进一步建立集中的业务管理系统和业务生成环境。伴随着移动网络向第三代系统的演进，网络的智能化程度也在不断地提升。智能网及其智能业务是构成未来个人通信的基本条件。

（4）核心网络综合化，接入网络多样化。第三代系统的主要目标是将包括卫星在内的所有网络融合为可以替代众多网络功能的统一系统，它能够提供宽带业务并实现全球无缝覆盖。未来移动通信网络的结构模式将向核心网/接入网模式转变，网络的分组化和宽带化使在同一核心网络上综合传送多种业务信息形式成为可能。现有的 GSM、D-AMPS、IS-136 等第二代网络均将演变成为第三代移动通信网的核心网，形成一个核心网家族，通过 NNI 连接成为一个整体，从而实现全球漫游。在核心网络家族的外围，形成一个庞大的无线接入家族，用以接入不同的用户类型和业务需求。

（5）信息个人化是 21 世纪初信息业进一步发展的主要驱动力之一，个人通信是人类希望实现的理想通信方式。其基本概念是实现在任何地点、任何时间、向任何人、传送任何信息的理想通信，其基本特征是把信息传送到个人。它将在宽带综合业务数字网的基础上，以无线移动通信网为主要接入手段，演变成为所有个人提供多媒体业务的智能型宽带全球性移动 Internet。它将根据地点为人们提供无法想像的、完善的个人业务和无线信息，将对人们工作和生活的各个方面产生很大影响。

4．第四代移动通信系统

目前 3G 已进入了商用阶段，但 3G 技术仍存在一些不足。比如 3G 仍缺乏全球统一标准；3G 的语音交换不是完全 IP 形式；通信速率还无法满足用户对高速多媒体业务的需求；尚无法实现不同频段的不同业务环境间的无缝漫游。所有这些局限性推动了人们对下一代通信系统——4G 的研究和期待。

目前对第四代移动通信系统主要有以下几方面的描述。

（1）建立在新的频段上，频带更宽，每个 4G 信道将占用 100MHz 带宽，相当于 3G WCDMA

网络带宽的20倍。

（2）基于分组数据的高速率、大容量传输。对于高速移动用户（250km/h），数据速率达到2Mb/s；对于中速移动用户（60km/h），数据速率达到20Mbit/s；对于低速移动用户（室内或步行者），数据速率达到100Mbit/s。4G系统容量至少应是3G系统容量的10倍以上。

（3）真正的全球统一的系统，可以实现多种频段多业务的全球无缝漫游。

（4）基于全新网络体制的系统，兼容性更加平滑。4G应该接口开放，能够跟多种网络互连，在不同系统间进行无缝切换。

（5）灵活性更强。不再是单纯的"通信"系统，而是融合了数字通信、数字音/视频接收和 Internet 接入的崭新的系统，并采用智能信号处理技术对信道条件不同的各种复杂环境进行信号的正常收发。

在4G之后，个人通信系统将成为未来移动通信系统的大趋势。这里指的个人通信是既能提供终端移动性，又能提供个人移动性的通信方式。终端移动性指用户携带终端连续移动时也能进行通信，个人移动性指用户能在网中任何地理位置上根据他的通信要求选择或配置任一移动的或固定的终端进行通信。可见个人通信的实现将使人类彻底摆脱现有通信网的束缚，达到无约束自由通信的最高境界。

4.1.2 无线传播环境

无线通信系统通常由收发信设备、天馈系统和无线信道三部分组成。移动信道为典型的无线变参信道，其传输特性随时间产生快速随机变化，移动通信系统的性能主要受到此信道的制约。

移动通信广泛使用VHF（150MHz）和UHF（450MHz、900MHz、1800MHz）频段，其无线电波主要是以空间波（即直射波、反射波和绕射波的合成波）的形式进行传播，其通信距离一般均小于视线距离。

移动通信电波传播最显著的特点是多径效应。无线电波在传输过程中会受到地形、地物的影响而产生反射、绕射、散射等，从而路径不同，信号到达接收点的时间存在多径时延，产生信号的频率选择性衰落和时延扩展等现象，这些被称为多径衰落或多径效应。

多径信号合成的接收信号电平的随机变化（起伏）称为衰落，如图4-1所示。图中虚线表示的是信号的场强中值。可以看出，信号电平的衰落深度可达30～40dB，信号衰落速率可以达到每秒数十次，因而将这种瞬间信号电平的快速衰落称为"快衰落"。又因为这种衰落是由多径传播引起的，所以又称为"多径衰落"。

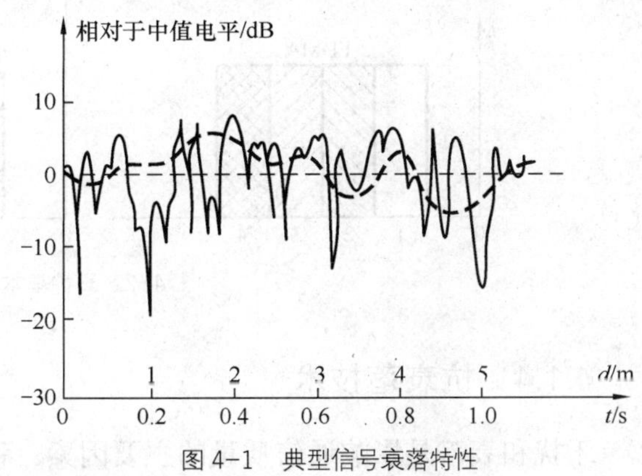

图4-1 典型信号衰落特性

由于移动台位置不断改变，电波在传播路径上受到的障碍物阻挡引起的阴影也在变化，这种变化引起的接收场强中值的缓慢变化称为"阴影衰落"。这种衰落速率远小于"快衰落"，故又称为"慢衰落"。引起慢衰落的原因除了阴影效应以外还有树木对电磁波的吸收，天气的变化，太阳的活动周期变化等，都会引起接收信号场强中值的缓慢变化。

对于移动通信电波传播特性的研究，一般可以采用两种方法：理论分析方法和实测分析方法。这两种方法最终都要建立通用的数学模型，以利用其进行电波的传播预测。在实际工程中，通常会将二者结合起来，进行实测-理论分析-再实测，从而实现对电波传播特性更准确的估算。

目前，常用的电波传播模型有 Okumura Hata 模型和 Walfish Ikegami 模型。

无论是应用哪一种模型来估算传播损耗，都只是基于理论分析和实际测试结果的近似计算。由于移动通信的实际的地形地物环境千差万别、随机多变，因此很难用一种模型确切地计算路径损耗。并且，随着移动通信技术的发展，小区的半径越来越小，地形地物越来越复杂，增加了电波估算的不确定性。因此，实测分析方法和网络优化尤为重要。

4.1.3 多址技术

移动通信的频率资源十分紧缺，不可能为每一个移动台提供一个单独的信道。为了提高信道的利用率，提出了复用技术，将若干彼此独立的信号合并为一个在同一信道上进行传输。

在蜂窝移动通信系统中，对于不同的移动台和基站发出的信号赋予不同的特征，基站就可以区分每一个移动台的信号，移动台也能从基站发出的一连串数码流中找到发给自己的那一部分信号。信号特征的差异可表现在某些特征上，如工作频率、出现时间、编码序列等。多址技术直接关系到蜂窝移动通信系统的容量。

目前常用的多址方式有：频分多址（FDMA）、时分多址（TDMA）、码分多址（CDMA）、空分多址(SDMA)和混合多址(时分多址/频分多址 TDMA/FDMA、码分多址/频分多址 CDMA/FDMA 等)。FDMA 是以不同的频道来区分用户的，每个用户单独占用一个频点，可以时间共享。TDMA 是用时隙来区分用户的，几个用户可以共用一个频率但出现时间不同。CDMA 系统是利用不同码型不同码片来区分信道的。这里所说的码，就是满足某种条件的序列。每个移动用户分配一个码片，而工作频率和时间可以共用。SDMA 系统是利用空间位置来划分信道，每个用户用空间位置来区分，其他特征可以共享。FDMA、TDMA 和 CDMA 三种多址方式如图 4-2 所示。

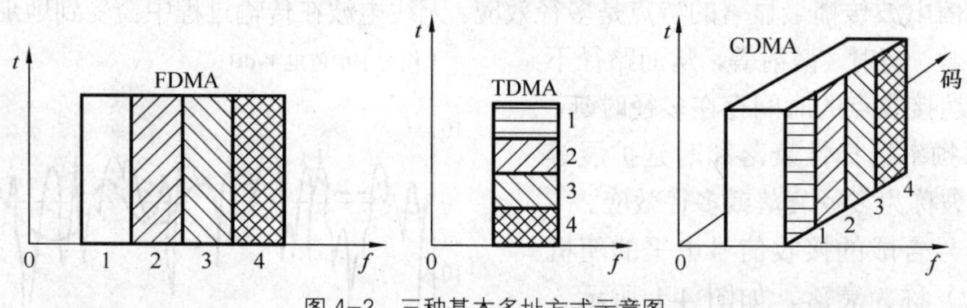

图 4-2 三种基本多址方式示意图

4.1.4 抗衰落技术

干扰和衰落是影响通信质量的主要因素。移动信道是典型的随参信道，除了存在大量的环境噪声和人为噪声外，还存在大量组网产生的干扰。另外，移动信道还存在着严重的多径衰落。通过增加发射功率来抗干扰和抗衰落在多电台同时工作的移动通信网中是不现实的，因为需要增加上千甚至上万倍的发射功率，使得电台间的干扰加剧。因此，移动通信中必须有有效的抗干扰和抗衰落措施。

移动通信中采用多种抗干扰和抗衰落措施，由于篇幅有限这里仅介绍几种移动通信关键的抗衰落技术。

1．分集接收技术

分集接收技术是抗衰落的一种有效措施，广泛应用于移动通信、短波通信等变参信道中。

所谓分集接收技术是指接收端对它收到的多个衰落特性互相独立（携带同一信息）的信号进行特定处理，以降低信号起伏的方法。分集接收有两重含义：一是分散传输，使接收端能获得多个统计独立的、携带同一信息的衰落信号；二是集中处理，即接收机把收到的多个统计独立的衰落信号进行合并，以降低衰落的影响。

移动通信中可能用到两类分集方式：宏分集和微分集。宏分集也称为多基站分集，是一种减小慢衰落的分集技术，把多个基站设置在不同的地理位置上，只要在各个方向上的信号传播不是同时受到阴影效应或地形的影响而出现严重的慢衰落，这种方法就能保持通信不会中断。

微分集是一种减小快衰落的分集技术，在各种无线通信系统中都经常使用。依据信号的传输方式，微分集技术还可分为显分集和隐分集。显分集是指从信号接收形式上看，构成明显的分集方式。由于在空间、频率、极化、时间、场分量和角度等方面分离的无线信号，都呈现相互独立的衰落特性，因此显分集包括空间分集、频率分集、极化分集、时间分集、场分量分集和角度分集等。显分集技术是要通过多幅天线来实现的。而隐分集是指把分集作用隐蔽于传输信号之中，如交织编码、直接序列扩频技术等。隐分集只需一副天线来接收信号，因此在数字移动通信系统中得到了广泛的应用。

分集接收中，接收端从不同的 n 个独立信号支路所获得的信号，可以通过不同形式的合并技术来获得分集增益。如果从合并所处的位置来看，合并可以在检测器以前，即在中频和射频上进行合并，大部分是在中频上合并。合并也可以在检测器之后，即在基带上进行合并。

2．交织编码技术

移动通信中，由于传输特性不理想及各种干扰和噪声的影响，将会产生传输差错。实际的信道既不是纯随机差错信道，也不是纯突发差错信道，而是混合信道。大部分的差错控制编码能够纠正随机差错，而出现长突发形式的成串错误比特，这样的信道编码就无能为力了。采用交织编码的目的是使误码离散化，使突发差错变为随机差错，在接收端纠正随机离散差错，从而改善整个数据序列传输质量。

交织编码方法在数字移动通信中得到了广泛应用。例如，在 GSM 系统中，40 ms 中经 1/2 码率、约束长度为 5 的卷积编码后得到的 912bit 话音数据按 8×114 矩阵进行交织编码，形成 8 个 114bit 的信息段，每个信息段占用一个时隙逐帧进行传输。在 WCDMA 和 TD-SCDMA 系统中，也采用了帧内交织和帧间交织的方式，而在 cdma2000 系统中则采用了块交织的方式。

3．Rake 接收技术

Rake 接收技术是一种时间分集技术。Rake 的基本原理：发射机发出的扩频信号，在传输过程中受到不同建筑物，地形等各种障碍物的反射和折射，到达接收机时每个波束具有不同的延迟，形成多径信号。如果不同的路径信号的延迟超过一个伪码的码片时延，则在接收端可将不同的波束区别开来。将这些不同的波束分别经过不同的延迟线，对齐后合并在一起，把原来的干扰信号变成有用信号。

多径信号分离的基础是采用直接序列扩展简称直扩频谱信号。当直扩序列码片宽度为TC时，系统所能分离的最小路径时延差为TC。Rake接收机利用直扩序列的相关特性，采用多个相关器来分离直扩多径信号，然后按一定规则将分离后的多径信号合并起来以获得最大的有用信号能量。这样将有害的多径信号变为有利的有用信号。应用Rake接收机主要应用在直扩系统中，特别是在民用CDMA（码分多址）移动通信系统中。

特别指出的是，一般的分集技术把多径信号作为干扰来处理，而Rake接收机利用多径现象来增强信号。

4. 自适应均衡技术

在带宽受限（频率选择性的）且时间扩散的信道中，由于多径影响而导致的符号间干扰会使被传输的信号产生失真，因而在接收机中产生误码。符号间干扰被认为是在无线信道中传输高速率数据时的主要障碍，而均衡正是克服符号间干扰的一种技术。

从广义上讲，均衡可以指任何用来削弱符号间干扰的信号处理操作。在无线信道中，可以使用各种各样的均衡器来消除干扰，并同时提供分集。由于移动衰落信道具有随机性和时变性，这就要求均衡器必须能够实时地跟踪移动通信信道的时变特性，因此这种均衡器又称为自适应均衡器。

自适应均衡器一般包括两种工作模式，即训练模式和跟踪模式。其工作过程如下：发射机发射一个已知的、定长的训练序列，以便接收机中的均衡器可以调整到恰当的设计，使BER最小。典型的训练序列是一个二进制的伪随机信号或是一串预先指定的数据比特，而紧跟在训练序列之后被传送的是用户数据。接收机中的自适应均衡器将通过递归算法来评估信道特性，并且修正滤波器系数，以对多径造成的失真做出补偿。在设计训练序列时，要求做到即使在最差的信道条件下，均衡器也能通过这个序列获得恰当的滤波系数。这样就可以在训练序列执行完之后，使得均衡器的滤波系数已经接近最佳值。而在接收用户数据时，均衡器的自适应算法就可以跟踪不断变化的信道。这样处理的结果就是：自适应滤波器将不断改变其滤波特性。当均衡器得到很好的训练后，就说它已经收敛。

均衡器从调整系数至形成收敛，整个过程的时间跨度是均衡器算法、结构和多径无线信道变化率的函数。为了保证能有效地消除符号间干扰，均衡器需要周期性地做重复训练。均衡器通常用于数字通信系统中，因为在数字通信系统中用户数据被分为若干段，并被放入小的时间段或时隙中传送。时分多址（TDMA）无线通信系统特别适合于使用均衡器。TDMA系统在长度固定的时间段中传送数据，并且训练序列通常在一个分组的开始被传送。每次收到一个新的数据分组时，均衡器将用同样的训练序列进行修正。

4.1.5 数字蜂窝移动通信系统组网技术

任何移动通信网都有一定的服务区域，无线电波辐射必须覆盖整个区域。由VHF和UHF的传播特性知道，一个基站能在其天线高度的视距范围内为移动用户提供服务，这样的覆盖区称为一个无线电区，或简称小区。根据服务区覆盖方式的不同，可将移动通信网分为大区制和小区制。

1. 大区制与小区制

（1）大区制移动通信网。大区制是指在一个服务区（如一个城市或地区）只设置一个基站（Base Station，BS），并由它负责移动通信网的服务和控制。大区制基站的天线架设得很高，可达几十米至几百米。发射机的输出功率也很大，一般为25～200 W，以增大发射功率，并在服务区域中的适当地点设置若干个分集接收台，以保证服务区内双向通信质量。

大区制结构的特点是网络结构简单、建网成本低、控制简单，适用于用户密度不大、通信容量较小的系统。

（2）小区制移动通信网。小区制就是把整个服务区域划分为若干个无线小区，每个无线小区中分别设置一个基站，负责本小区移动通信的联络和控制。同时还要在几个小区间设置移动业务交换中心（MSC）。移动业务交换中心统一控制各小区之间用户的通信接续，以及移动用户与市话网的联系。

采用小区制最大的优点是有效地解决了频道数量有限和用户数增大之间的矛盾。其次是由于基站功率减小，也使相互之间的干扰减小了。所以，公用移动电话网均采用这种体制。

2．区域覆盖

小区制面临的首要问题是如何进行无线服务区的划分。影响无线区域划分的因素有很多，如服务区域范围、用户数及容量密度。就目前大多数移动通信网的无线区组成来看，可根据用户的区域分布分为带状服务区和面状服务区。带状服务区是指无线电场强覆盖区域呈带状，其业务范围要在一个狭长的带状区域内进行，也称链状网，主要用于铁路、高速公路和沿江通信。带状服务区一般采用定向天线，椭圆形小区覆盖，频率配置大多采用双群频配置。当业务覆盖区域为面状时，构成面状服务区，蜂窝移动电话网和公用无绳电话网一般都属于面状网。

（1）无线区的形状。由于电波传播和地形地物有关，因此小区的划分应根据环境和地形条件而定。为了研究方便，假定整个服务区的地形地物相同，并且基站采用全向天线，它的覆盖区域大体是一个圆，即无线小区是圆形的。又考虑到用多个圆形小区彼此邻接来覆盖整个区域时，圆形小区之间必然会有很多重叠区域。在考虑重叠区域后，每个小区的覆盖区域用圆的内接正多边形来近似，将是实际的。不难看出由正多边形彼此邻接构成平面时，只能是正三角形、正方形和正六边形。其中，正六边形和圆的近似程度最好，而且用正六边形彼此邻接填满整个服务区所需的正六边形个数最少。

因此采用正六边形组网是最经济的方式。正六边形构成的网络形同蜂窝，所以把小区形状为六边形的小区制移动通信称为移动蜂窝网。基于蜂窝状的小区制是目前公共移动通信网的主要覆盖方式。

（2）无线区群的构成。蜂窝移动通信网通常是由若干邻接的无线小区组成一个无线区群，再由若干无线区群构成整个服务区。每个区群内不同的小区使用不同的频率，另一区群中对应的小区可重复使用相同的频率。不同区群中的相同频率的小区之间将产生同频干扰，但当两个同频小区间隔足够大时，同频干扰不会影响正常通信。

区群又称为“簇”，是在蜂窝系统中由不同频率的小区构成的基本图样。区群的构成应满足两个条件：① 无线区群之间彼此邻接并且无空隙地覆盖整个面积；② 相邻无线区群中，同频小区之间的距离相等且为最大。满足上述两个条件的区群形状和区群个数不是任意的。区群内的小区数满足下式：

$$N = a^2 + ab + b^2 \tag{4-1}$$

式中，a、b 为正整数，N 为区群内小区数量。

区群内小区数不同的情况下，可用下面的方法来确定同频（信道）小区的位置和距离。自某一小区 A 出发，先沿边的垂线方向跨 a 个小区，再向左（或向右）转 60°，再跨 b 个小区，这样就到达同信道小区 A。在正六边形的六个方向上，可以找到六个相邻同信道小区，所有 A 小区之间的距离都相等。

3．激励方式

如果基地台位于小区的中心，采用全向天线，在理想情况下小区的覆盖区域是一个圆形，这称为“中心激励”方式。若在每个蜂窝的相间的三个角顶点上设置基地台，并采用三个互成 120° 的扇形定向天线，同样能够实现小区覆盖，这称为“顶点激励”激励方式。

由于“顶点激励”方式采用定向天线，对来自 120° 主瓣以外的同信道干扰信号而言，天线的方向性能提供一定的隔离度，降低了同信道的干扰。

4．小区的分裂

以上的分析是假设整个服务区的用户密度是均匀分布的，所以无线覆盖区的半径是相同的，每个无线区分配的信道数也是相同的。但是在实际的移动通信网中，各地区的用户密度通常是不均匀的，例如，用户密度市区比郊区高，而商业地带比城市其他地区高。因此，小区的服务半径的大小应该由该小区的用户密度来确定，所以一个城市的各个小区并不一样大，用户密度较低的郊区小区半径较大，用户密度高的市区和市中心小区半径则小一些。如图 4-3 所示。

移动电话网在建网初期无线小区的半径可以较大一些，随着用户数的不断增长，原有无线小区的用户密度上升，话务阻塞率增高，服务等级下降，此时就可以采用小区分裂的方法进行扩容，即将原有无线区一分为三或一分为四。由于新的小区半径缩小，整个系统服务区的小区数增多，频率复用次数增加，系统的容量就可以大大增加了，如图 4-4 所示。

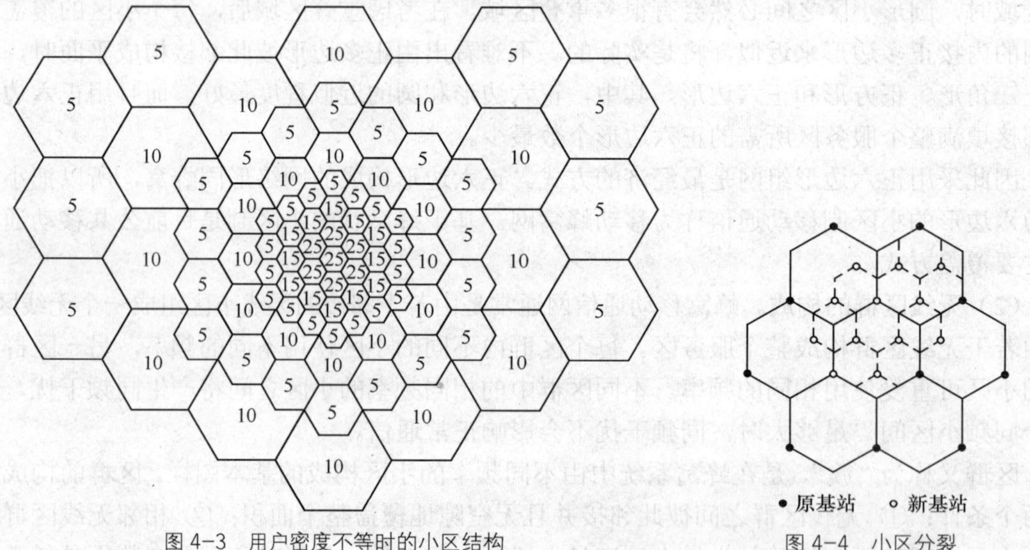

图 4-3　用户密度不等时的小区结构

图 4-4　小区分裂

从理论上说，通过小区的多次分裂，系统的容量是无限制的，但小区的最小半径受到移动电话交换机处理越区信道切换能力的限制，同时基站越多，系统的投资也越高，所以移动电话小区的半径通常在 1～1.5km 左右。

5．直放站

在组网布局时，出于经费及地形、地物等方面的考虑，会出现覆盖不到的地域，通常称为盲区或死角。即使不考虑经费问题，在设计布局时，也不可避免地会出现盲区，如城市高大建筑群、会议大厅、地铁车站、高速公路等。为了消除盲区，通常在适当地方建立直放站，以沟通盲区移动台与基地站的通信。直放站实际上就是一个同频放大的中继站，通过它把基地站部分信道引过来，以实现接收和转发来自基地站和移动台的信号，如图4-5所示。

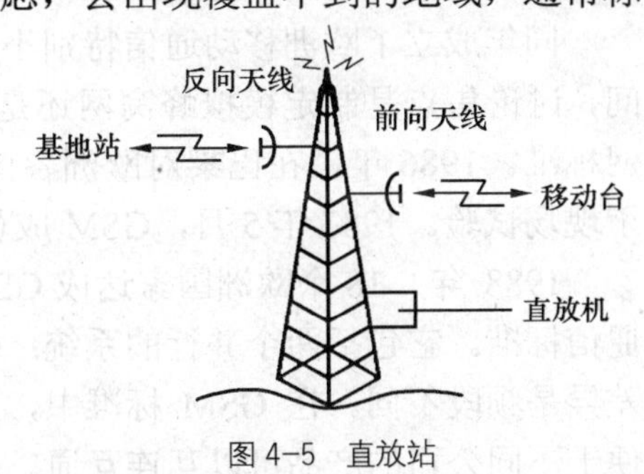

图4-5 直放站

6．信道（频率）配置

（1）分区分组配置法。分区分组配置法所遵循的原则是：尽量减小占用的总频段，以提高频段的利用率；同一区群内不能使用相同的信道，以避免同频干扰；小区内采用无三阶互调的相容信道组，以避免互调干扰。

（2）等频距配置法。等频距配置法是按等频率间隔来配置信道的，只要频距选得足够大，就可以有效地避免邻道干扰。这样的频率配置可能正好满足产生互调的频率关系，但正因为频距大，干扰易于被接收机输入滤波器滤除而不易作用到非线性器件，所以也就避免了互调的产生。

7．多波道共用

移动通信系统中，为保证一定的用户容量，基站的无线频道数往往不止一个，多个无线信道在众多用户间如何有效分配，是移动通信组网要研究的一个问题。移动通信信道的分配有固定信道分配和动态信道分配两种方式。

（1）固定信道分配。固定信道分配方式是将系统内的 n 个用户分成 m 个组，每组的 n/m 个用户固定分配使用某一个或几个信道，这种方式系统简单。但由于各组业务量不可能完全一样，因而会造成有的组业务量大，阻塞率高；有的组业务少，信道大部分时间空闲，而各组之间信道不能调剂，故系统的频道利用率低。

（2）动态信道分配。专用呼叫信道方式也叫专用控制信道方式，这种方式是在系统中设置专用的呼叫信道，专门用于处理移动用户的主呼、向移动用户发起选呼、指配通话用的话音信道等。所有移动用户只要不通话就停留在这个呼叫信道上守候。移动用户主呼时，主呼信号通过专用呼叫信道发往控制中心；控制中心通过专用呼叫信道给主叫和被叫用户指配通话用的空闲信道，移动台根据指令转入分配的空闲信道进行通话；通话结束后再返回到专用呼叫上守候。移动台被呼时，基地台在专用呼叫信道上发出选呼信号，被呼移动台应答后按基地台的指令转入分配的空闲信道进行通话。

4.2 GSM移动通信网

GSM 的历史可以追溯到 1982 年，当时北欧四国向欧洲邮电行政大会 （Conference

Europe of Post and Telecommunications，CEPT）提交了一份建议书，要求制定 900MHz 频段的欧洲公共电信业务规范，建立全欧统一的蜂窝网移动通信系统，以解决欧洲各国由于采用多种不同模拟蜂窝系统造成的互不兼容，无法提供漫游服务的问题。

同年成立了欧洲移动通信特别小组（Group Special Mobile，GSM）。在 1982～1985 年期间，讨论焦点是制定模拟蜂窝网还是数字蜂窝网的标准，直到 1985 年才决定制定数字蜂窝网标准。1986 年，在巴黎对欧洲各国经大量研究和实验后所提出的 8 个数字蜂窝系统进行了现场试验。1987 年 5 月，GSM 成员国经现场测试和论证比较，选定窄带 TDMA 方案。

1988 年，18 个欧洲国家达成 GSM 谅解备忘录，颁布了 GSM 标准，即泛欧数字蜂窝网通信标准。它包括两个并行的系统：GSM 900 和 DCS 1800，这两个系统功能相同，主要的差异是频段不同。在 GSM 标准中，未对硬件作出规定，只对功能、接口等作了详细规定，便于不同公司的产品可以互连互通。GSM 标准共有 12 项内容。

1990 年，GSM 系统试运行。1991 年，第一个实用系统在欧洲开通，同时，GSM 被更名为“全球移动通信系统”（Global System for Mobile communications）。从此移动通信跨入了第二代数字移动通信的发展阶段。

此后，GSM 系统又经历了不断的改进与完善。尽管其他的一些二代数字系统，如北美的 ADC（亦称 IS-54）和日本 PDC，也陆续被开发出来并投入使用，但是由于 GSM 系统规范、标准的公开化和优点的诸多性，很快就在全世界范围内得到了广泛的应用，实现了世界范围内移动用户的联网漫游。

4.2.1 GSM 系统频率配置

GSM 上行频段为 890～915MHz，下行频段为 935～960MHz，收发双工频率间隔为 45MHz，相邻频道间隔为 200kHz。每个频道采用 TDMA 方式，分为 8 个时隙，即 8 个信道（全速率）为一帧，采用半速率语音编码，每个频道可容纳 16 个时分信道。其中 890～905MHz、935～950MHz 部分用于模拟公用移动电话网，其他部分用于数字公用移动电话网。

1992 年，ITU 在世界无线电管理大会（WARC’92）上，对工作频段作了进一步划分，其中未来公众陆地移动通信系统（FPLMTS）的新频段为：1885～2025MHz，2110～2200MHz 用于 IMT-2000 系统。

由于 GSM 系统采用了先进的语音编码技术，降低了语音编码的数码率，同时有效地进行了差错控制。所以与模拟系统相比，在语音质量要求相同的条件下，所需的载干比（C/I）值降低。这使得 GSM 系统的同频复用距离大大降低，GSM 系统采用 4×3 小区复用方式，采用跳频技术后可以采用 3×3 的复用方式，同频复用效率大大提高。

4.2.2 GSM 系统结构

GSM 数字蜂窝通信系统的主要组成部分为网络交换子系统（NSS）、基站子系统（BSS）和移动台（MS），如图 4-6 所示。网络子系统（NSS）由移动交换中心（MSC）、归属位置寄存器（HLR）、来访位置寄存器（VLR）、鉴权中心（AUC）、设备识别寄存器（EIR）、操作维护中心（OMC）等组成。基站子系统（BSS）由基站收发信机（BTS）和基站控制器（BSC）组成。除此之外，GSM 网中还配有短信息业务中心（SMSC），既可实现点对点的短信息业务，也可实现广播式的公共信息业务以及语音留言业务，从而提高网络接通率。

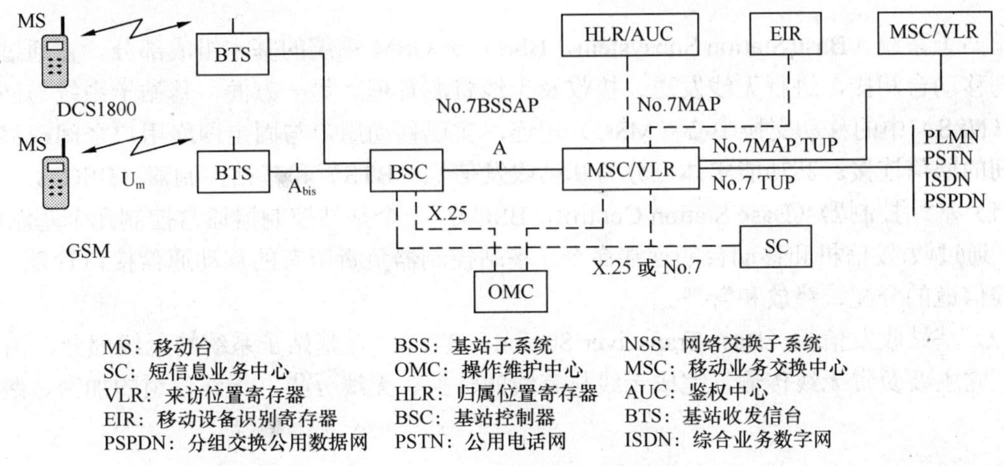

MS：移动台	BSS：基站子系统	NSS：网络交换子系统
SC：短信息业务中心	OMC：操作维护中心	MSC：移动业务交换中心
VLR：来访位置寄存器	HLR：归属位置寄存器	AUC：鉴权中心
EIR：移动设备识别寄存器	BSC：基站控制器	BTS：基站收发信台
PSPDN：分组交换公用数据网	PSTN：公用电话网	ISDN：综合业务数字网

图 4-6 GSM 系统整体结构框图

1．网络交换子系统

网络交换子系统（Network Switch Subsystem，NSS）由以下几部分组成。

（1）移动业务交换中心。移动业务交换中心（Mobile Services Switching Center，MSC）是 GSM 系统的核心，是对位于它所覆盖区域中的移动台进行控制和完成话路交换的功能实体，也是移动通信系统与其他公用通信网之间的接口。它可完成网络接口、公共信道信令系统和计费等功能，还可以完成 BSS、MSC 之间的切换和辅助性的无线资源管理、移动性管理等。

（2）来访位置寄存器。来访位置寄存器（Visitor Location Register，VLR）是一个数据库，负责存储 MSC 为了处理所管辖区域中 MS（统称来访用户）的来话接听和去话呼叫所需检索的信息，例如用户的号码，所处位置区域的识别，向用户提供的服务等参数。VLR 可看作是一个动态的用户数据库。

（3）归属位置寄存器。归属位置寄存器（Home Location Register，HLR）是 GSM 系统的中央数据库，主要存储着管理部门用于移动用户管理的相关数据，每个移动用户都应在其 HLR 处注册登记。

HLR 可以与 MSC/VLR 一一对应，也可以一个 HLR 控制若干个 MSC/VLR 或整个区域的移动网。

（4）鉴权中心。鉴权中心（Aunthentication Center，AUC）也是一个数据库，保存着关于用户的 3 个参数（随机号码 RAND、响应数 SRES 和密钥 Kc）。其作用是：通过鉴权能够确定移动用户的身份是否合法，还能够进一步满足用户的保密性通信等要求。

（5）设备识别寄存器。设备识别寄存器（Equipment Identity Register，EIR）是存储有关移动台设备参数的数据库。它主要完成对移动台设备的识别、监视与闭锁等功能，以防非法移动台的使用。

（6）操作维护中心。操作维护中心（OMC）用于对 GSM 系统的集中操作与维护，对网络进行管理与监控。OMC 对基站子系统和交换网络子系统分别进行操作和维护。

2．基站子系统

基站子系统（Base Station Subsystem，BSS）是 GSM 系统的基本组成部分。它通过无线接口与移动台相接，进行无线发送、接收及无线资源管理。另一方面，基站子系统与网络子系统（NSS）中的移动交换中心（MSC）相连，实现移动用户与固定网络用户之间或移动用户之间的通信连接。其功能实体可分为基站收发信机（BTS）和基站控制器（BSC）。

（1）基站控制器（Base Station Control，BSC）：一个基站控制器通常控制几个基站收/发信台，通过收/发信机和移动台的远端命令，基站控制器负责所有的移动通信接口管理，主要是无线信道的分配、释放和管理。

（2）基站收发信机（Base Transciver Station，BTS）：是基站子系统的无线部分，由 BSC 控制。它主要负责无线传输，完成无线与有线的转换、无线分集、无线信道的加密、跳频等功能。

3．移动台

移动台（Mobile Station，MS）有三种类型：车载型、便携型和手持型。移动台包括移动台终端和用户识别模块 SIM 卡两部分。

（1）移动终端：移动终端（Mobile Terminal，MT）是移动台的主体，是完成语音编码、信道编码、信息加密、信息的调制和解调、信号的发射和接收的主要设备。

（2）用户识别模块：用户识别模块（Subscriber Identity Module，SIM）中存储着有关用户的个人信息和网络管理的一些信息以及加密、解密算法等，通过这些信息可以验证用户身份、防止非法盗用、提供特殊服务等，因而又称为智能卡。

4.2.3 无线空中接口

GSM 系统在制定技术规范时对其子系统之间及各功能实体之间的接口和协议作了比较具体的定义，使不同的设备供应商提供的 GSM 系统基础设备能够符合统一的 GSM 技术规范而达到互通、组网的目的。根据 GSM 系统技术规范，系统内部的主要接口有 4 个，分别是移动台与 BTS 之间的接口，称之为 GSM 无线空中接口（Um 接口）；BTS 与 BSC 之间的接口，称之为 Abis 接口；BSC 与 MSC 之间的接口，称之为 A 接口；还有 MSC 与 PSTN 之间的接口。除 Abis 接口外，其他接口都是标准化接口，这样有利于实现系统设备的标准化、模块化与通用化。

无线空中接口（Um 接口）规定了移动台（MS）与 BTS 间的物理链路特性和接口协议，是系统最重要的接口。

4.2.4 GSM 系统的信道

GSM 中信道分为物理信道和逻辑信道。

在不同的体制中，信道又可以体现为不同的形式。在 FDMA 中，信道是电磁信号的一个特定频率区域，称为频带。在 TDMA 中，信道指的是信号的一个特定时间片段，称为时隙。在 CDMA 中，一个信道针对着一个特定的编码序列，称为伪随机序列。上述这些形式的信道都称为物理信道。GSM 的一个物理信道就是 1 个载频上的 TDMA 帧的 1 个时隙（TS）。因为 GSM 的 1 个 TDMA 帧中包含8个时隙，因而1个载频对应8个信道（依次称为信道0、信道1、……信道7）。

逻辑信道可分为两类：业务信道和控制信道。逻辑信道在传输过程中都要被放到相应的物理信道上去，这称为映射。另外，从BTS到MS方向的信道称为下行信道或称信道的下行链路，反之则称为上行信道或信道的上行链路。

（1）业务信道：业务信道（Traffic Channel，TCH）主要用于传输用户编码及加密后的话音和数据，其次还传输少量的随路控制信令。

此外，在业务信道中还可以设置慢速辅助控制信道或快速辅助控制信道。

（2）控制信道：控制信道（Control Channel，CCH）用于传送信令或同步信号。

控制信道又可细分为广播信道（BCH）、公共控制信道（CCCH）和专用控制信道（DCCH）。

① 广播信道（Broadcast Channel，BCH）是一种“点对多点”的单方向控制信道，用于基站向移动台广播公用信息。

- 频率校正信道（Frequency Correcting Channel，FCCH）。负责传输供移动台校正其工作频率的信息。
- 同步信道（Synchronous Channel，SCH）传输供移动台进行帧同步的信息（即TDMA帧号）和对基站的收发信台进行识别的信息（即BTS的识别码BSIC）。
- 广播控制信道（Broadcast Control Channel，BCCH）广播每个BTS的通用信息。

② 公共控制信道（Common Control Channel，CCCH）是一种双向控制信道，用于呼叫接续阶段传输链路连接所需要的控制信息。

- 寻呼信道（Pogeing Channel，PCH）用于传输基站寻呼（搜索）移动台的信息。属于下行信道。
- 随机接入信道（Random Access Channel，RACH）用于移动台向基站随时提出的入网申请，即请求分配一个独立专用控制信道（SDCCH），或者用于传输移动台对基站对它的寻呼做出的响应信息。属于上行信道。
- 准许接入信道（ACCH，Channel）用于基站对移动台的入网申请作出应答，即分配给移动台一个独立专用控制信道（SDCCH）。属于下行信道。

③ 专用控制信道（Dedicated Control Channel，DCCH）是一种“点对点”的双向控制信道，其用途是在呼叫接续阶段以及在通信进行过程中，在移动台和基站之间传输必要的控制信息。

- 独立专用控制信道（Stand alone Dedicated Control Channel，SDCCH）用于在分配业务信道之前的呼叫建立过程中传输有关信令。例如，传输登记、鉴权等信令。
- 慢速（辅助）控制信道（Slow Associated Control Channel，SACCH）用于移动台和基站之间连续地、周期性地传输一些控制信息。例如，移动台对为其正在服务的基站的信号强度的测试报告。
- 快速（辅助）控制信道（Fast Associated Control Channel，FACCH）用于传输与SACCH相同的信息，但只有在没有分配SACCH的情况下，才使用这种控制信道。

4.2.5　GSM系统的帧

1．时分多址帧结构

一个时分多址（TDMA）帧含有8个时隙（TS），持续时间为4.615ms（120/26ms）。

每个 TDMA 帧都要有 TDMA 帧号。有了 TDMA 帧号，移动台就可以判断控制信道（TS0）对应的是哪一类逻辑信道了。TDMA 帧号是以 2715648 个 TDMA 基本帧的持续时间为周期循环编号的，因此帧号的范围是从 0～2715647，记为 FN（Frame Number）。每 2715648 个 TDMA 帧为一个超高帧（Hyper frame）。超高帧是持续时间最长的 TDMA 帧结构，可以用作加密和跳频的最小周期，其持续时间为 3 小时 28 分 53 秒 760 毫秒（3h28min53s760ms 或 12533.76s）。每一个超高帧又可分为 2048 个超帧（Supper frame），一个超帧的持续时间为 6.12s，是最小的公共复用时帧结构。

每个超帧又是由复帧（Multi frame）组成的。为了满足不同速率的信息传输的需要，复帧又分成以下两种类型。

（1）26 帧复帧（业务多帧）。它包括 26 个 TDMA 帧，持续时间为 120ms。每个超帧含有这种复帧的数目为 51 个。它由 24 个业务信道（TCH）、一个控制信道（SACCH）和一个空闲信道组成。其中空闲的一帧无数据，是在将来采用半码率传输时为兼容而设置的。

（2）51 帧复帧（控制多帧）。它包括 51 个 TDMA 帧，持续时间为 235.4ms（3060/13ms）。每个超帧含这种复帧的数目为 26 个。这种复帧可用于 BCCH、CCCH（AGCH、PCH 和 RACH）以及 SDCCH 等信道。

实际应用中，控制多帧与业务多帧中的控制信道能够相互“滑动”，使移动用户在呼叫期间能够收到全部的控制信息。

2．TDMA 时隙

在 TDMA 系统中，典型的时隙（TS，Time Slot）结构或称突发（Burst）结构通常包括五种组成序列：信息、同步、控制、训练和保护。在 GSM 系统中，一个 TDMA 帧中占 4.615 ms，共包括 8 个时隙。因而，每时隙持续时间为 576.9μs（15/26 ms）。由于调制速率为 270.833kbit/s，因此每时隙间隔（包括保护时间）有 156.25bit。

TDMA 帧中的一个时隙称为一个突发，一个时隙中的物理内容，即在此时隙内被发送的无线载波所携带的信息比特串，称为一个突发脉冲序列。

4.2.6 GSM 网络编号计划

GSM 移动通信网从逻辑上可以分为话路网和信令网两个子网。其中，话路网完成话路的接续和传输，信令网完成 MAP 信令、TUP 信令等路由选择和传输。我国移动通信网为按大区设立一级汇接中心、省内设立二级汇接中心、移动业务本地网设立端局的三级网络结构。

GSM 网络包含无线、有线信道，并与其他网络如 PSTN、ISDN、数据网或其他 PLMN 网互相连接。为了将一个呼叫接至某个移动用户，需要调用相应的功能实体。因此要正确寻址，编号计划就非常重要。GSM 移动网中的各种号码就是用于识别不同的移动用户、不同的移动设备以及不同的网络。

（1）国际移动用户识别码。国际移动用户识别码（International Mobile Subscriber Identity，IMSI）是指在世界上所有的 GSM 系统内（尤其是在其无线信道上）都适用的一个国际认可的移动用户身份的标志码。每个 GSM 移动用户都有一个 IMSI，而且具有全球唯一性和永久不变性（更换身份证或丢失 SIM 卡的情况除外）。IMSI 用于 GSM 通信网的所有信令中，在用户的 SIM 卡、系统的 HLR 和 VLR 中都有存储。

为了满足各国的不同要求，IMSI 的长度是可变的，最长为 15 位，使用数字 0～9。号码组成格式为：

MCC+MNC+MSIN

MCC 是移动台国家码，由 3 位数字组成，用以识别移动用户所属的国家。我国的 MCC 为 460。MNC 是移动台网络号，由 1 位或 2 位数字组成，用以识别移动用户所归属的移动网。中国移动的 GSM PLMN（GSM 公用陆地移动网）的网号为 00，中国联通的 GSM PLMN 网号为 01。MSIN 是移动用户识别码，由 11 位数字组成，用以识别国内 GSM 移动网中的移动用户。

另外，组成 MSIN 的前两位数（H1 和 H2）用来表示用户在其 PLMN 中的 HLR 地址。

（2）移动台 ISDN 号码。移动台 ISDN 号码（Mobile Station ISDN Number，MSISDN）也是移动用户身份号码，是 GSM PLMN 之外的用户（如固定电话用户或 CDMA 网用户）要与 GSM 用户通信时所使用的号码。只有用户所在的 HLR 中存储着该号码。MSISDN 号码的结构为：

CC+NDC+SN

CC（Country Code）是国家码，我国为 86。NDC（National Destination Code）是国内目的地址码，即网络的接入号。中国移动 GSM 网为 139、138 等；中国联通 GSM 网为 130、131 等。SN（Subscriber Number）是用户号码，由 7 位数字组成。中国移动 SN 号码的结构是 H1H2H3ABCD，其中，H1H2H3 为每个移动业务本地网的 HLR 号码，ABCD 为移动用户码；中国联通 SN 号码的结构是 H1H2ABCDE，其中，H1H2 是移动业务本地网的 HLR 号码，ABCDE 是移动用户码。当用户数量过多，号码不够用时，可对 SN 加以扩充。如中国移动 GSM 网的 137，就是后来扩充的。

（3）移动台漫游号。移动台漫游号码（Mobile Station Roaming Number，MSRN）是当移动台由所属的 MSC/VLR 业务区漫游至另一个 MSC/VLR 业务区中时，为了将对它的呼叫顺利发送给它而由其所属 MSC/VLR 分配的一个临时号码。

MSRN 只是临时性用户数据，但在 HLR 和 VLR 中都会有所保存。MSRN 与 MSISDN 有相同的结构。例如，中国移动 GSM 移动通信网技术体制规定 139 后第一位为零的 MSISDN 号码为移动用户漫游号码（MSRN），即为 1390M1M2M3ABC。其中，M1M2M3 为 MSC 的号码，M1M2 与 MSISDN 号码中的 H1H2 相同。

（4）临时移动台标识。临时移动台标识（Temporary Mobile Station Identity，TMSI），顾名思义是指一种临时身份，是由某个 MSC/VLR 分配并且仅用于在该业务区内对移动台的识别。

TMSI 是为了保证 IMSI 的保密性而设置的一个替代性的密码。因此，TMSI 是由 IMSI 转换而来的，但它有很大的自由度而且只占 4 个字节，比 IMSI 要短，这样可以减小无线信道上呼叫信息的长度。

GSM 设置 TMSI 码还有另外一个原因：当使用 TMSI 进行通信时，可以获得秘密保护而不会被截获信息。

（5）国际移动台设备识别码。国际移动台设备识别码（International Mobile Equipment Identity，IMEI）是用来唯一地标识一个移动台设备的编码，即 GSM 网络中的所有终端设备都可用 IMEI 这种统一的格式来标识。IMEI 编码最多由 15 位十进制数字组成。IMEI 号码的结构为：

TAC+FAC+SNR+SP

TAC（Type Approval Code）是型号批准码，6 位数，由欧洲型号认证中心统一分配；FAC（Factory Assembly Code）是生产厂家装配码，2 位数，用以识别生产厂家及设备装配地；SNR（Serial Number）是序号码，6 位数，由生产厂家分配，用以识别特定的设备；SP（Spare）是备用号码，1 位数。

在 GSM 的 Phase2+阶段，IMEI 被扩展到了 16 位。其中，最后 2 位用来标明终端软件的版本号 SVN（Software Version Number），因此简写为 IMEISV。

（6）位置区识别。位置区识别码（Location Area Identity，LAI）用于移动用户的位置更新。LAI 号码的结构为：

MCC+MNC+LAC

MCC 是移动台国家码；MNC 是移动台网络号；LAC（Location Area Code）是位置区号码，具有可变长度，最大时为一个双字节（16 位二进制数）BCD 编码，表示为 X1X2X3X4。由此可见，在一个 GSM PLMN 网中可以定义 2^{16} 个（即 65536 个）不同的位置区。

（7）全球小区识别码。全球小区识别码（Cell of Global Identity，CGI）是用来识别各个位置区中的不同小区的。它是在位置区识别码（LAI）后再加上一个小区识别码（CI）。

（8）基站识别色码。基站识别色码（Base Station Identity Color，BSIC）用于移动台识别使用相同载波的不同基站，尤其是识别相邻国家的边界地区上使用相同载波的不同基站的（BSIC 占 6bit）。

BSIC 的结构为：

NCC+BCC

NCC（National Color Code）是国家色码，主要用来区别相邻国家边界各侧的不同运营者。BCC（Base Color Code）是基站色码，用以识别相同载波的不同基站。

（9）VLR 地址号码。访问位置寄存器（Visit Location Register，VLR）地址号码当 MSC 和 VLR 为一体时，为 MSC/VLR 号码，用以标识不同的 VLR。它是临时性用户数据，存储在 HLR 中。VLR 号码的结构为：

MCC+MNC+VLR 地址编号

VLR 地址号码仅在 No.7 信令信息中使用。中国移动 GSM 移动通信网的 MSC/VLR 号码的结构为 1390M1M2M3，其中 M1M2 与 MSISDN 号码中的 H1H2 相同。

（10）HLR 地址号码。原籍位置寄存器（Home Location Register，HLR）地址号码用以标识不同的 HLR。与 VLR 地址号码一样，HLR 号码仅在 No.7 信令信息中使用。根据各国的不同要求，HLR 具有可变长度。中国移动 GSM 移动通信网中的 HLR 号码的结构是用户号码为全零的 MSISDN 号码，如 139H1H2H30000。

（11）切换号码。切换号码（Hand Over Number，HON）是当移动台要进行 MSC 之间的越区切换时，为了选择路由，由目标 MSC（即切换要转移到的 MSC）临时分配给移动用户的一个号码。此号码为 MSRN 号码的一部分。

4.2.7 GSM 系统的呼叫过程

1．固定用户至移动用户的入局呼叫

固定用户至移动用户的入局呼叫基本过程如图 4-7 所示。固定网络用户 A 拨打 GSM 网

用户 B 的 MSISDN 号码（如 139H1H2H3ABCD），A 所处的本地交换机根据此号码（139）与 GSM 网的相应入口交换局（GMSC）建立链路，并将此号码传送给 GMSC。GMSC 据此号码（H1H2H3ABCD）分析出 B 的 HLR，即向该 HLR 发送此 MSISDN 号码，并向其索要 B 的漫游号码（MSRN）。HLR 将此 MSISDN 号码转换为移动用户识别码（IMSI），查询内部数据，获知用户 B 目前所处的 MSC 业务区，并向该区的 VLR 发送此 IMSI 号码，请求分配一个 MSRN。VLR 分配并发送一个 MSRN 给 HLR，再由 HLR 传送给 GMSC。GMSC 有了 MSRN，就可以把入局呼叫接到 B 用户所在的 MSC 处。

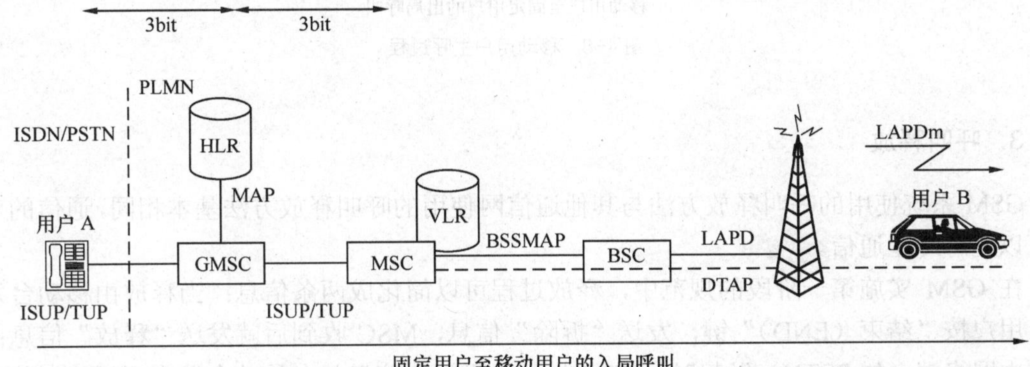

图 4-7　移动用户被呼过程

MSC 根据从 VLR 处查到的该用户的位置区识别码（LAI），将向该位置区内的所有 BTS 发送寻呼信息（称为一齐呼叫），而这些 BTS 再通过无线寻呼信道（PCH）向该位置区内的所有 MS 发送寻呼信息（也是一齐呼叫）。B 用户的 MS 收到此信息并识别出其 IMSI 码后（认为是在呼叫自己），即发送应答响应。至此，就完成了固定用户呼叫 MS 的进程。

2．移动用户至固定用户的出局呼叫

GSM 网用户 A 拨打固定网用户 B 的号码，A 的 MS 在随机接入信道（RACH）上向 BTS 发送“信道请求”信息。BTS 收到此信息后通知 BSC，BSC 根据接入原因及当前资料情况，选择一条空闲的独立专用控制信道（SDCCH），并通知 BTS 激活它。BTS 完成指定信道的激活后，BSC 在允许接入信道（AGCH）上发送“立即分配”信息。

当 A 的 MS 正确地收到自己的分配信息后把自己调整到该 DCCH 上，从而和 BS 之间建立起一条信令传输链路。通过 BS，MS 向 MSC 发送“业务请求”信息。MSC 启动鉴权过程，若鉴权通过，MS 向 MSC 传送业务数据，进入呼叫建立的起始阶段。MSC 要求 BS 给 MS 分配一个无线业务信道（TCH）。若 BS 找到一个空闲 TCH，则向 MS 发指配命令，以建立业务信道链接。若无空闲信道则进入排队等待状态。连接完成后，向 MSC 返回分配完成信息。MSC 收到此信息后，向固定网络发送 IAM 信息，将呼叫接续到固定网络。在用户 B 端的设备接通后，固定网络通知 MSC，MSC 给 MS 发回铃信息。此时，MS 进入呼叫成功状态并产生回铃音。在用户 B 摘机后，固定网通过 MSC 发给 MS 连接命令。MS 作出应答并转入通话。至此，就完成了 MS 主呼固定用户的进程，如图 4-8 所示。

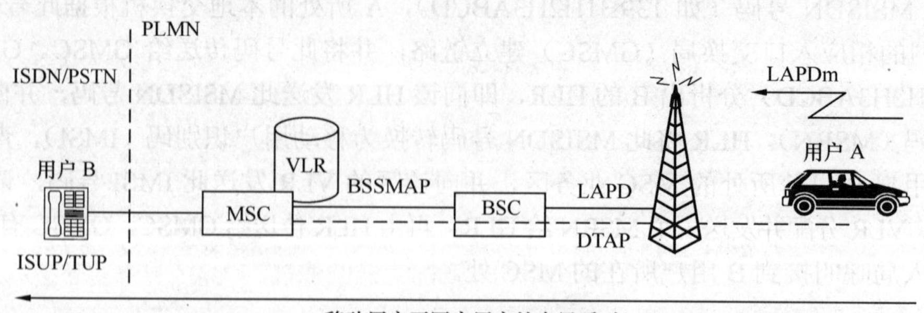

图 4-8 移动用户主呼过程

3. 呼叫释放

GSM 系统使用的呼叫释放方法与其他通信网使用的呼叫释放方法基本相同，通信的双方都可以随时终止通信。

在 GSM 实施第一阶段的规范中，释放过程可以简化成两条信息：当释放由移动台发起时，用户按“结束（END）”键，发送“拆除”信息，MSC 收到后就发送“释放”信息；当释放由网络端（如 PSTN）发起时，MSC 收到“释放”信息就向移动台发出“拆线”信息。在这一阶段，用户从拆线到释放这段时间内不再交换信令数据。

4.2.8 GSM 系统的移动性管理

1. 位置管理

在移动通信系统中，用户可在系统覆盖范围内任意移动。为了能把一个呼叫传送到随机移动的用户，就必须有一个高效的位置管理系统来跟踪用户的位置变化。

在现有的第二代数字移动通信系统中，位置管理采用两层数据库，即原籍（归属）位置寄存器（HLR）和访问位置寄存器（VLR）。通常一个 PLMN 网络由一个 HLR（它存储在其网络内注册的所有用户的信息，包括用户预定的业务、记账信息、位置信息等）和若干个 VLR（一个位置区由一定数量的蜂窝小区组成，VLR 管理该网络中若干位置区内的移动用户）组成。

以下为各种可能的位置更新过程：

（1）第一次位置更新（移动台开机或插入 SIM 卡）；

（2）移动台在同一 VLR 范围内的不同位置区移动；

（3）移动台运动到新的相邻 VLR 区域；

（4）移动台运动到新的非相邻 VLR 区域；

（5）周期位置更新。

2. 切换功能

越区（过区）切换（Hand-over 或 Hand-off）是指将当前正在进行的移动台与基站之间的通信链路从当前基站转移到另一个基站的过程。该过程也称为自动链路转移 ALT（Automatic Link Transfer）。越区切换通常发生在移动台从一个基站覆盖的小区进入到另一个基站覆盖的小区的情况下，为了保持通信的连续性，将移动台与当前基站之间的链路转移到移动台与新基站之间的链路。

越区切换分为两大类：一类是硬切换，另一类是软切换。硬切换是指在新的连接建立以前，先中断旧的连接。而软切换是指既维持旧的连接，又同时建立新的连接，并利用新、旧链路的分集合并来改善通信质量，当与新基站建立可靠连接之后再中断旧链路。

3．漫游功能

GSM 移动通信网中，移动用户由归属局控制区进入到被访局控制区后，仍能获得移动业务的网络功能称为漫游。漫游业务的提供包括 3 个步骤：位置更新、呼叫转移、呼叫建立。

4.2.9 GSM 的安全性管理

GSM 系统在安全性方面较模拟系统有了显著的改进，主要是在下面几个部分加强了保护。

（1）接入网络时采用了对用户鉴权；

（2）无线路径上采用了对通信信息加密；

（3）对用户识别码（IMSI）采用了临时移动用户标识（TMSI）保护。

1．产生并提供三参数组

用户三参数组（RAND、SRES 和 Kc）是网络对用户实施鉴权和加密所必需的参数。三参数组的产生是在鉴权中心（AUC）中完成的。每个用户入网注册时，都会获得一个用户电话号码和国际移动用户识别码（IMSI）。IMSI 会被 SIM 卡写卡机一次写入到用户的 SIM 卡中。在 IMSI 写入的同时，写卡机中还会产生一个对应此 IMSI 的唯一的用户鉴权键（128 比特 Ki）。IMSI 和相应的 Ki 在用户 SIM 卡和鉴权中心（AUC）中都会分别存储，而且它们还分别存储着鉴权算法（A3）和加密算法（A5 和 A8）。AUC 中还有一个伪随机码发生器，用于产生一个不可预测的伪随机数（RAND）。RAND 和 Ki 经 AUC 中的 A8 算法产生一个密钥（Kc），经 A3 算法产生一个响应数（SRES）、密钥（Kc）、响应数（SRES）和相应的伪随机数（RAND）一起构成了用户的一个三参数组。

2．鉴权

为检测和防止移动通信中的盗用等非法使用移动通信资源和业务的现象，保证网络安全和保障电信运营者及用户的正当权益，移动用户鉴权是一种行之有效的方法，它的引入和使用也是 GSM 系统优越于模拟移动通信的一个重要方面。

GSM 系统常用的鉴权场合包括：

（1）移动用户发起呼叫（不含紧急呼叫）；

（2）移动用户接受呼叫；

（3）移动台位置登记；

（4）移动用户进行补充业务操作；

（5）切换（包括在 MSC_A 内从一个 BS 切换到另一个 BS、从 MSC_A 切换到 MSC_B 以及在 MSC_B 中又发生了内部 BS 之间的切换等情形）。

3．加密

GSM 系统中的加密是为了在 BTS 和 MS 之间交换用户信息和用户参数时不被非法用户截获或监听而采取的措施；只是针对无线信道进行加密。

加密受鉴权过程中产生的密钥控制，密钥 Kc 不在无线接口上传送，而是存储在 SIM 卡和 AUC 中。当 MSC/VLR 发送出加密命令（M）时，MS 将 Kc、TDMA 帧号和加密命令 M 一起经 A5 加密算法，对用户信息数据流进行加密（也叫扰码），然后发送到无线信道上。BTS 收到用户加密后的信息数据流后，把该数据流、TDMA 帧号和 Kc 再经过 A5 算法进行解密，恢复信息 M，如果无误，则告知 MSC/VLR。

4．设备识别

首先是 MS 向 MSC/VLR 请求呼叫服务，MSC/VLR 反过来向 MS 请求 IMEI。MSC/VLR 在收到 MS 的 IMEI 后，将其发送给 EIR。EIR 将收到的 IMEI 与其内部的 3 种清单进行比较。MSC/VLR 根据比较结果，决定是否接受该移动设备的服务请求。

5．国际移动用户识别码（IMSI）的保护

为了提高安全性，国际移动用户识别码（IMSI）应尽量不在无线路径上传输。临时移动台识别码（TMSI）是为了防止非法用户通过监听无线路径上传输的信令而窃得合法用户的用户识别码（IMSI）或跟踪移动用户的位置而采取的措施。

TMSI 与 IMSI 的对应关系是变动的，TMSI 仅在一个 VLR 区域内有效。

6．PIN 码

PIN 码存储在用户 SIM 卡中，其目的是为了防止用户账单上产生讹误计费，保证入局呼叫被正确传送。PIN 码操作就像是在计算机上输入密码（Password）一样。PIN 码由 4～8 位数字构成，其具体位数由用户自己决定。

4.2.10　GSM 通向 3G 的一个重要里程碑——通用分组无线业务

未来是属于移动 Internet 的。随着 Internet 的发展，人们看到了数据通信的巨大市场潜力，移动与数据的结合已经成为移动通信发展的必然趋势。

GSM 系统在全球范围内取得了超乎想像的成功，但是 GSM 系统的最高数据传输速率为 9.6 kbit/s 且只能完成电路型数据交换，远不能满足迅速发展的移动数据通信的需要。随着用户对于多媒体业务需求的日益增加，个人移动通信网络发展极为迅速。第三代移动通信网络的标准已经出台，并已开始商用化。3G 网络是以传输多媒体业务为主，其核心网是基于 IP 的，交换方式采用数据交换，这样，对于 2G 这样以传输语音业务为主采用传统电路交换的网络提出了巨大的挑战。第二代的网络包括 GSM、CDMA 等如何向 3G 去演进？

欧洲电信标准委员会（ETSI）推出了通用分组无线业务（General Packet Radio Service，GPRS）技术。GPRS 在原 GSM 网络的基础上叠加支持高速分组数据业务的网络，并对 GSM 无线网络设备进行升级，从而利用现有的 GSM 无线覆盖提供高速分组数据业务，为 GSM 系统向第三代宽带移动通信系统 UMTS 的平滑过渡奠定基础，因而 GPRS 又被称为 2.5G 系统。

1. 基本概念

GPRS技术较完美地结合了移动通信技术和数据通信技术，尤其是Internet技术，它正是这两种技术的结晶，是GSM网络和数据通信发展融合的必然结果。

GPRS 可以提供 4 种不同的编码方式，同时分别对应了不同的错误保护（Error Protection）能力。利用这四种不同的编码方式，GPRS 的每个时隙可提供的传输速率分别为CS-1（9.05kbit/s）、CS-2（13.4kbit/s）、CS-3（15.6kbit/s）和CS-4（21.4kbit/s），其中CS-1的保护最为严密，CS-4则是未加以任何保护的。若再采用时隙捆绑技术，将8个时隙合并在一起使用，则GPRS可以向用户提供最高达171.2 kbit/s的无线数据接入，可向用户提供高性价比业务并具有灵活的资费策略。GPRS 既可以使运营商直接提供丰富多彩的业务，同时也可以给第三方业务提供商提供方便的接入方式，这样便于将网络服务与业务有效地分开。

2. 系统结构

GPRS网络是基于现有的GSM网络实现分组数据业务的。GSM是专为电路型交换而设计的，现有的GSM网络不足以提供支持分组数据路由的功能，因此GPRS必须在现有的GSM网络的基础上增加新的网络实体，如GPRS网关支持节点（Gateway GPRS Supporting Node，GGSN）、GPRS服务支持节点（Serving GSN，SGSN）和分组控制单元（Packet Control Unit，PCU）等，并对部分原GSM系统设备进行升级，以满足分组数据业务的交换与传输，如图4-9所示。

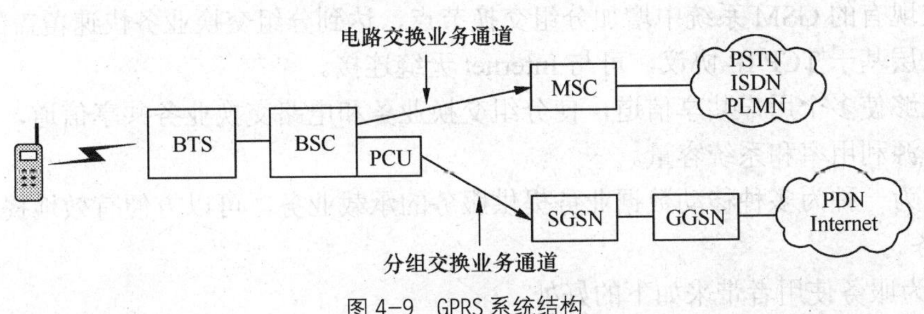

图4-9 GPRS系统结构

（1）GPRS服务支持节点：服务支持节点（SGSN）的主要功能是对MS进行鉴权、移动性管理和路由选择，建立MS到GGSN的传输通道，接收BSS传送来的MS分组数据，通过GPRS骨干网传送给GGSN或反向工作，并进行计费和业务统计。

（2）网关支持节点：网关支持节点（GGSN）主要起网关作用，可与外部多种不同的数据网相连，如ISDN、PSPDN、LAN等。对于外部网络来讲，它就是一个路由器，因而也称为GPRS路由器。GGSN接收MS发送的分组数据包并进行协议转换，从而把这些分组数据包传送到远端的TCP/IP或X.25网络或进行相反的操作。另外，GGSN还具有地址分配和计费等功能。

（3）分组控制单元：分组控制单元（PCU）通常位于BSC中，用于处理数据业务，它可将分组数据业务在BSC处从GSM话音业务中分离出来，在BTS和SGSN间传送。PCU增加了分组功能，可控制无线链路，并允许多个用户占用同一无线资源。

（4）原 GSM 网设备升级：GPRS 网络使用原 GSM 基站，但基站要进行软件更新；GPRS 要增加新的移动性管理程序，通过路由器实现 GPRS 骨干网互连；GSM 网络系统要进行软件更新和增加新的 MAP 信令与 GPRS 信令等。

（5）GPRS 终端：现有的 GSM 移动台（MS），不能直接在 GPRS 中使用，只有按照 GPRS 标准进行改造（包括硬件和软件）后才可以使用。GPRS 技术规范中主要定义了如下三类终端。

① A 类终端。A 类终端应能够同时处理电路交换业务和分组交换业务，并且两种业务相互独立。例如，当 A 类手机在数据传送期间接收到话音呼叫时，它应该能够应答呼叫并通话，而且，在通话过程中要继续保持数据的传送。

② B 类终端。B 类终端在某一时刻只能处理电路交换或分组交换业务中的一种，但是具备在两种模式间自动切换的能力。

③ C 类终端。C 类终端在某一时刻只能被人工设置为电路交换模式或分组交换模式中的一种。即当它处于电路交换模式时，就无法接收分组交换数据业务，反之亦然。

此外，GPRS 中还包括如下一些终端：运行支持 TCP/IP 的操作系统的膝上计算机和掌上计算机；基于无线应用协议（WAP），并且具有微浏览器的蜂窝电话；与一个中心系统通信的专用设备，如自动售票机、天气观测站、交通监视系统等；出租车公司或运输公司的嵌入式支持系统的终端。

3. GPRS 的特点

GPRS 为 GSM 服务提供者带来如下的好处。

（1）向第三代移动通信系统平稳过渡。

（2）在现有的 GSM 系统中增加分组交换节点，达到分组交换业务快速覆盖的目的。

（3）底层基于 TCP/IP 协议，可与 Internet 无缝连接。

（4）能够使多个用户共享信道，使分组交换业务和电路交换业务共享信道，从而获得较高的无线资源利用率和系统容量。

（5）作为一种为多种移动数据业务提供服务的承载业务，可以方便有效地提供短信息、WAP 等业务。

GPRS 为服务使用者带来如下的好处。

（1）高的传输速率。

（2）短的接入时间。

（3）永远在线。

（4）灵活的计费方式。

（5）自如的切换方法。

（6）与其他数据网络的无缝连接。

4. GPRS 业务

GPRS 是一个应用业务承载平台，提供的是手机（数据终端）到业务平台的传输通道。真正的业务是依靠业务开发平台实现的，提供丰富的基于 IP 和移动的业务，GPRS 几乎可以支持除交互式多媒体业务以外的所有数据应用业务。

GPRS 业务可分为点对点业务和点对多点业务。

点对点业务包括但不限于以下业务：

（1）Internet 业务。GPRS 向用户提供便捷和高速的移动 Internet 业务，如 Web 浏览、E-mail、FTP 文件传输、Telnet 远程登录等。

（2）移动办公、移动数据接入业务（提供与企业内部网 Intranet 互通）。

（3）WAP 业务、聊天、移动 QQ、在线游戏等。

（4）GPRS 短消息业务。

（5）远程操作（在线股票交易、移动银行等）。

（6）定位业务（GPS 定位信息传输）。

（7）信息服务。GPRS 可向用户提供丰富多彩的信息服务，如新闻、时刻表、交通信息、账户查询、股市行情、调度管理、订票、天气预报、博彩、业务广告等。

4.3　CDMA 移动通信网

码分多址（CDMA）作为在通信中的多址技术，已经出现多年，但是把它用于蜂窝移动通信系统才是近些年的事。它是在扩频通信技术的基础上发展起来的一种崭新而成熟的无线通信技术。正是由于它是以扩频通信技术为基础的，能够更加充分的利用频谱资源，更加有效地解决频谱短缺问题，因此被视为是实现第三代移动通信的首选。

CDMA 技术的标准化经历了几个阶段。IS-95 是 CDMA One 系列标准中最先发布的标准，是真正在全球得到广泛应用的第一个 CDMA 标准，这一标准支持 8K 编码话音服务。其后，又分别出版了 13K 话音编码器的 TSB74 标准，它支持 1.9GHz 的 CDMA PCS 系统的 STD-008 标准，其中 13K 编码话音服务质量已非常接近有线电话的话音质量。随着移动通信对数据业务需求的增长，1998 年 2 月，美国高通公司宣布将 IS-95B 标准用于 CDMA 基础平台上。IS-95B 可提高 CDMA 系统性能，并增加用户移动通信设备的数据流量，提供对 64kbit/s 数据业务的支持。其后，cdma2000 成为窄带 CDMA 系统向第三代系统过渡的标准。cdma2000 在标准研究的前期，提出了 1x 和 3x 的发展策略，随后的研究表明，1x 和 1x 增强型技术代表了未来发展方向。

中国 CDMA 的发展并不迟，也有长期军用研究的技术积累，1993 年国家 863 计划已开展了 CDMA 蜂窝技术研究。1994 年，高通首先在天津建设技术试验网。1998 年，具有 14 万容量的长城 CDMA 商用试验网在北京、广州、上海、西安建成，并开始小部分商用。1999 年 4 月，我国成立了中国无线通信标准研究组 CWTS，其主要目的是加强我国的标准制定工作。CWTS 下属的 WG4 即为 CDMA 工作组，它的主要任务就是制定适合我国具体情况的 CDMA 标准，加强中国对国际标准制定的影响力。此后，我国向国际电信联盟递交了第三代移动通信技术规范 TD-CDMA 标准，该标准在 1999 年 11 月结束的有关世界第三代移动通信标准制定会上被最终确定为第三代移动通信技术规范的系列标准之一。这是中国提出的电信技术标准第一次被国际电信联盟所采用，同时也证明了我国的通信技术水平已逐渐与世界同步，我们的民族产业也日益引起世界的瞩目。

CDMA 系统具有如下优点。

（1）同一频率可以在所有小区内重复使用。

（2）抗干扰性强。

（3）抗衰落性能好。

（4）具有保密性。

（5）CDMA 系统容量大，而且具有软容量属性。

（6）CDMA 系统必须采用功率控制技术以降低干扰，同时辐射功率小，绿色环保。

（7）具有软切换特性。

（8）充分利用语音激活技术，增大通信容量。

4.3.1 CDMA 网络结构

1. CDMA 网络构成

CDMA 数字蜂窝移动通信系统的组成与 GSM 相似，主要由网络交换子系统、基站子系统和移动台子系统构成，如图 4-10 所示。网络交换子系统又由移动交换中心（MSC）、归属原籍位置寄存器（HLR）、访问位置寄存器（VLR）、鉴权中心（AUC）、短消息中心（MC）、短消息实体（SME）、设备识别寄存器（EIR）和操作维护中心（OMC）等构成。基站子系统由一个集中控制器（CBSC）和若干个基站收发信台（BTS）组成。

（1）移动台（MS）：包括车载台和手持机，由移动终端（MT）和用户识别模块（UIM）组成，通过 Um 接口接入网络。UIM 卡的原理及构造与 GSM 网中的 SIM 卡类似，用于移动用户身份认证、网络管理和加密等，主要存储三类信息：第一类是用户识别信息和鉴权信息，主要是国际移动用户识别码（IMSI）和 CDMA 系统的专有的鉴权信息；第二类是业务信息，主要有短信息状态等信息；第三类存储的是与移动台工作有关的信息，包括优选的系统和频段，归属区标识（系统识别码、网络识别码）等参数。在全球众多的 CDMA 数字蜂窝移动通信网中，中国联通 CDMA 网率先引入 UIM 卡技术，成功实现了“机卡分离”，大大促进了 CDMA 移动通信终端市场的发展。

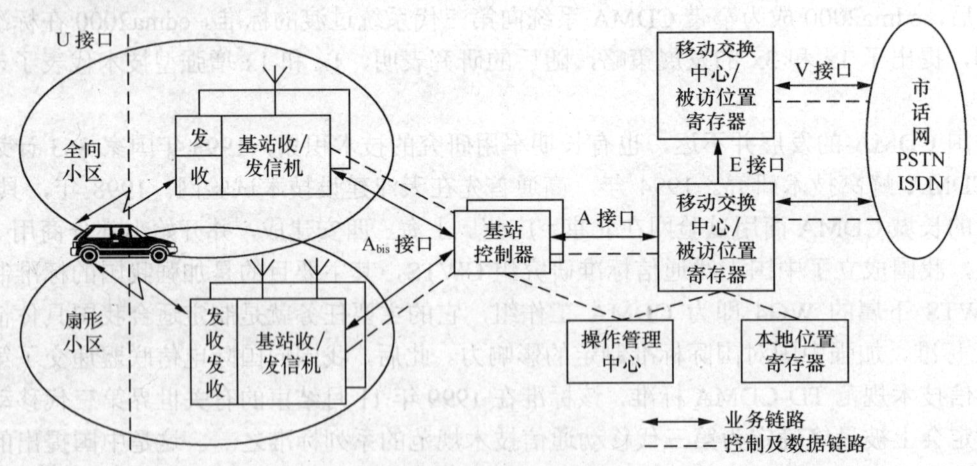

图 4-10 CDMA 系统结构

（2）基站子系统（BSS）：该系统由一个集中基站控制器（CBSC）和若干个基站收发信机（BTS）组成。CBSC 又包含码转换器（XC）和移动管理器（MM），此外，BSS 还包括一个无线操作维护中心（OMC-R）。CBSC 用于完成无线网络资源管理、小区配置数据管理、接口管理、测量、呼叫控制、定位与切换等功能。

（3）移动交换中心（MSC）：它是对其所覆盖区域中的移动台进行控制交换、移动性管理的功能实体，也是移动通信系统与其他公共通信网实现互连的接口。

（4）访问位置寄存器（VLR）：VLR 中存放着其控制区域内所有拜访的移动用户信息，这些信息含有 MS 建立和释放呼叫以及提供漫游和补充业务管理所需的全部数据。

（5）归属位置寄存器（HLR）：这是运营者用于管理移动用户的数据库。HLR 中存放着该 HLR 控制的所有移动用户的数据以及每个移动用户的路由信息和状态信息。每个移动用户都应在其入网地的 HLR 进行注册登记。

（6）鉴权中心（AUC）：它是用来进行移动用户的身份认证和产生相应鉴权参数的功能实体。

（7）设备识别寄存器（EIR）：这是存储有关移动台设备参数的数据库，主要完成对移动设备的识别、监视及闭锁等功能。

（8）操作维护中心（OMC）：这是操作和维护数字蜂窝移动网的功能实体。

（9）短消息中心（MC）：这是存储和转发短消息的功能实体。

（10）短消息实体（SME）：即合成和分解短消息的实体，它位于移动业务交换中心，归属位置寄存器和短消息中心中。

2. CDMA 系统编号计划

（1）移动用户号码簿号码：移动用户号码簿号码（Dialing Number，DN）是移动用户作被叫时，主叫用户所需拨打的号码。DN 由国家码、移动接入码、HLR 识别码和移动用户号 4 部分组成，共 12 位号码。中国的国家码为 86，国内拨号时可省略。

（2）国际移动用户识别码与移动台识别码：国际移动用户识别码（International Mobile Subscriber Identity Number，IMSI）是在 CDMA 网中唯一地识别一个移动用户的号码，由移动国家码、移动网络码和移动用户识别码（MSIN）3 部分组成，共 15 位号码。中国的移动国家码为 460，中国联通的移动网络码为 03。

移动台识别码（Mobile Identity Number，MIN）是为了保证 CDMA/AMPS 双模工作而沿用 AMPS 标准定义的。

（3）电子序列号（Electronic Series Number，ESN）：是唯一地识别一个移动台设备的 32 比特的号码，每个双模移动台分配一个唯一的电子序号，由厂家编号和设备序号构成。空中接口、A 接口和 MAP 的信令消息都使用到 ESN。

（4）系统识别码和网络识别码：系统识别码（System Identity Number，SID）是 CDMA 网中唯一识别一个移动业务本地网的号码。SID 按省分配。网络识别码（Network Identity Number，NID）是一个移动业务本地网中唯一识别一个网络的号码，可用于区别不同的 MSC。移动台可根据 SID 和 NID 判断其漫游状态。

4.3.2 CDMA 的信道

我国 CDMA 数字蜂窝移动通信系统采用 800MHz AMPS 工作频段，频率范围为：

- 825.030～834.990MHz（上行：移动台发，基站收）；
- 870.030～879.990MHz（下行：移动台收，基站发）。

频段宽度共 10MHz。

在此工作频段内，CDMA 数字移动通信网设置了一个基本频道和一个或若干个辅助频道，这样，当移动台开机时便首先在预置的、用于接入 CDMA 系统的接入频道上寻找相应控制信道（基本信道），随后则可直接进入呼叫发起和呼叫接收状态。

在 CDMA 蜂窝系统中，除去要传输业务信息外，还必须传输各种必需的控制信息。为此，CDMA 蜂窝系统在基站到移动台的传输方向上设置了导频信道、同步信道、寻呼信道和正向业务信道，在移动台到基站的传输方向上设置了接入信道和反向业务信道。

4.3.3 CDMA 系统的管理和控制

1．位置登记

位置登记也称为注册，是移动台向基站报告其位置状态、身份标志时隙周期和其他特征的过程。位置登记是蜂窝通信系统在控制和操作中不可少的功能。

IS-95 CDMA 系统支持以下几种类型的注册：

（1）开电源注册。移动台打开电源时要注册，移动台从其他服务系统（如模拟系统）切换过来时也要注册。

（2）断电源注册。移动台断开电源时要注册，但只有它在当前服务的系统中已经注册过后才能进行断电源注册。

（3）周期性注册。为了使移动台按一定的时间间隔进行周期性注册，移动台要设置一种计数器。计数器的最大值受基站控制。当计数值达到最大（或称计满、终止）时，移动台即进行一次注册。

（4）根据距离注册。如果当前的基站和上次注册的基站之间的距离超过了门限值，则移动台要进行注册。移动台根据两个基站的纬度和经度之差来计算它已经移动的距离。

（5）根据区域注册。为了便于对通信进行控制和管理，把蜂窝通信系统划分为三个层次，即系统、网络和区域。网络是系统的子集，区域是系统和网络的组成部分（由一组基站组成）。系统用系统标志（SID）区分，网络用网络标识（NID）区分。一个系统中网络唯一地由（SID，NID）对来区分。

（6）参数改变注册。当移动台修改其存储的某些参数时，要进行注册。

（7）受命注册。基站发送请求指令，指挥移动台进行注册。

（8）默认注册。当移动台成功地发送出一启动信息或寻呼应答信息时，基站能借此判断出移动台的位置，不涉及二者之间的任何注册信息的交换，这叫做默认注册。

（9）业务信道注册。一旦基站得到移动台已被分配到一业务信道的注册信息时，则基站通知移动台它已被注册。

2．漫游

漫游使得移动台能够在本地区以外进行通信。为了实现在系统之间以及网络之间漫游，移动台要专门建立一种“系统/网络”表格，移动台可在这种表格中存储 4 次注册。每次注册都包含“系统/网络”标志（SID，NID）。这种注册有两种类型：一是原籍注册；二是访问注册。如果要存储的标志（SID，NID）与原籍标志（SID，NID）不符，则说明移动台是漫游者。漫游有两种方式：一种是网络之间的漫游，即要注册的标志（SID，NID）和原籍标志（SID，NID）中的 SID 相同；另一种是系统之间的漫游，即要注册的标志（SID，NID）与原籍标志（SID，NID）中的 SID 不同。

3. 软切换

软切换是指当移动台需要跟一个新的基站通信时，并不先中断与原来基站的业务，而是在与新基站有了稳定的连接后才中断与原来基站的联系，它在两个基站覆盖区的交界处起到了业务信道的分集作用，这样可大大减少由于切换造成的掉话。但是，软切换仅仅能用于具有相同频率的 CDMA 信道之间。

CDMA 系统移动台在通信时可能发生以下切换：同一载频的不同基站的软切换；同一载频同一基站不同扇区间的更软切换；不同载频间的硬切换。软切换只有在使用相同频率的小区之间才能进行，因此 TDMA 不具有这种功能。它是 CDMA 蜂窝移动通信系统所独有的切换方式。

4.3.4　CDMA 技术实施中出现的问题

CDMA 技术实施中的一些问题归纳如下。

（1）CDMA 虽具有柔性容量，但同时工作的用户越多，所形成的干扰噪声就越大，当用户数超过网络设计容量时，系统的信噪比会恶化，从而导致通信质量的下降。

（2）CDMA 技术采用 Rake 接收机，有利于克服码间干扰，但当扩频处理增益不够大时，克服的程度会受到限制，即仍会残存码间干扰。

（3）CDMA 为克服远近效应而采用功率控制技术，从而增加了系统的复杂性。

（4）CDMA 的不同用户是以 PN（伪随机码）码来区分的，要求各 PN 码之间的互相关联系数尽可能小，但很难找到数目较多的这种 PN 码。另外用户越多，PN 码的长度就会越长，则在接收端的同步时间也长，难以满足高速移动中通信快速同步的要求。

（5）CDMA 系统各地址码间的互相关性越大，则多址干扰就越大，而在 TDMA 和 FDMA 中不存在多址干扰问题。

（6）CDMA 蜂窝网的各蜂窝可能使用同一频带同一码组，那么相邻蜂窝的同一码组之间会产生干扰。

（7）CDMA 体制是一种噪声受限系统，同时通信的用户数越多，通信质量恶化的程度就越严重，以上各种因素的影响，最终导致 CDMA 系统的用户容量远低于理论计算值。

4.4　第三代移动通信系统

4.4.1　第三代移动通信系统概述

第三代移动通信系统简称 3G，是由国际电信联盟（ITU）率先提出并负责组织研究的、采用宽带码分多址（CDMA）数字技术的新一代通信系统。3G 在最早提出时被命名为未来公共陆地移动通信系统（Futuristic Public Land Mobile Telecommunication System，FPLMTS）。

1996 年，更名为 IMT-2000（International Mobile Telecommunications 2000），其含义是 2000 年左右投入商用，核心工作频段为 2000MHz 以及多媒体业务最高运行速率第一阶段为 2000kbit/s。它既包括地面通信系统，也包括卫星通信系统。它是将无线通信与 Internet 等多媒体通信相结合的新一代通信系统，是近 20 年来现代移动通信技术和实践的总结与发展。

1. 第三代移动通信系统的目标

第三代移动通信系统的目标包括以下几个主要方面。

（1）与第二代移动通信系统及其他各种通信系统（固定电话系统、无绳电话系统等）相兼容。

（2）全球无缝覆盖和漫游。

（3）支持高速率（高速移动环境 144kbit/s，室外步行环境 384kbit/s，室内环境 2Mbit/s）的多媒体（话音、数据、图像、音频、视频等）业务。

2. 第三代移动通信系统的频谱规划

1992 年，世界无线电行政大会（WARC）根据 ITU-R（国际电联无线通信组织）对于 IMT-2000 的业务量和所需频谱的估计，划分了 230MHz 带宽给 IMT-2000，规定 1885～2025MHz（上行链路）以及 2110～2200MHz（下行链路）频带为全球基础上可用于 IMT-2000 的业务，还规定 1980～2010MHz 和 2170～2200MHz 为卫星移动业务频段，共 60MHz，其余 170MHz 为陆地移动业务频段，其中对称频段是 2×60MHz，不对称的频段是 50MHz。上、下行频带不对称主要是考虑到可以使用双频 FDD 方式和单频 TDD 方式。

除了上述频谱划分外，ITU 在 2000 年的 WARC2000 大会上在 WARC-92 基础上又批准了新的附加频段，即 806～960MHz、1710～1885MHz 和 2500～2690MHz。

遵照 ITU-R 的规定，各国在 3G 使用频段上有各自的规划，分配给各种设备的频段有所不同。

3. 第三代移动通信系统标准

由于无线接口部分是 3G 系统的核心组成部分，而其他组成部分都可以通过统一的技术加以实现，因此，无线接口技术标准即代表了 3G 的技术标准。

1999 年 10 月，在芬兰赫尔辛基召开的 ITU TG8/1 第 18 次会议通过了 IMT-2000 无线接口技术规范建议（IMT.RSPC）。2000 年 5 月，国际电信联盟最终从 10 个候选方案中确立了 IMT-2000 所包含的以下 5 个无线接口技术标准。

（1）IMT-2000 CDMA DS，对应 WCDMA，简化为 IMT-DS。

（2）IMT-2000 CDMA MC，对应 cdma 2000，简化为 IMT-MC。

（3）IMT-2000 CDMA TDD，对应 TD-SCDMA 和 UTRA TDD，简化为 IMT-TD。

（4）IMT-2000 TDMA SC，对应 UWC-136，简化为 IMT-SC。

（5）IMT-2000 FDMA/TDMA，对应 DECT，简化为 IMT-FT。

IUT IMT-2000 所确定的 5 种技术规范中有 3 种基于 CDMA 技术，2 种基于 TDMA 技术，

CDMA 技术作为第三代移动通信的主流技术。

ITU 在 2000 年 5 月确定 WCDMA、cdma 2000 和 TD-SCDMA 三大主流无线接口标准，写入 3G 技术指导性文件（2000 年国际移动通信计划，简称 IMT-2000）。

4. 第三代移动通信系统结构

（1）IMT-2000 系统网络结构。IMT-2000 系统网络包括三个组成部分：用户终端、无线接入网（Radio Access Network，RAN）、核心网（Core Network，CN），如图 4-11 所示。

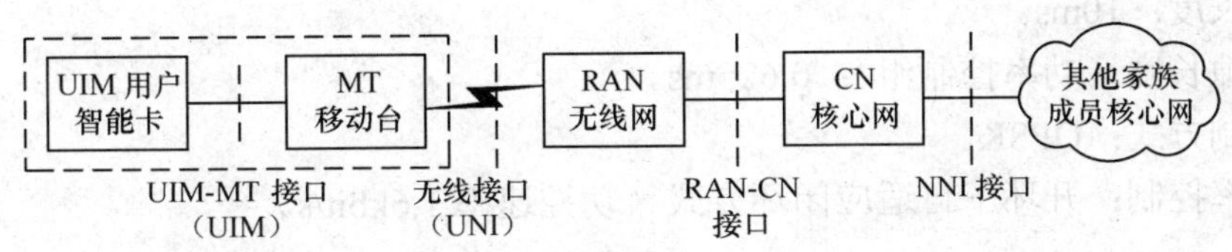

图 4-11 IMT-2000 系统结构

（2）系统标准接口。IMT-2000 系统网络接口包括以下几种。

① 网络与网络接口（Network and Network Interface，NNI），指的是 IMT-2000 家族核心网之间的接口，是保证互通和漫游的关键接口。

② 无线接入网与核心网之间的接口（RAN-CN），对应于 GSM 系统的 A 接口。

③ 移动台与无线接入网之间的无线接口（UNI）。

④ 用户识别模块和移动台之间的接口（UIM-MT）。

（3）分层结构

① 物理层。由一系列下行物理信道和上行物理信道组成。

② 链路层。由媒体接入控制（MAC）子层和链路接入控制（LAC）子层组成。MAC 子层根据 LAC 子层不同业务实体的要求对物理层资源进行管理与控制，并负责提供 LAC 子层业务实体所需的 QoS 级别。LAC 子层与物理层相对独立的链路管理与控制，并负责提供 MAC 子层所不能提供的更高级别的 QoS 控制，这种控制可以通过 ARQ 等方式来实现，以满足来自更高层业务实体的传输可靠性。

③ 高层。它集 OSI 模型中的网络层、传输层、会话层、表示层和应用层为一体。高层实体主要负责各种业务的呼叫信令处理，话音业务（包括电路类型和分组类型）和数据业务（包括 IP 业务，电路和分组数据，短信息等）的控制与处理等。

4.4.2 WCDMA 移动通信系统

目前，GSM 系统拥有最大的移动用户群，我国的 GSM 网络是世界最大的 GSM 网络，WCDMA 是 GSM 向 3G 演进的方向。WCDMA 系统结构如图 4-12 所示。

CN

I_u

UTRAN

U_u

UE

图 4-12 WCDMA 系统结构

WCDMA 网络在设计时遵循以下原则：网络承载和业务应用相分离、承载和控制相分离、控制和用户平面相分离，这样使得整个网络结构清晰，实体功能独立，便于模块化的实现。因此，WCDMA 的核心网主要负责处理系统内所有的话音呼叫和数据连接与外部网络的交换和路由；无线接入网主要用于处理所有与无线有关的事务。

1．WCDMA 接口基本参数

（1）扩频方式：可变扩频比（4～256）的直接扩频。

（2）载波扩频速率：4.096 Mchip/s。

（3）每载波带宽：5MHz（可扩展为 10/20MHz）。

（4）载波间隔：200kHz。

（5）载波速率：16～256kbit/s。

（6）帧长度：10ms。

（7）时隙长度（功率控制组）：0.625ms。

（8）调制方式：QPSK。

（9）功率控制：开环＋自适应闭环方式（功控速率 1.6kbit/s）。

2．接入网结构组成

无线接入网（UTRAN）结构如图 4-13 所示。由图可见，UTRAN 包括许多通过 I_u 接口连接到 CN 的 RNS。一个 RNS 包括一个 RNC 和一个或多个 Node B。Node B 通过 I_{ub} 接口连接到 RNC 上，支持 FDD 模式、TDD 模式或双模式。Node B 包括一个或多个小区。

在 UTRAN 内部，RNS 中的 RNC 能通过 I_{ur} 接口交互信息，I_u 接口和 I_{ur} 接口是逻辑接口。I_{ur} 接口可以是 RNC 之间物理的直接相连，也可以通过适当的传输网络实现。I_u、I_{ur} 和 I_{ub} 接口分别为 CN 与 RNC、RNC 与 RNC 和 RNC 与 Node B 之间的接口。

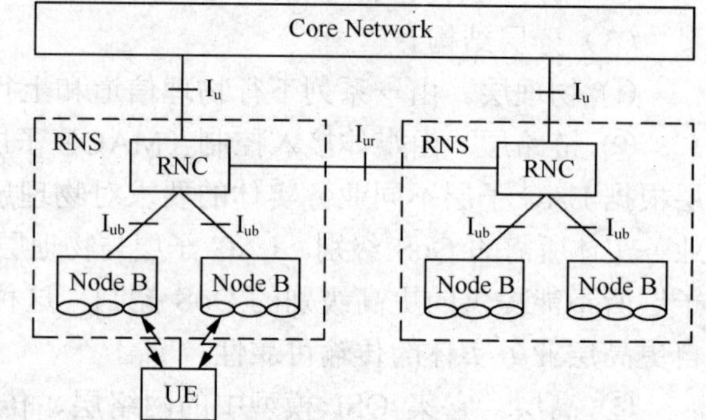

图 4-13　UTRAN 结构

3．WCDMA 空中接口协议结构

就分层结构来讲，WCDMA 的空中无线接口协议模型分为三层，从下向上依次是物理层、传输网络层和无线网络层。

（1）物理层主要体现了 WCDMA 的多址接入方式，可以采用 E1、T1、STM-1 等数十种标准接口。

（2）无线网络层涉及了 UTRAN 所有相关问题，由无线资源控制（RRC）和非接入层协议呼叫控制、移动性管理、短信息业务管理等组成。其中，RRC 统一负责和控制无线资源以及对以上协议实体的配置。

（3）传输网络层只是 UTRAN 采用的标准化的传输技术，与 UTRAN 的特定的功能无关，它又被划分为几个子层：在控制平面上，数据链路层包含两个子层——媒体接入控制（MAC）层和无线链路控制（RLC）层；在用户平面上，除了 MAC 和 RLC 外，还存在着两个与特定业务有关的协议：分组数据会聚协议（PDCP）和广播/组播控制协议（BMC）。MAC 的重点是对多业务和多速率的灵活支持，RLC 定义了三种不同的传输模式，PDCP 核心是解决报头压缩问题，BMC 是完成对广播组播业务的支持。

4．WCDMA 的信道结构

WCDMA 的信道分为物理信道、传输信道和逻辑信道。

传输信道分为公共传输信道和专用传输信道两种类型，公共传输信道包括随机接入信道（RACH）、下行接入信道（FACH）、下行共享信道（DSCH）、公共分组信道（CPCH）、广播信道（BCH）和寻呼信道（PCH）；专用传输信道只有一种，即为专用信道（DCH）。

逻辑信道直接承载用户业务，所以根据承载的是控制平面的业务还是用户平面的业务可将其分为控制信道和业务信道。控制信道包括广播控制信道（BCCH）、寻呼控制信道（PCCHH）、公共控制信道（CCCH）、专用控制信道（DCCH）和共享控制信道（SHCCH）。业务信道包括专用业务信道（DTCH）、公共业务信道（CTCH）。

4.4.3 cdma2000 移动通信系统

1．系统结构

一个完整的 cdma2000 移动通信网络由多个相对独立的部分构成，如图 4-14 所示。其中的三个基础组成部分分别是无线部分、核心网的电路交换部分（核心网电路域）和核心网的分组交换部分（核心网分组域）。无线部分由 BSC（基站控制器）、分组控制功能（PCF）单元和基站收发信机（BTS）构成；核心网电路交换部分由移动交换中心（MSC）、访问位置寄存器（VLR）、归属位置寄存器/鉴权中心（HLR/AC）构成；核心网的分组交换部分由分组数据服务点/外部代理（PDSN/FA）、认证服务器（AAA）和归属代理（HA）构成。

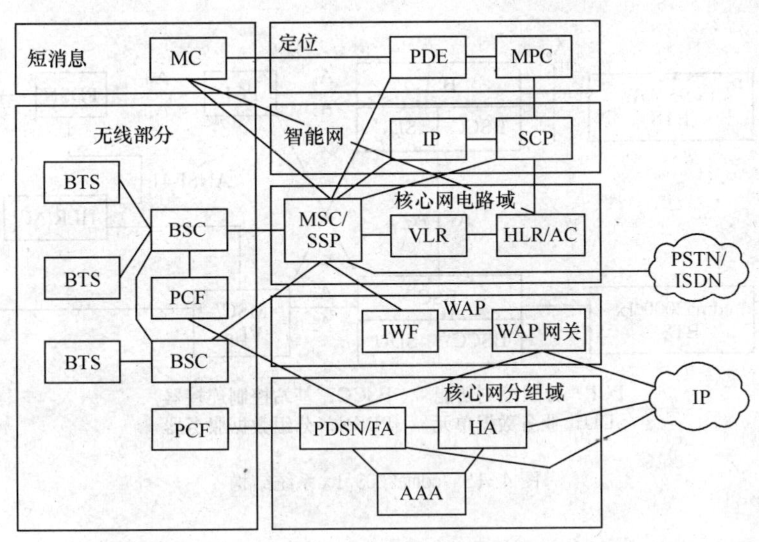

图 4-14 cdma2000 系统结构

除了基础组成部分以外，系统还包括各种业务部分，比较典型的业务有以下 4 种：智能网部分由业务交换点（SSP）、业务控制点（SCP）和智能终端（IP）构成；短信息部分主要是短信息中心（MC）；位置业务部分主要由移动位置中心（MPC）和定位实体（PDE）构成。另外，还有 WAP 等业务平台。这 4 个部分构成了当前 cdma2000 网络的主要业务部分。

2. 无线接口参数

（1）载波带宽：5MHz（可扩展为 10/20MHz）。
（2）扩频方式：采用直接扩频或多载波扩频。
（3）扩频速率：3.684Mchip/s。
（4）扩频码长度：可根据无线环境和数据速率而变化。
（5）帧长度：20ms 和 5ms。
（6）时隙长度（功率控制组）：1.25ms。
（7）调制方式：下行 QPSK，上行 BPSK。
（8）功率控制：开环+闭环（功控速率 800bit/s）。

3. cdma2000 1x

随着语音业务逐渐趋于饱和，移动通信运营商开始考虑如何将丰富多彩的 IP 数据业务引入蜂窝移动通信网中，以吸引更多的用户并提高单机用户业务量。此时，就出现了 cdma2000 1x 系统，它作为一种过渡产品能够在 1.25MHz 带宽上提供高达 304kbit/s 的高速分组数据业务，可基本满足用户上网的要求，它是介于第二代（IS-95）和第三代之间的一种过渡产品，被称为 2.5G。

（1）系统结构。cdma2000 1x 网络主要由 BTS、BSC、MSC/VLR 和 PCF、PDSN 等节点组成。cdma2000 1x 基于 ANSI-41 核心网的系统结构如图 4-15 所示。

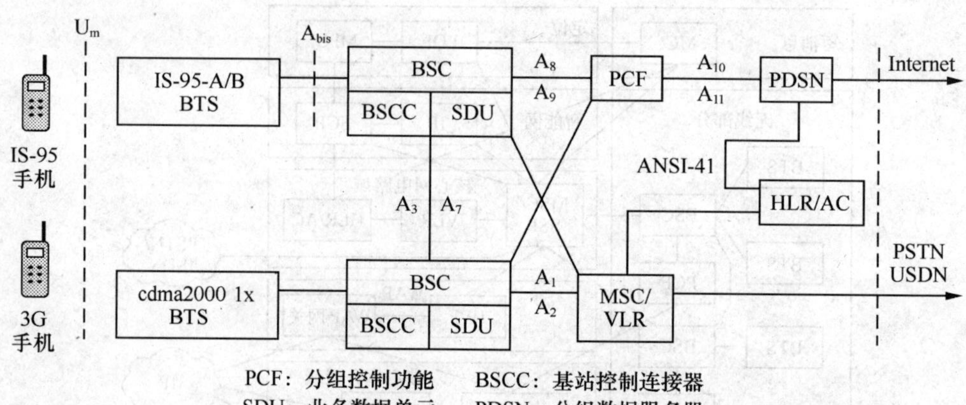

图 4-15 cdma2000 1x 系统结构

由图 4-15 可见，cdma2000 1x 与 IS-95 相比，核心网中的 PCF 和 PDSN 是两个新增模块，通过支持移动 IP 的 A_{10}、A_{11} 接口互连，可以支持分组数据业务传输。而以 MSC/VLR 为核心的网络部分，支持话音和增强的电路交换型数据业务，与 IS-95 一样，MSC/VLR 与 HLR/AC 之间的接口基于 ANSI-41 协议。

（2）cdma2000 1x 系统分层结构。cdma2000 1x 系统网络分层结构分为上层（IP 和 PPP）、链路层（LAC和MAC）和物理层（无线链路）三层。

4．cdma2000 3x

cdma2000 3x的技术特点是前向信道有3个载波的多载波调制方式，每个载波均采用1.2288Mbit/s直接序列扩频，其反向信道则采用码片速率为3.6864Mbit/s的直接扩频，因此cdma2000 3x的信道带宽为3.75MHz，最大用户比特率为1.0368Mbit/s。

可见，cdma2000 3x与cdma2000 1x的主要区别是：cdma2000 1x用单载波方式，扩频速率为SR1，而cdma2000 3x的前向信道采用3载波方式，扩频速率为SR3。

cdma2000 3x的优势在于能提供更高的数据速率，但其缺点是占用带宽较宽，因此，在较长时间内运营商未必会考虑cdma2000 3x，而会考虑cdma2000 1xEV。

5．cdma2000 1xEV

为进一步加强cdma2000 1x的竞争力，3GPP2从2000年开始在cdma2000 1x基础上制定1X的增强技术，即cdma2000 1x标准。该标准除基站信号处理部分及用户手持终端与原标准不同外，能与cdma2000 1x共享其他原有的系统资源。它采用高速率数据（HDR）技术，能在1.25MHz（同cdma2000 1x带宽）内，前向链路达到2.4Mbit/s（甚至高于cdma2000 3x），反向链路上也可提供153.6kbit/s的数据业务，很好地支持高速分组业务，适用于移动IP。

4.4.4 TD-SCDMA

TD-SCDMA（时分同步码分多址）系统是中国提出的3G系列全球标准之一，是中国对第三代移动通信发展的贡献。

总体来看，TD-SCDMA的无线传输方案是FDMA、TDMA和CDMA三种基本传输模式的灵活结合。这种结合首先是通过多用户检测技术使得TD-SCDMA的传输容量显著增长，而传输容量的进一步增长则是通过采用智能天线技术获得的。智能天线的定向性降低了小区间干扰，从而使更为密集的频谱复用成为可能。另外，为了减少运营商的投资，无线传输模式的设计目标一是提高每个小区的数据吞吐量，另一个是减少小型基站数量以获得高收发器效率。TD-SCDMA在实现这一目标方面也较为理想。

TD-SCDMA系统的多址接入方案属于DS-CDMA，码片速率为1.28Mchip/s，扩频带宽约为1.6MHz，采用TDD工作方式。它的下行（前向链路）和上行（反向链路）的信息是在同一载频的不同时隙上进行传送的。在TD-SCDMA系统中，其多址接入方式上除具有DS-CDMA特性外，还具有TDMA的特点。因此，TD-SCDMA的接入方式也可以表示为TDMA/CDMA。

1．系统结构

TD-SCDMA系统集FDMA、TDMA、CDMA和SDMA技术为一体，并考虑到当前中国和世界上大多数国家广泛采用GSM第二代移动通信的客观实际，它能够由GSM平滑过渡到3G系统。TD-SCDMA系统的功能模块主要包括：用户终端设备（UE）、基站（BTS）、基站控制器（BSC）和核心网。在建网初期，该系统的IP业务通过GPRS网关支持节点（GGSN）接入到X.25分组交换机，话音和ISDN业务仍使用原来GSM的移动交换机。待基于IP的3G核心网建成后，将过渡到完全的TD-SCDMA第三代移动通信系统。TD-SCDMA系统结构如图4-16所示。

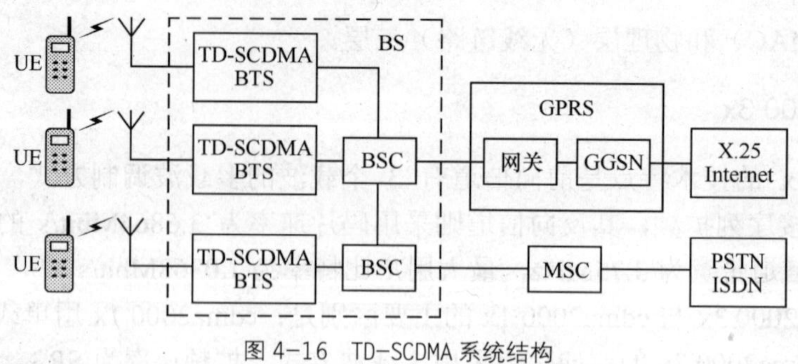

图 4-16 TD-SCDMA 系统结构

2. TD-SCDMA 系统基本技术标准

TD-SCDMA 系统所基于的主要技术标准如下：

（1）TDD（时分双工）：允许上行和下行在同一频段上，而不需要成对的频段。在 TDD 中，上行和下行在同一频率信道中的不同时间里传输。这可根据不同的业务类型来灵活地调整链路的上、下行转换点，支持对称和非对称的数据业务。

（2）TDMA（时分多址）：是一种数字技术，它将每个频率信道分割为许多时隙，从而允许传输信道在同一时间由数个用户使用。

（3）CDMA（码分多址）：在每个蜂窝区使多个用户同时接入同一无线信道成为可能，提高了通信的密度。但每个用户会干扰其他人，从而导致多接入干扰（MAI）。

（4）联合检测（JD）：允许接收机为所有信号同时估计无线信道和工作。通过单个通信流量的并行处理，JD 消除了多址干扰（MAI），降低了蜂窝区内干扰，因此提高了传输容量。

（5）动态信道分配（DCA）：先进的 TD-SCDMA 空中接口充分利用了所有可提供的多址技术。TD-SCDMA 依据干扰方案提供了无线资源的自适应分配，降低了蜂窝区之间的干扰。

（6）终端互同步：通过精确地对每个终端传输时隙的调整，TD-SCDMA 系统改善了手机的跟踪方式，降低了定位的计算时间、交付寻找的寻找时间。由于同步，TD-SCDMA 系统不需要软交付，这样可更有利于蜂窝覆盖区降低蜂窝间的干扰，并降低设施和运行成本。

（7）智能天线：是在蜂窝区域通过蜂窝和分配功率跟踪移动用户的使用的波形控制天线。没有智能天线时，功率将分配至所有的蜂窝区域内，相互干扰较大。采用智能天线可降低多用户干扰，通过降低蜂窝间的干扰可提高系统容量和接收的灵敏度，并在增加蜂窝范围的同时可降低传输功率。

（8）接力切换：由于采用智能天线可大致定位用户的方位和距离，因此 TD-SCDMA 系统的基站和基站控制器可采用接力切换方式，根据用户的方位和距离信息，判断用户现在是否移动到应该切换给另一基站的临近区域。如果进入切换区，便可通过基站控制器通知另一基站做好切换准备，以达到接力切换的目的。接力切换可提高切换成功率，降低切换时对临近基站信道资源的占用。基站控制器实时获得移动终端的位置信息，并告知移动终端周围同频基站信息，移动终端同时与两个基站建立联系，切换由基站控制器发起，使移动终端由一个小区切换至另一个小区。TD-SCDMA 系统既支持频率内切换，又支持频率间切换，具有较高的准确度和较短的切换时间，它可动态分配整个网络的容量，也可以实现不同系统间的切换。

由于 TD-SCDMA 系统中智能天线的使用，系统可得到移动台所在的位置信息。接力切换就是利用移动台的位置信息，准确地将移动台切换到新的小区。接力切换避免了频繁的切换，大大提高了系统容量。

4.4.5　3G 业务

3G 将会给生活带来全新享受，中国的 3G 之路刚刚开始，最先普及的 3G 应用是“无线宽带上网”，而无线互联网的流媒体业务将逐渐成为主导。3G 的核心业务包括：

（1）宽带上网；

（2）视频通话；

（3）手机电视；

（4）无线搜索；

（5）手机音乐；

（6）手机购物；

（7）手机网游。

4.4.6　WiMAX

2003 年以来，WiMAX 和演进型 3G（E3G）技术（包含 3GPPLTE 和 3GPP2UMB 技术）的发展已经体现了未来 B3G 技术的一些发展趋势。通常认为，这些技术趋势会延续到 B3G 时代。另外，由于 B3G 可能应用于一些新的频谱，技术的选择和系统的设计也会受到这些新频段的特性的影响。移动化和宽带化是宽带无线移动技术的两大特点，未来将有多种技术在这一领域展开竞争。

2007 年，WiMAX 正式成为第三代移动通信标准，打破了 WCDMA、cdma2000 和 TD-SCDMA 三足鼎立的竞争格局，以 WiMAX 为代表的各种新型宽带无线技术的加速发展，正在不断冲击着传统蜂窝移动通信技术的市场主导地位，使移动通信市场的竞争更加激烈。802.16e 的下一代演进技术 802.16m 与 LTE+和 UMB 一样，将角逐 IMT-Advanced 标准，届时宽带无线移动领域的竞争将更加激烈。

WiMAX 的全名是微波存取全球互通（World wide Interoperability for Microwave Access），WiMAX 即为 IEEE802.16 标准，或广带无线接入（Broadband Wireless Access，BWA 标准）。它是一项无线城域网技术，是针对微波和毫米波频段提出的一种新的空中接口标准。它用于将 802.11a 无线接入热点连接到 Internet，也可连接公司与家庭等环境至有线骨干线路。它可作为线缆和 DSL 的无线扩展技术，从而实现无线宽带接入。

WiMAX 是采用无线方式代替有线实现“最后一公里”接入的宽带接入技术。WiMAX 的优势主要体现在这一技术集成了 WiFi 无线接入技术的移动性与灵活性以及 xDSL 等基于线缆的传统宽带接入技术的高带宽特性，其技术优势可以概括如下：传输距离远且接入速度快；系统容量大；提供广泛的多媒体通信服务；此外，在安全保证、互操作性和应用范围等方面，WiMAX 也具有当大的优势。允许它们绕过铜缆或电缆设施，采用更灵活、更便宜的无线连接，扩展其接入网络。WiMAX 是一种基于 IEEE802.16 标准、NLOS（非视距）、点对多点的技术，专门为宽带无线接入和回程而开发，数据吞吐率可高达 70Mbit/s，传输距离可达 50km。

WiMAX 标准将对无线宽带网市场产生巨大的推动力。随着网上多媒体技术的日益应用发展，传输速率更高的无线网络设备将会涌现，无线宽带网设备和服务的投资前景将会非常乐观。在无线宽带网用户和国际众多运营商的双重推动下，未来几年内，高速 WiMAX 网络的应用将会成为未来网络的技术主流之一。

4.4.7 2G 到 3G 的演进策略

第二代移动通信技术的升级向第三代移动通信系统的过渡都是渐进式的，这主要考虑保证现有投资和运营商利益及已有技术的平滑过渡。

1. GSM 的升级和向 WCDMA 的演进策略

由于 WCDMA 投资巨大，一时难以大规模应用，但用户对高速率的数据业务又有一定需求，因此就出现了所谓的 2.5G 技术。在 GSM 基础上的 2.5G 技术是高速电路交换数据（HSCSD，57.6kbit/s）、通用分组无线业务（GPRS，115kb/s）、GSM 演进的增强数据速率（EDGE，将调制方式由 GMSK 更新为更高效率方式，将传输速率上升至 384kbit/s），可提供类似于第三代移动通信的业务。其演进过程如图 4-17 所示。

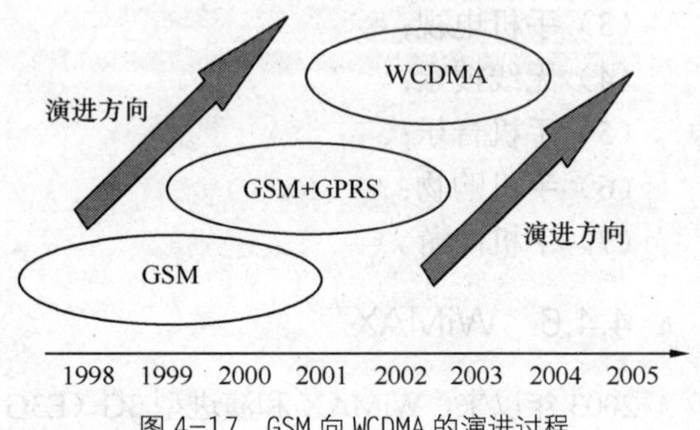

图 4-17 GSM 向 WCDMA 的演进过程

（1）高速电路交换数据。第二代移动通信系统如 GSM 和 CDMA 是电路交换型移动数据通信，只能提供电路数据。过去 GSM 网上可提供速率为 9.6kbit/s 的数据传输，ETSI（欧洲电信标准协会）现已推出新的标准，即高速电路交换数据（High Speed Circuit-Switched Data，HSCSD）方式。HSCSD 对于原有 CSD 在速度上的改进在于：首先，采用一种新的信道编码方案，从而将 CSD 的信道比特率从原有的 9.6 kbit/s 增加到 14.4kbit/s。其次，与传统的 CSD 承载业务每次只占用一个业务信道不同，HSCSD 通过适当的时隙捆绑技术，每次可同时占用多个业务信道，从而使数据速率可成倍地增加，理论上最高可达 115.2kbit/s，实际最高可达 57.6kbit/s。再次，HSCSD 采用非对称传输技术，这种技术允许在从网络到移动设备等有更多数据量需求的方向上以更快的速度传输数据。

这种技术只能提供电路数据，占用信道太多，因此市场不大。HSCSD 目前应用很少，市场前景并不光明。

（2）通用分组无线业务。通用分组无线业务（General Packet Radio Service，GPRS）在现有 GSM 电路交换引入了基于 IP 的分组交换网。GPRS 可以提供 4 种不同的编码方式，再采用时隙捆绑技术，将 8 个时隙合并在一起使用，则 GPRS 可以向用户提供最高达 171.2kbit/s 的传输速率。GPRS 可提供的数据速率是 115kbit/s。GPRS 通过网关 GGSN 与数据网相连，提供 GPRS 子网与数据网的接口，方便地接入数据网（如分组网、Internet）或企业网。

在 GSM 网络上提供 GPRS 服务，只需增加 SGSN 和 GGSN 两类新的支持节点并对 BSC 进行软/硬件升级，对其他网元，如 BTS、MSC/VLR、HLR、SMS-G/IWMSC、AUC、边界网关协议（Border Gateway，BG）、客户服务管理系统（Service Order Gateway，SOG）只需进行软件修改。此外，GSM 的计费是基于用户通话时间的。但是 GPRS 的计费是从其他方面考虑的——传输数据量、内容、所用带宽、服务质量甚至接入的数据类型。GSM 运营商在升级到 GPRS 时需要考虑对计费系统的修改补充。

目前国内很多城市开通了 GPRS，这种技术将作为一种过渡技术得到大量应用。

（3）GSM 演进的增强数据速率。GSM 演进的增强数据速率（Enhanced Data for GSM

Evolution，EDGE）仍然使用了GSM载波带宽和时隙结构，只是由于采用了8PSK的调制方式（传输为每秒一次，每次3bit)，而使数据传输速率得到成倍的提高。它使每时隙的传输速率由 9.6kbit/s 提高到 48kbit/s。若同时采用 8 个时隙来传输一路数据的话，速率可以达到384kbit/s，因此，EDGE又被称为GSM384。由于EDGE的最高数据传输速率已经接近3G系统的速率，因此，EDGE可以被视为一个提供高比特率、促进蜂窝移动系统向第三代功能演进的、有效的通用无线接口技术。

不过，以上这些技术只能提供类似于第三代移动通信的业务，W-CDMA才是基于GSM的真正的第三代移动通信系统，但在向W-CDMA过渡时又必须做很大的改动。

2. 窄带CDMA 向 cdma2000 的演进

IS-95向cdma2000演进的策略是由目前的IS-95A到可传输115kbit/s的IS-95B或直接到加倍容量的 cdma2000 1x，数据速率可达 144kbit/s，支持突发模式并增加新的补充信道，先进的MAC提供QoS保证。采用增强技术后的cdma2000 1x EV可以提供更高的性能，最终平滑无缝隙地演进真正的第三代移动通信系统，此时传输速率可高达2Mbit/s。

4.5 移动通信的展望

4.5.1 个人通信的概念

所谓的个人通信就是任何用户在任何时间、任何地方与任何人进行任何方式（如语音、数据、图像）的通信，从某种意义上来说，这种通信可以实现真正意义上的自由通信，它是人类的理想通信，是通信发展的最高目标。

个人通信网是在宽带综合业务数字网的基础上，把移动通信网和固定公众通信网有机地结合起来，一步步演进形成为所有个人提供多媒体业务的智能型宽带全球性信息网。个人通信技术的核心是通过数据的数字化——不管这些数据是话音、文本还是原始的计算机数据——来提供传输服务。个人通信技术能够将种种不同的数据类型交织成一条传输序列，因此能够同时传输话音和数据。人们把这种向往中的通信称为“个人通信”，而把实现个人通信的网络称之为个人通信网（PCN)。

个人通信的愿望虽然早已存在，但个人通信网的设想却是在 1988 年才正式提出来的。其后，PCN在世界范围内立即引起了巨大的反响和共鸣，一些通信发达的国家纷纷开展了PCN的体系结构和实现技术的研究，提出了形形色色的设想和方案，有关 PCN 的国际标准的制定也受到许多国际组织的重视。

4.5.2 关于个人通信的国际标准和研究进展

第三代移动通信的主要发展目标是：能提供高质量业务，包括话音、低速和高速数据（从几 kbit/s 到 2Mbit/s)，并具有多媒体接口；能支持面向电路和面向分组业务；能工作在各种通信环境，包括城市和乡村、丘陵和山地、空中和海上以及室内场所；具有更高的频谱效率，能提供更大的通信容量；能与固定网络兼容，和现有移动通信网互连互通并实现全球漫游；网络结构可配置成不同形式，以适应各种服务需要，如公用、专用、商用和家用；具有高级的移动性管理，能保证大量用户数据的存储、更新、交换和实时处理等。第三代移动通信已经开始商用，

2003 年底全球已发放 120 个 IMT-2000 的运行牌照。仅以日本为例，第三代移动通信 2001 年 10 月开始商用（WCDMA 技术），2004 年 3 月已有 300 万用户，网络已覆盖 99%以上的地区。

在第三代（3G）移动通信开始商用后，大家就开始考虑今后该如何发展，即开始了超（后）三代（B3G）或第四代（4G）移动通信的研究和开发。今后的发展分为两个思路：一是对现有 3G 标准的增强，以满足未来用户的需求；二是研制全新的标准。第一种思路可以称为 3G 的演进，如 3GPP 提出了高速下行分组接入（HSDPA），其数据率可以达到 10.8Mbit/s；3GPP2 提出了 1xEV-DV，其速率可以达到 5.4Mbit/s。

ITU-R 对未来系统的发展的看法包括两部分：一是 IMT-2000 的未来发展，二是超 IMT-2000 的系统。IMT-2000 将继续发展以支持新的应用、产品和服务。

4.5.3 超（后）三代（B3G）或第四代（4G）移动通信的研究和开发

1. B3G 概念

超三代移动通信系统（Beyond Third Generation in mobile communication system B3G）。相对于 3G 移动通信，B3G 有着更高的传输效率和更全的业务类型。

B3G 技术的研究从 20 世纪末 3G 技术完成标准化之时就开始了。2006 年，ITU-R 正式将 B3G 技术命名为 IMT-Advanced 技术（3G 技术名为 IMT-2000）。根据原定的工作计划，IMT-Advanced 的标准化已经“近在眼前”。ITU-R 将在 2008 年 2 月向各国发出通函，向各国和各标准化组织征集 IMT-Advanced 技术提案。IMT-Advanced 技术需要实现更高的数据率和更大的系统容量，目标峰值速率为：低速移动、热点覆盖场景下 1Gbit/s 以上；高速移动、广域覆盖场景下 100Mbit/s 以上。

国际上针对 IMT-Advanced 的研究已经取得了一系列重要的进展。日本 NTTDoCoMo 公司已经通过 4×4 和 12×12 多天线 MIMO 技术在 100MHz 带宽下分别验证了 1Gbit/s（室外试验）和 5Gbit/s 的峰值传输速率，在硬件实现方面处于世界领先位置。欧盟第 6 框架研究项目 WINNER 自 2004 年启动以来，吸引了欧洲各主要通信设备商。第一阶段（Phase Ⅰ）已于 2005 年底完成，就各种 B3G 关键技术进行了广泛的调研，形成了系统化的研究结论；将于 2007 年底完成的第二阶段（Phase Ⅱ）将完成系统设计和性能评估，形成完善的技术方案；2008 年开始的第三阶段（PhaseⅢ）将进行演示系统的开发和实验。同时，欧盟大力支持的世界无线研究论坛（WWRF）已经成为国际 B3G 技术交流的主要平台之一。另外，日本和韩国也分别成立了 mITF 论坛和 NGMC 论坛，推广自己的 B3G 研究成果。

B3G 的演进在系统架构上，B3G 的终端设备将可以利用单一或少数的无线接口、软件无线电、智能型天线，并以最符合频带需求或具经济可行性的方式，选择通信时的接口及协议。其可选择的接口包括 WLAN、2G、2.5G、3G 接口，以及 B3G 新规划的高速无线接口。B3G 技术的发展，不仅包括移动通信领域的技术，也就是 3GPP 和 3GPP2 国际标准组织定义的接入技术标准发展演进路线，还包括宽带无线接入领域的新技术及广播电视领域的技术。

从 3G 演进的路线来看，GSM/WCDMA 的 B3G 发展首先是实现 HSDPA（P1）R5，上行和下行速率分别达到 1.8Mbit/s 和 3.6Mbit/s；其次是实现 HSDPA（P2）R6 和 HSUPA，上行和下行速率分别达到 8Mbit/s 和 14.4Mbit/s。

GSM/TD-SCDMA 的进展也非常迅速，其后续技术的演进路线已经十分清晰。首先会采用单载波的 HSBTA 技术，速率会达到 2.8Mbit/s；然后采用多载波的 HSBTA，速率会达到 7.2Mbit/s，并逐步提高它的接入能力。

CDMA/cdma2000 1x 的发展演进和 WCDMA 及 TD-SCDMA 略有不同，由于基础信道带宽的不同，首先实现的是 cdma2000 1xEV-DO R0，其上行和下行速率分别达到 153.6kbit/s 和 2.46Mbit/s；其次实现的是 cdma2000 1x EV-DO RA 和 cdma2000 1x EV-DV，上行和下行速率分别达到 1.6kbit/s 和 3.1Mbit/s 及 3 倍的 cdma2000 1x EV-DO 速率。

2．4G

尽管目前 3G 的各种标准和规范已达成协议，并已开始商用，但 3G 技术仍存在一些不足。3G 的局限性主要体现在以下几个方面。

（1）3G 仍缺乏全球统一标准。

（2）3G 所运用的语音交换架构仍承袭了 2G 的电路交换，而不是完全 IP 形式。

（3）由于采用 CDMA 技术，因此 3G 难以达到很高的通信速率，无法满足用户对高速多媒体业务的需求。

（4）由于 3G 空中接口标准对核心网有所限制，因此 3G 难以提供具有多种 QoS 及性能的各种速率的业务。

（5）由于 3G 采用不同频段的不同业务环境，因此需要移动终端配置有相应不同的软、硬件模块，而 3G 移动终端目前尚不能够实现多业务环境的不同配置，也就无法实现不同频段的不同业务环境间的无缝漫游。

所有这些局限性推动了人们对下一代通信系统——4G 的研究和期待。

第四代移动通信可称为宽带接入和分布式的网络，它具有非对称的超过 2 Mbit/s 的数据传输能力。它包括宽带无线固定接入、宽带无线局域网、移动宽带系统和交互式广播网络。第四代移动通信系统超越标准可以在不同的固定、无线平台和跨越不同的频带的网络中提供无线服务，可以在任何地方用宽带接入 Internet（包括卫星通信和平流层通信），能够提供定位定时、数据采集、远程控制等综合功能。此外，第四代移动通信系统是多功能集成的宽带移动通信系统，是宽带接入 IP 系统。

4G 具有以下主要特点。

（1）高速率，高容量。对于大范围高速移动用户（250km/h），数据速率为 2Mbit/s；对于中速移动用户（60km/h），数据速率为 20Mbit/s；对于低速移动用户（室内或步行者），数据速率为 100Mbit/s。4G 系统容量至少应是 3G 系统容量的 10 倍以上。

（2）网络频带更宽。每个 4G 信道将占有 100MHz 频谱，相当于 WCDMA 3G 网络的 20 倍。

（3）兼容性更加平滑。4G 应该接口开放，能够跟多种网络互连，并且具备很强的对 2G、3G 手机的兼容性，以完成对多种用户的融合；在不同系统间进行无缝切换，传送高速多媒体业务数据。

（4）灵活性更强。4G 拟采用智能技术，可自适应地进行资源分配。采用智能信号处理技术对信道条件不同的各种复杂环境进行信号的正常收/发。

（5）具有用户共存性。能根据网络的状况和信道条件进行自适应处理，使低、高速用户和各种用户设备能够并存与互通，从而满足多类型用户的需求。运营商或用户花费更低的费用就可随时随地地接入各种业务。

4.5.4 3G 长期演进计划

2004 年年底，3GPP 提出了 3G 长期演进计划（3G Long Term Evolution，LTE），目的是进一步改进和增强现有 3G 技术的性能，以应对 WiMAX 等新兴无线宽带接入技术的竞争。

LTE 也被通俗地称为 3.9G，具有 100Mbit/s 的数据下载能力，被视作从 3G 向 4G 演进的主流技术。3GPP 长期演进（LTE）项目是近两年来 3GPP 启动的最大的新技术研发项目，这种以 OFDM/FDMA 为核心的技术可以被看作“准 4G”技术。3GPP LTE 项目的主要性能目标包括：在 20MHz 频谱带宽能够提供下行 100Mbit/s、上行 50Mbit/s 的峰值速率；改善小区边缘用户的性能；提高小区容量；降低系统延迟，用户平面内部单向传输时延低于 5ms，控制平面从睡眠状态到激活状态迁移时间低于 50ms，从驻留状态到激活状态的迁移时间小于 100ms；支持 100km 半径的小区覆盖；能够为 350km/h 高速移动用户提供大于 100kbit/s 的接入服务；支持成对或非成对频谱，并可灵活配置 1.25MHz 到 20MHz 多种带宽。

为了实现向 LTE 演进的系统目标，3GPP 提出了一系列新技术和实现方案，而且不考虑与现有 WCDMA 系统的后向兼容。LTE 重新定义了空中接口和核心网络，摒弃了 CDMA 技术而采用 OFDM 技术，只支持分组域，这导致 LTE 与已有 3GPP 各版本标准不兼容，现有 3G 网络很难平滑演进到 LTE。3GPP 于 2008 年 1 月通过 FDDLTE 地面无线接入网络技术规范的审批，目前 LTE 正处于修订阶段，此后将被纳入即将推出的 3GPP Release8 之中。

LTE 采用了很多原计划用于 B3G/4G 的技术，如 OFDM、MIMO 等，因此，和现有的 3G 及 3G+技术相比，LTE 除了具有技术上的优越性之外，也为 3G 技术向 B3G/4G 演进提供了一个台阶，使 3G 向 4G 的演进相对平滑。

练 习 题

一、名词解释

1．全速率和半速率话音信道。

2．广播控制信道。

3．公用（或公共）控制信道。

4．专用控制信道。

5．鉴权。

二、简答题

1．移动通信网的基本网络结构包括哪些功能？

2．组网技术包括哪些主要问题？

3．CDMA 数字蜂窝移动通信网有何特点？

4．B3G 或 4G 的主要特征是什么？

三、综述题

试述移动通信的发展过程与发展趋势。

第5章 数字有线电视网

所谓有线电视（Cable Television，CATV），IEC 又称为电缆分配系统（Cable distribution system）是指利用射频电缆、光缆、多路微波或其组合来传输、分配和交换声音、图像及数据信号的电视系统。这一系统的显著特点是对于带宽及实时性要求高。

有线电视系统最初称为共用天线系统（Community Antenna Television），即共用一组优质天线以有线方式将电视信号分配到各用户的电视系统。共用天线系统克服了楼顶上天线林立的状况解决了因障碍物阻挡和反射而导致的接收信号的重影及衰耗问题，有效地改善了接收效果。

随着服务区域的扩大、系统频道的增多，共用天线系统逐渐不能满足人们对收视效果更高的需要，很快过渡到邻频道有线电视系统。

邻频系统不再是只对射频信号作简单的处理而是采用复杂的中频处理方式，大大减少了频道间的干扰，改善了信号质量，增加了系统容量，是有线电视技术发展的一次重要突破。

上世纪 90 年代以后，一些新技术特别是光传输技术的实用化为有线电视实现双向传输奠定了基础，促使了有线电视业务由传统的传输电视及广播业务发展为兼顾广播电视业务及数据业务的综合网络。

本章主要讨论传统有线电视系统的组成结构及缺点。然后重点讨论宽带综合业务数字有线电视网的网络结构、性能指标。在此基础上，介绍 HFC+CM 结构的有线电视网双向改造技术及方案。

5.1 传统 CATV 系统概述

5.1.1 传统 CATV 系统的组成

最初的有线电视网是以传输广播电视节目为主要目的的，具有典型的单向广播型的特点，其传输介质主要为同轴电缆，典型信号调制方式是模拟调幅和调频，其网络结构则为树形-分支形，如图 5-1 所示。

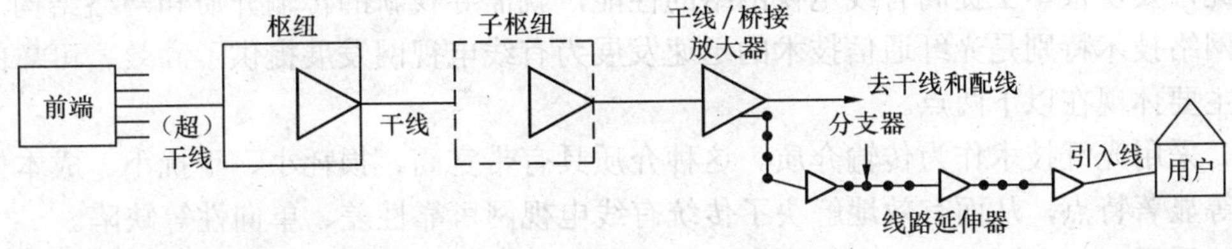

图 5-1 传统 CATV 网结构

从图 5-1 中可以看出，总体上 CATV 网可以划分为三部分：从前端到干线/桥接放大器之间的称为干线，其中前端到枢纽点之间的部分也可称为超干线；从干线/桥接放大器到分支器之间的称为配线；从分支器到用户设备之间的部分称为引入线。

下面简要介绍 CATV 网各组成单元的作用及工作过程。

前端的作为信号接收和处理中心，接收来自空中的广播电视信号以及微波和卫星传输的广播电视信号，同时还加入本地节目。然后，将这些节目源经调制或解调，按频分复用方式复合在一起传送给用户。

从前端输出的信号沿线路送入枢纽点和子枢纽点，完成信号接收和中继功能。一般简单的枢纽仅有信号放大或光/电转换的功能，而大型枢纽则可能还具有前端所具备的信号处理功能。采用电缆传输时信号衰减很大，每隔几百米需设置一个干线放大器。

干线/桥接放大器主要用作信号分配点，同时兼作信号放大器。

为了补偿由于电缆分配和分支耗损引起的信号衰减，需再配置几个放大器，称之为线路延伸器。

从配线网输出的信号通过分支器再分路经过引入线送给用户的终端设备。

5.1.2 传统 CATV 网的特点及不足

传统树形-分支形 CATV 网的最大优点是技术成熟，成本较低，很适合传输单向广播型信号。这种结构的 CATV 网存在以下缺点。

（1）树形结构有线电视网的可靠性差，干线上的任何故障都会对其后的用户产生影响。

（2）由于很多用户共享同一干线的有限带宽，将会产生噪声累积，限制了上行信道利用，很难开展双向数据业务。

（3）由于同轴电缆信号衰减大，单独采用同轴电缆构建有线电视网时传输距离受限，不能完整覆盖大中城市。同时，由于微波受到多径效应的影响，不适应在高楼林立的大城市传输广播电视信号。

5.2 HFC 宽带有线电视网

5.2.1 概述

由上一节的分析可知，传统的 CATV 网络存在可靠性差，不易开展双向业务等缺点。存在以上缺点的根本原因有两个：

（1）同轴电缆传输介质衰减大，损耗高，传输距离受限，因此需设置过多的分支放大器；另一方面，同轴电缆带宽低；

（2）树形网络结构可靠性差，维护不便。

因此，要从根本上提高有线电视网络的性能，就需寻找新的传输介质和网络结构。通信技术和网络技术特别是光纤通信技术的迅速发展为有线电视网发展提供了高效、可靠的解决方案。主要体现在以下两点。

（1）采用光纤技术作为传输介质。这种介质具有带宽高、损耗小、干扰小、成本低、可靠性高等显著特点，从而有效地解决了传统有线电视网可靠性差、单向性等缺陷。

（2）采用 HFC 接入网、SDH/WDM 传输网、城域 IP 交换网络等作为传输网络。这些网络具有网络结构简单、易于维护；易于开展综合业务等特点。

随着这些新技术在有线电视网中的广泛应用，有线电视网络从单一的传输广播电视业务扩展到集广播电视业务、HDTV业务、付费电视业务、实时业务（包括传统电话、IP电话、电缆话音业务、电视会议、远程教学、远程医疗等）、非实时业务（即Internet业务）、VPN业务、带宽及波长租用业务为一体的综合信息网络。

本章主要研究HFC混合光纤同轴这种宽带综合业务数字有线电视网络新技术。

混合光纤同轴（Hybrid Fiber /Coax，HFC）的技术是美国AT&T于1993年提出的一种接入网新技术。其核心思想是利用光纤替代干线或干线中的大部分段落，剩余部分仍维持原有同轴电缆不变。其目的是将网络分成较小的服务区，每个服务区都有光纤连至前端，服务区内则仍为同轴电缆网。这样，由于省掉了大部分干线放大器甚至完全取消了干线放大器，将整个原有树形结构分解成光纤骨干传输系统和若干个很短的同轴树形系统，使电视信号传输质量获得了改进，维护成本下降，系统可靠性提高，系统容量获得扩展，网络能提供新的宽带业务的灵活性大大提高。

HFC网络具有以下的特点：

（1）带宽高，从而相比于传统CATV，HFC网络具有传输质量高及传输节目多等显著优势；

（2）方便收看卫星节目；

（3）收看当地有线电视台传送的节目；

（4）传送距离远；

（5）便于发展双向数据业务。

5.2.2 HFC网络结构

根据国家广播电影电视总局《城市有线广播电视网络设计规范》（GY 5075-2005）的要求，总体来说HFC网络由信号源、前端（总前端、分前端）、传输网络（一级传输网络、二级传输网络）、用户分配网络、用户终端5个部分构成，图5-2所示给出了前端设备、传输网络、用户分配网及用户终端的结构图。

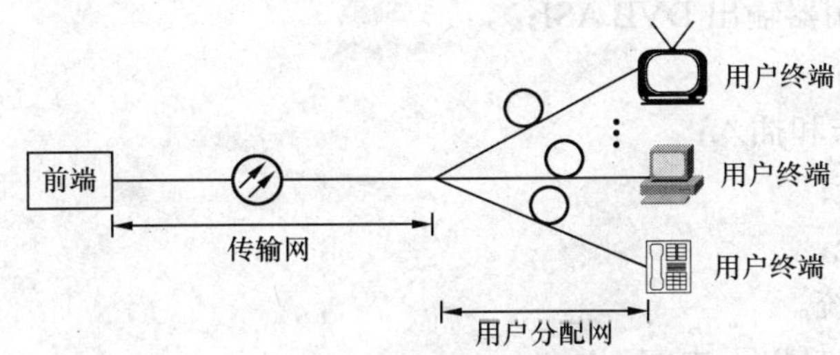

图5-2 有线电视系统组成结构图

1. 信号源

有线电视信号源包括卫星地面站接收的数字和模拟的广播电视信号、各种本地开路广播电视信号、自办节目及上行的电视信号及数据等。

不同信号源的接收过程如下。

（1）开路信号：开路信号通过天线接收下来后，首先经过天线放大器放大（在信号较强时可以省去天线放大器），再送入电视解调器解调成 AV（音视频）信号，然后通过中频调制器调制成中频信号，经过中频处理器处理后再送入上变频器变换成射频信号，送入混合器。（中频调制器、中频处理器、上变频器）也可替换成频道处理器。

（2）卫星信号：卫星信号通过卫星天线、高频头、馈源后变成一次中频信号，经过功分器分成若干路，分别送入卫星接收机解调成 AV 信号，再通过中频调制器、中频处理器上变频器变换成射频信号，送入混合器。

（3）自办节目：自办节目经过中频调制器、中频处理器、上变频器后送入混合器。此外，还可以在混合器中加入导频信号，用于干线放大器的自动电平控制混合器输出的信号一般需要经过一个具有输出能力强、增益低的宽带放大器进行放大，然后送入传输系统。

2．前端

前端用于连接信号源与传输网络。前端可分为总前端和分前端。总前端的主要功能有：

（1）完成电视、广播节目接收和处理，通过传输网与分前端对用户播出；

（2）数据广播内容编辑和播出；

（3）视音频媒体资料库；

（4）Internet 数据中心；

（5）网管中心；

（6）网络通信中心。

广播电视节目的处理可分为前处理和后处理。

前处理功能主要包括：

（1）接收、处理卫星电视的电视、广播节目；

（2）接收、处理本地电视、广播播出机构送来的节目，接收传输网送来的上一级或下一级在线节目；

（3）处理节目提供商等提供的离线节目；

（4）电视节目打包、视频服务器输出多节目流；

（5）复用器/再复用器输出 DVB ASI；

（6）插入 PSI、SI；

（7）EPG 编辑制作和插入；

（8）条件接收系统；

（9）用户管理系统；

（10）用户结算系统。

后处理功能主要包括以下内容：

（1）布置 QAM 调制器、VSB 调制器、布置 CMTS 设备；

（2）射频混合；

（3）电视、广播节目调度和监控。

分前端通过传输网络与总前端互通电视、广播和数据信息；通过二级传输网与光节点和 IP 接入交换机互通信息；分前端还应具备通信分中心功能。

每个网络原则上只设置一个总前端，用户数超过 8 万（含 8 万）的网络应设置分前端，每个分前端接入用户数不宜超过 6 万，用户数不大于 8 万户的 C 类有线电视网络可不设分前端。

3．传输网络

在 HFC 中利用光缆作为传输骨干网络。我国的有线电视网络根据网络规模（如表 5-1 所示）划分为 A、B、C 三类，其中 A 类业务的传输网应包括一级传输网和二级传输网。

表 5-1　　网络规模分类

网络规模类别	网络用户数
A	60 万以上（含 60 万）
B	10 万以上（含 10 万）、60 万以下
C	10 万以下

HFC 一般采取以下两种方式组网。

方式 1：一级传输网采用 HFC 技术。下行光发射机的工作波长为 1550nm 或 1310nm，采用发端并行、收端利用电开关切换的方式将信号分配给每个分前端。在分前端，电信号被 1310nm 光发射机转换为光信号后分送每个光节点，构成二级传输网。

方式 2：一级传输网仍采用 HFC 技术。下行光发射机的工作波长为 1550nm，采用发端并行、收端利用光开关切换的方式将信号分配给每个分前端。在分前端，切换后的光信号经 EDFA 放大和分配后分送每个光节点，构成二级传输网。

一级传输网可选用以下几种拓扑结构：路由走向环形\物理连接星形、路由走向网状\物理连接星形、环形三种网络拓扑结构，在实际设计中，可选用这三种的任一种或二到三种的组合。

而二级传输网通常采用星形结构。

4．用户分配网络

HFC 网络中，考虑到经济性和前向兼容性，用户分配网络采用同轴电缆为传输介质，拓扑结构可采用树状结构。在每个光节点，电信号由光工作站配备的桥接电端口输出，然后通过分支、分配器经电缆网无源送给用户设备。为了实现双向数据传输，采用双向线路设计。采用集中供电方式统一供电。

5．用户终端

所谓“用户终端”是指有线电视网与用户电视接收机之间的接口设备。单向有线电视网终端设备比较简单，主要是单口用户盒或双口用户盒，或串接一分支。而双向数字有线电视网的用户终端比较多样化，主要包括用于数字电视接收设备的机顶盒、用于实现双向业务的电缆调制解调器等。

5.2.3　HFC 有线电视网前端设备

前端设备是接在信号源与干线传输网络之间的设备。它把接收来的电视信号进行处理后，再把全部电视信号经混合器混合，然后送入传输网络，以实现多信号的单路传输。前端设备输出信号频率范围可在 5MHz～1GHz 之间。

前端设备一般包括天线、滤波器、调制器、解调器、天线放大器、频道转换器、多路混合器、导频信号发生器等设备。这里仅就主要设备加以说明。

（1）声表面波滤波器：声表面波滤波器（SWAF）是实现临频传输的关键部件，主要包括声表面波电视图像中频滤波器、电视频道伴音滤波器、电视残留边带滤波器。

（2）调制器：调制器用于将视频和音频调制成电视射频信号，以便在HFC网络中传送。

（3）解调器：解调器作用与调制器相反，其输入射频信号，输入电平范围为60～80dBμV，输出视频、音频和中频信号。

（4）频道转换器：频道转换器是一种将开路电视信号引入有线电视网络的设备，由下变频器、中频处理器和上变频器组成。

（5）增补频道转换器：我国有线电视系统的波段划分和频率配置如表5-2和表5-3所示。根据国家相关规定，用于广播电视的频段有两个：VHF和UHF。VHF频段安排12个频道，其中1～5频道的频率范围为48.5～92MHz，6～12频道的频率范围为167～223MHz。UHF频道安排了56个频道，使用的频率范围为470～958MHz。FM频段使用88～108MHz，FM广播与电视节目在其中共栏传输。除了上述VHF、UHF和FM频段外，还有一些频段分配给有线电视作为增补频道。CATV可以利用这些频道传输电视节目或数据业务。

（6）多路混合器：多路混合器用于将前端设备的多路射频信号混合成一路信号，且各路信号相互隔离，有一个输出口输出，送到传输网络进行传输。通常包括宽带型混合器、频道型混合器等。

（7）卫星电视接收机：卫星电视接收机系统主要由天线、馈源高频头、卫星接收机、监视器和连接电缆等组成。接收来自于C波段和Ku波段的广播电视信号。

（8）导频信号发生器：导频信号发生器用于产生频率和幅度都非常稳定的基准正弦波信号，以便进行点评控制和频率控制。

表5-2　　波段划分

波 段 名 称	频率范围（MHz）	业 务 内 容
R	5～65	上行业务
X	65～87	过渡带
FM	87～108	广播业务
A	110～1000	下行业务

表5-3　　我国有线电视系统的频率配置

频道CH	频率范围（MHz）	中心频率（MHz）	图像（MHz）	伴音（MHz）
DS1	48.5～56.5	52.5	49.75	56.25
DS2	56.5～64.5	60.5	57.75	64.25
DS3	64.5～72.5	68.5	65.75	72.25
DS4	76～84	80	77.25	83.75
DS5	84～92	88	85.25	91.75
Z1	111～119	115	112.25	118.75
Z2	119～127	123	120.25	126.75
Z3	127～135	131	128.25	134.75
Z4	135～143	139	136.25	142.75

续表

频道 CH	频率范围（MHz）	中心频率（MHz）	图像（MHz）	伴音（MHz）
Z5	143～151	147	144.25	150.75
Z6	151～159	155	152.25	158.75
Z7	159～167	163	160.25	166.75
DS6	167～175	171	168.25	174.75
DS7	175～183	179	176.25	182.75
DS8	183～191	187	184.25	190.75
DS9	191～199	195	192.25	198.75
DS10	199～207	203	200.25	206.75
DS11	207～215	211	208.25	214.75
DS12	215～223	219	216.25	222.75
Z8	223～231	227	224.25	230.75
Z9	231～239	235	232.25	238.75
Z10	239～247	243	240.25	246.75
Z11	247～255	251	248.25	254.75
Z12	255～263	259	256.25	262.75
Z13	263～271	267	264.25	270.75
Z14	271～279	275	272.25	278.75
Z15	279～287	283	280.25	286.75
Z16	287～295	291	288.25	294.75
Z17	295～303	299	296.25	302.75

5.2.4　HFC 网络管理

HFC 网络管理系统（NMS）主要完成对网络中视音频编码复用系统、条件接收系统、用户管理系统、QAM 调制器和 HFC 光电传输设备的集中管理。

HFC 网络管理系统相当于 ITU-TMN 中的网元级网管系统，通过反向回传通道建立网管系统。其内部接口采用以下几种接口标准：IETF 的 SNMP、ISO 的 CMIP 或基于 CMIP 的 Q3 接口。通过反向回传通道建立网管系统。

HFC 网络管理系统一般由网管局域网、网管应用服务器及服务器操作系统、网管平台软件、网管应用软件、数据库服务器及数据库管理系统、客户端工作站及相应客户端软件构成。

HFC 网络管理包括以下内容。

（1）配置管理：完成网络中设备和模块的端口配置及环境监控配置；设置并查看受控网元的管理状态；完成软件升级。

（2）故障管理：对所有网元以轮询方式进行检测，发现故障后，判定位置并以自动切换备份或手动方式切换备份，记录事件数据并记录上报。

（3）性能管理：采集、处理测量数据，分析测量结果，采取必要的控制手段，改善优化网络性能水平。

（4）安全管理：设置前端播出标识码生成和识别系统。

5.2.5 HFC 有线电视网技术参数

本节逐一讨论 HFC 有线电视系统上、下行技术参数。在此基础上，给出 HFC 有线电视网对这些参数的要求。

1. HFC 下行传输系统技术参数

（1）载噪比。所谓“载噪比”（*C/N*）是指在系统指定点，图像或声音载波电平与噪波电平之比，用 dB 表示；对于 HFC 有线电视网而言，其下行载噪比需满足 *C/N*≥43dB；上行载噪比需满足：*C/N*≥22dB（工作频段：5.0～20.2MHz）；*C/N*≥26dB（工作频段：20.2～65.0MHz）。

若载噪比过低就会导致图像结构粗糙，清晰度降低，对比度变差，层次减少。在彩色电视上表现为大量醒目的亮点。其直观的表现是电视屏幕上出现大量细小亮点，犹如下雪开飘落的雪花一样。

载噪比过低是由前端接收信号场强太弱，系统所用设备噪声系数过大，使系统输出口电平过低等原因造成。

通过在接收天线下接低噪声天线放大器，或提高有线电视系统线路设计的合理性即能避免载噪比下降。

（2）载波复合二次差拍比。复合二次差拍指在多频道系统中，由于设备非线性传输特性中的二阶项引起的所有互调产物。

通常用载波复合二次差拍比（在系统指定点，图像载波电平与在带内成簇集聚的二次差拍产物的复合电平之比）表示。

（3）载波复合三次差拍比。复合三次差拍指在多频道系统中，由于设备非线性传输特性中的三阶项引起的所有互调产物。

而载波复合三次差拍比是指在系统指定点，图像载波电平与围绕在图像载波中心附近群集的复合三次差拍产物的峰值电平之比（多簇产物应取叠加功率），以 dB 表示。

我国 HFC 有线电视网络对于载波复合三次差拍比的要求是：*C/CTB*≥65dB；

若载波复合三次差拍比较低，则表现为在电视机屏幕上出现横向差拍噪波，这是一种水平波纹状的噪波干扰。当 *C/CTB*=54dB 时，在电视接收机屏幕上刚刚发现横向差拍噪波，最初为横向细小的水波纹状噪波，对比度较小。当 *C/CTB*=35dB 时，横向差拍比噪波干扰严重、表现为较粗横向水波纹，且对比度变大。

导致载波复合三次差拍比较低的原因有两个：其一为放大器本身非线性指标未达标；其二为放大器输出电平过高。在一定范围内，随着放大器输出电平的提高，载波复合三次差拍比按线性降低，欲达到一定载波复合三次差拍比，只能选适当的输出电平。

（4）交扰调制比。交扰调制是指由于系统设备的非线性所造成的其他信号的调制成份对有用信号载波的转移调制。采用交扰调制比表示，交扰调制比是指在系统指定点，指定载波上有用调制信号峰-峰值对交扰调制成分峰-峰值之比。

在串扰信号不失真，且与被串信号基本同步时，则在一个画面上将看到一个弱信号，如彩条、格子等。当两个信号不同步时，串入图像将产生漂动，其影响更大。当串入信号有失真时，画面上会出现杂乱无章的麻点，或移动不规则的花纹。

减少交扰调制的办法：放大器应选择质量较好的，非线性失真达标，且放大器输出电平不能过高；频道安排要适当，由于某些原因容易串扰的频道尽量不用。

（5）交流声调制。交流声调制指在1kHz以内50Hz电源的交流声及其谐波的干扰。交流声调制要求不大于3%。

交流声调制会使电视机屏幕上出现上、下滚动的水平黑道或白道。再严重会影响同步，使图像垂直方向出现扭动。最严重会破坏同步，使图像画面混乱。

交流声调制主要是由交流供电电压过低；直流稳压电源滤波不好；系统地线不好及接地电阻过大等原因导致的。

减少办法：直流稳压电源要达标，电源波纹小，以减小50周交流分量；有线电视系统接地电阻要小；信号线（特别是视频信号线）不能与主电源供应线长距离并行在一起，以免50周交流声串进去。

（6）载波互调比。相互调制指由于系统设备的非线性，在多个输入信号的线性组合频率点上产生寄生输出信号（称为互调产物）的过程。用载波互调比表示（在系统指定点，载波电平对规定的互调产物的电平之比，以dB表示）。

（7）回波值。回波值是指在规定测试条件下，测得的系统中由于反射而产生的滞后于原信号并与原信号内容相同的干扰信号的值。

传输介质不均匀时，信号会产生反射波，使图像左边出现重影。系统回波值要求不大于7%。

回波的存在会在图像右边出现一个反射波的重影或幻像。当重影与正常信号延时不大时，两个图像接近重合，引起自然镶边现象，对图像质量的影响较小；当重影与正常信号延时较大时，幻影就很明显，使清晰度下降，严重影响图像质量。

回波是由于电缆质量不好，反射损耗低或电缆接头匹配不好等原因导致的。

减少方法：选用合格的质量较好的电缆作传输线；传输电缆与放大器中间的接头（电缆头）质量要好，电缆接头应安装牢固以保证接触良好。

（8）微分增益。微分增益又称为微分增益失真。微分增益失真使图像在不同亮度处彩色饱和度发生变化。

微分增益失真会使在不同亮度处饱和度不同。

微分增益失真是由调制器的调制特性曲线的非线性或视频放大器的非线性引起的失真。

可以通过选用合格的质量较好的调制器解决微分增益失真。

（9）微分相位。微分相位应理解为微分相位失真。微分相位失真使图像在不同亮度处颜色发生变化。

微分相位失真是调制器的非线性相位失真引起的。

可以通过选用合格的质量较好的调制器解决微分增益失真。

（10）频道内频响应。频道内频响应为从图像载频到图像载频加6MHz范围内的射频的幅频特性，频道内频响应≤±2dB。

幅频特性下降过多，使高频分量幅度变小，图像清晰度下降。而幅频特性提升过高，高频分量增加，使图像变得比较生硬。

频道内频响应是由于调制器幅频特性欠佳导致的。

减少影响的办法：采用质量较好的调制器。

（11）色度/亮度时延差。色度/亮度时延差使图像中色度信号与亮度信号不重合。其直观的影响是使图像在水平方向上产生彩色镶边，严重时使彩色和黑白轮廓分家，使彩色清晰度下降。

色度/亮度时延差主要是由调制器中频滤波器或频道处理器的中频滤波器幅频特性下降过陡，使相位特性起伏较大导致的。

减少影响的办法：系统中选用合格的质量较好的调制器和频道处理器。

（12）误码率。国家广播电影电视总局对于 HFC 有线电视网下行误码率指标的要求是 $BER \leqslant 10^{-6}$；

HFC 下行传输系统的技术参数如表 5-4 所示。

表 5-4　　HFC 下行传输系统主要参数

序号	项　　目		电视广播	调频广播
1	系统输出口电平（dBμV）		60～80	47～70（单声道或立体声）
2	系统输出口频道间载波电平差	任意频道间*（dB）	≤10 ≤8（任意 60MHz）	≤8（VHF）
		相邻频道间（dB）	≤3	≤6（任意 600kHz 内）
		图像对伴音（dB）	−17±3（邻频传输系统） −7～−20（其他）	—
3	频道内幅频特性（dB）		任意频道幅度变化范围为±2（以载频加 1.5MHz 为基准），在任何 0.5MHz 频率范围内，幅度变化不大于 0.5	任意频道幅度变化范围不大于 2，在载频 75kHz 频率范围内，变化斜率每 10kHz 不大于 0.2
4	载噪比（dB）		≥43（B=5.75MHz）	≥41（单声道） ≥51（立体声）
5	载波互调比（dB）		≥57（对电视信号的单频干扰） ≥54（电视频道内单频互调干扰）	≥60（频道内单频干扰）
6	载波复合三次差拍比 *C/CTB*（dB）		≥54	—
7	交扰调制比（dB）		≥46+10lg（N−1）（*N* 指频道数）	—
8	载波交流声比（%）		≥3	—
9	载波复合三次差拍比 *C/CSO*（dB）		≥54	—
10	色度/亮度时延差（ns）		≤100	—
11	回波值（%）		≤7	—
12	微分增益（%）		E4	—
13	微分相位（度）		≤10	—
14	频率稳定度	频道频率（kHz）	±25	±00（24 小时内） ±20（长时间）
		图像/伴音频道间隔	±5	—
15	系统输出口相互隔离度（dB）		≥30（VHF） ≥22（其他）	—
16	特性阻抗（Ω）		75	75
17	相邻频道间隔		8MHz	—

2．HFC 上行传输系统主要技术参数

（1）上行传输增益：在双向用户端口注入电平为 A_1 的信号，经过上行传输通道，在前端或分前端双向通信设备上行射频接收端口处测量到的电平为 A_2，上行传输增益为 $G_R=A_2-A_{14}$

以 dB 值表示。

（2）上行汇集噪声：上行汇集噪声源自于用户端、电缆和无源传输设备引入的干扰，以及光纤和有源设备自身产生的噪声在前端或分前端汇集形成的噪声。

（3）上行最大过载电平：保证链路中上行光发射机和放大器不造成严重过载失真条件下，在用户端可以注入的最大上行电平值。

（4）上行通道群延时：上行通道群延时是在规定频段内不同频率信号从用户端到前端接收端产生的传输时间差。

（5）上行通道传输延时：上行通道传输延时是信号从最远路由用户端至双向通信设备上行射频接收端传输的总延时。

（6）用户端口保护隔离能力：当某用户端引入强干扰时，可能导致某信号频段（信道）停止服务。系统对其引入干扰抑制的分贝值。

（7）通道串扰抑制比：在双向系统运营时，上行信号（满负载时）对下行电视信号产生干扰导致传输技术指标劣化。下行图像载频电平与因此产生的寄生产物电平的比值为通道串扰抑制此。

（8）上行通道的载波/汇集噪声比：上行通道的载波/汇集噪声比用于在规定上行测量信号源电平值为标称值条件下，对上行传输物理通道作广义性的传输质量判别。

C/N=上行信号电平（双向通信设备上行射频接收端口）-上行汇集噪声电平（双向通信设备上行射频接收端口）

（9）用户电视端口噪声抑制能力：用户电视端口噪声抑制能力是指在同一用户室内，规定其用户电视端口（或电视传输物理通道）相对于该用户的双向数据端口（或数据物理通道）对上行传输公共通道具有的抑制（隔离）能力。

HFC 上行转输系统主要技术要求如表 5-5 所示。

表 5-5　　上行传输系统主要技术要求

序　号	项　目	指　标	说　明
1	标称特性阻抗（Ω）	75	
2	上行通道频率范围（MHz）	5～65	基本信道
3	标称上行端口输入电平（dBμV）	100	标称值
4	上行传输路由增益差（dB）	≤10	服务区任意用户端口上行
5	上行通道频率响应（dB）	≤10	7.4MHz～61.8MHz
		≤1.5	7.4MHz ～ 61.8MHz 任意 3.2MHz 范围内
6	上行最大过载电平（dBμV）	≥112	
7	载波/汇集噪声比	≥20（Ra 波段）	电磁环境最恶劣的时间段测量
		≥26（Rb、Rc 波段）	
8	上行通道传输延时μs	≤800	
9	回波值（%）	≤10	
10	上行通道群延时（ns）	≤300	任意 3.2MHz 范围内
11	信号交流声调制比（%）	≤7	
12	用户电视端口噪声抑制能力（dB）	≥40	
13	通道串扰抑制比	≥54	

5.3 宽带有线电视综合业务网

我国有线电视经过近十年的快速发展，形成了遍布全国，用户总数近 1 亿的传输覆盖网，已成为重要的新闻传媒和人民群众文化、娱乐的重要工具，深受广大人民群众的喜爱。在模拟电视业务基本普及的今天，多功能应用、数字化成为当前有线电视网的热点，如何实现现有 HFC 有线电视网的数字化和多功能应用；如何实现利用有线电视网为广大电视用户提供更加便捷、能够按需播放的逐渐成为推动有线电视业务快速发展的源动力。

本节主要讨论如何实现基于有线电视网的宽带综合业务网络。双向改造。

5.3.1 有线电视双向改造的意义

由前几节的分析可知，无论是传统的有线电视网还是 HFC 有线电视网其主要功能是高效、可靠地传输广播电视节目。这就造成了有线电视网是一个单向网络的缺陷。

随着电信网络的迅猛发展及用户对于综合业务要求的不断提高，有线电视网这种单向的弊端日益显现，主要表现在以下几个方面。

1．电信网络的宽带化打破了有线电视网络对于广播电视业务的垄断

传统的电信网络由于用户接入网的窄带特点和交换能力的限制，无法提供在线电视业务，这也是有线电视网的优势所在。但随着光纤传输技术和高速交换技术的发展，今天的电信网络已能实现在线广播电视业务。2005 年 4 月，国有广电总局正式发文，将首张网络电视（IPTV）牌照发给了上海电视台。取得国内首张网络电视牌照后，上海电视台迅速与中国网通和中国电信合作在哈尔滨市和上海市推出网络电视业务，截止 2006 年 12 月止，两个城市的网络电视用户都均已超过 6 万户。这一新业务的推出和普及从根本上动摇了有线电视网络的用户基础。

2．有线电视网络单向特点决定了它无法直接提供双向交互式业务

由于有线电视网络设计初期是以满足用户广播电视业务为目的的。因此，它先天即是一个单向网络，这从根本上限制了有线电视网络为用户提供诸如 VOD 点播、收发邮件、在线聊天等双向的业务。而这种双向的交互式的业务却是当今发展最快，用户使用最广泛的业务，这一业务的缺失大大的限制了有线电视网络用户的发展。

另一方面，诸如 IPTV、VOIP、VOD、视频会议、VPN 等业务是未来通信网络的利润所在，若有线电视网络无法提供这些业务，就会大大降低有线电视网络用户的 ARPU 值，降低了有线电视运营商的抗风险能力。

总之，为了实现有线电视网络的发展进行有线数字电视网络双向改造势在必行。

接下来，我们分析有线电视网络进行双向改造的可行性。

通过上面的分析，我们知道进行有线电视双向改造的目的是实现用户业务的综合化。而要实现用户业务的综合化从技术上来说就是要实现有线电视网络的数字化、宽带化和双向化。而这几点对于 HFC 有线电视网络而言是不存在技术壁垒的。

首先，HFC 有线电视网络采用光纤主干网、同轴电缆分配网的传输网络，和电信网与计算机网相比，存在先天的传输带宽优势。

其次，HFC 技术从根本上说是一种宽带接入技术，因此其本身具有开展双向业务的条件。

最后，传统 CATV 之所以不能提供双向业务主要是因为传输网络采用同轴电缆及采用模拟通信技术造成的。

而 HFC 网络传输网络采用光纤传输技术，不存在同轴电缆传输网衰减大的缺陷。另一方面，只要在前端添加模拟信号数字化设备，即能实现全数字传输。

综上可知，HFC 有线电视网络双向改造在技术上是可行。

5.3.2 接入网双向改造方案比较

对目前有线电视网络的双向建设改造，主要改造传输网络和用户分配网，其重点是用户分配接入网的双向改造。有线电视分配接入网双向改造的应用技术方案较多，常见的有以下 4 种主流方案：CMTS+ CM（即 CM 方案）、EPON＋LAN、EPON＋EOC 和 FTTH 方案。

1. 基于 HFC 网络的 CMTS+ CM 方案

CMTS（电缆调制解调器端接系统）+CM（电缆调制解调器）组网方案，该方案在分配接入网双向化改造中采用的 Cable Modem 技术；在光传输部分，下行数据信号和 CATV 的下行信号采用频分（FDM）方式共纤传输，上下行数据信号采用空分（SDM）方式共缆不同纤传输；在电缆部分，上下行信号按 FDM 方式同缆传输。

这一方案可利用已有 HFC 网络中预留的光纤和无源同轴分配入户的电缆，并组成双向传输系统，不需要重新铺线，只需在前端和用户端分别加装 CMTS 和 CM 即可实现双向传输，前期投入少，改造工程量小，适合已建 HFC 网络改造。

2. EPON 改造方案

PON（无源光网）是一种支持点到多点业务的光接入系统。它具有节省光纤资源、对网络协议透明等特点，在光接入网中扮演着越来越重要的角色，是未来光纤到户（FTTH）的主要解决方案，在许多发达国家得到了应用发展。目前 PON 技术主要有 APON、EPON 和 GPON 等几种，它们主要差别在于采用不同的数据链路层技术。

EPON（以太无源光网）技术是为更好适应 IP 业务，提出在链路层采用以太网取代 ATM，可支持 1.25Gbit/s 对称速率，将来速率可升级到 10Gbit/s。由于它将以太网技术与 PON 技术完美结合，因此非常适合 IP 业务的宽带接入技术，其产品得到了推广应用。

GPON 技术是二层采用 ITU-T 定义的 GFP（通用成帧规程），在高速率和支持多业务方面，具有明显优势，但目前成本高于 EPON，产品的成熟性也逊于 EPON。

采用 EPON 技术进行有线电视网双向化改造，可直接利用已经铺设的光缆中剩余的一根光纤作为 EPON 的传输信道。在分前端机房配置 EPON 的 OLT（光线路终端）设备，可以覆盖周边 10～20km 内的用户，光信号通过树形光分配网络到达小区光节点；根据光节点的覆盖范围，可以选择在光节点处放置光分路器，进一步将光纤延伸到楼道放置 ONU（光网络单元），也可以选择在光节点处放置 ONU，最后通过五类线入户。对那些无法部署五类线的楼，可以通过 EOC 方式入户。在最后 100m 的入户方案中，可以选择 EPON+LAN 的技术，也可以选择 EPON+EOC 的技术。

3. EPON+LAN 方案

EPON+LAN（以太无源光网＋局域网）方案的核心思想是利用 EPON OLT 将分前端光纤到引入的服务区远端机房，然后光分路器分光接入各个楼道光网络单元，利用小区局域网，将光信号直接接入或者通过交换机接入 STB（机顶盒），采用五类线入户，承载数字电视点播信号回传和宽带上网等多业务；下行的模拟和数字电视信号通过原有的光纤和 HFC 线路下行，HFC 入户；最终双线入户解决广电数字网络双向问题，两张网同时运营，不存在相互干扰。另外，如果 CATV 信号波长为 1550nm，可将分前端光纤与 EPON OLT 进行合波，通过一根光纤进行传输，在园区机房再进行分波，分出 CATV 信号和 EPON 光信号，由此可有效节省线路光纤资源。

对已经铺设好五类线或方便铺设五类线的建筑，宜采用 EPON+LAN 方案。但由于 LAN 需要重新铺设线路解决入户问题，对已经预埋了同轴电缆的建筑，其应用将受到很大限制。

4. EPON+EOC 方案

EPON+EOC（以太无源光网＋数据传输同轴电缆）技术中的 EOC 技术主要包括 3 种：无源 EOC、低频有源 EOC 和高频有源 EOC，以下仅介绍无源 EOC 技术。

无源 EOC 技术利用 HFC 网络的现有电缆将电视业务和数据业务同时送入用户，其中一种方式是在用户端将混合信号直接连接至机顶盒，实现 IPTV、VOD 等交互电视业务，同时在机顶盒上提供一个以太网 RJ45 接口连接计算机，提供宽带上网业务。另一种方式是在客户端，先将混合信号通过分离器分离，然后将分离出的有线电视信号连接至 DVB（机顶盒）或电视机，数据信号通过 RJ45 连接到计算机，从而实现了将有线电视信号传输和 IP 数据双向传输有机地结合起来。

无源 EOC 系统技术特点：系统支持每个客户独享 10Mbit/s 的速率，对同一根同轴电缆通过频率分割，在 10～25MHz 带宽内直接传送以太网信号，50～860MHz 仍然传送 RFTV 信号，遵循以太网协议，标准化程度较高。客户端为无源终端，提高了系统的稳定性，减小了运营维护成本；工程安装不需重新铺设五类线，有效地解决了楼内重新铺设线缆施工困难问题，建设成本较低。

5. FTTH 方案

FTTH（光纤到户）即所谓的光纤到户，即直接将光纤信号连接至用户家中，然后通过 OLT 转化为数据信号和电视信号。

FTTH 通常有单纤三波传输（有 OLT 内置或外置合波器）和双纤传输等方式。所谓单纤三波传输就是把有线电视信号、数据信号和语音信号合并在一根光纤内，通过 PON 接口在光网络上传输，用 1310nm/1490nm 波长传输数据信号、采用 1550nm 传输 CATV 视频信号。所谓双纤传输就是两条双纤分别传输数据和 CATV 信号，CATV 业务经分光器分光后传输到 ONU，最后通过光电转换连接到 RF 射频接口电视机。

5.3.3 Cable Modem 双向有线电视网

在以上 4 种有线电视网双向改造方案中，Cable Modem 方案只需在前端和用户端分别加装 CMTS 和 CM 即可实现双向传输，前期投入少，改造工程量小，适合已建 HFC 网络改造。这也是本书研究宽带综合业务有线电视网的重点。

Cable Modem 系统结构如图 5-3 所示。包括 CMTS（Cable modem 的局端系统）、CM（用户端系统）和传输网络 HFC 网络。在 CMTS 端通过高速的网络接口可以与外界的网络相连，也可以与本地服务器连接获得本地业务。在 CTMS 中完成数据从数字到 RF 的转化，再与 HFC 网络连接。在用户端通过 CM 连接用户 PC 和 HFC 网络。

图 5-3 Cable Modem 系统结构图

（1）系统特点。系统的接入网络是基于同轴电缆的宽带接入网络，通常采用 HFC。系统的技术规范采用 DOCSIS1.0/1.1/2.0 标准，同时兼容 ITU-TJ.112。采用双向非对称的传输技术，共享的下行速率可达 27Mbit/s 以上。不影响现有的有线电视业务，无须拨号，具有标准的接口规范，采用 SNMP 网络管理协议，便于对网络进行管理。

（2）系统承接业务。Cable Modem 系统主要是利用 HFC 网络频谱资源大、提供的信道数量多的特点，提供高速的基于 IP 的数据传输服务和增值服务。其主要功能如下。

① Internet 高速接入。既利用 Cable Modem 系统的带宽大、数据率高的特点；提供远高于普通 ADSL 的 Internet 接入速度，下行共享速率最高可达 42Mbit/s。

② LAN 互连。LAN 互连和 VPN 均是利用 Cable Modem 系统可提供加密服务的特性，利用 HFC 网络把地理上相距较远的多台 PC 或 LAN 连接起来。

③ VPN。

④ 基于 IP 的视频和话音业务。如视频点播 VOD 和 IP 电话、电视会议等。

双向 CableModem 系统数据传输原理介绍如下。

1. 系统结构

（1）Cable Modem 网络系统的前端结构：Cable Modem 网络系统的前端一般位于有线电视网络的前端，或者在管理中心的机房，完成数据到 RF 转换，并与有线电视网络中原有的视频信号混合，送入 HFC 网络中。除了与高速网络连接外，也可以作为业务接入设备，通过 Ethernet 网口挂接本地服务器提供本地业务。

Cable Modem 前端系统结构一般有如下两种。

① 前端系统结构一（如图 5-4 所示）

本部分主要接口：

- 100base-T——网络侧接口，与外部网络或高速数据网络相连；

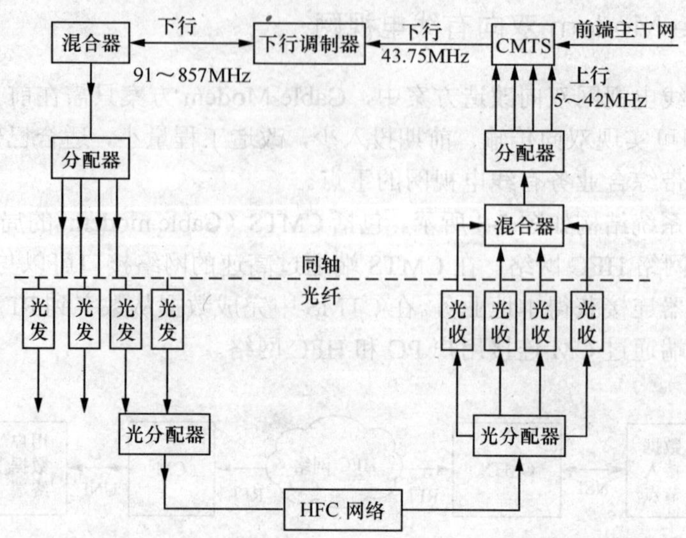

图 5-4 Cable Modem 前端系统结构一

- RF 接口——F type connector；
- 光接口——与 HFC 网络相连接。

下行信号流向：从前端主干网来的数字信号经 CMTS 按 DOCSIS 规范处理后变为中心频率为 43.75MHz、带宽为 6MHz 的中频（IF）模拟电信号，经下行调制器将频谱搬移到中心频率为 91～857MHz 的射频（RF）范围内的某一空闲频道，再通过混合器与有线电视信号相混合，再通过分配器、光发、光放等进行电—光转换后馈入 HFC 网络。

上行信号流向：经由 HFC 网络传输来的上行信号经由光分配器、光收的完成光—电转换后变为 5～42MHz 频带内的模拟电信号，再由混合器、分配器等处理后馈入 CMTS 的各个上行信号接收口，经 CMTS 按 DOCSIS 规范处理后变为数字信号馈入前端主干网。

② 前端系统结构二（如图 5-5 所示）

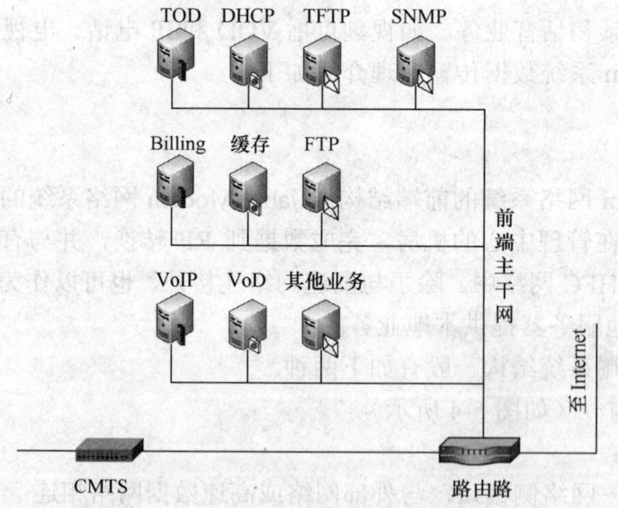

图 5-5 Cable Modem 前端系统结构二

本部分主要接口：

- 100base-T——网络侧接口，与外部网络或高速数据网络相连；
- 100base-T——网管接口；
- RS232——局部网管、系统配置和调试。

TOD 服务器用于提供 CM（Cable Modem）工作所需系统时间，TFTP 服务器用来存放 CM 工作所需的配置文件和可能的更新软件版本，DHCP 服务器进行动态的 IP 地址管理，SNMP 服务器用来网络管理。

上述服务器组构成 Cable Modem 系统的基本网络管理系统，再加上 Billing 系统构成比较完整的 Cable Modem 网络管理系统。

Cable Modem 网络管理系统主要负责完成整个 HFC 数据系统管理，采用 SNMP 协议，包括：故障管理、配置管理、安全管理、性能管理、账户管理等。

VoIP 服务器、VoD 服务器、FTP 服务器、缓存服务器和其他增值业务服务器构成本地业务管理系统，负责提供本地业务。再加上 Internet 接入和原有的电视节目，就构成一个比较完整的 Cable Modem 网络系统的前端系统。

（2）用户端结构。Cable Modem 是放在用户家中的终端设备，连接用户的 PC 和 HFC 网络，提供用户数据的接入。

本部分主要接口：

- PC 接口标准——10Base-T 符合 IEEE802.3 USB1.1；
- RF 接口——F type connector；接口标准：DOCSIS1.0/1.1/2.0。

2．CM 系统技术参数

（1）Cable Modem 原理图

CM 内部结构如图 5-6 所示，由 CPU、调谐器、物理/MAC 模块及接口组成，各部分功能如下。

① 调谐器：调谐器直接与 CATV 的插座相连，通常用内置双工调谐器，这样可以通过一个调谐器实现上行和下行两个方向的信号传输。调谐器必须具有足够好的质量，从而能够接收数字调制的 QAM 信号。

另外，一种新概念的硅调谐器正在研究之中，它基本上是一个单片的调谐器，和常规的调谐器相比价格明显降低。

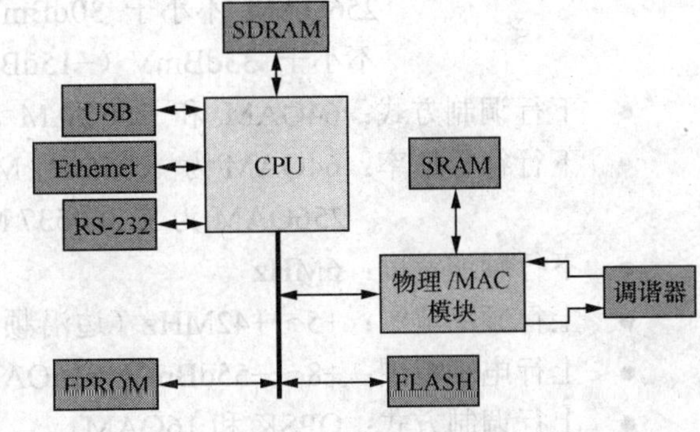

图 5-6　Cable Modem 结构图

② 物理/MAC 模块：该模块包括解调器、突发调制器、MAC 模块。各部分的主要功能如下。

- 解调器：在接收方向上，IF 信号送入解调器。该解调器通常包含 A/D 转换器、QAM-64/256 解调模块、MPEG 帧同步模块及 RS 纠错模块。
- 突发调制器：在发送方向，突发调制器的信号通过调谐器送入上行信道，该突发调制器对每一个脉冲进行 RS 编码，对信号进行基于所选速率的 OPSK/QAM-16 调制和 D/A 转换。同时输出信号还可通过电平调整来补偿未知的电缆损耗。

- MAC 模块：在接收和发射链路之间有一个 MAC 模块，该 MAC 模块与以太网的 MAC 相比要复杂得多，而实际上，没有微处理器的帮助没有一个 MAC 模块能实现 MAC 层的所有功能，目前各厂商常用的微处理器有 Intel 的 Pentium 系列和 Motorola 的 PowerPC X60 系列。

③ CPU：Cable Modem 分外置式和内置式两种。对于外置式 Cable Modem，微处理器是必需的。因为这样的 Cable Modem 可能连接着多个 PC，它必须具有内部处理的能力。通常这种 Cable Modem 利用内部的处理器可以处理几乎所有过程。而内置式的 Cable Modem 很像模拟的利用电话线的 Modem，主要依赖 PC 的处理器来完成处理。

对于带以太网接口的 Cable Modem，通常使用 Motorola 公司的嵌入式 PowerPC 系列处理器，一些基于 RISC 的技术也被使用。

④ 接口：通过 MAC 的数据进入 Cable Modem 的 PC 接口，它可能是 Ethernet、USB、PCI 总线等。

集成 MAC、解调器、脉冲调制器、处理器、Ethernet/PCI/USB 接口和更多组件的单个设备正不断涌现，在这样的设备中，Cable Modem 的核心将被集成在单一芯片中。除此之外，在设备中还有存储器、调谐器、模拟器件、电源等，众多厂商还在致力于研制单芯片方案。

（2）Cable Modem 技术指标：Cable Modem 系统采用双向非对称的传输技术，既上下行数据率是不对称的。下行是指数据从 CMTS 端流向用户端（CM 端），上行是指数据从用户端（CM 端）流向 CMTS 端。Cable Modem 系统的标准是由 Cable lab 指定的，有 DOCSIS1.0、DOCSIS1.1、DOCSIS2.0。其中 DOCSIS1.0 和 DOCSIS1.1 的物理参数相同。

① DOCSIS 1.0/1.1：

- 下行频率范围：91～857MHz（中心频率）
- 下行电平范围：−15～+15dBmV
- 下行信噪比：64QAM 不小于 25dBmV
  256QAM 不小于 30dBmV （−6dBmV～+15dBmV）
  不小于 33dBmV（−15dBmV～−6dBmV）
- 下行调制方式：64QAM 和 256QAM
- 下行符号速率：64QAM 为 5.056941 Msym/s
  256QAM 为 5.360537 Msym/s
- 下行频道宽度：6MHz
- 上行频率范围：+5～+42MHz（边沿频率）
- 上行电平范围：+8～+55dBmV（16QAM）+8～+58dBmV（QPSK）
- 上行调制方式：QPSK 和 16QAM
- 上行符号速率：160、320、640、1280 和 2560 ksym/s
- 上行带宽：200、400、800、1600 和 3200kHz
- 输出阻抗：75Ω

② DOCSIS 2.0：

- 下行频率范围：91～857MHz （中心频率）
- 下行电平范围：−15～+15dBmV
- 下行信噪比：64QAM 不小于 25dBmV

256QAM 不小于 30dBmV （-6dBmV～+15dBmV）
不小于 33dBmV （-15dBmV～-6dBmV）

- 下行调制方式：64QAM 和 256QAM
- 下行符号速率：64QAM 为 5.056941 Msym/s
  256QAM 为 5.360537 Msym/s
- 下行频道宽度：6MHz
- 上行频率范围：+5～+42MHz
- 上行电平范围：TDMA：+8～+54dBmV（32QAM，64QAM）
  +8～+55dBmV（8QAM，16QAM）
  +8～+58dBmV（QPSK）
  S-CDMA：+8～+53dBmV
- 上行调制方式：QPSK、8QAM、16QAM、32QAM、64QAM、128QAM
- 上行符号速率：TDMA：160、320、640、1280、2560 和 5120ksymb/s
  S-CDMA：1280、2560 和 5120ksymb/s
- 上行带宽：TDMA：200、400、800、1600、3200 和 6400kHz
  S-CDMA：1600、3200 和 6400kHz
- 输出阻抗：75Ω

③ Euro DOCSIS：

- 下行频率范围：112～858MHz（中心频率）
- 下行符号速率：6.592Msym/s（64QAM 和 256QAM）
- 下行频道宽度：8MHz
- 上行频率范围：+5～+65MHz

（3）Cable Modem 工作过程：CM 在加电之后，必须进行初始化，才能进入网络，接收 CMTS 发送的数据及向 CMTS 传输数据。其工作过程如下。

① 与 CMTS 建立同步，以搜索下行信道：首先，CM 必须与一个下行信道建立同步。CM 将连续地对下行信道进行扫描，直到发现一个有效的下行信号。CM 与下行信号同步的标准为：与 QAM 码元定时同步、与 FEC 帧同步、与 MPEG 分组同步并能识别下行媒体访问控制的同步报文。

② 获得上行信道的传输参数：建立同步之后，CM 需等待 CMTS 发送上行信道描述符，以获得上行信道的传输参数，找到 UCD，并从同步信息中获取上行定时参数，找到 MAP。

③ 校准：CM 在获得上行信道的传输参数后，就可以与 CMTS 进行通信。CMTS 会在 MAP 中给该 CM 分配一个初始维护的传输机会，用于调整 CM 传输信号的电平、频率等参数。另外，CMTS 还会周期性地给各个 CM 发送维护报文，用于对 CM 进行周期性的校准。

④ 建立 IP 连接：校准完成后，CM 通过动态主机配置协议（DHCP）服务器上获取本机 IP 地址。DHCP 服务器的响应中还必须包括一个包含配置参数文件的文件名，放置这些文件的 TFTP 服务器的 IP 地址、时间服务器的 IP 地址等信息。

⑤ 建立时间（TOD）：CM 采用 IETF 定义的 RFC868 协议从时间服务器中获得当前的日期和时间。RFC868 定义了获得时间的两种方式，一种是面向连接的，另一种是面向无连接的。CMTS 采用面向无连接的方式从 TOD 服务器获得 CM 所需的时间概念。

⑥ 建立安全机制：如果有 RSM 模块存在，并且没有安全协定建立，那么 CM 必须与安全服务器建立安全协定。安全服务器的 IP 地址可以从 DHCP 服务器的响应中获得。

⑦ 传输操作参数：接下来，CM 必须使用 TFTP 协议从 TFTP 服务器上下载配置参数文件，获得所需要的各种参数。

⑧ 初始化基本保密机制：在获得配置参数后，若 RSM 模块没有检测到，CM 将初始化基本保密机制。完成初始化后，CM 将使用下载的配置参数向 CMTS 申请注册，当 CM 接收到 CMTS 发出的注册响应后，CM 就进入了正常的工作状态。

⑨ 准备好操作。

练 习 题

一、填空题

1．一个完整的有线电视网络应由________、________、________三个部分组成。

2．前端系统采用的设备是天线放大器、________、解调器、________、滤波器等。

3．用户分配网络系统采用的设备主要有：________和________。

4．HFC 网络的传输网络采用________；用户分配网络采用________。

5．常见的有线电视网双向改造技术有________、________、________和________。

二、问答题

1．请简述目前常用的有线电视传输技术的特点。

2．请简述 HFC 网络的主要性能指标。

3．请简述 HFC 传输系统的组成部分及系统主要的设备。

4．请比较有线电视网双向改造几种方案的优缺点。

5．请简述 Cable Modem 传输工作过程。

三、综合题

分析有线电视网发展脉络，查阅文献，试讨论有线电视网下一步演进的技术路线。

第6章 数据通信网

众所周知，21世纪是信息高速发展的时代，如何高效、可靠地发掘、利用充斥于网络中的海量信息是通信研究的一个重要问题。分析比较分布于Internet中的各个计算机上的信息与传统通过话音通信传播的信息，不难发现两者最大的区别在于传统的话音通信的对象是人声这种可直接辨别的载体。而分布于网络计算机上的信息则是人人无法直接识别其物理意义的二进制编码字符。例如二进制字符1，对于话音通信表示的是最小的自然数；而对于计算机而言，它可能表示最小的自然数，也可能表示“有”或“真”，甚至可以表示“5V”电压。

可以看出数据通信与话音通信有如下的区别：

（1）话音通信的主体为人；而数据通信的主体为由人控制的计算机；

（2）在话音通信中，由人主导通信过程；而在数据通信中，由计算机主导通信过程，不同的计算机按照由人预先编制的程序进行自动化的信息传输和处理；

（3）在话音通信中，信息的载体为声音信号；而在数据通信中，信息的载体为已编码信号。

因此，研究数据通信的方法与研究话音通信的方法是有区别的。主要体现在数据通信的主体为计算机，为了能够使计算机高效、可靠地完成信息的传输，需要人为地编制一些计算机程序，规范计算机的信息传输与处理，通常称之为通信协议；这些通信协议规定了信息的表示形式、信息是如何传递以及传递信息的计算机终端间是如何连接的。

因此，在本章的学习中，为了便于大家学习，我们首先介绍和数据通信相关的一些基本概念，然后研究这些不同的通信协议（如X.25，帧中继等），以及如何利用通信协议实现数据通信业务。

6.1 数据通信网概述

6.1.1 数据通信的基本概念

1. 数据通信的概念

数据通信具有以下三个要素。

通信的主体：计算机。

通信的客体：经过处理的以一定的二进制字符形式表示的信息。

通信的过程：人预先编制好的计算机程序，通信协议。

综合这三个要素，可得到数据通信的定义：数据通信是指按照一定的通信协议，利用传输技术在功能单元之间传递、处理、存储数据信息，从而实现计算机与计算机之间，或计算机与其他终端之间，或终端与终端间信息交流和处理的通信过程。

2．数据通信系统

虽然数据通信有别于话音通信，但其仍属于通信系统的范畴，因此从宏观上来说，数据通信系统仍然是由信源、信道（包括噪声和干扰）及信宿组成。

在数据通信中，可以将信源和信宿统称为数据终端设备（DTE）；将能保证数据终端间的数据能高效、可靠地在信道中传输的设备称之为数据电路终接设备（DCE）。数据通信系统组成框图如图 6-1 所示。

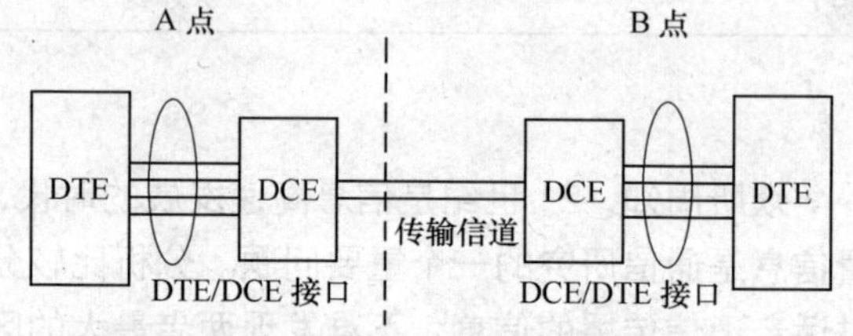

A 点
B 点
DTE
DCE
DCE
DTE
传输信道
DTE/DCE 接口
DCE/DTE 接口
图 6-1　数据通信系统组成框图

（1）数据终端设备。在数据通信系统中，用于发送和接收数据的设备称为数据终端设备（DTE）。通常由两部分组成：发送/接收设备和通信控制器。通信控制器主要的作用是根据通信协议确保数据在 DTE 间高效、可靠的传输。它是数据通信系统区别于话音通信系统的一个很重要的组件。数据终端设备的类型有很多种，有简单终端和智能终端、同步终端和异步终端、本地终端和远程终端等。

具体的说，DTE 可能是计算机，也可能是一台只接收数据的打印机。

（2）数据电路终接设备。数据电路终接设备（DCE）用来连接 DTE 与数据通信网络，也就是说该设备为用户设备提供入网的连接点。DCE 主要完成数据信号的变换，以便 DTE 发出的信息能够适合传输信道的特点。DCE 最重要的作用就是 A/D、D/A 转换和调制解调，以及其他的信道处理功能，如码型变换、信道均衡、控制呼叫流程等。

常见的 DCE 设备有调制解调器、数据服务单元等。

（3）传输信道。数据通信的传输信道和普通通信系统区别不大，大体上包括双绞线、同轴电缆、光纤、无线电波等。

备注：通常将传输信道及其两端的 DCE 设备合称为数据电路。而将加了通信控制器以后的数据电路称为数据链路。

（4）接口。数据通信系统的接口主要指 DTE 与 DCE 间的接口，为了保证不同的数据通信设备之间互连互通，国际上制定了标准的接口，即在插接方式、引线分配、电气特性及应答关系上均应符合统一的标准和规范。

DTE 和 DCE 之间有很多类型的接口，目前最通用的类型有以下几种。

① 美国电子工业协会的 RS-232C 接口。

RS-232 接口由美国电子工业协会（EIA）于 20 世纪 60 年代早期制定，并经过几次修订。20 世纪 60 年代晚期制定的 RS-232-C 是最常见的版本。

在 RS-232 标准中，DTE 和 DCE 的连接使用一条 25 线的电缆（称之为 DB-25 电缆），电缆与设备的接口是一个 25 针的连接器（如图 6-2 所示）。

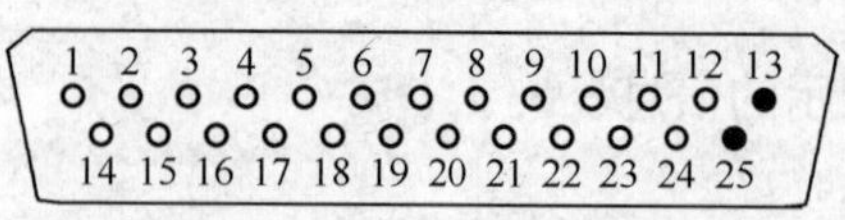

1 2 3 4 5 6 7 8 9 10 11 12 13
14 15 16 17 18 19 20 21 22 23 24 25
图 6-2　RS-232 连接器

② ITU-T 的 V 系列接口和 X 系列接口。

ITU-T 也制定了一系列的 DTE-DCE 接口，这里只简单介绍 X.21 接口。X.21 接口标准使用一个 15 针的连接器，允许使用平衡电路和不平衡电路。

X.21和RS标准主要有两点区别：一是X.21标准被定义成一个数字信号接口；二是控制信息的交换方式。RS标准为控制功能定义了特殊的线路。控制越多，需要的线路就越多，因而给连接带来的不便也就越多。而X.21的基本原理是在能够理解控制序列的DTE和DCE之间增设一些逻辑线路，从而减少连接线路的数目。

③ 国际标准化组织的ISO211O、ISO1177等。

国际标准化组织（ISO）也制定了相应DTE-DCE的接口标准，这里就不再赘述。

6.1.2 数据通信系统的性能指标

不同的通信系统有不同的性能指标，就数据通信系统而言，其性能指标主要有两类：有效性指标包括传输速率、频带利用率等；可靠性指标有差错率等。

1. 信息传输速率

信息传输速率（R_b）简称传信率，又称信息速率、比特率，它表示单位时间（每秒）内传输实际信息的比特数，单位为比特/秒，记为bit/s、bps（本书使用bit/s）。

2. 码元传输速率

码元传输速率（R_B）简称传码率，又称符号速率、码元速率、波特率、调制速率。它表示单位时间内（每秒）信道上实际传输码元的个数，单位是波特（baud），常用符号“B”来表示。

在实际通信系统中，有时候可能会需要使用多位2进制代码表示一位信息。因此，通常传信率不等于传码率。传信率与传码率之间的关系为：

$$R_b = R_B \log_2 N$$

式中，N为码元的进制数。

3. 频带利用率

数据通信系统的另外一个有效性指标是频带利用率，用于衡量单位频带宽度内传输的信息速率。通常用η表示：

$$\eta = \frac{\text{传输速率}}{\text{占用频带}}$$

单位：比特/秒·赫（bit/s·Hz）、波特/赫（B/Hz）。

4. 差错率

衡量数据通信系统可靠性的主要指标是差错率（P_e）。表示差错率的方法常用以下三种：误码率、误字率、误组率。我们通常用误码率。

误码率又称码元差错率，是指在传输的码元总数中错误接收的码元数所占的比例，用字母P_e来表示，即

$$P_e = \frac{\text{传输错误码元数}}{\text{传输总码元数}}$$

6.2 数据通信网

通信网可以理解为一个多用户、多信道的复杂通信系统。而形成多个用户通过多个信道相互通信的关键是交换技术。所以，数据通信网可以理解为通过交换技术和传输线路连接起来的多个通信系统的复合系统。因此，研究数据通信网首先要研究能满足数据通信需要的交换技术。

交换技术是通信组网的关键技术。本节将首先讨论常见的几种交换方式，说明这几种交换技术的优缺点。

目前，常见的交换方式有以下三类：

电路交换方式（Circuit Switching）；

报文交换方式（Message Switching）；

分组交换方式（Packet Switching）。

1. 电路交换

所谓电路交换是指通信双方在通信之前先建立两者之间的通信链路，并在整个通信过程中保持通信链路为通信双方所独享的交换方式。

数据的电路交换过程与目前公用电话交换网的电话交换的过程类似。当 DTE 要求发送数据时，向本地交换局呼叫，在得到应答信号后，主叫 DTE 发送被叫 DTE 号码或地址；本地交换局进行号码分析，并随之确定传输路由；然后通过局间中继线将主叫 DTE 所属本地局与被叫 DTE 所属本地交换局连通，并呼叫被叫 DTE，从而在主、被叫 DTE 间建立起一条固定的通信链路。通信结束时，当任一 DTE 表示通信完毕需要拆线时，则该链路上的各交换机将本次通信所占用的设备和通信链路（电路）释放，以供后续的用户呼叫用。

实现电路交换的主要设备是具有电路交换功能的交换机，它由电路交换部分和控制部分组成。电路交换部分实现主、被叫用户的连接，构成数据传输信道；控制部分的主要功能是根据主叫用户的选线信号控制交换网络完成接续。

电路交换技术的优缺点及其特点如下。

（1）优点：数据传输可靠、迅速，数据不会丢失且在接收方无需再做排序处理。

（2）缺点：电路利用率不高，这是由于电路交换技术采用物理线路连接用户，在很多情况下，信道处于空闲状态。因此，它适用于系统间要求高质量的大量数据传输的情况。

（3）特点：在数据传送开始之前必须先设置一条专用的通路。在线路释放之前，该通路由一对用户完全占用。对于猝发式的通信，电路交换效率不高。

2. 报文交换

为了克服电路交换方式利用率低的缺点，提出了报文交换方式。在报文交换方式中，用户信息的基本单位是报文，收、发 DTE 之间无需直接的物理信道。因此用户之间不需要先建立呼叫，也不存在拆线过程。它是将用户报文首先存储在交换机的存储器中，当所需要输出的电路空闲时，再将该报文转发给中继交换机，直到发向接收端交换机和用户终端。因此，报文交换系统又称“存储－转发”系统。它的原理框图如图 6-3 所示。

报文交换的优缺点及特点如下。

（1）优点：

① 电路利用率高。通信中，双方不维持固定信道，故电路资源可为多个用户共享。

② 用户数限制少，报文交换采用存储-转发方式，信道共享，用户数目基本不受信道容量影响，只不过延迟会增大。

③ 报文交换可以实现点对多点通信。

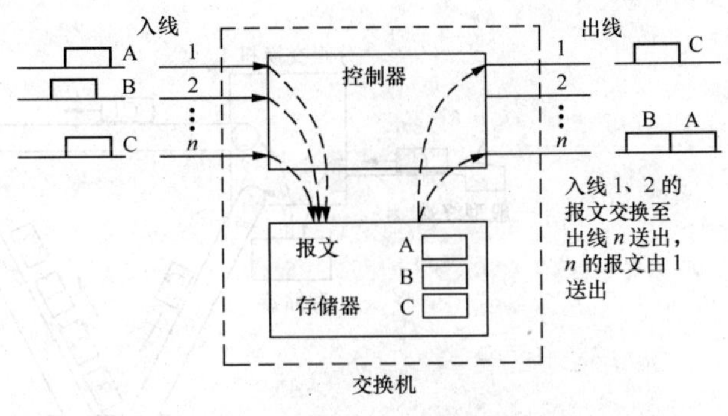

图6-3 报文交换方式原理框图

（2）缺点：

① 不能满足实时或交互式的通信要求，报文经过网络的延迟时间长且不定。

② 有时节点收到过多的数据而无空间存储或不能及时转发时，就不得不丢弃报文，而且发出的报文不按顺序到达目的地。

（3）特点

① 报文从源点传送到目的地采用“存储—转发”方式，在传送报文时，一个时刻仅占用一段通道。

② 在交换节点中需要缓冲存储，报文需要排队，故报文交换不能满足实时通信的要求。

3. 分组交换

分组交换是在电路交换与报文交换的基础上发展起来的，也称包交换，它和报文交换的区别在于两者的信息单位不同。在分组交换中，将用户传送的数据分成一定长度的包。在每个包（分组）的前面加一个包头，用于标识目的地址，分组交换机可以根据每个分组的地址，将它们转发至目的地，这一过程称为分组交换。进行分组交换的通信网称为分组交换网。

分组格式如图6-4所示。每个分组最前面约有3～10个字节（8比特组）作为填写接收地址和控制信息的分组头。分组头后面是用户数据，其长度一般是固定的。当发送长报文时，需将该报文划分成多个分组。

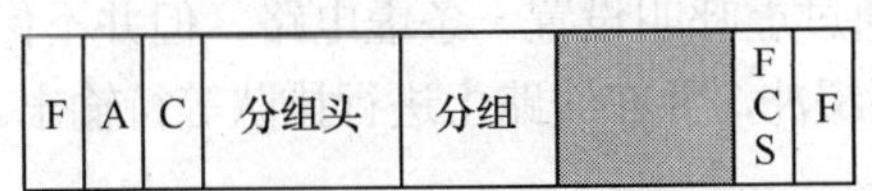

图6-4 分组格式

在分组中，FCS表示用于分组差错控制的检验序列，F表示帧标志序列，A表示地址字段，C表示控制字段，分组是交换处理和传送处理的数据。

分组交换的工作原理如图6-5所示，由图可以看出在分组交换网中有两类用户设备：一般型终端和分组型终端构成DTE，满足不同类型用户的接入，其中一般型终端需入网时，必须采用PAD将非分组型数据转化为分组型数据；分组交换机构成DCE。

图6-5中假设有三个交换机（又称为交换节点），分设有分组交换机1、2、3；A、B、C、D为四个数据通信用户，A、D为一般终端，B、C为分组型终端。A、B分别向C、D传送数据。A的数据C经交换机1的PAD组装成二个分组C1和C2，然后经由分组交换机1、2之间的传输通路以及分组交换机1、3和3、2之间的传输通路分别将C1、C2数据传送到终端C。由于C为分组型终端，C1、C2分组可由终端C直接接收。B的分组数据3、2、1经由分组交换机3、2之间的传输通路传送到终端D。D终端为一般终端，它不能直接接收分组数据，因而数据到交换机之后，要经分组装拆设备恢复成一般报文，然后再传送到终端D。

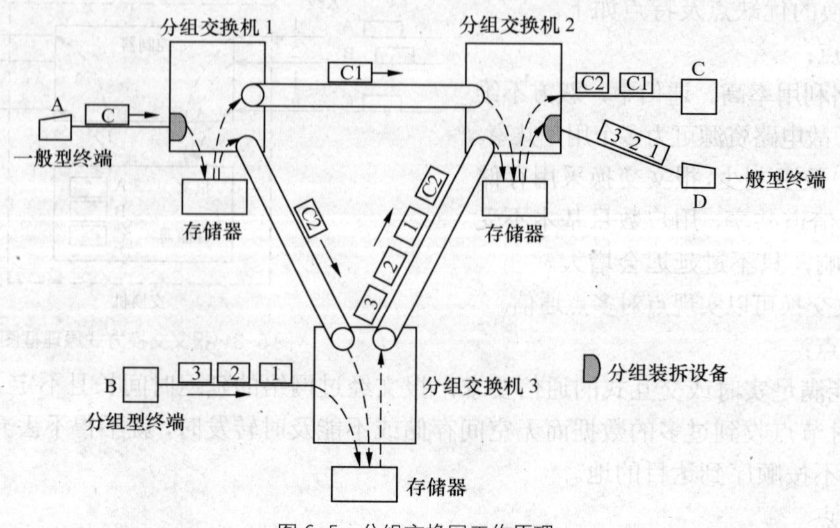

图 6-5　分组交换网工作原理

分组交换的优点：分组交换方式的分组长度短，具有统一的格式，因而便于交换机存储（可以只用内存储器）和处理。所以，与报文交换方式相比，其信息传输延迟时间大大缩短。

分组交换有虚电路分组交换和数据报分组交换两种。它是计算机网络中使用最广泛的一种交换技术。

（1）虚电路分组交换原理与特点。

所谓“虚电路”是指通信双方在通信前需建立一条逻辑通路，它之所以是“虚”的，是因为这条电路不是专用的。每个分组除了包含数据之外还包含一个虚电路标识符。在预先建好的路径上的每个节点都知道把这些分组引导到哪里去，不再需要路由选择判定。最后，由某一个站用清除请求分组来结束这次连接。

虚电路分组交换的主要特点是：在数据传送之前必须通过虚呼叫设置一条虚电路。但并不像电路交换那样有一条专用通路，分组在每个节点上仍然需要缓冲，并在线路上进行排队等待输出。

（2）数据报分组交换原理与特点。

在数据报分组交换中，每个分组的传送是被单独处理的。每个分组称为一个数据报，每个数据报自身携带足够的地址信息。一个节点收到一个数据报后，根据数据报中的地址信息和节点所储存的路由信息，找出一个合适的出路，把数据报原样地发送到下一节点。由于各数据报所走的路径不一定相同，因此不能保证各个数据报按顺序到达目的地，有的数据报甚至会中途丢失。

分组交换方式非常适合于具有中等数据量而且数据通信用户比较分散的场合。

6.3 分组交换网

分组交换网是指采用分组交换技术实现数据在连入网络的 DTE 间传输、处理的通信网。在分组交换网中，一个分组从源节点传送到目的节点过程中，不仅涉及到该分组在网络内所经过的每个节点交换机之间的通信协议，还涉及发送 DTE、接收站与所连接的节点交换机之间的通信协议。ITU-T 为分组交换网制定了一系列通信协议。其中最著名的标准是 X.25 协议，因此常将分组交换网简称为 X.25 网。

6.3.1 X.25 协议概述

X.25 建议是作为公用数据网的用户-网络接口协议提出的，它的全称是“公用数据网络中通过专用电路连接的分组式数据终端设备（DTE）和数据电路终接设备（DCE）之间的接口”。图 6-6 所示为 X.25 协议的应用环境。其中 PT 表示分组型终端；PS 表示分组交换机。由图可以看出，X.25 主要实现将分组型终端接入分组交换网。

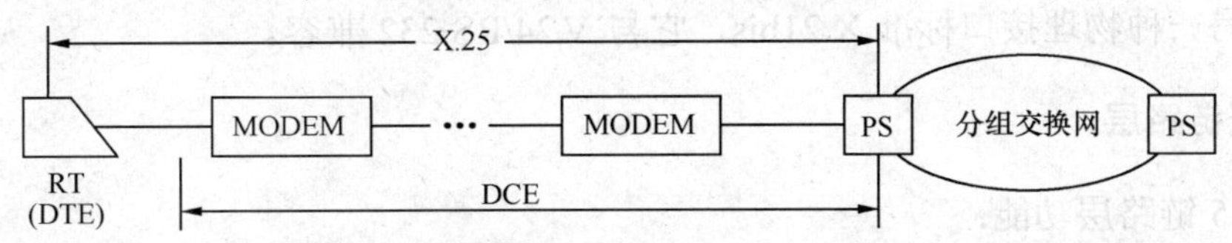

图 6-6 X.25 协议应用环境示意图

X.25 只支持 PT 接入分组交换网中，而 NPT（非分组型终端）是无法接入的。为了解决这个问题，就需要将非分组型终端发出的数据打包成分组，从而实现在 X.25 网络中传输数据的目的。

我们把将非分组型数据打包成分组或把分组分拆成非分组型数据的设备称为 PAD 分组装拆设备。

PAD 设备实际上是一个规程转换器，它是向各种不同的终端或计算机提供服务，帮助它们进入分组交换网。ITU-T 制定了关于 PAD 的三个协议书，即 X.3、X.28 和 X.29，有时称为“3X”。

6.3.2 X.25 分层协议

X.25 建议将数据网的通信功能划分为三个层次，即物理层、数据链路层和分组层。其中每一层的通信实体只利用下一层所提供的服务。每一层接收到上一层的信息后，加上控制信息（如分组头、帧头），最后形成在物理媒体上传送的比特流，如图 6-7 所示。

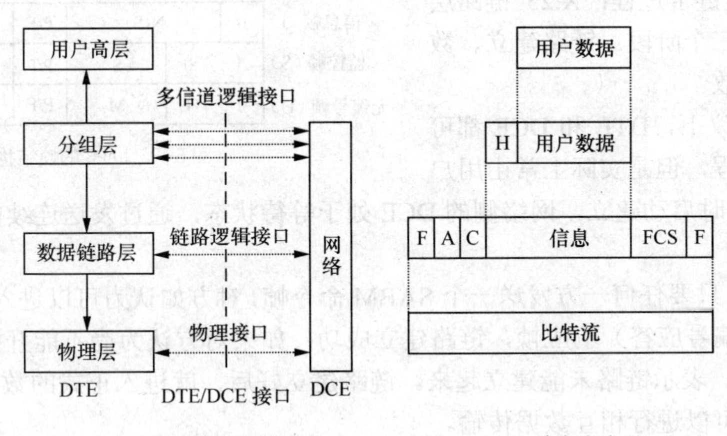

（a）X.25 接口逻辑结构　　（b）信息流关系

图 6-7 X.25 协议的系统结构和信息流关系

1. 物理层

X.25 协议的物理层规定采用 X.21 建议。X.21 建议规定如下。

（1）机械特性：采用 ISO 4903 规定的 15 针连接器和引线分配，通常使用 8 线；

（2）电气特性：平衡型电气特性；

（3）同步串行传输；

（4）点到点全双工；

（5）适用于交换电路和租用电路。

由于 X.21 是为数字电路上使用而设计的，如果是模拟线路（如地区用户线路），X.25 建议还提供了另一种物理接口标准 X.21bis，它与`V.24/RS 232 兼容。

2．数据链路层

（1）X.25 链路层功能：

① 差错控制，采用 CRC 循环校验，发现出错时自动请求重发。

② 帧的装配和拆卸及帧同步。

③ 帧的排序和对正确接收的帧的确认。

④ 数据链路的建立、拆除和复位控制。

⑤ 流量控制。

（2）数据链路层传输规程：X.25 的链路层采用了高级数据链路控制规程（HDLC）的帧（Frame）结构，并且使用它的一个子集——LAPB 作为传输规程。

LAPB 共有三种类型的帧，其中信息帧（I）由于传送用户数据；监控帧（S）用于监控通信过程；无编号帧（U）用于建立或拆除线路。帧的使用和数据传输阶段有关，通常 U 帧用于链路的建立和断开阶段，而 I 帧和 S 帧用于数据传输阶段。LAPB 的帧结构如图 6-8 所示。

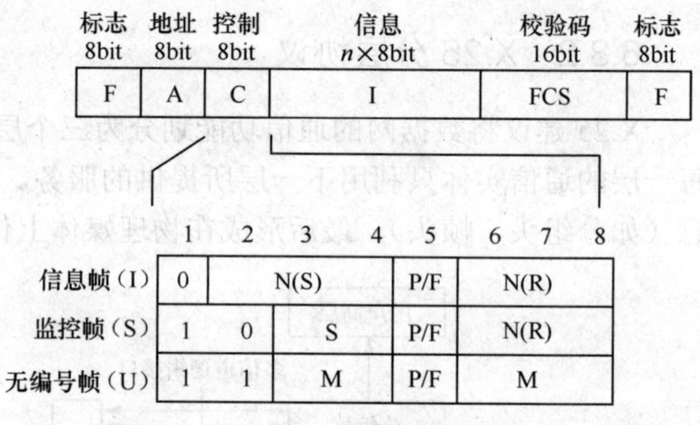

图 6-8 LAPB 的帧结构

① LAPB 建链全过程：X.25 链路层建链过程可分为三个阶段：链路建立、数据传送和链路释放。

在 LAPB 协议下，DTE 和 DCE 都可启动链路建立过程，但是实际上常由用户侧的 DTE 在接入时启动建立，网络侧的 DCE 处于等待状态，通过发送连续的 F 标识表示信道已激活。

链路建立时，只要任何一方发送一个 SABM 命令帧，对方如认为可以进入信息传送阶段，就会送 UA（未编号应答）响应帧，链路建立成功；如果对方认为尚不能开始信息传送，就会送 DM 响应帧，表示链路未能建立起来。链路建立好后，就进入正式的数据传送阶段了，在此阶段，双方可以进行相互数据传输。

链路释放过程是一个双向对称过程，可由 DTE 或 DCE 发起。任何一方发出 DISC（断开连接）命令帧，如果对方此时尚处于信息传送阶段，则回送 UA 响应帧，然后进入链路释放阶段；如果对方已进入链路释放阶段，则回送 DM 响应帧。链路释放后，就完成了一次分组交换网中数据传输的全过程。图 6-9 为 LAPB 链路建立全过程，假设由 DTE 先启动建链的，连接断开是由 DCE 先发起的。

② 差错校正和流量控制：利用 I 帧和 S 帧提供的 N（S）和 N（R）字段实现网络的差错控制和流量控制。

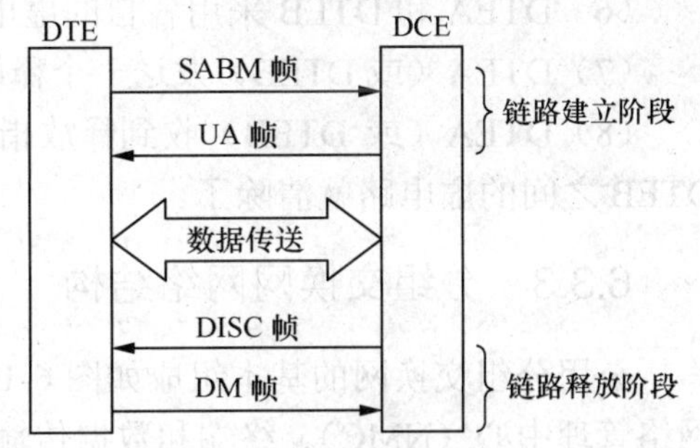

图 6-9 LAPB 链路建立全过程

差错校正：采用肯定/否定证实、重发纠错的方法。发现非法帧或出错帧予以丢弃；发现帧号跳号，则发送 REJ 帧通知对端重发。为了提高可靠性，协议还规定了定时重发功能，即在超时未收到肯定证实时，发端将自动重发。

流量控制：采用滑动窗口控制技术，控制参数是窗口尺寸 t，其值表示最多可以发送多少个未被证实的 I 帧。设最近收到的 I 帧或监控帧的证实帧号为 N（R），则本端可以发送的 I 帧的最大序号为 $N(R)+t-1$（mod 8），称为窗口上沿。其中，$1 \leqslant t \leqslant 7$。t 值的选定取决于物理链路的传播时延和数据的传送速率，应保证在连续发送 t 个 I 帧之后能收到时第 1 个 I 帧的证实。对于卫星电路等长时延链路，t 值将大于 7，此时应采用扩充的模 128 帧结构。

窗口机制为 DCE 和 DTE 提供了十分有效的流量控制手段，任一方可以通过延缓发送证实帧的方法，强制对方延缓发送 I 帧，从而达到控制信息流量的目的。还有一种更为直接的拥塞控制方法是，当任一方出现接收拥塞（忙）状态时，可向对方发送监控帧 RNR。对方收到此帧后，将停止发送 I 帧。"忙"状态消除后，可通过发送 RR 或 REJ 帧通知对方。

③ 链路复位

链路复位指的是在信息传送阶段收到协议出错帧或 FRMR 帧，即遇到无法通过重发予以校正的错帧时，自动启动链路建立过程，使链路恢复初始状态。此时，两端发送的 I 帧和 S 帧的 N（S）和 N（R）值恢复为零。

3．分组层

分组层对应于 OSI-RM 中的网络层，它利用链路层提供的服务在 DTE-DCE 接口交换分组，将一条逻辑链路按统计时分复用（STDM）方式划分为多个逻辑子信道，允许多台计算机或终端同时使用高速的数据通道，以充分利用逻辑链路的传输能力和交换机资源。

分组层采用虚电路工作，整个通信过程分三个阶段：呼叫建立阶段、数据传输阶段、虚电路释放阶段。

下面我们简单介绍一下接续过程。

设有两个 DTE：DTEA 和 DTEB；通过两个 DCE 设备：DCEA 和 DCEB 连入网络。

虚电路的建立和清除过程如下。

（1）DTEA 对 DCEA 发出一个呼叫请求分组，表示希望建立一条到 DTEB 的虚电路。该分组中含有虚电路号，在此虚电路被清除以前，后续的分组都将采用此虚电路号。

（2）网络将此呼叫请求分组传送到 DCEB。

（3）DCEB 接收呼叫请求分组，然后给 DTEB 送出一个呼叫指示分组。这一分组具有与呼叫请求分组相同的格式，但其中的虚电路号不同，虚电路号由 DCEB 在未使用的号码中选择。

（4）DTEB 发出一个呼叫接收分组，表示呼叫已经接受；

（5）DTEA 收到呼叫接通分组（该分组和呼叫请求分组具有相同的虚电路号），此时虚电路已经建立。

（6）DTEA和DTEB采用各自的虚电路号发送数据和控制分组。

（7）DTEA（或DTEB）发送一个释放请求分组，紧接着收到本地DCE的释放确认分组。

（8）DTEA（或DTEB）收到释放指示分组，并传送一个释放确认分组。此时DTEA和DTEB之间的虚电路就清除了。

6.3.3 分组交换网网络结构

公用分组交换网的基本组成如图6-10所示，它由分组交换机（PS）、分组集中器（PCE）、网络管理中心（NMC）、终端和数据传输设备及相关协议组成。

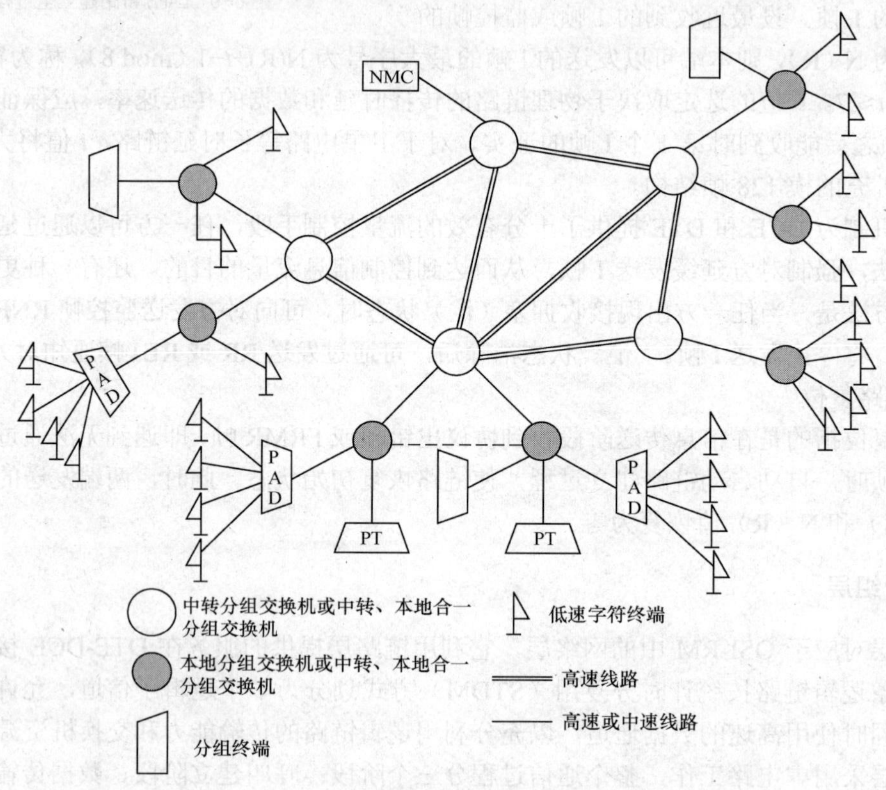

图6-10 公用分组交换网结构

（1）分组交换机。分组交换机（Packet Switching，PS）是分组交换网的核心。分组交换机的主要功能如下。

① 实现网络的基本业务，即交换虚电路、永久虚电路及可选补充业务等，在完成对用户服务的同时，收集呼叫业务量、分组业务量、资源利用率等数据。

② 进行路由选择，以便在两个终端之间选择一条合适的路由，并生成转发表；进行流量控制和差错控制，以保证分组的可靠传送。

③ 转发控制，在数据传输时，按交换机中的转发表进行分组的转发。

④ 实现X.25、X.75等多种协议。

⑤ 完成局部的维护运行管理、故障报告与诊断、计费与一些网络的统计等功能。

⑥ 分组交换机自身控制功能。交换机可对自身的各个部分测试，如发生故障，即把故障

信息存入硬盘，由网络管理中心对交换机系统进行重新配置。

根据分组交换机在网中所处的地位不同，可分为转接分组交换机（PTS）、本地交换机（PLS）、本地和转接合一交换机（PTLS）等。PTS仅用于局间的转接，不接用户，通信容量大，每秒能处理的分组数多，路由选择能力强，能支持的线路速率高。PLS大部分端口用于用户终端的接入，只有少数端口作为中继端口与其他交换机相连，其通信容量小，每秒能处理的分组数少，路由选择能力弱，能支持的线路速率较低。本地和转接合一交换机（PTLS）既具有转接功能，又具有本地接入功能。另外，国际出入口局交换机用于与其他国家分组交换网的互连。

（2）网络管理中心。网络管理中心（Network Management Center，NMC）是管理分组交换网的一系列软、硬件的集合，其管理功能如下。

① 网络故障管理：提供对网络设备故障的快速响应和预防性维护能力，包括跟踪和诊断故障、测试网络设备和部件、故障原因提示和对故障的查询及修复。

② 网络配置管理：生成用户端口，定义和管理网络拓扑结构，网络软件硬件配置和网络业务类型，并对它们进行动态控制。

③ 网络性能管理：收集和分析网络中数据流的流量、速率、流向和路径的信息。

④ 网络计费管理：收集有关网络资源使用的信息，用于网络的规划、预算，并提供用户记账处理系统所需的计费数据。

⑤ 网络安全管理：建立、保持和加强网络访问时所需的网络安全级别和准则。

（3）分组集中器。分组集中器（Packet Concentrate Equipment，PCE）又称用户集中器，大多是既有交换功能又有集中功能的设备。它是将多个低速的用户终端进行集中，用1条或2条高速的中继线路与节点机相连，这样可以大大节省线路投资，提高线路利用率。分组集中器适用于用户终端较少的城市或地区，也可用于用户比较集中而线路比较紧缺的大楼或小区。

分组集中器是公用分组网上的末端设备之一。分组型终端和非分组型终端都可以接入PCE，分组型终端通过PCE的X.25端口接入，而对于非分组型终端，要通过PCE内的分组装拆设备（Packet Assembler and Disassembler，PAD）来接入。

PAD的功能是将NPT所使用的用户协议与X.25协议进行转换。发送时，将NPT发出的字符通过PAD组装成X.25的分组形式，送入交换机；在接收时，将来自交换机的X.25的分组进行拆卸，以用户终端所要求的字符形式送给终端。ITU-T专门对PAD制定了一组建议，称为X.3/X.28/X.29，即3X建议。其中，X.3描述PAD功能及其控制参数；X.28描述PAD到本地字符终端的协议；X.29描述PAD到远端PT或PAD之间的协议。

（4）传输线路。传输线路是构成分组交换网的主要组成部分之一。

交换机之间的中继传输线路主要有两种形式：一种是PCM数字信道；另一种是模拟信道利用调制解调器转换为数字信道，速率为9.6kbit/s、48kbit/s、64kbit/s等。

用户线路也有两种形式，一种是数字数据电路，另一种是模拟电话用户线加装调制解调器。

（5）数据终端。分组交换网的数据终端有两类：分组型终端和非分组型终端。

① 分组型终端（PT）。PT是具有X.25协议接口的分组型终端，即具有分组处理能力，可以直接接入分组交换网。

② 非分组型终端（NPT）。NPT不具有X.25协议接口，即不具有分组处理能力，不能直接进入分组交换网，必须经过分组装拆设备（PAD）转换才能接入分组交换网。

（6）相关协议。有关分组交换网的协议包括 X.25、X.75 等协议。

6.3.4 分组交换网的特点

1．分组交换网的优点

（1）传输质量高。分组交换网采取存储-转发机制，提高了负载处理能力，数据还可以不同的速率在用户之间相互交换，所以网络阻塞几率小。同时，分组交换网不仅在节点交换机之间传输分组时采取差错校验与重发功能，而且对于某些具有装拆分组功能的终端，在用户线上也同样可以进行差错控制分组交换网还具有很强的差错控制功能，因而使分组在网内传送中出错率大大降低。

（2）网络可靠性高。在分组交换网中，“分组”在网络中传送的路由选择是采取动态路由算法，即每个分组可以自由选择传送途径，由交换机计算出一个最佳路径。由于分组交换机至少与另外两个交换机相连接，因此，当网内某一交换机或中继线发生故障时，分组能自动避开故障地点，选择另一条迂回路由传输，不会造成通信中断。

（3）线路效率高。在分组交换中，由于采用了“虚电路”技术，使得在一条物理线路上可同时提供多条信息通路，可有多个呼叫和用户动态的共享，即实现了线路的统计时分复用。

（4）业务提供能力较强。分组网提供可靠传送数据的永久虚电路（PVC）和交换虚电路（SVC）基本业务，以及众多用户可选业务，如闭合用户群、快速选择、反向计费、集线群等。另外，为了满足大集团用户的需要，还提供虚拟专用网（VPN）业务。从而用户可以借助公用网资源，将属于自己的终端、接入线路、端口等模拟成自己专用网并可设置自己的网管设备对其进行管理。

2．分组交换网的缺点

（1）传输速率低。分组网最初设计是建立在模拟信道的基础上的，所提供的用户端口速率一般不大于 64kbit/s。主要适用于交互式短报文，如金融业务、计算机信息服务、管理信息系统等；不适用于多媒体通信，也不能满足专线速率为 10Mbit/s、100Mbit/s 局域网互连的需要。

（2）平均传送时延较大。分组网的网络平均传送时延较大，一般在 700ms 左右，再加上两端用户线的时延，用户端的平均时延可达秒级并且时延变化较大，比帧中继的时延要高。

（3）传输 IP 数据包效率低。这是因为 IP 包的长度比 X.25 分组的长度大得多，要把 IP 分割成多个块封装于多个 X.25 分组内传送，并且 IP 包的字头可达 26 个字节，开销较大。

6.3.5 中国分组交换网

我国第一个公用分组交换数据网（CNPAC）于 1989 年 11 月投入使用。该网设有 3 个节点机、8 个集中器和一个网络管理中心。3 个节点机分别安装在北京、上海和广州。8 个集中器分别安装在北京、天津、武汉、南京、西安、成都、沈阳和深圳；网络管理中心设在北京；国际出入口局也设在北京。全国端口数为 580 个，其中同步端口 256 个，异步端口 324 个。

由于业务量不断发展，原有的 CNPAC 无法满足我国分组交换数据通信日益增长的要求。从 1992 年开始，原邮电部开始着手建设新的公用分组交换数据骨干网（CHINAPAC），该网于 1993 年投入使用。

1. CHINAPAC 的网络组成

CHINAPAC 采用 DPN-100 系列设备，由全国 31 个省、市、自治区的 32 个交换中心组成（北京 2 个）。网管中心设在北京。建网初期采用不完全的网状网结构。网中的北京、天津、武汉、南京、西安、成都、沈阳等 8 个城市为汇接中心。北京为国际出入口局，上海为辅助出入口局，广州为港澳地区出入口局。汇接中心之间采用完全网状的拓扑结构，网内每个交换中心都具有两个或两个以上不同汇接方向的中继电路，以确保网络安全可靠。交换中心间根据业务量大小和可靠性的要求可以设置成高效路由。CHINAPAC 骨干网结构如图 6-11 所示。

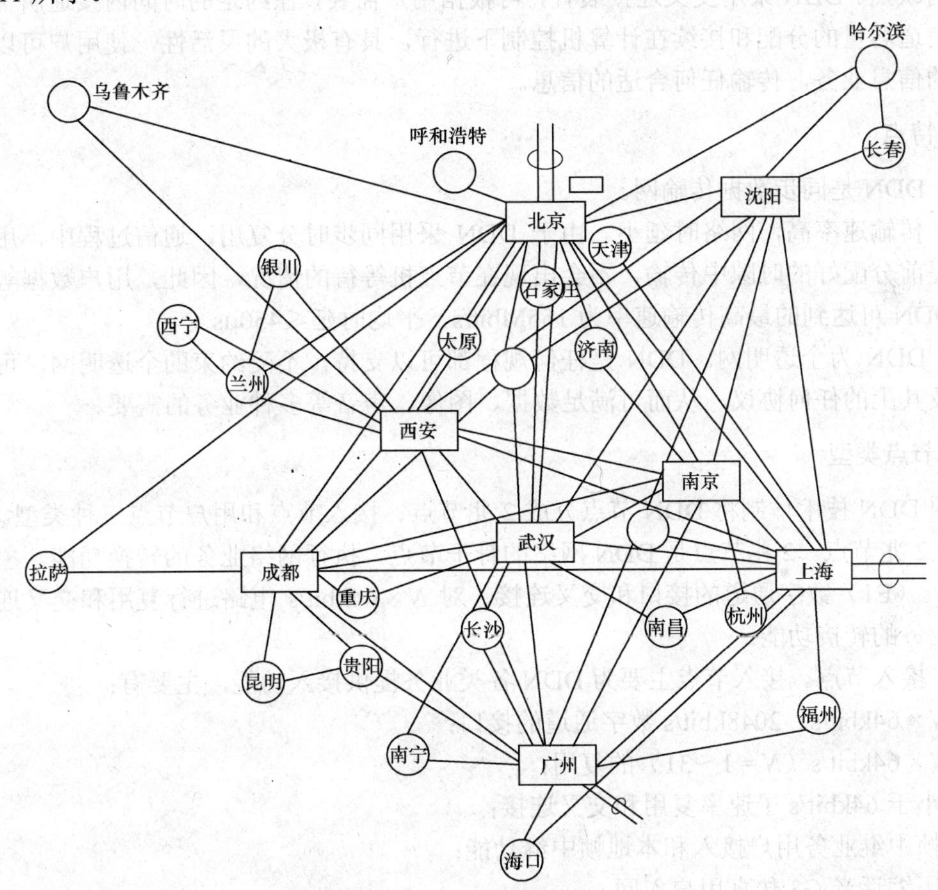

图 6-11　CHINAPAC 组网图

2. CHINAPAC 可提供的业务

CHINAPAC 可与公用电换交换网，VSAT 网、CATV 网、各地区分组交换网、国际及港澳地区分组交换网及局域网相连，也可与计算机的各种主机及终端相连，可通过 PAD 与非分组型终端相连，CHINAPAC 除可以提供永久虚电路（PVC）和交换虚电路（SVC）等基本业务外，还可提供以下新业务：虚拟专网、广播业务、帧中继、SNA 网络环境、令牌环形局域网的智能桥功能，异步轮询接口功能及中继线带宽的动态分配等功能。另外，CHINAPAC 还可以开放电子邮件系统和存储-转发传真系统等增值业务。

6.4 数字数据网

6.4.1 数字数据网概述

1. 定义

数字数据网（Digital Data Network，DDN）是利用数字信道传输数据信号的数据传输网，它的传输线路有光缆、数字微波、卫星信道以及普通电缆和双绞线。DDN 向用户提供的是半永久性的数字连接，沿途不进行复杂的处理，因此延时较短，避免了分组网中传输时延大且不固定的缺点。DDN 采用交叉连接装置，可根据用户需要，在约定的时间内接通所需带宽的线路，信道容量的分配和接续在计算机控制下进行，具有极大的灵活性，使用户可以开通种类繁多的信息业务，传输任何合适的信息。

2. 特点

（1）DDN 是同步数据传输网。

（2）传输速率高，网络时延小。由于 DDN 采用同步时分复用，通信过程中，用户数据固定在提前分配好的时隙中传输，不会出现在节点机等待的情况，因此，用户数据等待时延较小。DDN 可达到的最高传输速率为 155Mbit/s，平均时延≤450μs。

（3）DDN 为全透明网。DDN 是任何规程都可以支持，不受约束的全透明网，可支持网络层以及其上的任何协议，从而可满足数据、图像、声音等多种业务的需要。

3. 节点类型

中国 DDN 技术体制将 DDN 节点分成 2 兆节点、接入节点和用户节点三种类型。

（1）2 兆节点。2 兆节点是 DDN 网络的骨干节点，执行网络业务的转换功能。主要提供 2048kbit/s（E1）数字通道的接口和交叉连接、对 $N\times$ 64kbit/s 电路进行复用和交叉连接以及帧中继业务的转接功能。

（2）接入节点。接入节点主要为 DDN 各类业务提供接入功能，主要有：

① $N\times$ 64kbit/s、2048kbit/s 数字通道的接口；

② $N\times$ 64kbit/s（$N=1\sim31$）的复用；

③ 小于 64kbit/s 子速率复用和交叉连接；

④ 帧中继业务用户接入和本地帧中继功能；

⑤ 压缩话音/G3 传真用户入网。

（3）用户节点。用户节点主要为 DDN 用户入网提供接口并进行必要的协议转换。它包括小容量时分复用设备；LAN 通过帧中继互连的网桥/路由器等。

在实际组建各级网络时，可以根据网络规模、业务量等具体情况，酌情变动上述节点类型的划分。

4. 网络结构

DDN 的网络结构采用等级制结构，可分为一级干线网、二级干线网和本地网三级。

（1）一级干线网。一级干线网由设置在各省、自治区和直辖市的节点组成，它提供省间的长途 DDN 业务。一级干线节点设置在省会城市，根据网络组织和业务量的要求，一级干线网节点可与省内多个城市或地区的节点互连。

在一级干线网上，选择有适当位置的节点作为枢纽节点，枢纽节点具有 E1 数字通道的汇接功能和 E1 公共备用数字通道功能。枢纽节点的数量和设置地点由原邮电部电信主管部门根据电路组织、网络规模、安全和业务等因素确定。网络各节点互连时，应遵照下列要求：

① 枢纽节点之间采用全网状连接；

② 非枢纽节点应至少保证两个方向与其他节点相连接，并至少与一个枢纽节点连接；

③ 出入口节点之间、出入口节点到所有枢纽节点之间互连；

④ 根据业务需要和电路情况，可在任意两个节点之间连接。

（2）二级干线网。二级干线网由设置在省内的节点组成，它提供本省内长途和出入省的 DDN 业务。根据数字通路、DDN 网络规模和业务需要，二级干线网上也可设置枢纽节点。当二级干线网在设置核心层网络时，应设置枢纽节点。

（3）本地网。本地网是指城市范围内的网络，在省内发达城市可以组建本地网。本地网为其用户提供本地和长途 DDN 业务。根据网络规模、业务量要求，本地网可以由多层次的网络组成。本地网中的小容量节点可以直接设置在用户的室内。

6.4.2 DDN 支持的业务

1. 网络业务类别

DDN 网络业务分为专用电路、帧中继和压缩话音/G3 传真三类业务。DDN 的主要业务是向用户提供中、高速率，高质量的点到点和点到多点数字专用电路（简称专用电路）；在专用电路的基础上，通过引入帧中继服务模块（FRM），提供永久性虚电路（PVC）连接方式的帧中继业务；通过在用户入网处引入话音服务模块（VSM）提供压缩话音/G3 传真业务。在 DDN 上，帧中继业务和压缩话音/G3 传真业务均可看作在专用电路业务基础上的增值业务。对压缩话音、G3 传真业务可由网络增值，也可由用户增值。

2. 用户入网速率

对上述各类业务，DDN 提供的用户入网速率及用户之间的连接如表 6-1 所示。对于专用电路和开放话音/G3 传真业务的电路，互通用户入网速率必须是相同的；而对于帧中继用户，由于 DDN 内 FRM 具有存储-转发帧的功能，允许不同入网速率的用户互通。

表 6-1 用户入网速率

业 务 类 型	用户入网速率 kbit/s	用户之间连接
专用电路	● 2048 ● $N\times64$（$N=1\sim31$） ● 子速率：2.4、4.8、9.6、19.2	TDM 连接
帧中继	9.6、14.4、19.2、32、48 $N\times64$（$N=1\sim31$）、2048	PVC 连接
话音/G3 传真	用户 2/4 线模拟入网（DDN 提供附加信令信息传输容量）的 8、16、32 通路	带信令传输能力的 TDM 连接

6.4.3 用户入网方式

根据我国 DDN 技术体制的要求，用户入网有如下几类的基本方式，在这些基本方式上还可以采用不同的组合方式。

（1）二线模拟传输方式：DDN 支持模拟用户入网连接，在交换方式下，同时需要直流环路、PBX 中继线 E&M 信令传输。

（2）二线（或四线）话带 MODEM 传输方式：在这种方式下，支持的用户速率由线路长度、调制解调器（MODEM）的型号而定。

（3）二线（或四线）基带传输方式：这种传输方式采用回波抵消和差分二相编码技术等。其二线基带设备可进行 19.2kbit/s 全双工传输。该基带传输设备还可具有 TDM 复用功能，为多个用户入网提供连接。复用时需留出部分容量为网络管理用。另外还可用二线或四线，速率达到 16、32 或 64kbit/s 的基带传输设备。

（4）基带传输加 TDM 复用传输方式：这路传输方式是通过在二线（或四线）基带传输的基础上加上 TDM 复用设备来实现的，可用于为多个用户入网提供接入服务。

（5）话音/数据复用传输方式：在现有的市话用户线上，采用频分或时分的方法实现电话/数据独立的数据复用传输。在 DOV（Data Over Voice）复用型话上数据设备中，还可加上 TDM 复用，为多个用户提供入网连接。

（6）2B+D 速率的 DTU 传输方式：DTU（数据终端单元），采用 2B+D 速率，二线全双工传输方式，为多个用户提供入网。

（7）PCM 数字线路传输方式：这种方式是当用户直接用光缆或数字微波高次群设备时，可与其他业务合用一套 PCM 设备，其中一路 2048kbit/s 进入 DDN。

（8）DDN 节点通过 PCM 设备的传输方式：在用户业务量大的情况下，DDN 节点机可放在用户室内，将所传的数据信号复用到一条 2048kbit/s 的数字线路上，通过 PCM 的一路一次群信道进入 DDN 骨干节点机。

6.5 帧中继

帧中继技术是为了解决 X.25 分组交换技术节点处理过于复杂从而影响系统吞吐量的背景下提出的。

众所周知，在 X.25 中，为了实现高的传输质量，在每个节点处均需进行差错控制，这在一定程度上影响了节点机的吞吐量。

分析之后不难得出，要解决这个问题有两种手段：一个是在传输线路不变的情况下，提高节点机的吞吐能力；另一个是在节点机吞吐能力不变的情况下，提高线路质量，降低差错率，从而降低对于节点机吞吐量的影响。随着光纤技术的产生与不断发展，线路自身的差错率问题得到了很好的解决，从而可以只在端节点进行差错控制，而不在中间节点进行差错控制，这就是帧中继技术的主要思路。

6.5.1 帧中继与 X.25 的比较

帧中继协议中只包含物理层和数据链路层两层。与 X.25 相比，帧中继在第二层增加了路由的功能，但它取消了其他功能，在帧中继节点不进行差错纠正，因为帧中继技术建立在误码率很低的传输信道上，差错纠正的功能由端到端的计算机完成。在帧中继网络中的节点将舍弃有错的帧，由终端的计算机负责差错的恢复，这样就减轻了帧中继交换机的负担。

与 X.25 相比，帧中继由于在第二层完成了路由选择，因此不需要第三层。

正是因为处理方面工作的减少，给帧中继带来了明显的效果。首先帧中继有较高的吞吐量，能够达到 E1/T1（2.048/1.544Mbit/s）、E3/T3 的传输速率；其次帧中继网络中的时延很小，在 X.25 网络中每个节点进行帧校验产生的时延为 5～10ms，而帧中继节点小于 2ms。

6.5.2 LAPF 帧格式

ITU-T Q.922A 定义了帧中继的 LAPF 帧格式，如图 6-12 所示。

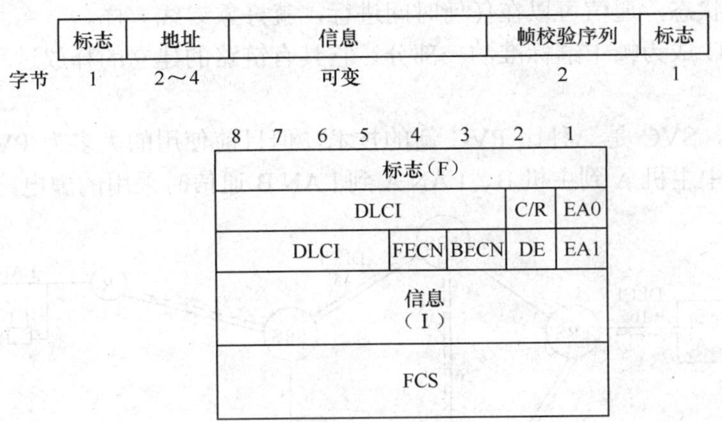

图 6-12 LAPF 帧格式

下面简要介绍 LAPF 帧各字段的情况。

（1）标志字段：标志字段（F）是一个独特的 01111110 比特序列，用于指示一帧的开始与结束。为了实现透明传输采用比特填充技术。

（2）地址字段：一般为两个字节，也可扩展为 3 字节或 4 字节。地址字段由以下几部分组成。

① 数据链路连接标识符（DLCI）：DLCI 的长度取决于地址字段的长度，图 6-12 中地址字段为 2 字节，DLCI 占 10bit。DLCI 值用于标识节点与节点之间的逻辑链路、呼叫控制和管理信息。

② 命令/响应（C/R）：C/R 与高层的应用有关，帧中继本身并不使用。

③ 地址扩展（EA）：当 EA 为 0 时表示下一个字节仍为地址字段，当 EA 为 1 时表示地址字段到此为止。

④ 前向拥塞通知（FECN）：若某节点将 FECN 置 1，则表明与该帧同方向传输的帧可能受到网络拥塞的影响而产生时延。

⑤ 后向拥塞通知（BECN）：若某节点将 BECN 置 1，则指示接收者与该帧相反方向传输的帧可能受到网络拥塞的影响而产生时延。

⑥ 丢弃指示（DE）：当 DE 置 1，表明在网络发生拥塞时，为了维持网络的服务水平，该帧与 DE 为 0 的帧相比应先丢弃。由于采用了 DE 比特，用户就可以比通常允许的情况多发送一些帧，并将这些帧的 DE 比特置 1。当然 DE 为 1 的帧属于不太重要的帧，必要时可以丢弃。

（3）信息字段：信息字段（I）长度为 1600 字节～2048 字节不等。信息字段可传送多种规程信息，如 X.25、局域网等，为帧中继与其他网络的互连提供了方便。

（4）帧校验字段：帧校验字段（FCS）为 2 字节的循环冗余校验（CRC 校验）。FCS 并不是要使网络从差错中恢复过来，而是为网络节点所用，作为网络管理的一部分，检测链路上差错出现的频度。当 FCS 检测出差错时，就将此帧丢弃，差错的恢复由终端去完成。

6.5.3 帧中继的虚电路

帧中继在一条传输介质上使用多个逻辑连接，即虚电路，有 SVC 和 PVC 两种。

PVC 是 1984 年作为最初帧中继标准提出来的，是两个节点之间的一条持续可用的通路，该通路被分配一个 DLCI 值，在该通路上发送的每一个帧都必须使用这个 DLCI。而且这条通路一直保持开通状态，通信可以在任何时间进行，就好象专线一样。

1993 年 SVC 成为帧中继标准的一部分，它具有链路的建立的释放过程，可大大扩充帧中继的接续能力。

在帧中继中，SVC 是一种比 PVC 新的技术，但目前使用的大多为 PVC 方式。图 6-13 所示为帧中继网中主机 A 到主机 B、LAN A 到 LAN B 通信时采用的虚电路。

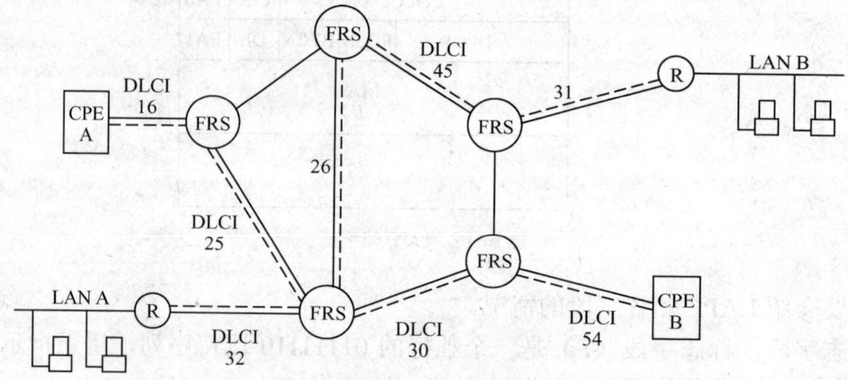

图 6-13 帧中继逻辑链路

6.5.4 帧中继应用

（1）局域网互连：帧中继可用于局域网的互连，局域网用路由器与帧中继连接，形成 LAN-FR-LAN 结构，实现高速传输。

（2）作为 X.25 网的骨干网：帧中继可作为 X.25 网的骨干网，从而将帧中继高吞吐量、低时延与 X.25 高可靠的差错控制能力相结合，发挥各自优势，获得最佳效果。

练　习　题

1．试说明数据通信系统结构及各部分功能。

2．试述数据通信网的基本组成和数据通信网络的类型。

3．数据传输方式有哪些？

4．简述 X.25 的协议层次及各层级的功能。

5．什么是面向连接和无连接？

6．数据通信有哪些交换方式？

7．试从优点、缺点、适用场合等方面比较虚电路和数据报方式。

第 7 章 计算机网络与 Internet

20 世纪 80 年代，人们提出计算机网络、卫星通信、光纤通信为影响 21 世纪的三大通信技术。计算机网络的产生使人类生活、工作、学习发生了极大的变化，其代表产品——Internet 正在成为人们日常生活不可缺少的通信手段。计算机网络正在成为信息化建设的基础设施。

Internet 从只为政府、军队、科研院所提供数据信息服务发展到今天为商业领域、学校、家庭以及社会各界提供丰富的信息服务只用了不到 40 年的时间，其发展速度超过了以往任何一门科学技术的发展。究其原因主要有两方面：技术驱动和市场驱动。

从技术角度来看，微电子技术的日新月异为计算机网络硬件平台的发展提供一个强大的支持。计算机也从大型机、小型机变为以 PC 为主流，人们可以方便地根据自己的需要选择、配置所需的计算机。网络设备的转发能力也在飞速地发展。另一方面，操作系统、多媒体通信、用户界面以及其他相关支持软件的发展，使得计算机网络的使用不再是专业人士的专利，而成为能够被普通人使用的简单的通信手段。

从市场角度来看，网络资源的共享是计算机网络产生、发展的基础，这种资源的共享是人们追求的目标，应该是不受时间与空间的限制。计算机网络的产生正好为人们提供了这种工具，使整个地球上任意两地的人们能够自由地进行信息共享与交互。而共享和交互的信息是以往各种通信方式所不可比拟的。

计算机网络的出现和发展使越来越多的人们相信：现在社会的各方面将会随着网络技术的发展和应用而彻底改变，无论是政治、经济、军事、商业或生活方式，甚至包括学习和研究。那么，可想而知：今后的经济将会是网络上的经济；今后的学习将会在网络上的虚拟学校内进行学习；今后的工业生产将会通过分布在世界各地的网络来控制和管理；今后的文化娱乐也将会是与网络密不可分的。

7.1 计算机网络概述

计算机网络是计算机技术与通信技术相互渗透、密切结合的产物。1946 年，计算机的诞生对人类社会的发展起到了巨大的推动作用。伴随着计算机的诞生，人们对于信息的共享有了更加迫切的需要。计算机网络的产生正是在这种背景下产生的。

利用通信设备和线路，将分布在不同地理位置的、功能独立的多个计算机系统连接起来，以功能完善的网络软件（网络通信协议及网络操作系统等）将所要传输的数据划分成不同长度的分组进行传输和处理，从而实现网络中资源共享和信息传递的系统称为计算机网络。从资源共享的角度，计算机网络的定义为：以能够相互共享资源的方式互连起来的自治计算机系统的集合。

资源共享的定义符合目前计算机网络的基本特征，主要表现在以下几点。

（1）计算机网络建立的主要目的是实现计算机资源的共享。计算机资源主要指计算机硬件、软件与数据。

（2）互连的计算机是分布在不同地理位置的多台独立的“自治计算机”（autonomous computer），它们之间可以没有明确的主从关系，可以联网工作，也可以脱网独立工作。

（3）联网工作的计算机之间的通信必须遵循共同的网络协议。

7.1.1 计算机网络的产生与发展

计算机网络的产生与发展大致可以分为四个阶段。

第一阶段可以追溯到 20 世纪 50 年代，在这个阶段计算机技术与通信技术开始结合，人们开始数据通信技术与计算机通信网络的研究，采用电路交换的方式组建计算机网络。其特点是投资少，维护简单方便，但并不适合数据通信的传输要求。同时在这个阶段为采用分组交换技术的计算机网络的出现做好了技术准备，并进行了大量的基础理论研究。

第二阶段的标志是 20 世纪 60 年代美国的 ARPANET 与分组交换技术。ARPANET 是计算机网络技术发展中的一个里程碑，它于 1969 年 12 月投入使用（当时只有 4 个节点），对它的研究促进了网络技术的发展，并为 Internet 的形成奠定了基础。分组交换技术的诞生为此后计算机网络的发展奠定了技术基础。

第三阶段从 20 世纪 70 年代中期开始。其代表性产物是网络体系结构与网络协议的国际标准化。在这个阶段各种广域网、局域网与公用分组交换网发展十分迅速，各个计算机生产商纷纷发展各自的计算机网络系统，不同的计算机网络系统采用不同的网络体系结构。为了使不同体系结构的计算机网络系统能够互连，国际标准化组织（International Standards Organization，1SO）于 1977 年成立了专门机构研究体系结构标准化的问题，进而提出了著名的开放系统互连参考模型。这个模型成为计算机网络在世界范围内进行互连的一个官方标准框架。对推动计算机网络的发展起到了非常重要的作用。除此之外，一个业界标准——TCP/IP 以非常迅速的发展在计算机网络中得到应用，并对开放系统参考模型提出了严峻的挑战。关于这两个标准的比较在第 1 章已经作过详细描述。

第四阶段从是 20 世纪 90 年代开始，计算机网络全面进入 Internet 时代。在这个阶段 Internet 作为国际性的广域网与大型信息服务系统，在经济、文化、科学研究、教育与人们社会生活等方面发挥着越来越重要的作用。

同时以高速 Ethernet 为代表的高速局域网技术也发展迅速。目前，速率为 100Mbit/s 与 1Gbit/s 的 Fast Ethernet、Gigabit Ethernet 已得到广泛应用。传输速率为 10Gbit/s 的 Ethernet 网正在进入商用阶段。交换式局域网与虚拟局域网技术发展和应用也十分迅速。更高性能的 Internet 2 正在发展之中。网络计算与网络安全技术的研究与发展正在成为网络技术研究的热点领域。

7.1.2 计算机网络的结构与功能

1. 计算机网络的结构

了解计算机网络的基本结构对于了解计算机网络的设计与应用是十分重要的。从网络组成的角度来看，早期的计算机网络从逻辑上分为资源子网和通信子网，如图7-1所示。

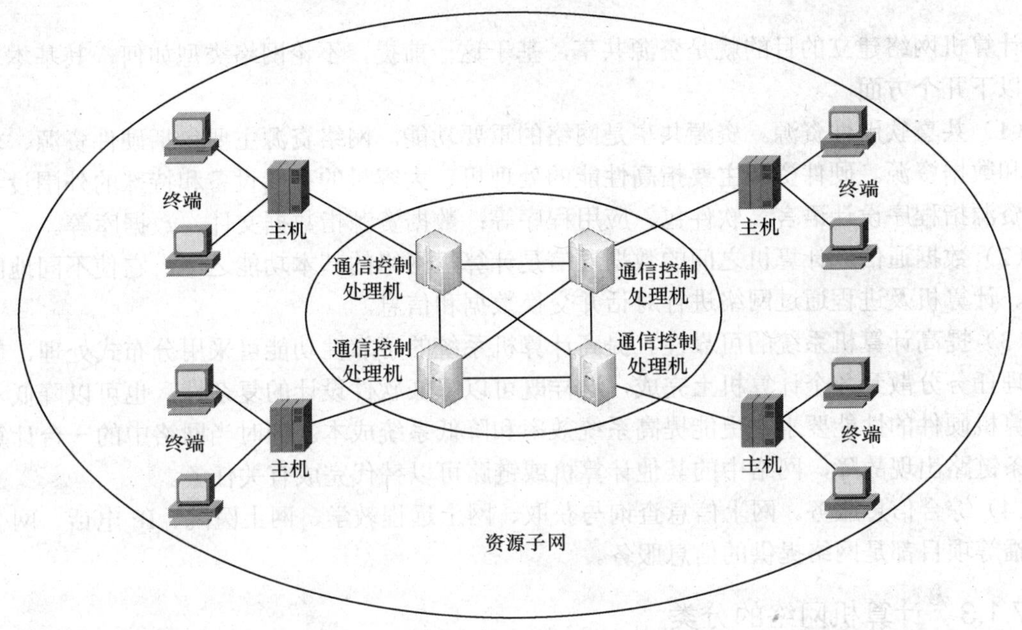

图7-1 早期计算机网络的结构示意图

资源子网由计算机主机系统、终端、终端控制器、连网外设、各种软件资源与信息资源组成。资源子网负责整个网络的数据处理业务，向网络用户提供各种网络资源和网络服务。

通信子网由通信控制处理机、通信线路与其他通信设备组成，完成网络数据传输、转发等通信处理业务。其中的通信控制处理机有两个作用：一方面，它作为与资源子网的主机、终端的连接的接口，将主机和终端连入网内；另一方面，它又作为通信子网中的分组存储转发节点，完成分组的接收、校验、存储、转发等功能，实现将源主机报文准确发送到目的主机的作用。

计算机网络的拓扑结构主要是指通信子网的拓扑结构。

随着微型计算机和局域网的广泛应用，现代网络结构已经发生变化。大量的微型计算机通过局域网连入广域网，而局域网与广域网、广域网与广域网的互连是通过路由器实现的。在Internet中，用户计算机需要通过校园网、企业网或ISP连入地区主干网，地区主干网通过国家主干网连入国家间的高速主干网，这样就形成一种由路由器互连的大型、层次结构的互连网络。图7-2所示为目前常见的计算机网络结构示意图。

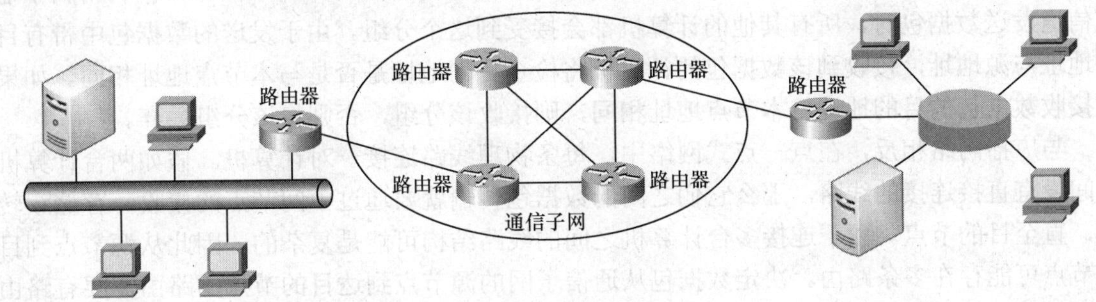

图7-2 计算机网络结构示意图

2．计算机网络的功能

计算机网络建立的目的就是资源共享，基于这一前提，不论网络类型如何，其基本功能包括以下几个方面。

（1）共享软硬件资源。资源共享是网络的重要功能。网络资源主要包括硬件资源、软件资源和数据资源。硬件资源主要指高性能的处理机、大容量的存储设备和特殊的外围设备；软件资源指程序设计语言、软件包、应用程序等；数据资源指数据文件、数据库等。

（2）数据通信。计算机之间的数据通信是计算机网络的基本功能之一，它使不同地区的用户、计算机及进程通过网络进行对话并交换数据和信息。

（3）提高计算机系统的可靠性。提高计算机系统的可靠性功能可采用分布式处理，就是把处理任务分散到各个计算机上完成，这样既可以降低软件设计的复杂性，也可以降低对单个计算机硬件的性能要求，更能提高系统效率和降低系统成本。同时当网络中的一台计算机或一条链路出现故障，网络中的其他计算机或链路可以替代完成有关任务。

（4）综合信息服务。网上信息查询与获取、网上远程教学、网上医院、IP 电话、网上视频点播等项目都是网络提供的信息服务。

7.1.3 计算机网络的分类

计算机网络的分类方法是多样的，其中最主要的两种方法是：根据网络的覆盖范围与规模分类；根据网络所使用的传输技术分类。

计算机网络按照其覆盖的地理范围进行分类，可以很好地反映不同类型网络的技术特征。由于网络覆盖的地理范围不同，它们所采用的传输技术也就不同，因而形成了不同的网络技术特点与网络服务功能。按覆盖的地理范围进行分类，计算机网络可以分为三类：广域网、城域网与局域网。

广域网的连接范围一般为几十到几千公里，城域网的连接范围一般为几公里到几十公里，而局域网的范围一般为几百米至几公里。一般来说，局域网的传输速度最高，城域网次之，传输速度较低的是广域网。

广域网、城域网与局域网技术的发展为 Internet 的广泛应用奠定了坚实的基础。Internet 的广泛应用也促进了局域网与局域网、局域网与城域网、局域网与广域网、广域网与广域网互连技术的发展，以及高速网络技术的快速发展。

根据网络所采用的传输技术，计算机网络又可以分为广播式网络和点—点式网络。

在广播式网络中，所有连网计算机都共享一个公共通信信道。当一台计算机利用共享通信信道发送数据包时，所有其他的计算机都会接受到这个分组。由于发送的数据包中带有目的地址与源地址，接收到该数据包的计算机将检查目的地址是否是与本节点地址相同。如果被接收数据包的目的地址与本节点地址相同，则接收该分组，否则将该分组丢弃。

与广播网络相反，在点—点式网络中，每条物理线路连接一对计算机。假如两台计算机之间没有直接连接的线路，那么它们之间的数据包传输就要通过中间节点的接收、存储、转发，直至目的节点。由于连接多台计算机之间的线路结构可能是复杂的，因此从源节点到目的节点可能存在多条路由。决定数据包从通信子网的源节点到达目的节点的路由需要有路由选择算法。采用分组存储转发与路由选择是点—点式网络与广播式网络的重要区别之一。

7.2 计算机网络

计算机网络是目前发展速度最快的通信网络，计算机网络中应用的通信技术也是层出不穷的。在各种计算机网络中，局域网是人们接触最多的计算机网络，它是目前计算机网络研究与应用的一个重要方向，同时也是技术发展最快的领域之一。随着人们对局域网研究的不断深入，网络体系结构，协议标准研究的不断完善，网络操作系统的发展，接入技术的不断改进，光纤技术的引入以及高速局域网技术的不断进步，局域网技术的特征以及性能参数已经发生了很大的变化。一些早期的定义、分类已经不适应当前局域网的发展。目前，人们对于局域网的研究主要集中在网络的高速、宽带化，应用多元化，以及网络管理更灵活、细致等方面。

7.2.1 局域网的定义及特点

决定局域网特性的主要技术要素是：网络拓扑结构、传输介质的选择以及介质访问控制方法的选取。从介质访问控制方法的角度来看，局域网可分为共享介质局域网和交换式局域网。

局域网（Local Area Network，LAN）是指在一定的地理区域范围内，将多个相互独立的数据通信设备利用通信线路连接起来的并以一定速率进行相互通信的通信系统。

从局域网应用的角度来看，局域网具有的特点主要有以下几点：

（1）高速的数据传输速率（10Mbit/s～10Gbit/s）；

（2）覆盖有限的地理范围（10 米～几十公里）；

（3）低误码率，可靠性高；

（4）各设备平等的访问网络资源，共享网络资源；

（5）易于建立、安装维护简单，造价低，易于扩展；

（6）能进行广播与组播通信。

7.2.2 IEEE 802 标准

IEEE 于 1980 年 2 月成立了针对局域网的标准委员会，专门从事局域网标准化的工作，并制定了 IEEE802 标准。IEEE802 标准对应的局域网参考模型只涉及了 OSI 参考模型的下两层，如图 7-3 所示。在 IEEE802 标准的参考模型中将数据链路层划分为逻辑控制（LLC）子层和介质访问控制（MAC）子层。逻辑控制（LLC）子层与介质、拓扑无关；介质访问控制（MAC）子层与介质、拓扑有关。

结合局域网参考模型，IEEE802 委员会制定了一系列标准，这些标准主要有以下几个。

（1）IEEE802.1 标准包括局域网体系结构、网络互连、网络管理、性能测试以及位于 MAC 和 LLC 层之上的协议层的基本标准。现在，这些标准大多与交换机技术有关，包括：802.1q（VLAN 标准）、802.1v（VLAN 分类）、802.1d（生成树协议）和 802.1p（流量优先权控制）等。

（2）IEEE802.2 标准定义了 LLC 子层的功能和服务，并对高层协议以及 MAC 子层的接口进行了良好的规范，从而保证了网络信息传递的准确和高效性。由于现在逻辑理论控制已经成为整个 802 标准的一部分，因此这个工作组目前处于暂停状态。

（3）IEEE 802.3 标准定义了 CSMA/CD 总线介质访问控制子层与物理层规范；产生了许多扩展标准，如快速以太网的 IEEE802.3u，千兆以太网的 IEEE802.3z 和 IEEE802.3ab，10G

以太网的 IEEE802.3ae。同时还定义了五类屏蔽双绞线和光缆是有效的缆线类型。目前，局域网络中应用最多的就是基于 IEEE802.3 标准的各类以太网。

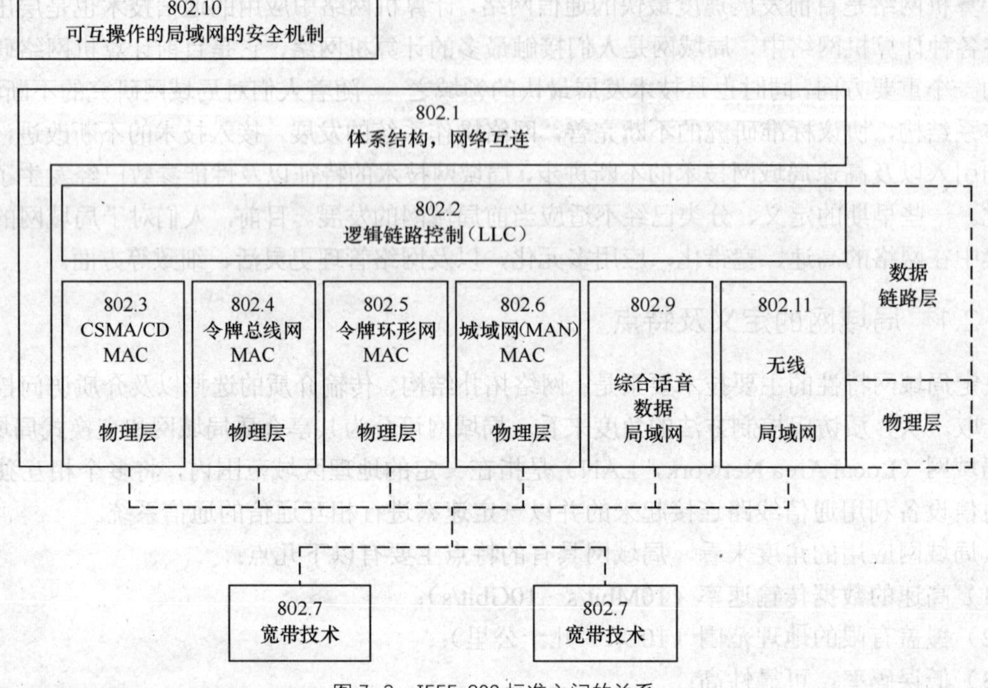

图 7-3 IEEE 802 标准之间的关系

（4）IEEE 802.4 标准定义了令牌总线（Token Bus）介质访问控制子层与物理层规范，该工作组近期处于暂停状态。

（5）IEEE 802.5 标准定义了令牌环（Token Ring）介质访问控制子层与物理层规范。标准的令牌环以 4Mbit/s 或者 16Mbit/s 的速率运行。由于该速率肯定不能满足日益增长的数据传输量的要求，所以，目前该工作组正在计划 100Mbit/s 的令牌环（802.5t）和千兆位令牌环（802.5v）。其他 802.5 规范的例子是 802.5c（双环包装）和 802.5j（光纤站附件）。令牌环在我国极少被应用。

（6）IEEE 802.6 标准定义了城域网（MAN）介质访问控制子层与物理层规范（分布式队列双总线 DQDB）。目前，由于城域网使用 Internet 的工作标准进行创建和管理，所以 802.6 工作组目前也处于暂停状态，并没有进行任何的研发工作。

（7）IEEE 802.8 标准定义了光纤传输规范。该工作组推荐的许多对光纤技术的使用都被封装到物理层上的其他标准中。

（8）IEEE 802.9 标准定义了综合语音与数据局域网规范。同时，该标准又被称为同步服务 LAN（ISLAN）。

（9）IEEE 802.11 标准定义了无线局域网介质访问控制子层与物理层规范。IEEE802.11 标准主要包括三个标准，即 IEEE802.11a、IEEE802.11b 和 IEEE802.11g。

（10）IEEE 802.15 标准定义了短距离个人无线网络标准，包括蓝牙技术的所有技术参数。

（11）IEEE 802.17 标准定义了 RPR（弹性分组环）的接入方法和物理层规范。

7.2.3 以太网

在局域网中使用最广泛的是以太网（Ethernet），具统计超过95%的局域网均采用此技术。Ethernet 采用 CSMA/CD 的介质访问控制方法。

CSMA/CD 是在借鉴 ALOHA 的基本思想上，增加了载波侦听功能。在此基础之上设计出数据传输速率为 10Mbit/s 的 Ethernet 实验系统。随后，Xerox、DEC 与 Intel 等 3 家公司合作，于 1980 年 9 月第一次公布了 Ethernet 的物理层、数据链路层规范。1981 年 11 月公布了 EthernetV2.0 规范。IEEE 802.3 标准是在 Ethernet V2.0 规范的基础上制定的，IEEE802.3 标准的制定推动了 Ethernet 技术的发展和广泛应用，尤其是在 1995 年，Fast Ethernet（传输速率 100Mbit/s）标准的制定以及产品的推出，1998 年 Gigabit Ethernet 标准的推出，以及 10Gigabit Ethernet 标准的制定，使得 Ethernet 性能价格比大大提高，这就使得 Ethernet 在各种局域网产品的竞争中占有明显的优势。

Ethernet 是以“广播”的方式将数据通过公共传输介质——总线发送出去的。由于网络中的所有节点都可以利用总线发送数据，并且网络中没有设置控制中心，因此不同节点发送的数据产生冲突是不可避免的。Ethernet 利用 CSMA/CD 来完成网络中各个节点对总线资源的利用。CSMA/CD 的工作过程可以简单概括为四句话：先听后发；边听边发；冲突停发；随机延迟后重发。

Ethernet 的主要特点是：

（1）组网简单，易于实现；

（2）由于采用的 CSMA/CD 是一种随机争用型访问控制方法，所以该网络适用于办公自动化等对数据传输实时性要求不高的应用环境；

（3）当网络通信负载增大时，用于冲突增多，网络吞吐率下降，传输时延增加，因此该网络一般用于通信负载较轻的应用环境中。

随着网络应用的不断增加，传统 Ethernet 的传输速率已经不能满足需要。设计新的高速的 Ethernet 标准势在必行。快速以太网 Fast Ethernet 就是在这种背景下产生的。

Fast Ethernet 的数据传输速率为 100Mbit/s，Fast Ethernet 保留了传统 10Mbit/s 速率 Ethernet 的所有特征（相同的数据帧格式、相同的介质访问控制方法、相同的组网方法），只是将 Ethernet 每个比特发送时间由 100ns 降低为 10ns。因此具有很好的向下兼容性。1995 年 9 月，IEEE 802 委员会正式批准了 Fast Ethernet 标准 IEEE 802.3u。IEEE 802.3u 标准只是在物理层作了些调整，定义了新的物理层标准 100BASE-T。100BASE-T 标准采用介质独立接口（Media independent Interfacc，MII），它将 MAC 子层与物理层分隔开来，使得物理层在实现 100Mbit/s 速率时所使用的传输介质和信号编码方式的变化不会影响 MAC 子层。

尽管快速以太网具有高可靠性、易扩展性、成本低等优点，但在数据仓库、桌面电视会议、3D 图形与高清晰度图像这类应用中，人们不得不寻求有更高带宽的局域网。千兆以太网（Gigabit Ethernet）就是在这种背景下产生的。

Gigabit Ethernet 的传输速率比 Fast Ethernet 快 10 倍，数据传输速率达到 1000Mbit/s。Gigabit Ethernet 保留着传统的 10Mbit/s 速率 Ethernet 的所有特征（相同的数据帧格式、相同的介质访问控制方法、相同的组网方法），只是将传统 Ethernet 每个比特的发送时间由 100ns 降低到 1ns。同时在物理层作了些调整，定义了新的物理层标准千兆介质独立接口（Gigabit

Media Independent Interface，GMII），它将 MAC 子层与物理层分隔开来，使得物理层在实现 1000Mbit/s 速率时所使用的传输介质和信号编码方式的变化不会影响 MAC 子层。

在 Gigabit Ethernet 的标准制定后不久，IEEE 于 1999 年 3 月成立了专门研究 10Gbit/s Ethernet 的高速研究组。其标准在 2002 年由 IEEE 802.3ae 工作组制定完成。

由于数据传输速率的大幅度提高，10Gbit/s Ethernet 除了具有上述 Ethernet 的特点外，还增加了一些新的特点：

（1）由于传输速率高达 10Gbit/s，因此只使用光纤作为传输介质。使用单模光纤和长距（大于 40km）光纤收发器或光模块可以在广域网或城域网的范围内工作。使用多模光纤时，传输距离限制在 65m～300m。

（2）只工作在全双工方式下，因此不再存在争用的问题，不受冲突检测的限制。

在上述特点中可以看到，10Gbit/s Ethernet 不仅只使用在局域网中，也可以在广域网或城域网中使用。而且，同等规模的 10Gbit/s Ethernet 造价只有 SONET 的五分之一，只有 ATM 的十分之一。此外从 10Mbit/s 的 Ethernet 到 10Gbit/s Ethernet 都使用相同的帧格式，组网时可大大简化操作和管理，提高了系统的效率。Gbit/s Ethernet 和 10Gbit/s Ethernet 的问世，进一步提高了 Ethernet 的市场占有率。

以太网采用的是一种随机介质访问控制方法。在传统的局域网中还有一类局域网是确定型介质访问控制方法，代表网络是令牌环网，其特点如下：

（1）介质访问延时时间确定，因而适用于对数据传输实时性要求较高的应用环境，如工业生产过程控制领域；

（2）各节点间没有冲突，重负载下信道利用率高；

（3）通过设置，可支持优先级服务；

（4）需要复杂的环维护功能，实现较复杂。

7.2.4 交换式局域网

传统的局域网技术是建立在“共享介质”的基础上的，网内所有的节点共享公共的通信传输介质。随着计算机技术的不断发展，接入网络的计算机越来越多，不可避免地造成网络性能的下降，如 Ethernet。如何克服网络规模与网络性能之间的矛盾，人们提出了以下 3 种方案。

（1）提高网络的传输速率，如前面介绍的 Ethernet 的传输速率从传统的 10Mbit/s 到 Fast Ethernet 的 100Mbit/s、Ethernet 的 1Gbit/s，再到 10Gbit/s。

（2）将一个大型局域网划分成多个用网桥或路由器互连的子网，网桥与路由器可以隔离子网之间的交通量，使每个子网作为一个独立的小型局域网，通过减少每个子网内部节点数目的方法，使每个子网的网络性能得到改善。

（3）将“共享介质方式”改为“交换方式”，交换式局域网的核心设备是局域网交换机，它可以在它的多个端口之间建立多个并发连接。

第 2 种方案我们将在后面计算机网络间互连时进行介绍。在这里主要介绍第 3 种方案涉及到的交换式以太网以及在此基础上产生的虚拟局域网技术。

1．交换式以太网的工作原理

对于传统的共享介质的 Ethernet，连接在总线或集线器上的每一个节点都是采用广播的方式发送数据的。因此，在任意一个时间点上只能有一个节点占用公共的通信信道。而交换式以太网从根本上改变了这种工作方式，它利用以太网交换机实现了多个节点间同时并发数据，从而增加局域网的网络带宽，改善了局域网的性能与服务质量。

局域网交换机结构及其工作过程如图 7-4 所示。

交换机对数据的转发是以网络节点计算机的 MAC 地址为基础的。交换机会监测发送到每个端口的数据帧，通过数据帧中的有关信息（源节点的 MAC 地址、目的节点的 MAC 地址），就会得到与每个端口所连接的节点 MAC 地址，并在交换机的内部建立一个“端口-MAC 地址”映射表。建立映射表后，当某个端口接收到数据帧后，交换机会读取出该帧中的目的节点 MAC 地址，并通过“端口-MAC 地址”的对照关系，迅速地将数据帧转发到相应的端口。

图 7-4 中交换机有 6 个端口，端口 1、5、6 分别以一条单独的通路连接节点计算机 A、C、D，节点计算机 B、E 共享一条通路连接到端口 3 中。

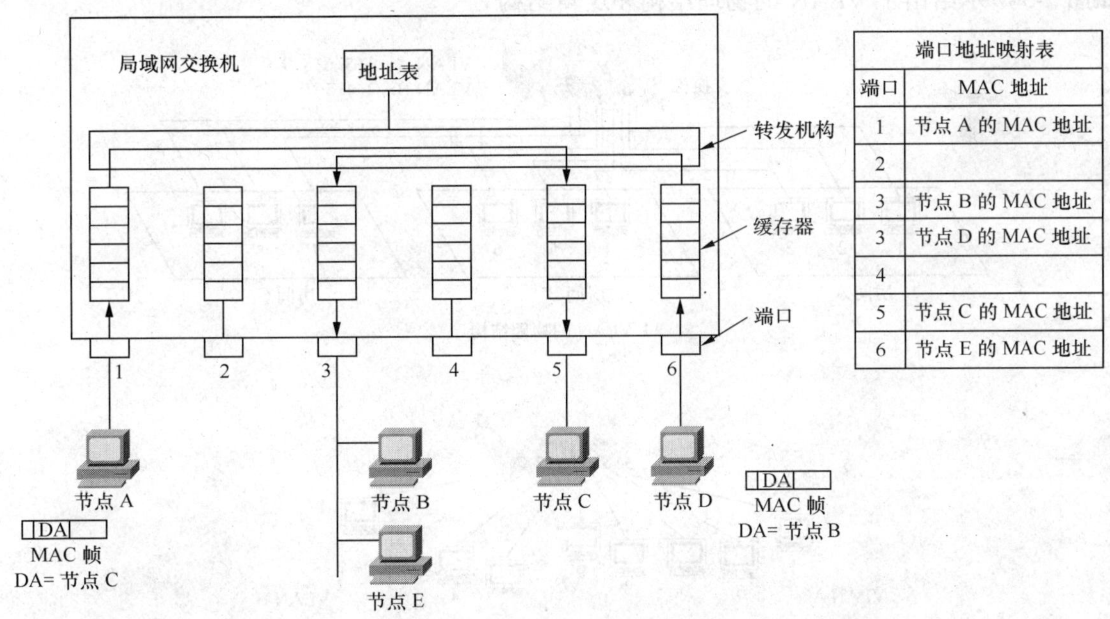

端口地址映射表	
端口	MAC 地址
1	节点 A 的 MAC 地址
2	
3	节点 B 的 MAC 地址
3	节点 D 的 MAC 地址
4	
5	节点 C 的 MAC 地址
6	节点 E 的 MAC 地址

图 7-4　交换机结构及交换过程示意图

假设节点 A 要向节点 C 发送数据，节点 D 要向节点 B 发送数据，其工作过程如下。

节点 A 发送的数据帧中，目的地址为 C 的 MAC 地址；节点 B 发送的数据帧中，目的地址为 D 的 MAC 地址。当两个数据帧同时通过交换机传送数据帧时，交换机的交换控制系统会根据“MAC 地址/端口号映射表”的对应关系找出数据帧目的地址所连接的交换机的端口号，然后为节点 A 和节点 C 建立端口 1 到端口 5 的连接，同时为节点 D 和节点 B 建立端口 6 到端口 3 的连接。这样的连接可以根据需要建立多条，即可以在多个端口之间建立多个并发连接，这也是交换机与集线器最大的区别。

节点 B 和节点 E 共享端口 3，它们之间传输数据时，采用传统的共享介质访问控制方法，同时交换机发现是这两个节点间进行数据传输时，将不转发，而是丢弃。这样可以避免不必要的数据流动，这也是交换机与集线器的重要区别之一。

所有新接入交换机的节点在接入交换机后首先发送一个广播信息，将自己的 MAC 地址广播出去，然后交换机会将这个地址与对应的端口号加入到“MAC 地址/端口号映射表”。交换机还对 MAC 地址和端口号的对应关系赋予一个计时器，来保证对应关系的精确、有效。当计时器溢出后，对应关系将被删除。对应关系的建立将在下次节点进行数据通信时，重新建立。

2．虚拟局域网

虚拟局域网（VLAN）是建立在交换技术之上的，是通过路由和交换设备，在网络的物理拓朴结构基础上建立一个逻辑网络，以使得网络中任意几个局域网网段或（和）节点能够组合成一个逻辑上的局域网。同一逻辑局域网的成员可以分布在相同的物理网络上，也可以分布在不同的网络上，只要组建这些网络的局域网交换机是互连的。当一个节点从一个逻辑网络转移到另一个逻辑网络时，只需要通过软件设定，而不需要改变它在网络中的物理位置。如图 7-5 所示给出了 VLAN 的物理结构和逻辑结构。

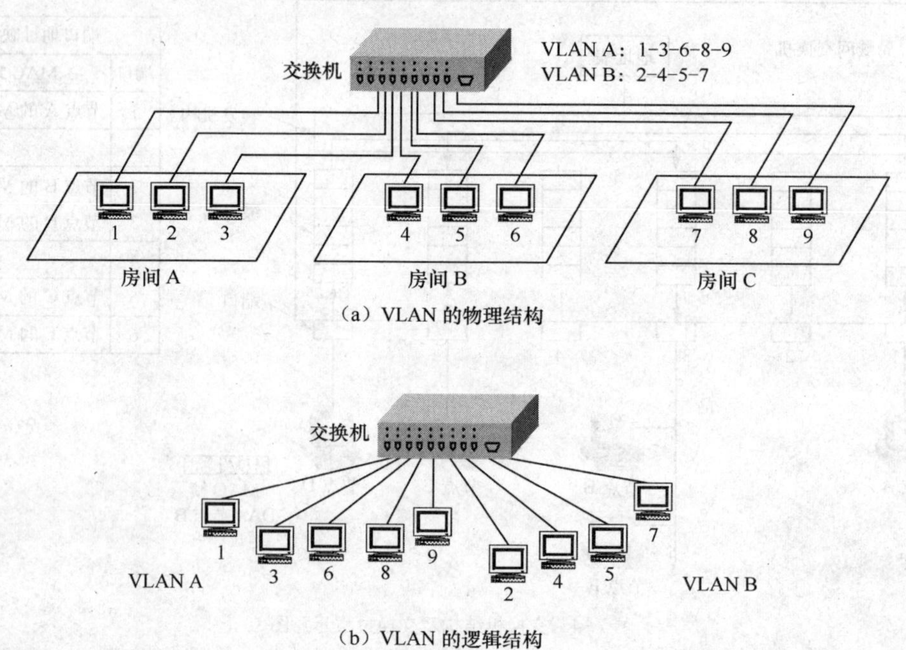

（a）VLAN 的物理结构

（b）VLAN 的逻辑结构

图 7-5　VLAN 结构示意图

从图 7-5 中可以看出，虚拟局域网中的节点可以位于不同的物理网段，并且不受物理位置的限制，相互之间的通信就好像在同一个局域网中一样。对于虚拟局域网的划分根据对其成员的不同定义，可以有下列几种方式。

（1）基于交换机端口的虚拟局域网。许多早期的虚拟局域网都是根据交换机的端口来进行划分的。虚拟局域网从逻辑上将局域网交换机的端口划分为不同的逻辑子网。这种划分可以是在一台交换机上完成，也可以跨越多台交换机。

该方法是划分虚拟局域网成员时最通用的方法，简单快速。但也存在以下缺点：首先是端口定义虚拟局域网时，不允许不同的虚拟局域网包含相同的物理网段或交换端口。例如，交换机 1 的 1 端口于 VLANl 后，就不能再属于其他 VLAN；其次是无法自动解决节点的移动、增加和变更问题。如果一个节点从一个端口移动到另一个端口时，网络管理者必须对虚拟局域网成员进行重新配置。

（2）基于 MAC 地址的虚拟局域网。这种方法是利用节点设备的 MAC 地址来定义虚拟局域网。由于节点的 MAC 地址是唯一不变的，因此这种方式可以看作是基于用户的虚拟局域网。在这种方式下，即使节点设备移动到网络其他物理网段。由于它的 MAC 地址不变，所以该节点将自动保持原来的虚拟局域网成员的地位。但这种方法的缺点也非常明显，需要在初始阶段由人工手动地将大量的毫无规律的 MAC 地址配置到相应的 VLAN 中。

（3）基于网络层地址的虚拟局域网。在这种方式中，VLAN 的划分是利用网络层地址来实现的，例如 IP 地址。在这种方式中要求局域网交换机能够处理网络层的数据。与前两种方式相比，这种方式有利于组成基于服务或应用的虚拟局域网；用户可以随意移动节点而无需重新配置网络地址；一个虚拟局域网可以扩展到多个交换机的端口上，甚至一个端口能对应于多个虚拟局域网。但由于检查网络层地址比检查 MAC 地址的延迟要大，因此，这种方法影响了交换机的交换时间以及整个网络的性能。

在实际应用过程中，基本上很少使用单一的划分方式，通常是将两种方式进行结合使用，如将第 1 种、第 3 种方式进行结合就是最常见的一种方式。

对于 VLAN 的配置主要有以下 3 种方式。

（1）手工配置。由管理人员手动进行 VLAN 的配置，这种配置具有高度的可控制性，但要求网管人员对整个网络熟悉，技术能力强。当站点移动和网络结构改变时都需手动进行修改，对规模大一点的网络，工作量相当大，因此该方法主要用于小规模的局域网，规模较大的局域网中使用这种方法是不实际的。

（2）半自动配置。半自动配置是指在初始设置和以后修改时具有自动配置选项的设置，也指那些手工进行初始配置，然后自动跟踪用户变化的情况。在这种方式中 VLAN 配置信息都被存储在交换机内部的数据库中。数据库分为静态和动态两种类型。其中动态数据库中的信息是通过交换机监测接收帧的地址自动生成的。它们受到时间限制，经过一段时间后就会被自动删除。而静态信息只能由管理员加入到数据库中，或由管理员更新和删除。

（3）全自动配置。根据某种应用、用户 ID 或其他准则自动地、动态地进行 VLAN 配置。

7.2.5 广域网

广域网是一个覆盖较大地理范围的计算机网络，为不同城市、国家或大洲之间提供远程通信服务，有时也称为远程网。广域网通常借助公共传输网络，利用分组交换技术将分布在不同地区的局域网或计算机系统互连起来，达到资源共享的目的。

广域网与局域网的最大区别是其规模，广域网可以根据需要不断的扩展，有足够的能力提供多台计算机同时通信。通常作为国家或地区计算机网络的骨干网络，因此其特点与局域网有明显的不同：

（1）适应大容量与突发性通信的要求；

（2）适应综合业务服务的要求；

（3）开放的设备接口与规范化的协议；

（4）完善的通信服务与网络管理；

（5）数据传输速率较低，传播时延较大（相对于局域网）。

在广域网中常用到的网络技术及协议有 X.25、DDN 以及帧中继等。相关知识在第 6 章中已经介绍，在此就不再进行阐述。

7.3 计算机网络间互连

计算机网络间互连是指利用网络设备将不同的网络连接起来，让不同的计算机网络中的计算机能够相互通信。

在 7.2.4 小节中我们提到解决网络规模与网络性能之间的矛盾的一种办法是将将一个大型局域网划分成多个用网络设备互连的子网。同时计算机网络互连是提高网络效率、便于管理的有效办法。除此之外，进行网络互连还能够有效的扩大网络的覆盖范围，将不同体系结构的网络相连。要完成不同的网络之间的互连主要是要处理互连网络的帧、分组、报文和协议的差异等问题。

7.3.1 计算机网络间互连概述

1. 计算机网络间互连的类型

计算机网络之间的互连主要有以下几种。

（1）局域网—局域网间的互连。实际应用中，这种类型的计算机网络互连是人们最常接触到的。在图 7-6 中，网络 1 表示一个局域网，网络 2 表示一个局域网。这种类型的互连根据互连的局域网所使用的技术的异同又可以分为同种局域网互连和异种局域网互连两种。

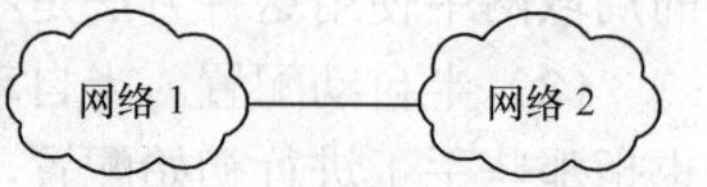

网络 1 —— 网络 2

图 7-6 计算机网网间互连模型

① 同种局域网互连：使用相同协议的局域网间的互连叫做同种局域网的互联。例如，两个 Ethernet 网络的互连，或者两个 Token Ring 网络的互连，都属于同种局域网的互连。这类互联比较简单，一般使用网桥或二层交换机就可以将分散在不同地理位置的多个局域网互连起来。

② 异种局域网互连：使用不同网络协议或不同介质控制方法的局域网间的互连。例如，一个 Ethernet 网络与一个 Token Ring 网互连；或者 Ethernet 网与 ATM 局域网互连。当 ATM 局域网与共享介质局域网互连时还必须解决局域网仿真的问题。

（2）局域网—广域网互连。局域网—广域网互连是每个局域网接入 Internet 都要面对的问题，因此也是常见的一种网络互联方式。在图 7-6 中，网络 1 表示局域网，网络 2 表示广域网。这种方式中，路由器或者网关设备是实现局域网—广域网互连的主要设备。

（3）广域网—广域网互连。广域网—广域网互连主要是运营商之间的网络互连，在图 7-6 中，网络 1 表示一个广域网，网络 2 表示一个广域网。这种方式主要是通过路由器或者网关设备实现不同广域网间的互连，从而实现各个广域网中的主机资源能够相互共享。

实际应用中，还有其他类型的计算机网络间的互连，例如城域网与其他网络的互连，局域网通过广域网或城域网与局域网互连等，这些都可以分解为上述 3 种类型来加以处理。

2. 计算机网络间互连的层次

在第 1 章我们讨论过，通信网络是分层次的，因此网络互连也一定存在不同层次互连的问题，根据网络体系结构模型，网络互连层次可分为以下几种：

（1）物理层互连：如图 7-7 所示，在物理层进行网络互连主要是完成不同的电缆段之间信号的复制。物理层的连接设备主要是中继器。中继器是最低层的物理设备，用于在局域网中连接几个网段，只起简单的信号放大作用，用于延伸局域网的长度。严格地说，中继器是网段连接设备而不是网络互连设备。

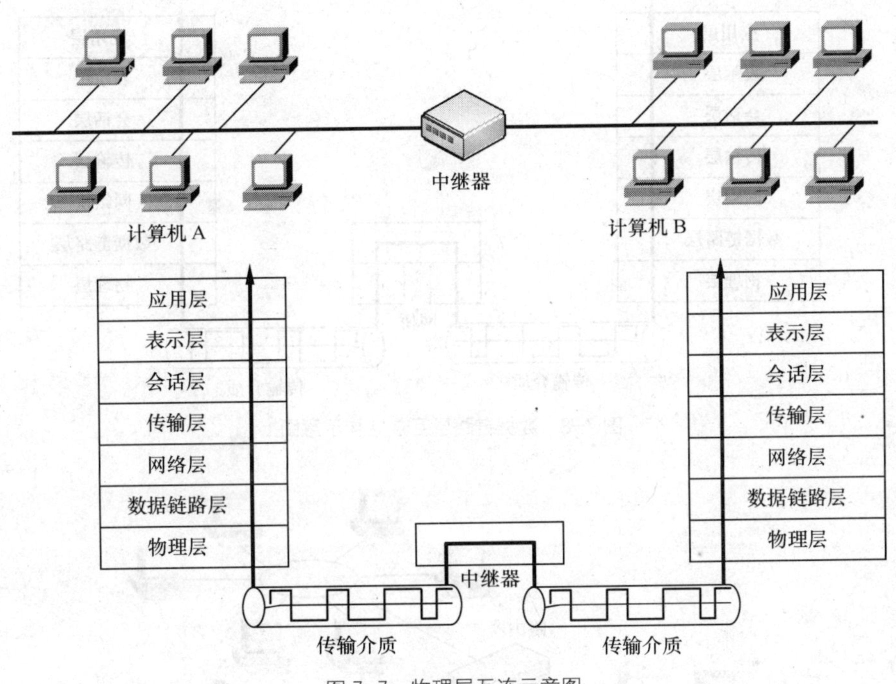

图 7-7　物理层互连示意图

（2）数据链路层互连：如图 7-8 所示数据链路层互连主要解决的问题是不同网络之间存储转发数据帧。在这个层次上进行网络互连的主要设备是网桥和二层交换机。互连设备在网络互连中起到数据接收、地址过滤与数据转发的作用，它用来实现多个网络系统之间的数据交换。在该层实现网络互连时，允许互连网络的数据链路层与物理层协议是相同的，也可以是不同的。但互连的网络在数据链路层以上要采用相同或兼容的协议。

（3）网络层互连：如图 7-9 所示网络层互连要解决的问题是在不同的网络之间存储转发分组。该层互连的主要设备是路由器或三层交换机。用三层设备实现网络层互连时，允许互连网络的网络层及以下各层协议是相同的，也可以是不同的。如果网络层协议相同，则互连主要是解决路由选择问题。如果网络层协议不同，需使用多协议路由器不仅完成路由选择问题，还需完成协议转换，速率匹配等问题。

（4）高层互连：传输层及以上各层协议不同的网络之间的互连属于高层互连，如图 7-10 所示。实现高层互连的设备是网关。高层互连使用的网关很多是应用层网关，通常简称为应用网关。如果使用应用网关来实现两个网络高层互连，那么允许两个网络的应用层及以下各层网络协议是不同的。

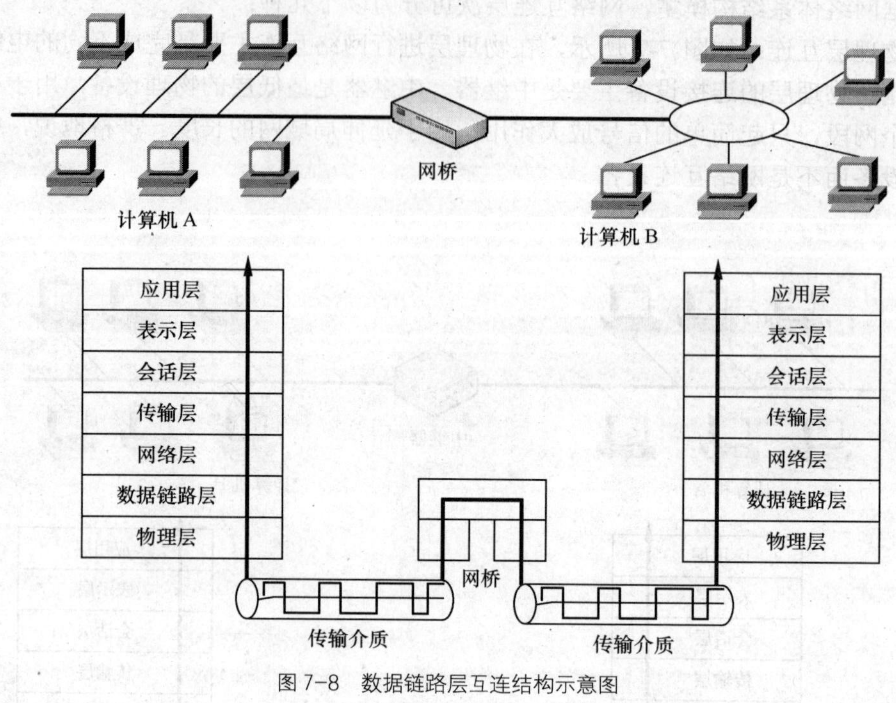

图 7-8　数据链路层互连结构示意图

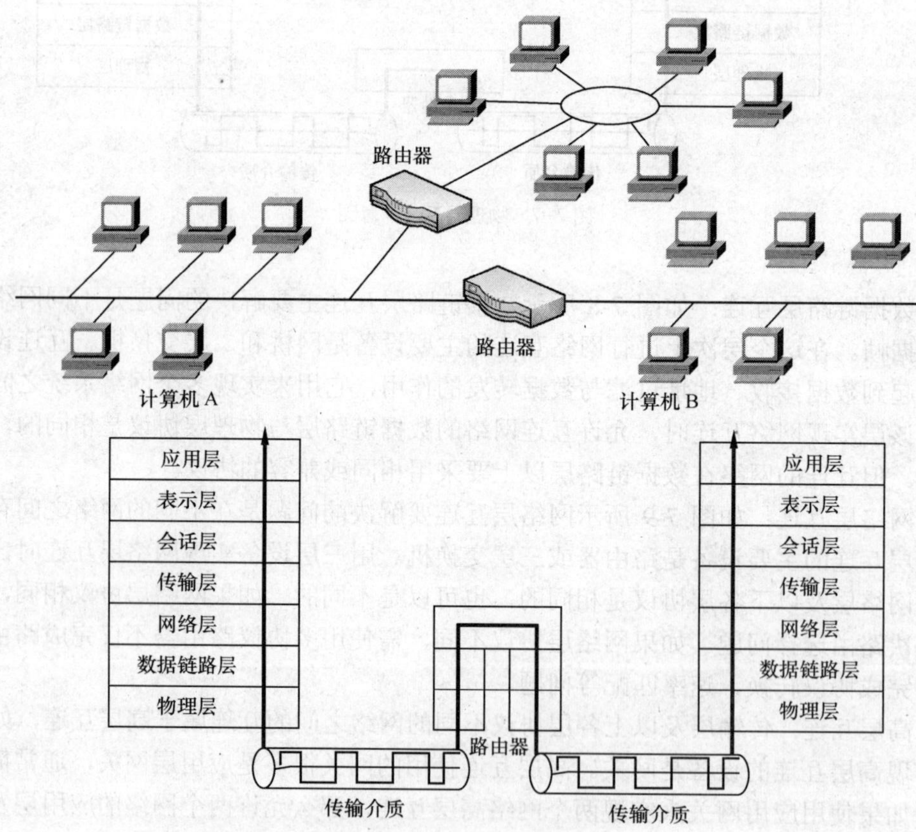

图 7-9　网络层互连结构示意图

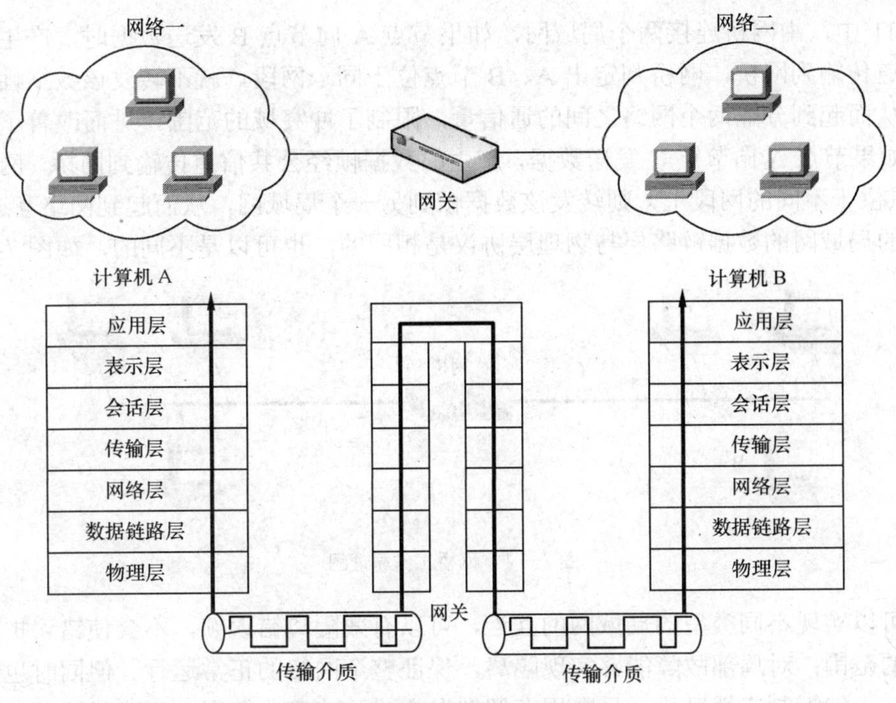

图 7-10　高层网络互连结构示意图

7.3.2　计算机网络间互连设备

在介绍计算机网络间互连设备之前，先介绍几个相关的概念，有助于我们对互连设备的理解。

广播：向网络上的所有设备发送数据。

广播域：网络上所有能够接收到同样广播分组的设备的集合。

冲突域：网络中的一部分，以网桥、交换机或者路由器为边界，在冲突域中任意两台主机同时发送数据都会产生冲突。

一个广播域包含一个或多个冲突域。

1．中继器

根据对网络互连的描述，中继器工作在物理层，主要功能是信号整形和放大，在网段之间复制比特流。其特点：对信号不进行存储，因此信号延迟小；不进行检查错误；因此会造成错误的扩散；不对信息进行任何过滤；可进行介质转换，例如 UTP 转换为光纤的光纤收发器；用中继器连接的多个网段是一个冲突域。

应用注意事项：不能构成环、应遵守以太网的“3-4-5 规则”。其中，“3-4-5 规则”是指在以太网中最多可以有 3 个网络段可以连接数据终端，最多使用 4 个中继器，最多由 5 个网络段组成。

2．网桥

网桥是在局域网中比较传统的网络互连设备。它是在数据链路层上实现网络互连的设备，主要用于一个单位内各个部门之间的局域网互连；一个企业或校园，有上千台计算机需要连网；或者是连网计算机之间的距离超过了单个局域网的最大覆盖范围等情况。网桥的工作原理如图 7-11 所示。

图 7-11 中，由网桥连接两个局域网，如果节点 A 向节点 B 发送数据时，产生的数据帧经公共信道传输到网桥，网桥判定出 A、B 节点位于同一网段，就不转发该数据帧到另一个局域网，从而起到分隔两个网络之间的通信量，限制了冲突域的范围，进而改善了互连网络的性能。如果节点 A 向节点 C 发送数据，产生的数据帧经公共信道传输到网桥，网桥判定出 A、C 节点位于不同的网段上，则转发该数据帧到另一个局域网，从而起到网络互连的作用。网桥连接的局域网的数据链路层与物理层协议是相同的，也可以是不同的，如图 7-12 所示。

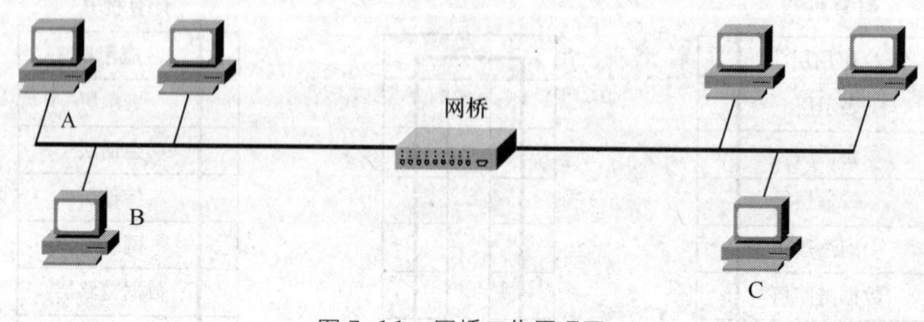

图 7-11　网桥工作原理图

网桥可以实现不同类型的局域网的互连，可以有效隔离错误帧，不会使错误扩散；限制了冲突域的范围；对局部故障能够实现隔离，保证整个网络的正常运行。但同时也存在无法控制广播，不能抑制广播风暴；只能用存储转发方式，速度比较慢；无流量控制，负载重时会出现丢帧现象等缺点。

3. 网络交换机

网络交换机和网桥属同一类设备，工作在数据链路层上。但网络交换机的端口数多，并且交换速度快。在这个意义上，网络交换机可看作是多端口的高速网桥。但交换机与网桥相比又有下面的优点：首先是交换速度快，可实现线速转发；其次能解决网络主干上的通信拥挤问题；第三端口密度高，一台交换机可连接多个网段，降低了组网成本。因此，目前在网络互连中大量在使用网络交换机，而很少使用网桥。

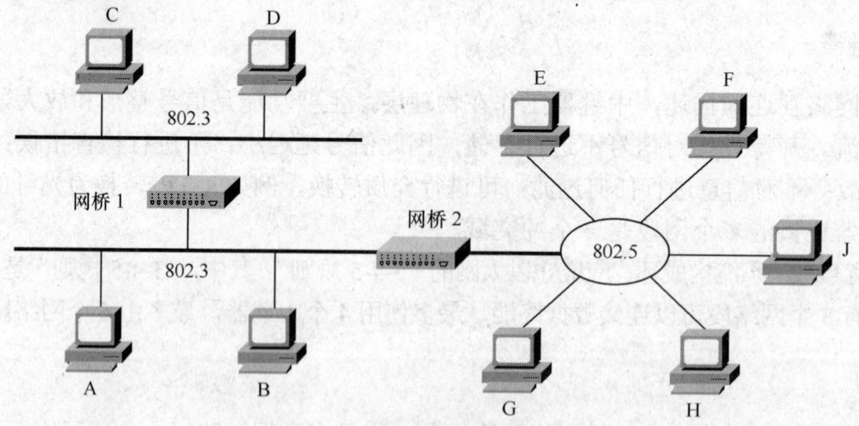

图 7-12　网桥连接异构网示意图

交换机的工作原理在交换式局域网中已经作过介绍，在这里主要介绍交换机的分类。

从广义上来看，网络交换机分为两种：广域网交换机和局域网交换机。

广域网交换机：广域网交换机主要是应用于电信城域网互连、Internet 接入等领域的广域网中，提供通信用的基础平台。

局域网交换机：这种交换机就是我们常见的交换机了，也是我们学习的重点。局域网交换机应用于局域网络，用于连接终端设备，如服务器、工作站、集线器、路由器、网络打印机等网络设备，提供高速独立通信通道。

在这里主要讨论局域网交换机的分类。

（1）按照网络结构层次划分。按照网络结构层次，网络交换机被划分为核心层、汇聚层和接入层交换机。

核心层交换机全部采用模块化设计，用户可以根据需求灵活配置所需的模块，背板带宽高，主要模块采用冗余配置，提高可靠性。

汇聚层交换机采用模块化或固定端口配置设计，主要为接入层交换机提供上联服务，提供的接口以 1000M 接口为主，同时还提供一定的路由控制能力。

接入层交换机基本上是固定端口配置式交换机，为用户提供接入连接服务。端口速率以 10/100M 端口为主。并且可以提供一定的接入控制功能。

（2）按照 OSI 的七层网络模型划分。按照 OSI 的七层网络模型交换机又可以分为二层交换机、三层交换机、四～七层交换机。

二层交换机是局域网交换机中最为普遍的交换机，基于 MAC 地址进行数据包的转发。通常用在网络接入层。偶尔在小型网络中也用在汇聚层。

三层交换机工作在第三层，基于 IP 地址和三层协议进行交换，普遍应用于网络的核心层，也少量应用于汇聚层。部分第三层交换机也同时具有第四层交换功能，可以根据数据包的协议端口信息进行目标端口判断。

四～七层交换机工作在第四层以上，称之为内容型交换机，主要用于 Internet 数据中心。

（3）按照架构特点。按照架构特点将局域网交换机分为模块化、带扩展槽固定端口配置式、不带扩展槽固定端口配置式。

模块化交换机是一种带扩展插槽的交换机，这种交换机扩展性较好，可根据用户需要灵活配置，可支持不同的网络类型，如以太网、快速以太网、千兆以太网、ATM、令牌环及 FDDI 等，但价格较贵。高端交换机基本上都采用模块化设计。

带扩展槽固定端口配置式交换机是一种有固定端口并带少量扩展槽的交换机，这种交换机在支持固定端口类型网络的基础上，还可以通过扩展其他网络类型模块来支持其他类型网络，这类交换机的价格居中。

不带扩展槽固定端口配置式交换机仅支持一种类型的网络（通常为以太网），可应用于小型企业或办公室环境下的局域网的用户接入，价格最便宜，应用也最广泛。

（4）按照应用规模。按照应用规模交换机分为企业级交换机、部门级交换机和工作组级交换机。

企业级交换机采用模块化设计，可支持 500 个以上的信息点。

部门级交换机采用模块化设计或固定端口配置式，可支持 100～300 个信息点。

工作组级交换机一般为固定端口配置式，支持 100 个以内的信息点。

（5）按照交换机的可管理性。按照交换机的可管理性，交换机分为可网管型交换机和不可网管型交换机。

可网管型交换机支持SNMP、RMON等网管协议的，便于远程网络监控、流量分析，提高网管人员对网络的控制，但成本也相对较高。大中型网络在核心层、汇聚层应选择可管理型交换机，在接入层视应用需要而定。

（6）按照交换机是否可堆叠。按照交换机是否可堆叠，交换机可分为可堆叠型交换机和不可堆叠型交换机两种。交换机堆叠的主要目的是为了增加端口密度，可将多台交换机在管理上按一台交换机对待。

4. 路由器

路由器是在网络层上实现多个网络互连的设备，是目前在网络互连中应用最多、应用最广泛的网络互连设备。基于TCP/IP的全球最大的计算机互连网络Internet的主体脉络是通过路由器构建的，因此可以说，没有路由器就没有今天的Internet。

路由器的处理速度是网络通信的主要瓶颈之一，它的可靠性则直接影响着网络互连的质量。因此，在园区网、地区网、乃至整个Internet研究领域中，路由器技术始终处于核心地位，其发展历程和方向，成为整个Internet研究的一个缩影。

（1）路由器的功能。路由器主要功能有以下几方面。

① 路由的选择及数据的转发：路由的选择是路由器的基本功能。当一个数据包到达路由器，路由器根据数据报的目的地址，查看路由表，在可能到达目的网络的多条路径中，然后按照某种路由策略选择一条最佳路径将数据包转发出去。

② 协议的转换：当使用路由器连接的网络使用不同的网络层协议时，路由器将负责完成不同网络协议间的转换，例如IP转换为X.25协议。不同协议的数据包的MTU是不同的，在这个过程中还包括将不同网络的数据包重新封装的过程。

③ 流量的控制：在路由器的设计中，每个端口都有大容量的缓冲区设计，能够实现不同速率接口间的数据包的转发，同时通过软件设计还能够控制收发双方的数据流量，使两者更加匹配。此外，许多中高端的路由器在设计中，还可以通过软件对不同的源或目的地址设定不同的数据收发速率。

除了上述的主要功能之外，路由器还具有访问控制、网络管理、NAT转换等功能。

（2）路由器的工作原理。在互连网络中，路由器一般采用表驱动的方法进行路由选择。每台路由器中均保存一张路由表，需要传送IP数据报时，它就查询该表，决定把数据报发往何处。

一个路由表通常由许多（目的网络的IP地址，下一跳地址）对序偶组成。因此，在路由器中的路由表仅仅指定了数据包传输的下一跳地址，而并不能知道到达目的网络的完整路径。在路由表中不可能包含全球所有网络的路由选择（路由表太大，不切合实际），因此，路由表除了包含到某一网络的路由和到某一特定的主机路由外，还可以包含一个非常特殊的路由—默认路由。如果路由表中没有包含到某一特定网络或特定主机的路由，路由器就将数据包发送到默认路由上。这样可以大大减小路由表长度，提高数据包的转发速度。正常情况下，路由器的路由表一定包含一条默认路由。

路由表有以下两种产生的方式。

① 静态路由表：由系统管理员事先设置好固定的路径表称之为静态路由表，一般是在路由器进行安装配置时就根据网络的配置情况预先设定的，它不会随未来网络结构的改变而改变。

② 动态路由表：动态路由表是路由器根据网络系统的运行情况而自动调整的路由表。通

常是路由器根据不同的路由选择协议自动学习和记忆网络运行情况，在需要时自动计算数据传输的最佳路径。局域网中动态路由表的产生基本上采用的RIP、OSPF这两种动态路由协议。

路由器的工作过程依靠查找路由表，并根据路由表进行数据报的转发。首先路由器从数据包中提取目的主机的IP地址，然后计算目的主机所属网络的网络地址；如果目的主机所属网络的网络地址与路由器直接相连的网络地址匹配，则直接在该网络进行投递（封装、物理地址映射、转发数据）；如果不是则查看路由表，看其中是否包含有到达目的主机的IP的路由，有就将数据包转发到指定的下一跳地址；如果没有则查看路由表，看其中是否包含有到达目的网络的IP的路由，有就将数据包转发到指定的下一跳地址；若还没有，则按默认路由进行数据包的转发。

图7-13所示为一个简单的网络互连示意图，表7-1所示为路由器R的路由表。

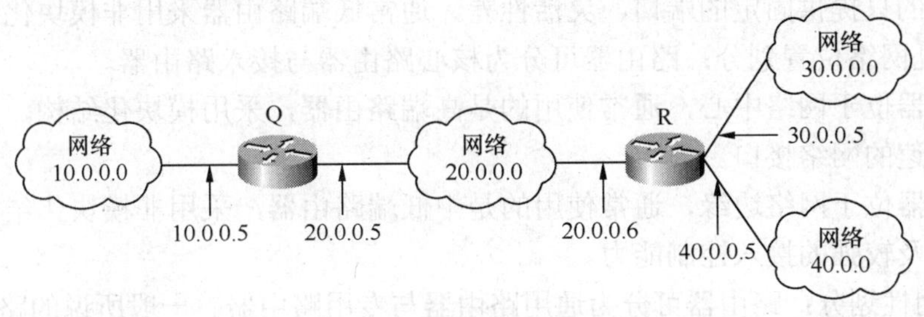

图7-13 网络通过路由器互连示意图

表7-1 路由器R的路由表

目 的 网 络	下一跳地址
10.0.0.0	20.0.0.5
20.0.0.0	直接投递
30.0.0.0	直接投递
40.0.0.0	直接投递
其他网络	20.0.0.5

在图7-13中，网络20.0.0.0、网络30.0.0.0和网络40.0.0.0都与路由器R直接相连，路由器R收到一个IP数据报，如果其目的IP地址的网络号为20.0.0.0、30.0.0.0或40.0.0.0，那么R就可以将该报文直接传送给目的主机。如果接收报文的目的地网络号为10.0.0.0，那么R就需要将该报文传送给与其直接相连的另一路由器Q，由路由器Q再次投递该报文。如果目的地网络号是其他网络，则按默认路由将数据包交给路由器Q。

（3）路由器的分类。路由器的类型有很多，根据不同的侧重点有多种划分方式。

① 按功能划分：路由器分为骨干级路由器、企业级路由器和接入级路由器。

骨干级路由器是实现企业级网络互连的关键设备。对它的基本性能要求是高速度和高可靠性。在实际应用中骨干级路由器普遍采用诸如热备份、双电源、双数据通路等传统冗余技术来保证骨干路由器的可靠性。

企业级路由器连接许多终端系统，连接对象较多，但系统相对简单，且数据流量较小，对这类路由器的要求是以高性价比实现尽可能多的端点互连，同时还要求能够支持不同的服务质量。还能有效地支持广播和组播。此外还要支持防火墙、包过滤以及大量的管理和安全策略以及VLAN间通信等。

接入级路由器主要应用于连接家庭或小型企业客户群体。接入路由器应支持许多异构网络的连接以及高速端口的接入。

② 按处理能力划分：路由器按性能档次分为高、中、低端路由器。

高端路由器的背板交换能力大于 50Gbit/s。

中端路由器的背板交换能力为 25Gbit/s～40Gbit/s。

低端路由器的背板交换能力小于 25Gbit/s。

上述划分只是一种宏观上的划分标准，各厂家划分标准并不完全一致。

③ 按结构划分：按结构划分可将路由器分为模块化结构与非模块化结构。

模块化结构可以根据需要灵活地配置路由器，以适应企业不断增加的业务需求，通常中高端路由器采用模块化结构。

非模块化的只提供固定的端口，灵活性差，通常低端路由器采用非模块化结构。

④ 按所处网络位置划分：路由器可分为核心路由器与接入路由器。

核心路由器位于网络中心，通常使用的是高端路由器，采用模块化结构，要求快速的包交换能力与高速的网络接口。

接入路由器位于网络边缘，通常使用的是中低端路由器，采用非模块化结构，要求相对低速的端口以及较强的接入控制能力。

⑤ 按通用性划分：路由器可分为通用路由器与专用路由器。一般所说的路由器为通用路由器。专用路由器通常为实现某种特定功能对路由器接口、硬件等作专门优化。

5. 网关

网关是实现不同高层协议的网络之间的互连，包括不同网络操作系统的网络之间互连。因此可以将网关看作一个协议转换器。硬件提供不同的网络接口，软件实现不同的网络协议间的转换。

网关实现协议转换的方法主要有以下两种。

（1）直接将输入网络数据单元的格式转换成输出网络数据单元的格式。这种方法是最简单的方法。有 n 个网络通过网关互连就编写出 $n(n-1)$种网络协议转换程序。由于协议转换程序的数目与互连网络数目的平方成正比，因此随着网关互连的网络增多，要编写的协议转换程序也会迅速增长。互连的网络数越多，则需要编写协议转换程序模块的工作量也就越大。同时，系统对网关的存储空间与处理能力的要求也就越高。

（2）将输入网络数据单元的格式转换成一种统一的标准网间数据单元的格式。与第 1 种方式不同，在这种方式下制定一种统一的标准网间信息包格式。网关在输入端将输入网络数据单元格式转换成标准网间数据单元格式，在输出端再将标准网间数据单元格式转换成输出网络数据单元格式。由于这种标准网间数据单元格式只在网关中使用，不在互连的各网络内部使用，因此不需要互连的网络修改其内部协议。这种采用标准网间信息包格式的方法中，如果有 n 种网络，那么将输入网络的信息包转换成一种统一的标准网间信息包格式的方法只需要编写 $2n$ 个转换程序模块，相比前一种方法，n 值越大，软件设计工作量减少得越多。

通过对网关实现协议转换的方法的介绍，可以看出，第 1 种方法可以看作是多种网络协议间相互转换组成一种网状网结构，而第 2 种方法可以看作是一种星形结构。因此这两种方法的优缺点可以参考前面的章节中关于网状网与星形网的优缺点的介绍。

在实际应用中，网关一般用于不同类型、差别较大的网络系统之间的互连，又可用于同一个物理网而在逻辑上不同的网络之间互连，还可用于不同大型主机之间和不同数据库之间的互连。

7.4 Internet

近 20 年，Internet 的高速发展已经使网络的概念深入到人类生活的方方面面。就网络的覆盖范围，Internet 是全球最大的通信网络。从早期主要为专业人士提供数据共享服务到成为目前许多人离不开的通信工具、了解世界的主要途径。它的发展速度超过了以前任何一种通信技术的发展速度。人们针对 Internet 开发了许多应用系统，使 Internet 的接入更加快速、简洁，使网络用户可以方便地交换信息，共享资源。

7.4.1 Internet 概述

Internet 已经成为全世界最大的信息资源库，它包含的信息从科研、教育、政策、法规到商业、艺术、娱乐等无所不有。这些资源以电子文件的形式，在线地分布在世界各地的数亿台计算机上。据统计，截至 2009 年 9 月，全球共有站点 26099841 个。截至 2009 年 10 月 19 日，全球 gTLD 域名注册总量为 107734070 个。主要国家和地区的通用顶级域名注册量如表 7-2 所示。

表 7-2　　全球主要国家和地区通用顶级域名注册数

排　名	国家/地区	注册数量（个）	排　名	国家/地区	注册数量（个）
1	美国	68840190	9	西班牙	1263269
2	德国	6102435	10	意大利	1192017
3	英国	3887181	11	中国香港	1133365
4	加拿大	3589689	12	荷兰	990995
5	中国	3453675	13	土耳其	817261
6	法国	2711636	14	韩国	767601
7	澳大利亚	2270381	15	印度	539623
8	日本	1610460			

截至 2009 年 9 月 30 日，中国 IPv4 地址数量约为 2.13 亿个，居全球第 2 位。全球 IPv4 分配具体情况如表 7-3 所示。

表 7-3　　全球主要国家或地区 IPv4 地址数

排　名	国家/地区	IPv4 地址数（个）	排　名	国家/地区	IPv4 地址数（个）
1	美国	1483211520	11	意大利	33168320
2	中国	213443072	12	中国台湾	26667776
3	日本	176073216	13	俄罗斯	26649288
4	德国	85882936	14	荷兰	22723048
5	加拿大	76673536	15	墨西哥	22551296
6	法国	74364864	16	西班牙	22155168
7	韩国	73668096	17	瑞典	19377448
8	英国	72470104	18	印度	19069440
9	澳大利亚	38931456	19	南非	15076352
10	巴西	33949184	20	波兰	14145576

据 CNNIC 测算，到 2009 年 9 月 30 日，我国网民数将达到 3.6 亿人。Internet 普及率达到 27.1%.

1. Internet的产生和发展

Internet的前身是美国1969年国防部高级研究所计划局（ARPA）作为军用实验网络而建立的，名字为ARPANET。ARPANET初期只是是将美国西南部的大学加利福尼亚大学洛杉矶分校、史坦福大学研究学院、加利福尼亚大学和犹他州大学的四台主要的计算机连接起来。节点设备由IBM公司提供，线路由AT&T提供。其最初的设计的目的是为了能提供一个通信网络，即使网络中的一部分因战争原因遭到破坏，其余部分仍能正常运行。如果大部分的直接通道不通，路由器就会指引通信信息经由中间路由器在网络中传播。

20世纪80年代初期ARPA和美国国防部通信局研制成功用于异构网络的TCP/IP协议一道投入使用。1986年在美国国会科学基金会（NSF）的支持下，用高速通信线路把分布在各地的一些超级计算机连接起来，并且使原有的只提供给限于研究部门、学校和政府部门使用的计算机网络能够进行商业应用。这使得从一个商业站点发送信息到另一个商业站点而不经过政府资助的网络中枢成为可能。商业应用的介入使Internet迅速发展起来。

目前Internet已扩展到了全球200多个国家和地区，成了名符其实的全球高速数据通信网。卫星通信、光纤通信等先进传输手段的普遍使用及灵活多样的入网方式，也是Internet获得高速发展的重要原因。任何一台计算机只要采用TCP/IP，与Internet中的任何一台主机通信，就可成为Internet的一部分。

1991年10月，在中美高能物理年会上，美方发言人提出将中国纳入Internet的计划被认为是我国接入Internet的开始。1994年3月，中国获准加入Internet，并与同年5月完成连网工作。

目前，我国有权直接与Internet连接的网络有4个：中国科技网（CSTNet）、中国教育科研网（CERNET）、中国公用计算机Internet（ChinaNet）、中国金桥信息网（CHINAGBN）。

2. Internet的组成

Internet的组成包括硬件、软件两大部分。其中硬件包括：终端设备、路由器和通信线路，软件是指能够提供的信息资源。

（1）主机：主机是Internet中不可缺少的组成部分，是信息资源和服务的载体。是人们进行网络活动的媒介。根据在Internet中所起的作用及地位，主机可分为两类，即服务器和客户机。

（2）路由器：路由器是Internet中最为重要的设备，它实现不同网络之间的互连，是网络之间连接的桥梁。如果把Internet看作是一个公路交通网的话，那么路由器便是位于路口的交通警察。

当数据从一个网络传输到路由器时，路由器根据数据所要到达的目的地，为其选择一条最佳路径，即指明数据应该沿着哪个方向传输。如果所选择的道路比较拥挤，路由器还应提供指挥数据排队等待的功能。

数据从源主机出发通常需要经过多个路由器才能到达目的主机，所经过的路由器负责将数据从一个网络送到另一个网络，数据经过多个路由器的传递，最终被送到目的网络。

（3）通信线路：通信线路是Internet中数据包传送的“公路”，各种各样的通信线路将Internet中的路由器、主机等连接起来，可以说没有通信线路就没有Internet。Internet中的通信线路归纳起来主要有两类：有线线路（如光缆、铜缆、双绞线）和无线线路（如卫星、微波、无线电等）。这些通信线路有的是公用数据网提供的，有的是单位自己建设的。

通信线路对 Internet 中数据传递的速度有着重要的影响，早期限制 Internet 发展的一个重要的问题就是上网的速度慢，其主要原因就是通信线路对数据包传递能力不足。目前，光纤技术、宽带接入技术的应用，通信线路对网络速度的影响已经明显降低。

（4）信息资源：用户使用 Internet 的目的就是共享网络能够提供的信息资源，在 Internet 中的信息资源的种类非常丰富，主要包括文本、声音、图像和视频等多种信息类型，涉及人们生活、学习的各个方面。早期的信息资源主要以文本信息为主，随着网络技术的发展，通信线路的改造，需要大的传输带宽的语音、图像和视频业务正在逐步增多。

7.4.2 Internet 上提供的服务

随着 Internet 的发展，网上能够提供的服务已经从早期的以数据业务为主发展到多种业务都能支持，语音业务、视频业务占的比重越来越多。2009 年 8 月，第 6 届亚太 Internet 研究联盟（APIRA）年会上公布了亚太地区部分国家和地区 Internet 发展的最新统计数据。根据这份数据我国网民最喜欢“休闲娱乐”和“下载或升级软件”。这里的休闲包括网络收音机、音乐、视频、电影，以及网络游戏。而这些应用服务是早期的 Internet 所不能提供的。

在这里对 Internet 上提供的主要服务进行简单的介绍。

1. 数据业务

Internet 上可提供的业务中数据业务占绝大多数。这主要是由 Internet 的数据传输方式决定的。常见的数据业务包括 WWW、E-mail、FTP 以及 DNS 等。

（1）WWW：WWW 又称 Web 服务，是目前 Internet 中最方便和最受欢迎的信息服务类型，现已成为 Internet 中最主要的服务之一，许多人接触 Internet 就是从浏览 Web 站点，享受 WWW 服务开始的。

WWW 原理最早是在 1989 年，由欧洲粒子物理实验室（CERN）的 Jim Berners Lee 提出的。他提出一套协议，以使分布在世界各地的科学家能够通过 Internet 方便地共享信息和科研成果。这一协议最终被采纳，发展成为今天的 WWW 标准。而 WWW 的广泛应用要归功于第一个 WWW 浏览器 Mosaic 的问世。1993 年初，Marc Andressen 成功推出了 Mosaic 的最初版本。从此，Internet 的应用进入了一个崭新的世界。

通过 WWW 服务器利用图形化的浏览器，人们能够方便地浏览自己该兴趣的超文本页面。这种超文本页面的内容可以是普通文字，也可以是图像、视频、程序等。

利用 Web 技术构建的网站已经成为各个企事业单位对外宣传的重要窗口，伴随着网络交易的发展，WWW 服务在人们的经济生活中也起到越来越重要的作用。越来越多的网络应用都嵌入 Web 平台，因此，可以认为今后 WWW 服务将对人们的生活产生重要的影响。

（2）E-mail：E-mail 是目前 Internet 中使用最频繁的一种服务。它为网络用户间传递信息提供了一种快捷、廉价的通信手段，几乎每一个网络用户都会有一个自己的邮箱。它的发展在某种程度上已经替代了传统的信件通信方式。在 Internet 如此发达的今天，E-mail 具有传统通信方式无法比拟的优点。首先是比传统邮件传递速度快，可传递的信息的类型丰富，可以是一种多媒体信息传递方式；其次，它不需要通信双方都在场，也不需要知道彼此的具体位置，是一种随时随地的通信方式；它还可以实现一对多的邮件传递。

E-mail 服务采用客户机/服务器模式，工作过程与我们通常邮寄信件的过程非常类似。首先，用户在客户机上利用电子邮件应用程序按照规定格式编写一封电子邮件，然后简单邮件传输协议（SMTP）发送给发送方的邮件服务器，发送方的邮件服务器再利用 SMTP 将电子邮件发送到接受方的邮件服务器。接受用户可以在任何时间、任何地点通过 POP（目前是第 3 个版本，因此通常称为 POP3）或 IMAP 利用电子邮件应用程序从邮箱中读取信件，如图 7-14 所示。

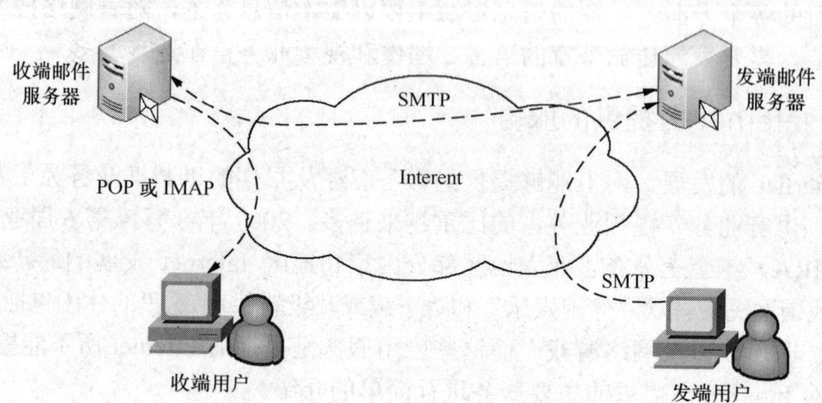

图 7-14 邮件系统工作过程示意图

POP 与 IMAP 的区别在于当使用 POP 进行信件的收取时，是将信件从邮件服务器中下载到客户机中，邮件服务器中不再保留信件。而采用 IMAP 进行信件的收取时，可选择是否在邮件服务器中保留信件的副本。绝大多数邮件服务器都同时支持上述两种协议。

目前，Internet 中最常见的读取信件的方式是采用 Web 浏览器的方式，这种方式只是对邮件服务器中的信件进行浏览，信件的原件仍然保留在邮件服务器中。当选择下载信件时才考虑是采用 POP 或 IMAP。

如果用户要利用邮件服务器发送和接收邮件就必须在该服务器中申请一个合法的账号和该账号对应的密码。拥有账号的用户也就在该服务器中拥有了一个属于自己的电子邮箱。电子邮箱是邮件服务器为每一个合法的账号提供的邮件存储空间。每一个邮箱的地址都是全球唯一的，这个地址就是用户的 E-mail 地址。E-mail 地址由两部分组成，前一部分为用户在该邮件服务器的那个账号，后一部分为邮件服务器的主机名或邮件服务器所在域的域名，中间用“@”分隔。例如，justin@xust.edu.cn。其中，justin 为用户在邮件服务器中的账号，xust.edu.cn 为邮件服务器的域名。

（3）DNS：DNS 是域名解析服务，是 Internet 中一项非常关键的应用服务。几乎所有的应用服务都离不开 DNS 服务器提供的服务。在 Internet 中，所有的主机都是通过 IP 地址进行相互之间的访问。IP 地址是一串 32bit 的二进制代码，没有任何意义，即使采用“点分十进制”对于用户来说，记忆起来也是十分困难的。因此，几乎所有的 Internet 应用软件都不要求用户直接输入主机的 IP 地址，而是直接使用具有一定意义的域名或主机名。DNS 负责将域名或主机名翻译为主机能够识别并加以应用的 IP 地址。

Internet 中一台主机的主机名由它所属的域的域名以及分配给该主机的名字共同构成。主机名是具有一定的层次结构的。整个主机名的最右端是顶级域，顶级域采用两种划分模式，即组织模式和地理模式，如表 7-4 所示。

表 7-4 顶级域名分配

顶级域名	所属对象	顶级域名	所属对象
com	商业组织	net	主要网络支持中心
edu	教育机构	org	非盈利的组织、团体
gov	政府部门	int	国际组织
mil	军事部门	国家代码	各个国家

主机名最左面是分配给主机的名字，各级域或名字之间用“.”隔开，如 www.xust.edu.cn，就是西安科技大学的 Web 服务器的主机名。DNS 将主机名或域名翻译为 IP 地址采用两种方法：递归和迭代。

递归解析，要求 DNS 服务器系统一次完成全部域名到 IP 地址的变换。在这种方式中，当 Internet 应用程序收到用户的域名解析请求后，首先向自己已知的 DNS 服务器发出查询请求，如果 DNS 服务器中有需查询域名对应的 IP 地址，则将该 IP 地址提交给请求的应用程序，如果在本地 DNS 服务器中没有找到，就到其他 DNS 服务器中查找。另一种是迭代解析，又叫反复解析，就是每次请求一个 DNS 服务器，不行再请求别的服务器。在这种方式中，如果在本地 DNS 服务器中没有找到需查询域名对应的 IP 地址，只是将有可能找到该 IP 地址的 DNS 服务器的地址告诉请求应用程序，由用户应用程序重新向告知的 DNS 服务器再次发起查询请求，如此反复，直到查到为止。

2．语音业务

传统的语音业务是通过电话网络，按照电路交换的方式实现的。这电路交换方式下，通话双方在正式通话前，要建立信息通道，通话过程不受其他用户的的干扰，独享建立的通道在通话结束后，要将信道拆除。这种方式，信息传递的实效性强，但信道的利用率低。

在 Internet 发展的初期，由于整个网络的信息转发的速度较慢，并且整个 Internet 采用分组交换方式，无法满足语音通信的实时性要求。随着网络技术的不断发展，网络带宽的不断增加，节点设备性能的不断提高，采用分组交换技术实现语音通信成为可能，并且采用分组交换可以提高信道的利用率。

通过 Internet 进行语音交流的网络技术通常称为 IP 电话。这种技术是将数字语音数据封装在 IP 数据包中，然后利用分组交换技术将数据包传输到目的地，再将语音还原的网络技术，又称为 Voice over IP，简称 VoIP。IP 是目前 Internet 中应用最广泛的网络互连协议，因而 VoIP 是在 Internet 中开展语音业务最广为采用的技术。

最初在 Internet 中开展的语音业务是两台 PC 间进行的语音通信。这种方式要求通信双方拥有多媒体计算机（声卡须为全双工的，配有麦克风）并且可以连接 Internet，通话的前提是双方计算机中必须安装有相同的网络电话软件。

这种网上点对点方式的通话，是网络电话应用的雏形，它的优点是相当方便与经济，但缺点也是显而易见的，即通话双方必须事先约定时间同时上网，而这在普通的商务领域中就显得相当麻烦，因此这种方式不能商用化或进入公众通信领域。但由于为人们的语音通信提供了新的途径，因此受到广泛的关注。

随着网络电话的优点逐步被人们认识，许多电信公司在此基础上进行了开发，网络电话进入了第二个阶段，实现通过计算机拨打普通电话。在这个阶段，网络电话的主叫与上一个阶段的用户相同，是一台多媒体计算机并且能够连接 Internet，其上安装网络电话软件。而被叫只需是普通的电话用户就可以了。这种方式相对前一个阶段的网络电话已经有了明显的进步，灵活性更强。

语音网关的出现，彻底实现了人们通过普通电话机拨打网络电话的愿望。在这种方式下，语音网关连接传统的电话网和 Internet。整个网络电话系统由三部分构成：电话、语言网关和网络管理者。电话是指可以通过本地电话网连到语音网关的电话终端；网关是 Internet 网络与电话网之间的接口，同时它还负责进行语音压缩；网络管理者负责用户注册与管理，具体包括对接入用户的身份认证、呼叫记录并有详细数据（用于计费）等。

这种方式在充分利用现在电话线路的基础上，满足了用户随时通信的需要，同时比相对传统的电话通信的资费要便宜许多，是一种理想的网络电话方式。目前正在被越来越多的人使用。

由于 Internet 在诞生之日就是根据数据通信业务的特点来设计的，因此针对话音业务还存在着许多需要解决的问题。

首先是标准的问题。由于网络电话的国际标准还处在不断发展和完善的阶段，特别是不同的网络间以及网关之间的通信标准还没有一个统一的标准，直接影响了不同网络电话厂家产品的互通性。此外，用户的漫游，不同运营者之间的业务互通、费用结算等问题也亟待解决。其次，通话质量的问题。由于网络电话主要使用的是 TCP/IP，而这个协议族主要是为提供非实时业务的数据通信而设计的，而 IP 采用的是“尽最大能力转发”的工作方式，不能提供 QoS（服务质量），因此在网络比较拥塞时很可能引起语音信息的延迟加大甚至数据包丢失等现象，而这些现象在传统的电话网中一般是不会出现的。当然，随着网络带宽的扩展以及节点设备的不断升级，网络电话提供的通话质量会越来越好。最后的问题是设备容量的问题。各个电信生产厂商生产的与网络电话相关的网络接入设备以及网关设备都在向大规模、低成本的方向发展，从几个 E1 端口到百余个 E1 端口。但距离电信级产品还有一定的距离，有待进一步发展。

3．视频业务

随着光纤技术的发展，宽带接入技术的普及以及节点设备性能呈几何级数的增长，各种网络视频业务越来越多地在 Internet 中出现，并已经成为 Internet 业务的重要组成部分。

（1）网络电视。网络电视又称 IPTV（Interactive Personality TV），它将电视机、PC 及手持设备作为显示终端，电视信号在发射端按照标准进行编码后传递给服务器，服务器再将数据通过宽带 Internet 网络传递到用户端机顶盒或计算机中，实现数字电视、互动电视等服务。网络电视的出现给人们带来了一种全新的电视观看方法，它改变了以往被动的电视观看模式，实现了电视以网络为基础按需观看、随看随停的便捷方式，强调电视业务提供者与消费者之间的互动性。

网络电视的基本特点是：视频数字化、传输 IP 化、播放流媒体化。涉及的关键技术主要有视频编码技术、流媒体技术等。

① 视频编解码技术：视频编码技术是网络电视发展的最初条件。只有高效的视频编码才能保证在现实的 Internet 环境下提供视频服务。

H.264 是由 ITU-T 和 ISO/IEC 联手开发的最新一代视频编码标准。由于它比以前的标准在设计结构、实现功能上作了进一步改进，使得在同等视频质量条件下，能够节省 50%的码率，且提高了视频传输质量的可控性，并具有较强的差错处理能力，适用范围更广。在低码率情况下，32kbit/s 的 H.264 图像质量相当于 128kbit/s 的 MPEG-4 图像质量。H.264 可应用于网络电视、广播电视、数字影院、远程教育、会议电视等多个行业。

视频编解码技术除了 H.264 以外，美国 Microsoft 公司和 Real Network 公司的视频编码标准也是常用的网络电视标准。

② 流媒体技术：流媒体技术的核心是将整个音视频文件经过特殊的压缩方式分成一个个压缩包，由视频服务器向用户终端连续地传送，用户只需要经过几秒或几十秒的启动初始下载后即可在用户终端上利用解压缩设备（或软件），对已下载的压缩文件解压缩后进行播放和观看，而不必像传统的下载方式那样等到整个文件全部下载完毕后才能观看。剩余的音视频文件在播放前面内容的同时，在后台的服务器内继续下载。与单纯的下载方式相比，不仅使延时大幅度缩短，而且对系统的缓存容量需求也大大降低。流媒体技术的发明使得用户在 Internet 上获得了类似于广播和电视的体验，它是网络电视中的关键技术。

除了上述两种关键技术外，内容分发技术、带宽预留技术等的使用都使得网络电视业务得到了快速的发展。

（2）视频会议。多媒体视频会议系统是一个以网络为媒介的多媒体会议平台，使用者可突破时间与地域的限制，通过 Internet 实现面对面般的交流效果。

视频会议系统由两个部分组成：多点控制单元（Multipoint Control Unit，MCU）和视频终端，如图 7-15 所示。多点控制单元是视频会议的核心部分，负责将来自各会议场点的信息流，经过同步分离后，抽取出音频、视频、数据等信息和信令，再将各会议场点的信息和信令，送入同一种处理模块，完成相应的音频混合或切换、视频混合或切换、数据广播和路由选择、定时和会议控制等过程，最后将各会议场点所需的各种信息重新组合起来，送往各相应的终端系统设备。视频会议终端的作用首先是将本会场的实时图像、语音和相关的数据信息进行采集，压缩编码，复用后送到传输信道。其次将接收到的图像、语音和数据信息进行分解、解码，还原成其他会场的图像、语音和数据。最后，视频会议终端还将本会场的会议控制信号（如申请发言，申请主席等）送到多点控制器（MCU）。同时还要执行多点控制器对本会场的控制作用。

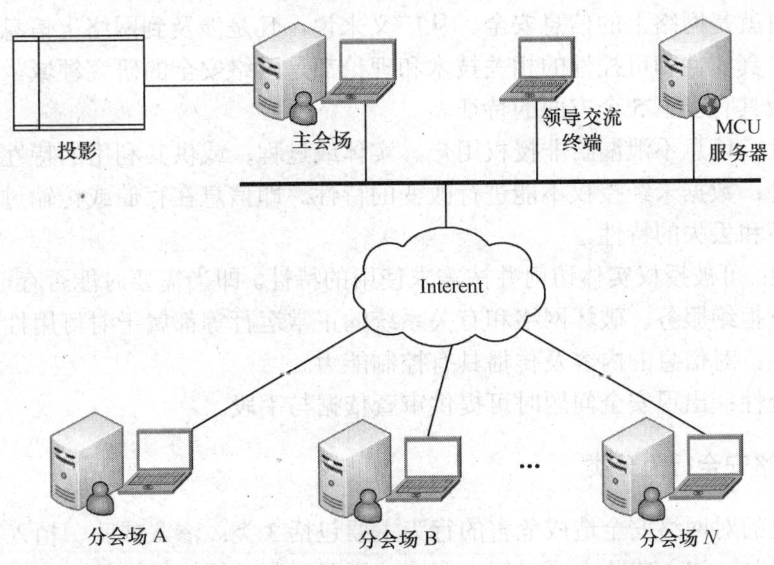

图 7-15 视频会议结构示意图

H.323 协议是目前常用的基于 IP 网络的视频会议标准，规定了不同的音频、视频和数据终端共同工作所需的操作模式，它将成为下一代 IP 电话、电话会议和视频会议技术领域占统治地位的标准。此外，采用前向纠错（FEC）方法对丢失数据包实施覆盖的机制的 LPR（丢包恢复）技术能有效解决视频传输丢包问题，而 QoS（Quality of Service）的广泛应用也很好地保证了视频会议中的业务能够实时、快速、高效的在 Internet 中的传递。

基于 Internet 的视频会议系统给人们的生活带来了许多的好处，主要表现在：

① 减少开支，提高办公效率，充分利用资源；

② 高效的信息共享，更快、更好地作出决策；

③ 良好的工作环境，顺畅的沟通渠道。

7.4.3 网络安全

1．概述

网络技术发展到今天，网络安全已经成为制约它发展的主要障碍。造成如此现象有巨大的经济利益的驱使，但从根本上来看，技术上的缺陷才是最主要的。全球最大的计算机网络——Internet 的前身 ARPANET 最初是提供给军方使用的，能够进入该网络的设备及人员都是通过严格审查的，安全性是可以得到保证，所以它的设计在网络安全上面考虑得非常少。当 ARPANET 发展到 Internet 时基本的技术要求并没有发生变化，但接入的设备及人员却已经非常复杂了，加之网络能够带来的巨大经济效益，能够给人们生活、学习带来的巨大变化，使网络受到了极大的威胁。信息泄漏、信息窃取、数据篡改、数据删除添加、计算机病毒等。计算机犯罪案件也急剧上升，已经成为普遍的国际性问题。据美国联邦调查局的报告，计算机犯罪是商业犯罪中最大的犯罪类型之一。正是在这种背景下网络安全技术应运而生。

网络安全是指网络系统的硬件、软件及其系统中的数据受到保护，不因偶然的或者恶意的原因而遭受到破坏、更改、泄漏，系统连续可靠正常地运行，网络服务不中断。网络安全从其本质上来讲就是网络上的信息安全。从广义来说，凡是涉及到网络上信息的保密性、完整性、可用性、真实性和可控性的相关技术和理论都是网络安全的研究领域。

网络安全应具有以下 5 个方面的特征。

（1）保密性：信息不泄漏给非授权用户、实体或过程，或供其利用的特性。

（2）完整性：数据未经授权不能进行改变的特性。即信息在存储或传输过程中保持不被修改、不被破坏和丢失的特性。

（3）可用性：可被授权实体访问并按需求使用的特性。即当需要时能否存取所需的信息。例如网络环境下拒绝服务、破坏网络和有关系统的正常运行等都属于对可用性的攻击。

（4）可控性：对信息的内容及传播具有控制能力。

（5）可审查性：出现安全问题时可提供审查依据与手段。

2．危害网络安全行为分类

目前，常见的对网络安全造成危害的行为主要包括 3 类：渗入威胁、植入威胁和病毒。

（1）渗入威胁。渗入威胁主要包括：假冒、旁路控制、授权侵权等。

① 假冒：这是大多数黑客采用的攻击方法。某个未授权实体使守卫者相信它是一个合法的实体，从而攫取该合法用户的特权。

② 旁路控制：攻击者通过各种手段发现本应保密却又暴露出来的一些系统“特征”，利

用这些“特征”，攻击者绕过防线守卫者渗入系统内部。

③ 授权侵犯：也称为“内部威胁”，授权用户将其权限用于其他未授权的目的。

（2）植入威胁。植入威胁主要包括：特洛伊木马和陷门。

① 特洛伊木马：攻击者在正常的软件中隐藏一段用于其他目的的程序，这段隐藏的程序段常常以安全攻击（盗取被攻击者的私有信息或控制被攻击主机）作为其最终目标。

② 陷门：将某一“机关”设置在某个系统或系统部件之中，使得在提供特定的输入数据时，允许违反安全策略。例如，一个登录处理子系统允许一个特定的用户识别码，以绕开通常的口令认证。

（3）病毒。病毒是能够通过修改其他程序而“感染”它们的一种程序。被感染的程序中包含病毒程序的一个副本，这样它们就可以继续感染其他程序。而能够通过网络传播的病毒，其破坏性更大，用户也更难防范，因此计算机病毒的防范已经成为网络安全性建设中的重要一环。

病毒具有如下特征。

① 传染性：传染性是病毒的基本特征。病毒的传染是通过复制来实现的，病毒进入系统后，寻找目标，目标确定后就通过自我复制迅速传播。

② 隐蔽性：为便于复制，病毒程序都有一套或多套自我保护不被发现的方法，例如伪装成一个正常程序，或将自己的属性改为隐藏形式。

③ 潜伏性：大部分病毒入侵系统后并不立即发作，它们可以长期隐藏在系统中，在用户没有察觉的情况下进行传染。病毒的潜伏性越好，其在系统中隐藏的时间就越长，传染的范围就越广，危害性越大。

④ 破坏性：多数隐藏在系统中的病毒都等待某个特定的事件，一旦事件发生就进行动作，对系统及应用程序产生不同程度的影响。

⑤ 不可预见性：从对病毒的检测方面来看，病毒具有不可预见性。病毒代码千差万别，并且在传染过程中还可修改自身的特征串而且仍具有原来的功能。任何病毒扫描程序都无法检测出病毒程序的所有形式。

3. 网络安全措施

针对上述的网络安全问题，人们提出了保证网络安全的措施。主要包括以下两个方面。

（1）安全防范意识。拥有网络安全防范意识是保证网络安全的重要前提。许多网络安全事件的发生都和缺乏安全防范意识有关。安全防范意识包括以下几个方面。

① 建立健全的网络管理制度，并严格按照制度执行。许多网络的管理者都能建立一定的管理制度，但并不能严格地执行。而相当数量的网络安全事件正是不严格执行网络管理制度而造成的。例如，网络设备口令的随意泄漏；在不具备安全防范条件的地方进行网络管理等。

② 建立行之有效的网络安全教育。许多网络用户的网络安全意识浅薄，很容易成为网络攻击的对象。加强网络安全教育可以有效地降低网络攻击事件的发生。例如，使网络用户养成良好的上网行为，及时升级网络安全产品等。

③ 建立完备的网络应急措施。网络应急措施的建立可以明显地降低网络安全事件造成的损失。应急措施包括设备的备份以及应急方案的制定。

（2）安全技术手段。安全技术手段是保证网络安全的基础。它包括以下几个方面。

① 物理措施：例如，网络关键设备（如交换机、大型计算机等）的备份，机房采取防辐

射、防火以及电源系统的三级防护（市电、ups、柴油发电机）等措施。

② 访问控制：对用户访问网络资源的权限进行严格的认证和控制。例如，进行用户身份认证，对口令加密、更新和鉴别，设置用户访问目录和文件的权限，控制网络设备配置的权限等。

③ 数据加密：加密是保护数据安全的重要手段。加密的作用是保障信息被人截获后不能读懂其含义。

④ 防止计算机网络病毒入侵，安装网络防病毒系统。

⑤ 其他措施：包括信息过滤、容错、数据镜像、数据备份、审计等。

4. 基本的网络安全技术

（1）防火墙。一个网络的安全首先要保证网络能够阻止外部非法用户的入侵，做到这一点最基本的要求是在可信任的内部网与不可信任的公众网之间设置一台防火墙。一方面最大限度地允许内网用户方便地访问公众网；另一方面可以设定哪些内部服务器可以被外界访问，哪些外网用户可以访问内网的服务器。所有的往来公众网络的信息都必须经过防火墙的检查。防火墙只允许授权的数据通过，并且其本身能够免于渗透。

从上面对防火墙的描述可以看出防火墙是指设置在不同网络（通常指可信任的企业内部网和不可信的公共网）或网络安全域之间的一系列部件的组合（由软件和硬件构成）。它是不同网络或网络安全域之间信息的唯一出入口，能根据企业的安全政策控制（允许、拒绝、监测）出入网络的信息流，且本身具有较强的抗攻击能力。它是提供信息安全服务，实现网络和信息安全的基础设施。在逻辑上，防火墙是一个分离器、一个限制器，也是一个分析器，有效地监控了内部网和公众网之间的活动，保证内部网络不被非法入侵。通常防火墙在网络中的位置如图 7-16 所示。

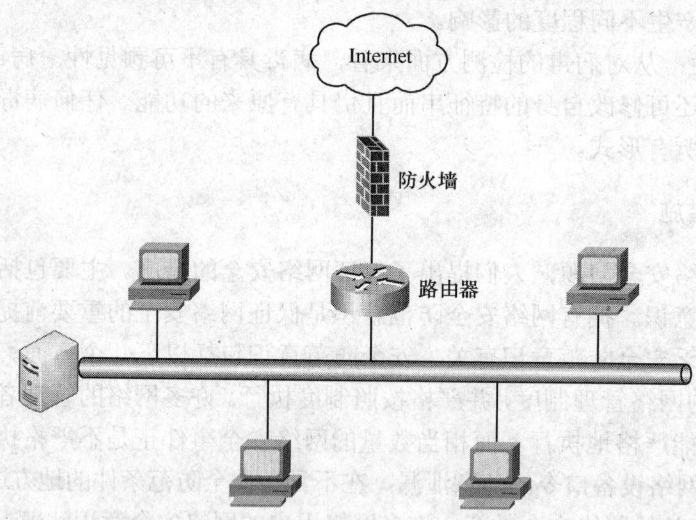

图 7-16　防火墙在网络中的位置

防火墙实现访问控制及网络安全的安全策略主要有 4 种技术：服务控制、方向控制、用户控制以及行为控制。

① 服务控制。确定在墙外面和里面可以访问的 Internet 服务类型。防火墙可以根据 IP 地址和 TCP/UDP 端口号来过滤通信量；可提供代理软件，这样可以在继续传递服务请求之前接收并解释每个服务请求；或在其上直接运行服务器软件，提供相应服务，比如 Web 或邮件服务。

② 方向控制。启动特定的服务请求并允许它通过防火墙，这些操作是具有方向性的。方向控制就是用来确定这种方向。

③ 用户控制。根据请求访问的用户来确定是否提供该服务。这个功能通常用于控制防火墙内部的用户，也可以用来控制外部用户进来的通信量。后者需要某种形式的安全验证技术，比如 IPSec 就提供了这种技术。

④ 行为控制。控制如何使用某种特定的服务。比如防火墙可以从电子邮件中过滤掉垃圾邮件，它也可以限制外部访问，使他们只能访问本地 Web 服务器中的一部分信息。

根据上面的 4 种技术，以及防范的方式和侧重的不同，防火墙技术一般分为两类：包过滤技术和代理服务技术。

① 包过滤：包过滤技术主要通过过滤 IP 地址或 TCP/UDP 端口号来决定是否转发一个分组。通常，IP 地址和 TCP/UDP 端口号分别是网络层和传输层的功能，但包过滤技术也能在应用层上工作，因为 Internet 的应用软件一般都与特定的端口号相关联。这种类型的防火墙遵循“最小特权”原则，即明确允许哪些数据包通过，其他数据包禁止通过的原则。包过滤型防火墙的主要优点是使用方便、网络性能及透明性好且价格低廉。通常安装在路由器上。由于这种防火墙是配置在路由器上且内部网和外部网通过路由器直接连接，一旦防火墙失效内部网和外部网之间的安全屏障便消失，外部用户就会不受阻拦地直接进入内部网，内部网的安全性将会大大地削弱。此外，这种防火墙过滤的依据（IP 地址、端口号）都在数据包的头部，有可能被窃听或假冒；这种防火墙对应用层的网络非法入侵无能为力。

② 代理服务技术：代理服务技术是指内部网与外部网之间不允许直接进行通信，当内部网与外部网之间需要进行信息交换时必须经过代理进行转接。即当客户与公众网服务器建立连接时，必须先建立客户与防火墙之间的链路，然后防火墙再与公众网服务器建立一个分开的链路。这样，即使防火墙失效，外部网上的客户仍不能进入内部网。这种防火墙一般要求具有至少两条逻辑链路，而且在处理每一种应用时都需要特定的代理软件。在大多数这类防火墙产品中都包含了对核心应用的代理，如 Telnet、FTP 及 HTTP 等。但由于采用代理技术，因此这类防火墙的数据包的转发速率较慢，容易在大吞吐量时，成为网络瓶颈。

代理服务技术防火墙在实际应用中有两种技术：一种是应用级网关型，是在应用层实现防火墙功能的。例如，一个邮件网关在检查每一个邮件时，要根据邮件的首部或报文的大小，甚至是报文的内容来确定该邮件能否通过防火墙。另一种是虚电路级网关型，是在传输层的 TCP/UDP 上实现的。

上述两种技术是构成防火墙的基本技术，在实际应用过程中通常是将两种技术结合在一起使用。

一般情况下，防火墙都能够实现下面的功能。

① 防火墙是整个内部网络的唯一出口，通过它可以将未授权的网络用户排除到受保护的网络之外，禁止危害网络安全的服务进入或离开网络，防止各种 IP 盗用和路由攻击。

② 可以方便地监控与网络安全相关的事件并进行报警。

③ 可以作为部署 NAT（Network Address Translation）的平台，将本地地址转换为公众网的地址，以缓解地址空间不足的压力。

④ 可作为网络管理的部件，用来监听或记录 Internet 的使用情况。

⑤ 可作为 IPSec 的平台，通过隧道模式来实现虚拟专用网。

（2）入侵检测系统。防火墙作为局域网网络安全的第一道屏障可以将已知的网络威胁阻挡在网络的外部。但随着网络技术的发展，攻击者的技能日趋成熟，攻击工具与手法的日趋复杂多样。层出不穷新的外部网络威胁，以及内部人员的疏忽造成的网络威胁就不是防火墙可以解决的。在这种情况下，入侵检测系统（Intrusion Detection System，IDS）就成了构建网络安全体系中不可或缺的组成部分。

入侵检测是一种主动保护自己免受攻击的网络安全技术。它通过对计算机网络或计算机系统中的若干关键点收集信息并对其进行分析，从中发现网络或系统中是否有违反安全策略的行为和被攻击的迹象。进行人侵检测的软件与硬件的组合便是入侵检测系统。IDS 作为防火墙之后的第二道网络安全闸门，正在被越来越多的人了解。

一个 IDS 系统由 4 部分构成，如图 7-17 所示。

① 事件产生器：从整个计算环境中获得事件，并向系统的其他部分提供此事件。

② 事件分析器：分析得到的数据，并产生分析结果。

③ 事件数据库：是存放各种中间和最终数据的地方的统称，它可以是复杂的数据库，也可以是简单的文本文件。

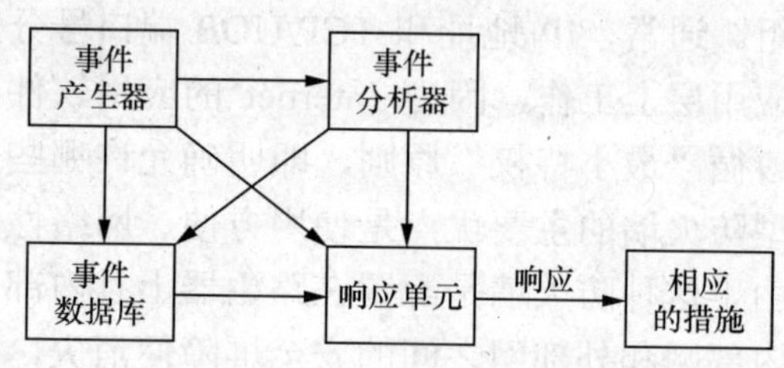

图 7-17　IDS 系统结构示意图

④ 响应单元：是对分析结果作出反应的功能单元，它可以做出切断连接、改变文件属性等强烈反应，也可以只是简单的报警。

结合图 7-17 分析，入侵检测的工作过程可分为 3 个部分：信息收集、信息分析和结果处理。

首先，进行信息收集，收集内容包括系统、网络、数据及用户活动的状态和行为。这些收集需要在网络中若干关键点（不同网段和不同主机的代理），内容包括系统和网络日志文件、网络流量、非正常的目录和文件改变、非正常的程序执行以及物理形式的入侵。数据收集直接关系到 IDS 是否能够正常工作。

其次，进行信息分析。将收集到的有关系统、网络、数据及用户活动的状态和行为等信息送到检测引擎进行分析。一般通过 3 种技术手段进行分析：模式匹配、统计分析和完整性分析。

模式匹配：就是将收集到的信息与已知的网络入侵和系统已有模式数据库进行比较，从而发现违背安全策略的行为。

统计分析：结合给系统对象（如用户、文件、目录和设备等）创建的统计描述，统计正常使用时的一些测量属性（如访问次数、操作失败次数和延时等）。将测量属性的平均值与网络、系统的行为进行比较，如果观察值在正常值范围之外时，就认为有入侵发生。

完整性分析：完整性分析主要是查看某个文件或对象是否被更改，通常包括文件和目录的内容及属性，它在发现被更改的、被特洛伊化的应用程序方面特别有效。

最后，当检测到某种误用模式时，产生一个告警并发送给控制台。控制台按照告警产生预先定义的响应采取相应措施，可以是重新配置路由器或防火墙、终止进程、切断连接、改变文件属性，也可以只是简单的告警。

根据上述 IDS 的工作过程，IDS 系统具有以下功能：

① 监测并分析用户和系统的活动；

② 核查系统配置和漏洞；

③ 评估系统关键资源和数据文件的完整性；

④ 识别已知的攻击行为并报警；

⑤ 统计分析异常行为；

⑥ 进行系统日志管理和审计跟踪，并识别违反安全策略的用户活动。

IDS 按照不同的分类标准可有不同的分类。

① 按入侵检测的手段：按入侵检测的手段可分为基于网络和基于主机。

基于网络：就是通过连接在网络上的 IDS 设备捕获网上的包，并分析其是否具有已知的攻击模式，以此来判别是否为入侵者。当该模型发现某些可疑的现象时会产生告警，并向一个中心管理站点发出“告警”信号。这种方式具有检测速度快、隐蔽性好、作用范围广、资源占用少等优点。

基于主机：就是通过分析主机的审计数据来发现可疑的活动，如内存和文件的变化等。其输入数据主要来源于系统的审计日志，一般只能检测该主机上发生的入侵。这种方式具有性价比高、检测更准确、不需要增加专门的硬件平台以及对网络流量不敏感等优点。

这两种方式具有各自的优点同时又具有互补性，基于网络的模型能够客观地反映网络活动，特别是能够监视到主机系统审计的盲区；而基于主机的模型能够更加精确地监视主机中的各种活动。基于网络的模型受交换网的限制，只能监控同一监控点的主机，而基于主机模型装有 IDS 的监控主机可以对同一监控点内的所有主机进行监控。

② 按照入侵检测的技术：按照入侵检测的技术可分为基于标识和基于异常。

基于标识的入侵检测技术，首先要定义违背安全策略的事件的特征，如网络数据包的某些头信息。检测主要判别这类特征是否在所收集到的数据中出现，这有些类似杀毒软件的工作原理。

基于异常的入侵检测技术则是先定义一组系统“正常”情况的数值，如 CPU 利用率、内存利用率、文件校验和等（这类数据可以人为定义，也可以通过观察系统、并用统计的办法得出），然后将系统运行时的数值与所定义的“正常”情况比较，得出是否有被攻击的迹象。这种检测方式的关键在于如何精确定义所谓的“正常”情况。

两种检测方法所得出的结论经常会有非常大的差异。基于标识的检测技术的核心是维护一个知识库。对于已知的攻击，它可以详细、准确地报告出攻击类型，但是对未知攻击却效果有限，而且知识库必须不断更新。基于异常的检测技术则无法准确判别出攻击的手法，但它可以（至少在理论上可以）判别更广范、甚至未发觉的攻击。如果条件允许，两者结合的检测会达到更好的效果。

③ 按照体系结构：按照体系结构，IDS 可分为集中式、等级式和协作式。

集中式：只有一个中央入侵检测服务器，但可能有多个分布于不同主机上的审计程序。审计程序把当地收集到的数据发送给中央服务器进行分析处理。这种结构的 IDS 在可伸缩性、可配置性方面存在致命缺陷：首先，随着网络规模的增加，主机审计程序和服务器之间传送的数据量会骤增，导致网络性能大大降低；其次，系统存在单点故障，一旦中央服务器出现故障，整个系统就会陷入瘫痪；最后，各个主机的可能有不同需求，这就造成配置服务器也非常复杂。

等级式：这种结构是用来监控大型网络，它定义了若干个分等级的监控区，每个 IDS 负责一个区，每一级的 IDS 只负责所监控区的数据分析，然后将当地的分析结果传送给上一级 IDS。这种结构仍存在两个问题：首先，灵活性差。当网络拓扑结构改变时，区域分析结果的汇总机制也需要做相应的调整；其次，系统的安全性改进不明显。因为这种结构的 IDS 最后还是要把各地收集到的结果传送到最高级的检测服务器进行全局分析。

协作式：将中央入侵检测服务器任务分配给多个基于主机的IDS，这些IDS不分等级，各司其职，负责监控当地主机的某些活动。因此系统的可伸缩性、安全性都得到了显著的提高，但维护成本却高了很多，并且增加了所监控主机的工作负荷，如通信机制、审计开销、踪迹分析等。

④ 按照系统的工作方式：按照系统的工作方式，IDS可分为在线检测系统和离线检测系统。

在线检测系统：是实时联机的检测系统，包含实时网络数据包的分析、实时主机审计分析。

离线检测系统：是非实时工作的系统，它在事后分析审计事件，从中检查入侵活动。

（3）防杀病毒。网络防杀病毒技术包括病毒预防技术、病毒检测技术以及病毒清除技术。

① 病毒预防技术：它通过自身常驻系统内存，优先获得系统的控制权，监视和判断系统中是否有病毒存在，进而阻止计算机病毒进入计算机系统和对系统进行破坏。这类技术有：加密可执行程序、引导区保护、系统监控与读写控制（如防病毒卡等）。

② 检测病毒技术：它是通过对计算机病毒的特征来进行判断的技术，如自身校验、关键字、文件长度的变化等。

③ 消毒技术：它通过对计算机病毒的分析，开发出具有删除病毒程序并恢复原文件的软件。

网络防杀病毒技术的具体实现方法包括对网络服务器中的文件进行频繁地扫描和监测工作站上使用防病毒芯片和对网络目录及文件设置访问权限等。

（4）接入认证技术。上述3种网络安全技术可以保证网络用户的基本网络安全。目前的局域网已经成为企事业单位对外的重要平台。伴随着网络应用的不断发展，网络安全问题日益突出，因此什么样的用户可以接入局域网成为保证网络安全的一个重要问题。

如果没有准入机制，安全性没有保障，用户可自由出入网络，恶意使用网络问题难以查找，如攻击、发布不良信息、IP地址盗用、动态IP地址占用等。没有准入机制也无法控制非局域网用户的使用，增加网络负担，降低经济效益。因此，局域网应该有一套很好的用户接入认证技术。

目前，还没有一种认证方式能够解决商业化网络管理中的所有问题，只能是各有千秋。目前，主流的认证方式主要有Web认证、PPPoE认证、802.1x认证，但各有各的特点。下面就这几种技术进行简要的介绍。

① Web认证。Web认证过程可以归纳为：用户开机接入局域网后，如果要进行网络活动时，局端设备通过对用户的IP地址（动态或静态分配）进行强制URL到登录页面，用户输入的用户账号信息发往认证服务器，认证服务器通过核对后，反馈认证成功信息，并打开该用户的上网功能。同时认证服务器获得用户MAC/IP/VLAN ID等作为用户标识，局端设备将用户IP地址、MAC地址、用户VLAN ID、用户接入端口等进行可选择性的绑定。

这种方式不需要安装客户端软件，因此应用方便，降低了成本和工作量，并使业务容易被接受和推广。但这种方式一般情况在网关处使用，所以对终端用户的IP、MAC地址的盗用进而产生账户盗用的现象无能为力。

② PPPoE认证。PPPoE（基于以太网的点到点协议）认证方式，是较早出现也是最常见的一种用户管理手段。这种方法主要用于电信运营商的用户接入。但由于其具有防止ARP攻击的优点，目前在局域网特别是校园网中正在得到测试及使用。

其工作过程是：首先由用户PC以广播方式发起的PPPoE进程，寻找网络接入服务器。

连接建立后，由接入服务器将认证信息发送给用户认证服务器进行用户身份认证。认证通过后，接入服务器将允许用户接入网络，并启动计费服务器对用户进行计费。

这种方式由于采用 PPP，成熟，便于实现，可以支持多协议，容易与计费、流控设备配合。由于 PPPoE 的点对点的本质，在用户主机和接入服务器之间，限制了多播协议的存在。同时在 PPPoE 的建立阶段采用广播方式，容易产生广播风暴。

③ 802.1x 认证。802.1x 认证是一种基于端口的网络接入访问控制技术，它采用 C/S 工作模式。任意一台需要进行网络活动的用户在认证通过之前，802.1x 只允许 EAPoL（基于局域网的扩展认证协议）数据通过设备连接的交换机端口；认证通过以后，正常的数据可以顺利地通过以太网端口。这种方式提供在以太网设备端口处进行用户认证、授权的网络认证方式，可以从低层对用户进行认证及管理。

这种方式简洁高效，基于端口的认证去除了不必要的开销和冗余，消除网络认证计费瓶颈和单点故障，易于支持多业务和新兴流媒体业务，同时控制流和业务流完全分离，易于实现跨平台多业务运营。但在实际应用中要注意认证的唯一性，不同厂家的设备对 802.1x 认证方式的支持并不兼容。

7.5 网络新技术

随着 Internet 的迅速普及，人们的生活已经与网络紧密相连，网络应用正在逐步渗透到生活的各个方面。新的网络技术层出不穷，下面就几种对今后网络的发展及应用产生重要影响的技术进行简要的介绍。

7.5.1 P2P 技术

传统的网络应用中，通常都采用客户机/服务器（C/S）模式。网络中提供资源的主机称为服务器，访问服务器，使用服务器上资源的主机称为客户机。在这种模式下，服务器的处理能力成为影响网络相应速度的一个重要原因。

计算机网络产生的基础是资源共享，采用 C/S 模式并不能很好体现这种资源共享的这种理念。P2P 技术的诞生是对资源共享的一个很好的诠释。在这种模式中整个网络中不存在中心节点（或中心服务器），每一个节点大都同时具有信息消费者、信息提供者和信息通信等三方面的功能，所拥有的权利和义务都是对等的。这种网络技术改变了 Internet 现在的以大网站为中心的状态，使终端用户真正成为网络的核心。

那什么是 P2P 呢？P2P（peer-to-peer）也称为对等网络技术，依赖网络中参与者的计算能力和带宽，而不是把依赖都聚集在较少的几台服务器上。使用 P2P 技术的主机即是服务器又是客户机，在享用其他 P2P 节点提供的服务时，也为其他 P2P 节点服务。这种技术的一个明显的特点是对同一资源下载的用户越多速度越快。

早期的分布式对等网络已经孕育着 P2P 技术，但 P2P 正式步入发展的历史可以追溯到 1997 年 7 月。在 1997 年 7 月，Hotline Communications 公司成立，并且研制了一种可以使其用户从别人的计算机中直接下载东西的软件。1999 年 1 月，18 岁的美国东北波士顿大学的一年级新生肖恩・范宁开始了 Napster 程序的服务。Napster 程序是一个为在网上找到音乐而编写的一个简单的程序，这个程序能够搜索音乐文件并提供检索，把所有的音乐文件地址存放在一个集中的服务器中，这样使用者就能够方便地过滤上百的地址而找到自己需要的 MP3 文件。在最高峰时 Napster 网络有 8000 万的注册用户，这是一个让其他所有网络望尘莫及的数字。Napster 是 P2P 软件成功进入人们生活的一个标志。

在 P2P 技术的发展过程中，对于 P2P 有着不同的分类方法。

（1）根据集中程度：根据提供服务的集中程度可分为混杂 P2P 和纯 P2P 两种模型。

混杂 P2P 模型的特点如下：

① 有一个或多个中心服务器保存所有对等节点的地址信息及共享资源的目录信息，并对请求这些信息的要求作出响应。

② 节点负责发布这些信息（因为中心服务器并不保存文件），让中心服务器知道它们可以提供的共享资源，让需要这些资源的节点下载。

③ 根据网络流量和延时等网络信息进行路由选择，使源、目的对等主机直接建立连接，并开始传递信息。

早期典型的 P2P 模型 Napster 就是采用这种方式。但这种方式存在着单点故障，中心服务器一旦瘫痪容易导致整个网络的崩溃，因此可靠性及安全性较低。此外，随着网络规模的扩大，中心服务器进行维护和更新的代价也随着增加。

纯 P2P 模型的特点如下：

① 没有中心服务器。

② 所有节点即作为客户机又作为服务器。

③ 对等主机提供的共享资源通过所在的 P2P 网络采用扩散方式来进行查找及定位。

这种模型更符合 P2P 技术的定义。但在实际应用中也存在着一些不足，主要包括：采用扩散的方式进行对等主机的定位及信息的查询在网络规模扩大的情况下容易造成网络流量激增，进而导致网络拥塞，使得整个 P2P 网络的查询被分成许多小区域。由于采用无中心的组网方式，安全性完全靠各个节点自己承担，容易遭受恶意攻击。典型的应用模型是 Gnutella。

（2）根据网络拓扑结构：根据网络拓扑结构可分为结构 P2P 和无结构 P2P。

结构 P2P 的特点如下：

① 对等节点之间相互传递连接消息，彼此形成特定规则的拓扑结构。

② 当其中一个对等节点需要请求某资源时，根据该拓扑结构按照形成的特定规则进行查找。

在这种模型中，对等主机间的信息查询时依据一定的拓扑结构来进行的，因此如果需要的共享资源在网络中存在，就一定能够找到。但带来的不足就是如果发生网络拥塞将导致查询过程变得非常缓慢。典型的应用技术有 Chord、CAN 等。

无结构 P2P 的特点如下：

① 对等节点间相互传递连接消息，彼此形成网状拓扑结构。

② 当其中一个对等节点需要请求某资源时，以广播方式寻找。通常会设 TTL，即使存在也不一定找得到。

在这种模型中，对等主机间的信息查询以广播方式进行，为防止查询数据包在网络中的循环转发，通常会设定数据包的生存时间。带来的结果是即使存在也不一定找得到。典型的应用技术是 Gnutella。

目前，P2P 应用主要有以下几类。

（1）信息、服务的共享与管理。这是目前 P2P 应用最广泛的领域。

（2）协同工作。Lotous 公司开发份额协同工作产品 Groove 就是 P2P 技术在该领域最具有代表性的应用之一。

（3）构建充当基层架构的互连系统。例如，以 P2P 为基础的深度搜索引擎，这种搜索方式无需通过服务器，也不受信息文档格式以及节点设备的限制，可到达传统目录式搜索引擎无可比拟的深度（理论上只要网络上开放的信息资源都可以搜索到）。

7.5.2　IPv6

Internet 中应用最多的是 IP，目前该协议使用最多的版本是它的第 4 个版本—IPv4。IPv4 协议在 Internet 中得到使用已经近 30 年了，在这些年中的应用中，IPv4 获得了巨大的成功，但随着 Internet 的发展，它的一些缺点也逐渐暴露出来。

首先，是 IP 地址的空间不足。在 IPv4 中一个 IP 地址由 32bit 组成，但其中的 D、E 类地址不能分配，实际可分配的地址就减少了许多，加之早期的 IP 地址还是按照 A、B、C 类划分，地址空间很快就会被分配完。随后人们在原有的分配原则的基础上采用子网技术、CIDR 技术以及设置私有 IP 地址等方法，提高了 IP 地址的利用率，但有专家预计到 2010 年，IPv4 的地址空间将分配完毕，到时候新的网络用户将无法获得能够连接 Internet 的 IP 地址。

其次，是 IPv4 服务质量（QoS）的提供。IPv4 在诞生之日可以说基本上就没有考虑服务质量的提供，虽然设置 TOS 域中的 3 个比特来要求中途转发该数据包的路由器可采用低延迟、高吞吐率或高可靠性的线路转发等，但由于整个协议采用的技术方式是“尽最大能力传输”的思想，因此所提供的这些服务质量基本上可以忽略不计。

最后，IPv4 的报头长度并不是固定的，在进行数据包的传输时，路由器需要先判定报头的长度，然后才能根据头部中的地址信息进行数据包的转发，这样必定造成数据包转发速度的减缓。

针对上述问题，特别是为了解决 IP 地址空间即将用完，在 1992 年，Internet 工程任务组（IETF）开始开发 IPv6。IPv6 继承了 IPv4 的优点，并根据 IPv4 的运用经验对其进行了大幅修改和功能扩充，改进了 IPv4 的缺点，使其处理性能更加强大和高效。

IPv6 的报文头格式如图 7-18 所示。下面分别解释各字段的意义、功能和编码。

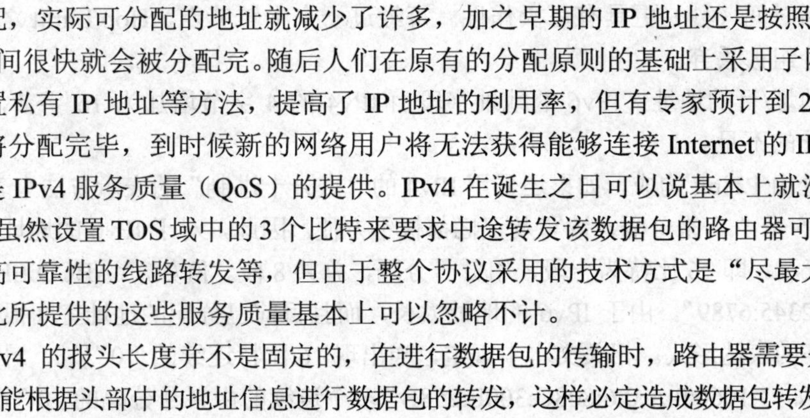

0	4	12	16	31
版本	流量类别	数据流标签		
负载长度			下一报文头类型	跨越节点数限制
源地址				
目的地址				

图 7-18　IPv6 数据报格式示意图

（1）版本字段：含义和长度与 IPv4 相同，对 IPv6 其值为“6”。

（2）流量类别字段：8 比特字段相对于 IPv4 中 TOS 域，其目的在于为发起节点和中间路由器指明此 IPv6 分组传输服务级别或优先级别。

（3）数据流标签字段：20 比特字段意在为发起节点制定对分组流的处理方式的机制，如非缺省服务质量等级、“实时”数据流等。所谓数据流是在相同的“一对一”或“一对多”（广播或组播）地址间连续分组流。

（4）负载长度字段：16 比特字段取代了 IPv4 中的报文头长度字段。由于 IPv4 报头可选部分长度可变，因此用报头长度字段来定界；IPv6 将可选部分放入用户数据（Payload）部分，由分组头中 8 比特的“下一个报文头”字段来指明在 Payload 中紧跟 IPv6 分组头固定部分之后的扩展分组头的类别。

（5）下一个报文头类型标志符：指明紧跟在 IPv6 分组头后面的 IPv6 扩展分组头或 IP 层之上的协议类型。

（6）跨越节点数限制字段：此字段相当是 IPv4 中 TTL。IPv6 用跨越节点数替代 IPv4 中的在网中存活时间（秒）更具有可操作性。每经过一个中转节点，Hop Limit 之值被减 1，减到 0 时，该分组被丢弃。

（7）源地址/目的地址：IPv6 的地址字段由 IPv4 的 4 字节增加为 16 字节，以解决 IPv4 的 4 字节地址的不足。

IPv6 地址由 128bit 构成，如果还采用 IPv4 的“点分十进制”的表示方法来表示一个 IP 地址，则需要 15 个“.”来分隔，读写及记忆都极不方便。因此，对于 IPv6 的地址采用“冒分十六进制”来表示。即 16 比特为一段，用冒号分隔，总共 8 段。例如，“ABCD:EF01:2345:6789:ABCD:EF01:2345:6789”。由于 IPv6 的地址太长，而且目前已分配的地址空间很少，所以可以采用一些简略的表达形式。相关文本中规定，当出现 16 比特连续的“0”时，冒号间可用单个“0”表示。例如，“1060:0:A:0:6:808C:300E:258B”多个连续的由冒号分隔的“0”，可用双冒号：：来取代，数字或字母之前的十六进制的值为“0”时，“0”可省略。例如，地址“0:0:0:0:0:0:000A:1234”可进一步压缩为“::A:1234”。此外。由于在 IPv6 完全取代 IPv4 前的很长一段时间内，IPv6 与 IPv4 地址将同时存在，因此相关标准中允许 IPv6 地址中的后 32 比特依旧采用人们熟悉的“点分十进制”。例如，“0:0:0:0:0:0:219.244.53.88”可表示为：“：：219.244.53.88”。

IPv6 相对于 IPv4 的优越特性主要表现在以下几个方面。

（1）充足的地址空间。与 IPv4 相比，IPv6 很明显的一个改善，就是可以提供充足的地址空间。由 128 位地址长度形成的巨大的地址空间，地址总数大约为 3.4×10^{38} 个，平均到地球平面的每平方米就有 6.5×10^{23} 个，即使去除不可分配的地址，每平方米也可有 1000 多个。因此在可预见的很长时期内，它能够为所有可以想象出的网络设备提供一个全球唯一的独立的 IP 地址。同时，IPv6 地址还包括主机的全球地址、全球单播地址、区域地址、链路本地地址、地区本地地址、广播地址、组播群地址、任播地址、移动地址、家乡地址、转交地址等。这样可以根据不同的需要为主机接口提供不同类型的地址配置。

（2）多样化的服务质量。IPv6 支持资源预留协议（RSVP），还可提供各种 QoS 服务。这主要是由于 IPv6 报头中新增加了两个字段“业务量等级”字段和“流标记”字段。有了这两个字段，中间的各节点可以识别不同的 IP 地址流并进行除默认处理之外的不同处理。此外，IPv6 也有助于改进服务质量。这主要表现在支持“实时在线”连接，防止服务中断以及高网络性能方面。因此，对于 IP 电话、可视电话等应用可以提供很好的实时性保证。

（3）简化的报头。IPv6 由一个基本报头和多个扩展报头构成。基本报头的长度是固定的 40 字节，并对其进行了简化。IPv4 的报头有 15 个域，而 IPv6 的基本报头只有 8 个域，放置所有路由器都需要处理的信息。其他扩展功能由扩展报头来完成，从而保证 IPv6 的灵活性及相对 IPv4 的功能改进，但扩展报头只在目的节点时才会得到处理。所有这些改变使得路由器在处理 IPv6 报头时速度更快。

（4）可靠的安全性。对所有 IPv6 节点，IPSec 协议是强制必须实现的，但在 IPv4 中 IPSec 是一个可选扩展协议。此外，作为 IPSec 的一项重要应用，IPv6 集成了虚拟专网（VPN）的功能。因此，当建立一个 IPv6 的连接时，就可得到一个安全的端到端连接。通过对通信端的验证和对数据的加密保护，使敏感数据可以在 IPv6 网络上进行安全传输。

除了上述的优点外，IPv6 还具有自动配置的特性，这种特性使 IPv6 节点可以实现即插即用，即无需手动干预就能够配置一个全球唯一的 IPv6 地址。在移动性方面 IPv6 也具有切实可行性。通过转交地址的设置，能够灵活的实现移动节点与 Internet 中任意节点的通信。

目前，主要使用的网络协议还是 IPv4，还有很大一部分设备只支持 IPv4 标准，全面实施 IPv6 标准还有一定的困难。目前，由 IPv4 协议支持的 Internet 构建 IPv6 网主要有两种方式：双堆栈技术和隧道技术。

（1）双堆栈技术。这种技术是指某些具有双堆栈（IPv6，IPv4）的路由器可以将两种地址格式进行“翻译”，从而实现 IPv4 环境下，部分 IPv6 网络间的通信，如图 7-19 所示。

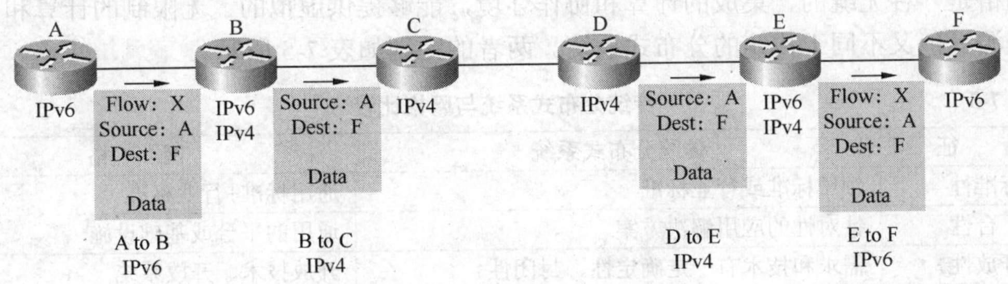

图 7-19 双堆栈方式工作原理示意图

其中的路由器 B、E 就是具有多堆栈的路由器，即支持 IPv4 又支持 IPv6。

（2）隧道技术。在这种技术中 IPv6 可以作为 IPv4 的载荷通过 IPv4 的路由器，即把 IPv6 的分组封装在 IPv4 的分组中在 IPv4 网络中传输，如图 7-20 所示。

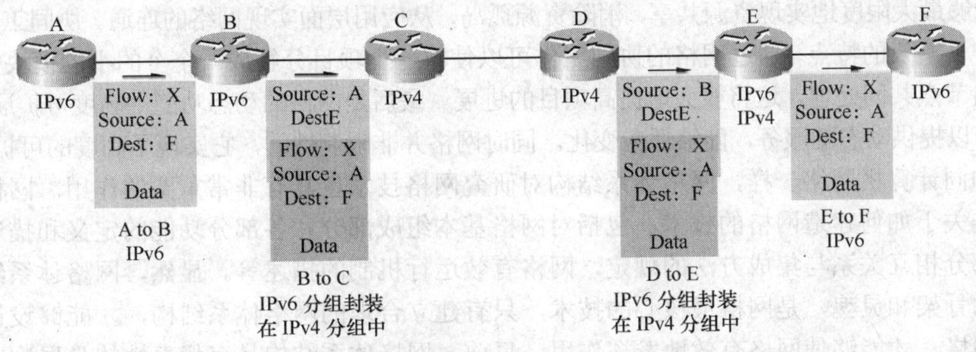

图 7-20 隧道方式工作原理示意图

通过图 7-20 可以看出数据包好像是在 IPv4 网络中的隧道中传输的，因此隧道技术在逻辑上可用图 7-21 描述。

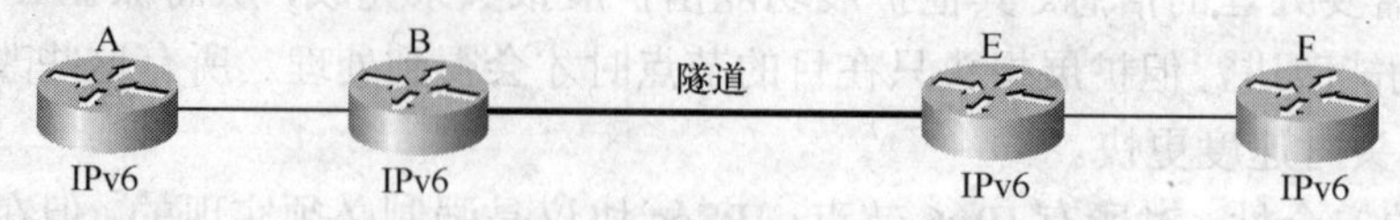

图 7-21 隧道方式逻辑图

7.5.3 网格技术

网格是一种新兴的网络技术，正处在不断发展和变化当中，被专家们称为是继传统 Internet、Web 之后的第三次浪潮，可以称之为第三代 Internet 应用。

网格是利用 Internet 把地理上广泛分布的各种资源（包括计算资源、存储资源、带宽资源、软件资源、数据资源、信息资源、知识资源等）连成一个逻辑整体，就像一台超级计算机一样，为用户提供一体化信息和应用服务（计算、存储、访问等）。

网格技术使人们在使用网络资源时就像使用电网中的电能一样，只关心能够使用的资源和服务，而并不关心所使用的资源和服务是由谁提供的。虚拟组织最终可以在这个虚拟环境下进行资源共享和协同工作，彻底消除资源“孤岛”，最充分的实现信息共享。

网格是一种无缝的、集成的计算和协作环境，能够提供虚拟的、无限制的计算和分布式数据资源，但又不同于传统的分布式系统。两者的区别如表 7-5 所示。

表 7-5 传统分布式系统与网格比较

特　征	传统分布式系统	网　格
标准性	领域标准或行业标准	通用标准+行业标准
平台性	针对性的应用解决方案	通用的平台或基础设施
开放性	需求和技术有一定确定性、封闭性	开放技术、开放系统
通用性	专门领域、专有技术	通用技术
控制模式	统一规划、集中控制	自然进化、非集中控制
使用模式	终端模式或 C/S 模式	服务模式为主

通过传统分布式系统与网络技术的比较，可以看出，网格最大的特点就是通用开放标准，非集中控制，网格是基于国际的开放技术标准，不同于很多行业、部门或者公司推出的产品或系统，能够最大限度地实现资源共享，消除资源孤岛，从应用层面实现网络的连通。协同工作是网格另一个重要的特点，通过网格的协同工作可以使将一个项目分解成一个个的小的模块交给多个网格节点共同处理，这将极大地提高项目的进展。最后是网格的动态功能，高度可扩展特性，网格可以提供动态的服务，能够适应变化。同时网格并非限制性的，它实现了高度的可扩展性。

如同计算机网络一样，网格体系结构对研究网格技术也具有非常重要的作用。网格体系结构是关于如何建造网格的技术，包括对网格基本组成部分和各部分功能的定义和描述，网格各部分相互关系与集成方法的规定，网格有效运行机制的描述等。显然，网格体系结构是网格的骨架和灵魂，是网格最核心的技术，只有建立合理的网格体系结构，才能够设计和建造好网格，才能够使网格有效地发挥作用。目前，网格体系结构具有代表性的是层次协议体系结构和开放网格服务体系结构（Open Grid Services Architecture，OGSA）。

（1）层次协议体系结构。在该体系结构中，网格建设的核心是标准化的协议与服务。根据层次协议结构中各组成部分与共享资源的距离，将对共享资源进行操作、管理和使用的功能分散在5个不同的层次。分别是构造层、连接层、资源层、汇聚层和应用层。整个体系结构是一个“沙漏”形状，如图7-22所示，其核心部分是沙漏的瓶颈部分，资源层和连接层共同组成这一核心的瓶颈。

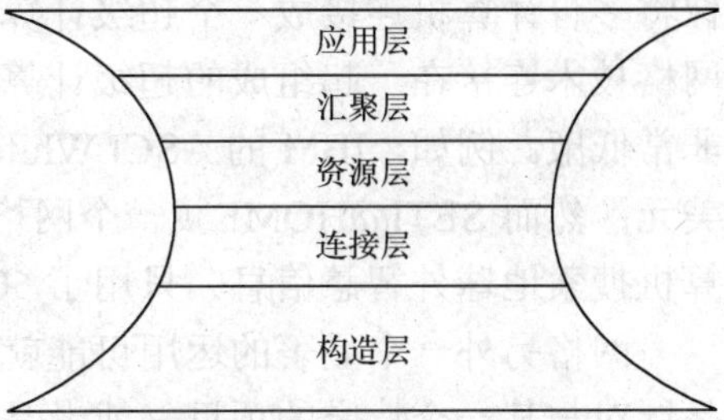

应用层
汇聚层
资源层
连接层
构造层

图7-22 网络体系结构示意图

构造层（Fabric）：控制局部的资源。由物理或逻辑实体组成，目的是为上层提供共享的资源。常用的物理资源包括计算资源、存储系统、目录、网络资源等；逻辑资源包括分布式文件系统、分布计算池、计算机群等。构造层组件的功能受高层需求影响，基本功能包括资源查询和资源光缆的QoS保证。

连接层（Connectivity）：支持便利安全的通信。该层定义了网格中安全通信与认证授权控制的核心协议。资源间的数据交换和授权认证、安全控制都在这一层控制实现。该层组件提供单点登录、代理委托、同本地安全策略的整合和基于用户的信任策略等功能。

资源层（Resource）：共享单一资源。该层建立在连接层的通信和认证协议之上，满足安全会话、资源初始化、资源运行状况监测、资源使用状况统计等需求，通过调用构造层函数来访问和控制局部资源。

汇集层（Collective）：协调各种资源。该层将资源层提交的受控资源汇集在一起，供虚拟组织的应用程序共享和调用。该层组件可以实现各种共享行为，包括目录服务、资源协同、资源监测诊断、数据复制、负荷控制、账户管理等功能。

应用层（Application）：为网格上用户的应用程序层。应用层是在虚拟组织环境中存在的。应用程序通过各层的应用程序编程接口（API）调用相应的服务，再通过服务调动网格上的资源来完成任务。为便于网格应用程序的开发，需要构建支持网格计算的大型函数库。

（2）开放网格服务体系结构。开放网格服务体系结构（OGSA）被称为是下一代的网格体系结构，它是在原来“五层沙漏结构”的基础上，结合最新的Web Service技术提出来的。OGSA包括两大关键技术即网格技术和Web Service技术。

OGSA最突出的思想就是以“服务”为中心。在OGSA框架中，将一切都抽象为服务，包括计算机、程序、数据、仪器设备等。这种观念有利于通过统一的标准接口来管理和使用网格。层次协议体系结构实现对资源的共享，而OGSA实现的是对服务的共享。

Web Service提供了一种基于服务的框架结构，但是，Web Service面对的一般都是永久服务，而在网格应用环境中，大量的是临时性的短暂服务，比如一个计算任务的执行等。考虑到网格环境的具体特点，OGSA在原来Web Service服务概念的基础上，提出了“网格服务（Grid Service）”的概念，用于解决服务发现、动态服务创建、服务生命周期管理等与临时服务有关的问题。

基于网格服务的概念，OGSA将整个网格看作是“网格服务”的集合，但是这个集合不是一成不变的，是可以扩展的，这反映了网格的动态特性。网格服务通过定义接口来完成不同的功能，服务数据是关于网格服务实例的信息，因此，网格服务可以简单地表示为“网格服务＝接口/行为＋服务数据”。

在目前，网格服务提供的接口还比较有限，OGSA 还在不断的完善过程之中，下一步将考虑扩充管理、安全等方面的内容。

目前国内外网格技术运用得最多的可能是在一些大型院校的计算网格，实现计算资源的共享——CPU 计算的共享。在这种应用中，人们将多台计算机连接成一个局域型网格，就好像将多台计算机连接成一个超级计算机，计算能力得到大大的提高。这种由多台计算机应用网格技术连接在一起组成的超级计算机功能可与世界上运算最快的计算机相媲美，但价格却非常低廉。例如，IBM 的 ASCI White 可以实现每秒 12 万亿次的浮点运算，但是花费了 1 亿美元；然而 SETI@HOME（一个网格在分布式计算的成功运用的项目，通过 Internet 上的计算机搜索地球外智慧信息）只用了 50 万美元却实现了每秒 15 万亿次浮点运算。

网格另外一个显著的运用可能就是虚拟组织（Virtual Organizations）。这种虚拟组织往往是针对与某一个特定的项目，或者是某一类特定研究人员。在这里面可以实现计算资源、存储资源、数据资源、信息资源、知识资源、专家资源的全面共享。例如，由英国利兹大学、牛津大学、约克大学和谢菲尔德大学合作的 DAME 项目。该项目架构在这 4 个大学合建的白玫瑰网格 White Rose Computational Grid（WRCG）上，通过研究和运用该虚拟组织对飞机故障进行快速检测和维修。

我国政府对网格研究也十分重视，提出了建设“中国国家高性能计算环境（中国国家网格）”。目前，主要的网格项目有：国家网格和中国教育科研网格等。

练　习　题

一、填空题

1．早期的计算机网络从逻辑上分为________和________两类。

2．两个网络在网络层互连需要的设备是________。

3．Ethernet 交换机的数据帧转发方式有________种，分别是________________。

4．组成 Internet 的硬件包括________________。

5．路由表产生的方式有________和________两类。

二、单项选择题

1．IPv6 地址有________位。

A．32　　B．48　　C．64　　D．128

2．电子邮件系统中接收电子邮件系的协议是________。

A．SNMP　　B．SMTP　　C．POP　　D．FTP

3．局域网中的 IEEE802.3u 对应的是________技术。

A．以太网　　B．快速以太网　　C．4 千兆以太网　　D．交换式以太网

三、多项选择题

1．DNS 将主机名或域名翻译为 IP 地址的方法包括（　）。

A．映射　　B．迭代　　C．递归　　D．搬移

2. 计算机网络互连的类型包括（　　）。

A. 局域网—局域网　　B. 局域网—城域网

C. 局域网—广域网　　D. 广域网—广域网

3. 在广域网中应用到的网络技术有（　　）。

A. X.25　　B. 令牌环网　　C. PPP　　D. 帧中继

四、名词解释

1. 旁路控制
2. 陷门
3. 网关
4. VLAN

五、简答题

1. 简述交换式以太网的工作原理。
2. 简述 IPv4 向 IPv6 过渡方案。
3. 简述 IDS 的工作原理。

六、综述题

计算机网络的安全防范应从哪些方面考虑？主要涉及的技术有哪些？

第8章 信息传输网

光网络作为信息传输的基础网络，备受关注。从 SDH 到 WDM 技术的发展，再到 OTN 网络的发展，以及通信业务加速向分组化的转移（即 PTN 技术的出现），同微波与卫星通信网络，共同在信息高速公路的建设中提供了高速传送多种类型宽带业务信息的能力。

8.1 传输网络的发展与演变

现代意义的通信（Telecommunications，通常称为电信）是以 1837 年美国人莫尔斯发明电报为标志的。此后贝尔发明的电话，马可尼、波波夫发明的无线电通信使电通信成为了最主要的通信方式。电信的发展经历了从基带单路传输到频带的多路传输过程。为达成更大的通信容量，人们使用的载波频率越来越高，微波通信技术应运而生并获得巨大成功。

而光波的频率比微波要高得多，理论上，利用光波作为信息载体，其潜在的通信容量是传统的电通信手段所无法比拟的。但要实现现代意义下的光通信必须解决两个最为关键的问题，一是可以高速调制的相干性很好的光源，二是低损耗的光波传输介质。在 20 世纪 70 年代，这两个问题在人们的努力下终于解决。1970 年，世界上首根可实用的通信光纤由康宁公司研制成功，其传输损耗从原来的 1000dB/km 降到了 20dB/km；同年，贝尔实验室也推出了室温下可连续工作的半导体激光器，为光通信提供了实用化的光源。从此，电信进入了光纤通信时代。

在光纤通信出现之前，通信正经历从模拟向数字方向的发展。与传统的模拟通信相比，数字通信有非常明显的优势，但由于数字传输需要很大的传输带宽，而当时的通信用电缆很难满足这一要求，所以数字通信进展缓慢。在光纤通信出现后，其巨大的带宽优势足以满足数字通信在带宽方面的要求，数字通信也就迅速发展起来，而数字通信速率的进一步提高又促使人们研究更高速的光纤通信技术。可以说，光纤通信与数字通信是捆绑在一起发展壮大的。

数字光纤通信系统的结构示意图如图 8-1 所示。

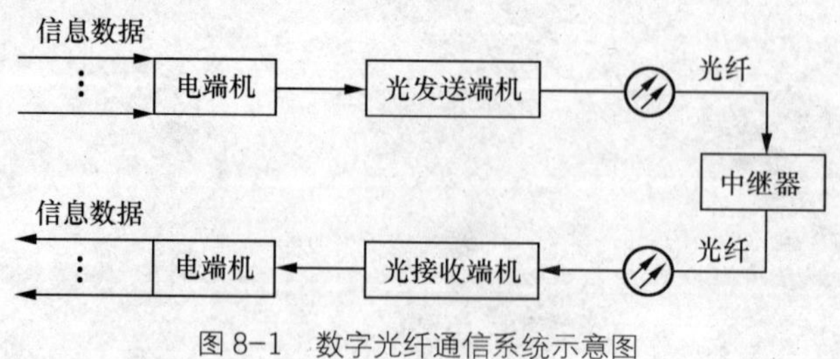

图 8-1 数字光纤通信系统示意图

图 8-1 中，电端机负责信息数据的复用、解复用，光发送/接收端机负责群路信号的电/光（E/O）、光/电（O/E）变换，光纤负责光信号的传输，中继器对光信号进行再生。

光纤通信与高速数字通信的结合看来是完美的，这是通信史上的一个重大进步。但不幸的是，最初人们似乎低估了光纤通信的能量，现在看来，虽然当时两者的发展是捆绑在一起的，但总体上，人们只赋予光纤通信一个点到点传输的功能。也就是说，数字通信的发展并没有真正将光纤通信也包含在内，而是相对独立地发展的，虽然其发展是以光纤通信的发展为前提的。

数字通信最初的发展是为电话通信服务的。语音信道的数字化、复用方式可以有很多种选择，各国关注点的不同、选择的不同也导致了数字通信体系上的差别。在数字通信系统中，传送的信号都是数字化的脉冲序列。这些数字信号流在数字交换设备之间传输时，其速率必须完全保持一致，才能保证信息传送的准确无误，这就叫做“同步”。数字传输系统中，有两种数字传输系列，一种叫做“准同步数字系列”（Plesiochronous Digital Hierarchy，PDH）；另一种叫做“同步数字系列”（Synchronous Digital Hierarchy，SDH）。

采用准同步数字序列（PDH）的系统，是在数字通信网的每个节点上都分别设置高精度的时钟，这些时钟的信号都具有统一的标准速率。尽管每个时钟的精度都很高，但总还是有一些微小的差别。为了保证通信的质量，要求这些时钟的差别不能超过规定的范围。因此，这种同步方式严格来说不是真正的同步，所以叫做“准同步”。

在以往的电信网中，多使用 PDH 设备。这种系列对传统的点到点通信有较好的适应性。而随着数字通信的迅速发展，点到点的直接传输越来越少，而大部分数字传输都要经过转接，因而 PDH 系列便不能适合现代电信业务开发的需要，以及现代化电信网管理的需要。SDH 就是适应这种新的需要而出现的传输体系。图 8-2 所示为 PDH 在发展过程中出现的分歧。

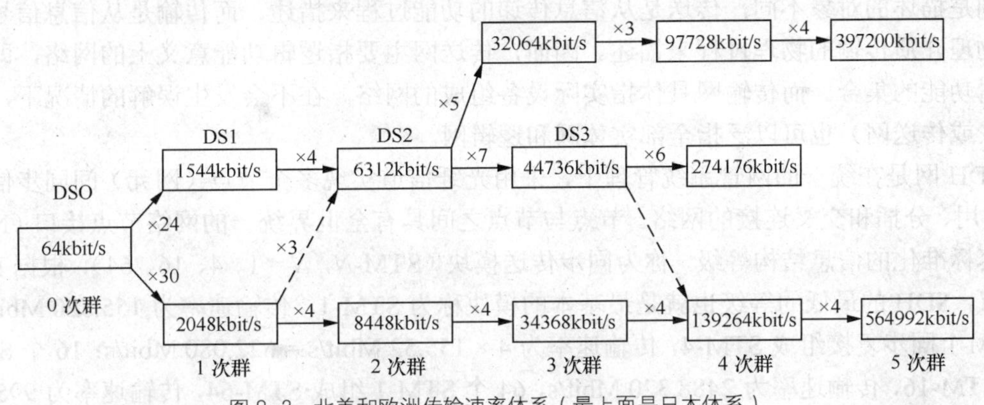

图 8–2 北美和欧洲传输速率体系（最上面是日本体系）

这种分歧使得不同体系的国家间的互通代价增大，同时，光纤通信未能与数字通信紧密结合导致了一些问题的出现，再加上 PDH 本身在“准同步”方面的局限性，这些问题为全球通信的进一步快速发展设置了障碍，迫使人们研究一种新的通信体制来解决这些问题。

如前所述，PDH 结合光纤传输的方式是通信史上的重大进步，但也还存在一些大问题，主要体现在以下几个方面。

（1）如图 8-2 所示，世界各国通信体系不兼容，造成国际互通困难。

（2）没有光接口方面的标准，不同厂商的光系统互通是不可能的，只能在电接口处相遇。

（3）基于点到点通信的设计使沿线上下通路代价大，需要一大批设备背靠背工作，设备利用效率低，对信号损伤大。

（4）OAM（运行、管理、维护）基于人工完成，效率低，难以适应现代通信管理的要求。

这些问题的解决有待于一种新的通信体制的出现。SDH 传输体制是由 PDH 传输体制进化而来的，因此它具有 PDH 体制所无可比拟的优点，它是不同于 PDH 体制的全新的一代传输体制，与 PDH 相比在技术体制上进行了根本的变革。

最初提出这个概念的是美国贝尔通信研究所。SONET 于 1986 年成为美国新的数字体系标准。1988 年，CCITT 接受了 SONET 的概念，并重新命名为同步数字体系（Synchronous Digital Hierarchy，SDH）。

SDH 后来又经过修改和完善，成为涉及比特率、网络节点接口、复用结构、复用设备、网络管理、线路系统、光接口、信息模型、网络结构等的一系列标准，成为不仅适用于光纤，也适用于微波和卫星传输的通信技术体制。

8.2 SDH 传送网

一个电信网有两大基本功能群，一类是传送（Transport）功能群，它可以将任何通信信息从一个点传递到另一些点。另一类是控制功能群，它可实现各种辅助服务和操作维护功能。所谓传送网就是完成传递功能的手段，当然传送网也能传递各种网络控制信息。实际应用中还经常遇到另一个术语——传输（Transmission），人们往往将传输和传送相混淆，两者的基本区别是描述的对象不同，传送是从信息传递的功能过程来描述，而传输是从信息信号通过具体物理介质传输的物理过程来描述。因而，传送网主要指逻辑功能意义上的网络，即网络的逻辑功能的集合。而传输网具体指实际设备组成的网络。在不会发生误解的情况下，则传输网（或传送网）也可以泛指全部实体网和逻辑网。

SDH 网是在统一的网管系统管理下，采用光纤信道实现多个节点（网元）间同步信息传输、复用、分插和交叉连接的网络。节点与节点之间具有全世界统一的网络节点接口（NNI），有一套标准化的信息结构等级，称为同步传送模块（STM-N，N = 1、4、16、64），根据 ITU-T 的建议，SDH 的最低的等级也就是最基本的模块称为 STM-1，传输速率为 155.520 Mbit/s；4 个 STM-1 同步复接组成 STM-4，传输速率为 4 × 155.52 Mbit/s = 622.080 Mbit/s；16 个 STM-1 组成 STM-16，传输速率为 2488.320 Mbit/s，64 个 STM-1 组成 STM-64，传输速率为 9953.280 Mbit/s，另外 Sub STM-1 传输速率为 51.84Mbit/s 用于微波和卫星传输。

STM-N 采用了块状帧结构，允许安排丰富的开销（附加）比特用于网络的管理，每个节点都有统一的标准光接口，实现了不同厂家设备在光路上的互连；它的基本网元有终端复用器（TM）用于将低/高速率的码流复接/分接成高/低速率的码流，分插复用器（Add/Drop Multiplexes，ADM）用于在高速率码流中取出/插入低速率的码流，数字交叉连接设备（Digital Cross－Conned equipment，DXC）用于同等速率码流之间的交换等；能够承载多种速率的业务如现存的 PDH 速率体系、ATM（异步转移模式），IP（IP 分组）和 FDDI 等；采用网管软件对网络进行配置和控制，使新功能和新特性的增加比较方便，适用于将来业务的发展。

SDH网典型的网络结构是环形网，主要的两个网元是ADM和DXC，图8-3所示是两个环形网通过DXC互连。

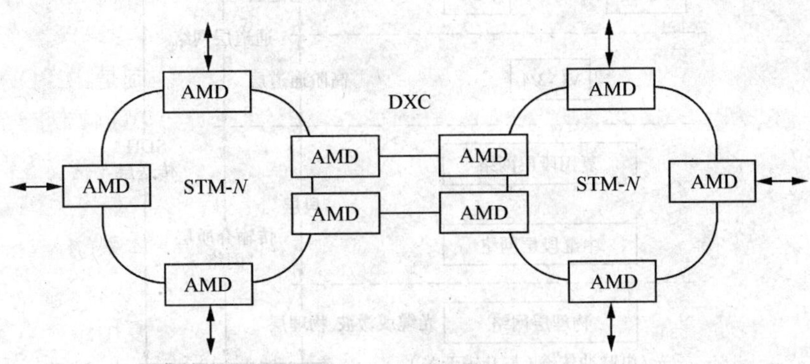

图8-3 SDH典型的环形网结构

8.2.1 SDH传送网的功能结构

由于传送网实际上是一个巨大的复杂网络，为了使分析简单，我们规定一种网络模型，它具有规定的功能实体并具有分层（Layering）和分割（Partitioning）概念，这样也便于网络的建立、维护和管理。

传送网可从垂直方向分解为一个独立的层网络，即电路层、通道层和传输介质层。每一层网络在水平方向又可以按照该层内部结构分割为若干分离的部分，组成适于网络管理的基本骨架。因而分层和分割之间满足正交关系，如图8-4所示。

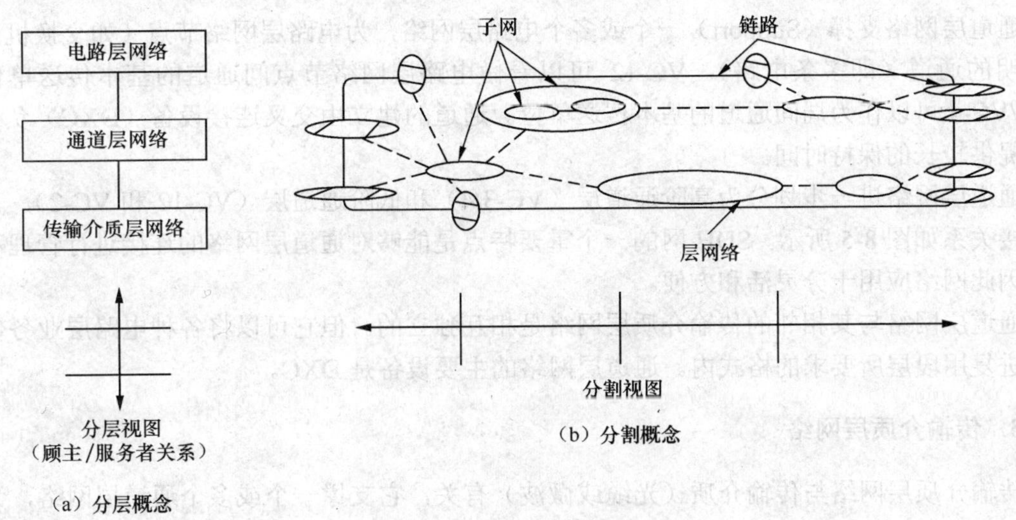

图8-4 分层和分割视图

SDH传送网的分层模型从上至下依次为电路层网络、通道层网络和传输介质层网络，如图8-5所示。

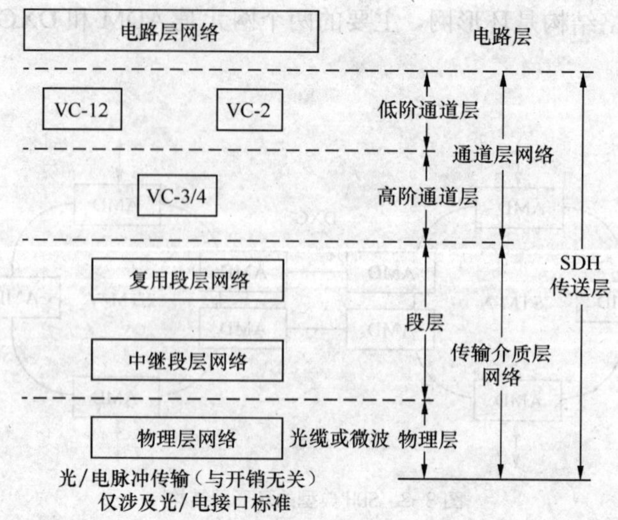

图 8-5 SDH 传输网分层模型

1．电路层网络

电路层网络直接为用户提供通信业务，诸如电路交换业务，分组交换业务和租用线业务等。按照提供业务不同，可以分为不同的电路层网络。电路层网络与相邻的通道层网络是相互独立的。

电路层网络的主要设备是交换机和用于租用线业务的交叉连接设备。电路层网络的端到端电路连接一般由交换机建立。

2．通道层网络

通道层网络支撑（Support）一个或多个电路层网络，为电路层网络节点（如交换机）提供透明的通道（即多条电路）。VC-12 可以看做电路层网络节点间通道的基本传送单位，VC-3/VC-4 可以作为局间通道的基本传送单位。通道的建立由交叉连接设备（DXC）负责，可以提供较长的保持时间。

通道层网络进一步划分为高阶通道层（VC-3/4）和低阶通道层（VC-12 和 VC-2），其间的连接关系如图 8-5 所示。SDH 网的一个重要特点是能够对通道层网络的连接进行管理和控制，因此网络应用十分灵活和方便。

通道层网络与其相邻的传输介质层网络是相互独立的。但它可以将各种电路层业务信号映射进复用段层所要求的格式内。通道层网络的主要设备是 DXC。

3．传输介质层网络

传输介质层网络与传输介质（光缆或微波）有关，它支撑一个或多个通道层网络，为通道层网络节点（例如 DXC）间提供合适的通道容量，STM-N 是传输介质层网络的标准等级容量。传输介质层网络的主要设备是线路传输系统。

传输介质层网络进一步划分为段层网络和物理介质层网络（简称物理层），其中段层网络涉及提供通道层两个节点间信息传递的所有功能，而物理层涉及具体的支持段层网络的传输介质，如光缆和微波。

在SDH网中，段层网络还可以细分为复用段层网络和中继段层网络。其中复用段层网络为通道层提供同步和复用功能并完成复用段开销的处理和传递，中继段涉及中继设备之间或中继设备与复用段终端设备之间的信息传递，诸如定帧、扰码、中继段误码监视以及中继段开销的处理和传递。

物理层网络主要完成光/电脉冲形式的位传送任务，与开销无关。

相邻层网络间符合顾主/服务者关系，即下层为上层服务，反映服务者与顾主的关系。表8-1列出了我国SDH传送网的顾主/服务者联系（与图8-4结合）。

利用扩展层网络中适配、终结或终端连接点的方法可以将层网络进一步分解为独立的管理子层，每一管理子层还可以细分为更小的子层。

表8-1　　SDH传送网的适配功能参考

顾主层	服务层	适配	顾主层特征信息
语声	64kbit/s	G.711/ G.712	300Hz-3400Hz
2048kbit/s 异步	VC-12 或 C-12	G.709	2048kbit/s ± 50ppm
2048kbit/s 同步	VC-12	G.709	2048kbit/s ± 4.6ppm
34368kbit/s 异步	VC-3 或 C-3	G.709	34368 kbit/s ± 20ppm
139264 kbit/s 异步	VC-4 或 C-4	G.709	139264 kbit/s ± 15ppm
ATM 虚通道	任意 VC	G.709	53byte 信元
VC-12 通道	VC-3 或 VC-4	G.709	VC-12+帧偏移
VC-3 通道	VC-4	G.709	VC-3+帧偏移
VC-4 通道	STM-*N*	G.709	VC-4+帧偏移

传送网分层后，每一层网络仍然很复杂。为了管理上的方便，在分层的基础上，再对每一层网络划分为若干分离的部分，组成网络管理的基本骨架。

（1）子网络的分割。任何子网络都可以进一步分割为若干由链路互连的较小的子网络，这些较小的子网络和链路互相结合的方式即表现为子网络的拓扑，即

子网络 = 较小的子网络 + 链路 + 拓扑

采用分割的概念可以将一层网络进行递补归分解，直到披露所要看到的细节为止，所能看到最小细节恰好就是NE内实现交叉连接矩阵的设备。

（2）网络连接和子网络连接的分割。与分割子网络一样，对网络连接也可以按同样的方法进行分割。通常，网络连接可以分割为一系列子网络连接和链路连接的结合，即

网络连接 = TCP + 子网络连接 + TCP

每个子网络连接可以进一步分割成一系列子网络连接和链路连接的结合，在这种情况下，分割必须以子网络连接开始和子网络连接结束，即

子网络连接 = CP + 较小的子网络连接 + 链路连接 + CP

网络连接和子网络连接的分割与上述子网络分割方法相似，递归分解的正常极限是基本连接矩阵上的单个连接点的联系处。网络连接和子网络连接可以认为是由许多子网络连接和链路连接按特定次序结合的传送实体。

（3）链路连接和分层。当网络连接已经被完全分解成基本的链路连接和子网络连接时，每一链路连接可以看做是抽象的传送实体，由采用分层概念的适配功能和路径功能组成，如图8-6所示。该图显示了SDH传送网的层间联系和设备组成。

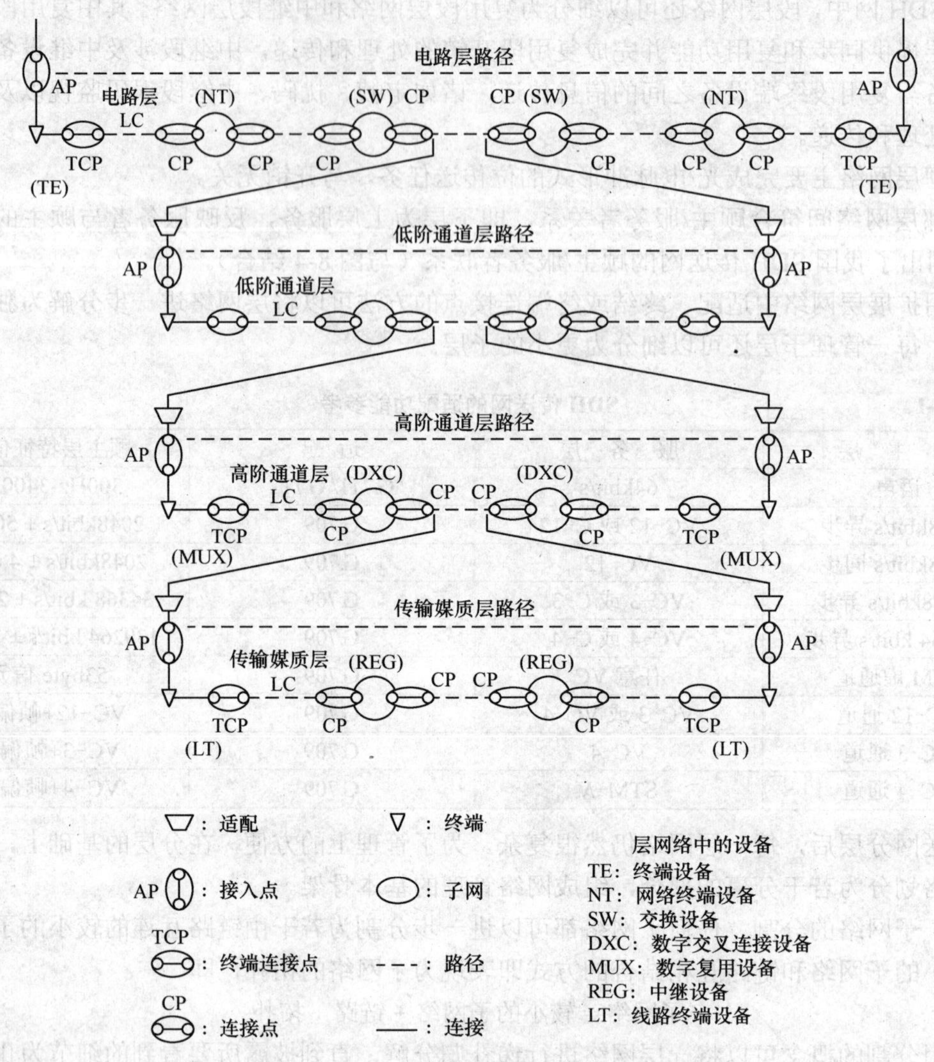

图 8-6　传输网的层间联系

按照分层的概念 SDH 传送网的开销和传送功能也是分层的，即不同层的网络有不同的开销和传送功能。例如中继段有中继段开销（RSOH），通道层有通道层开销（POH）。各层之间存在等级关系，按功能可以在垂直方向有序地排列，每一层都需要全部低层的服务来执行本层的功能。不同实体的光接口可以通过对等层进行水平方向的通信。通常由于对等层间并无实际传输介质相连，故其间通信实际是通过下一层提供的服务及其同层间通信来实现的，如此类推直到最低层，其同层通信直接通过物理介质上的实际通信来实现。图 8-7 描述了分层光接口的通信。而图 8-8 则显示了从水平方向所看到的对应的系统组成。中继段终端（RST）产生和终结 RSOH；复用段终端（MST）产生和终结 MSOH，其功能可以包含在光线路终端、宽带 DXC 和高阶复用器等设备内；通道终端（PT）完成对净负荷的复用和解复用以及通道开销的处理，其功能可以包含在低阶复用器、亚宽带（介于 140Mbit/s 和 2Mbit/s 之间）DXC 和用户环路系统等设备内。

以上是光传送网的分层概念与虚（如图 8-7 所示）和实（如图 8-8 所示）结合的说明。

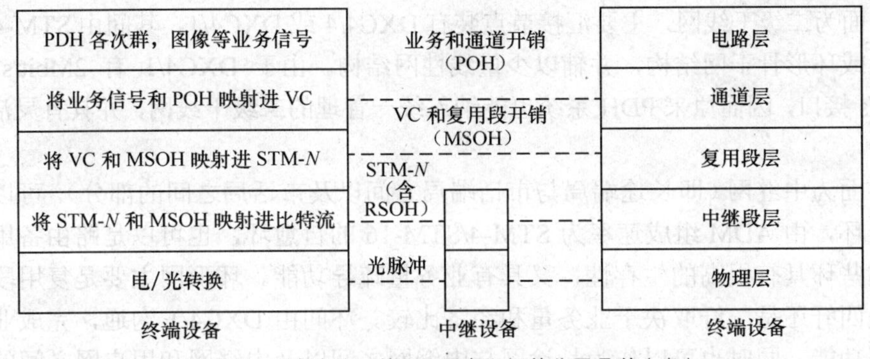

图 8-7 具有光接口的 SDH 设备之间的分层通道（虚）

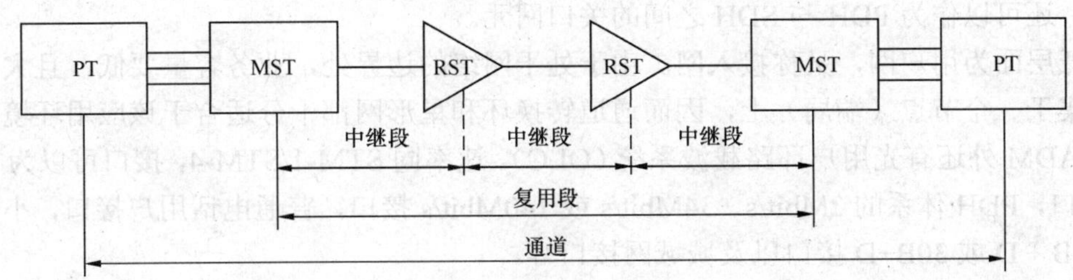

图 8-8 系统组成中的中继段、复用段和通道图（实）

我国的 SDH 网络结构可分为 4 个层面，如图 8-9 所示。最高层面为长途一级干线网，主要省会城市及业务量较大的汇接节点城市（例如徐州等）装有 DXC4/4，其间由高速光纤链路 STM-16 组成，形成了一个大容量、高可靠的网孔形国家骨干网结构，并辅以少量线形网。由于 DXC4/4 也具有 PDH 体系的 140Mbit/s 接口，因而原有 PDH 的 140Mbit/s 和 565Mbit/s 系统也能纳入统一管理的长途一级干线网中。

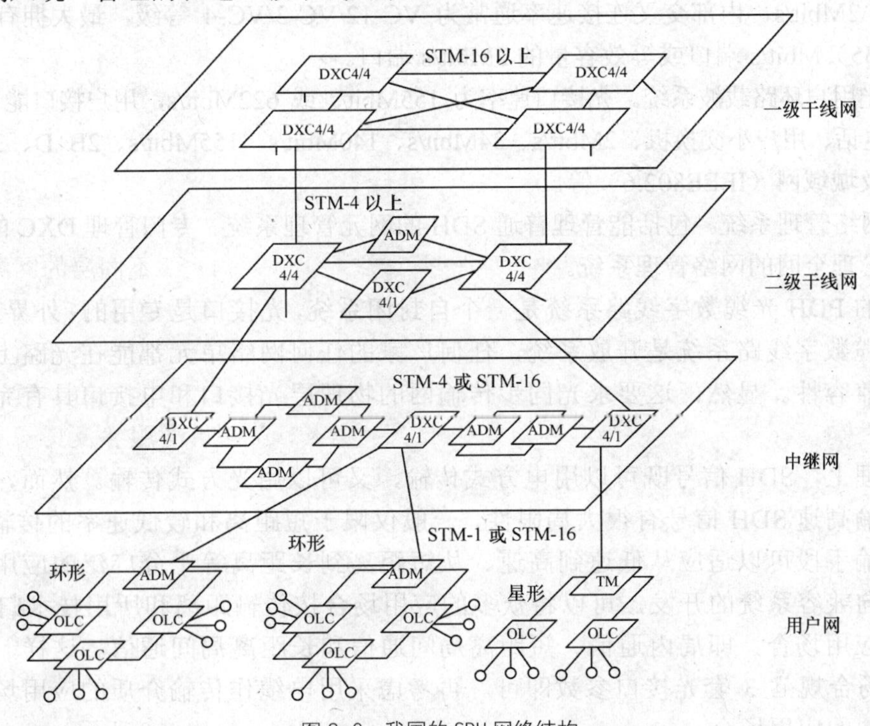

图 8-9 我国的 SDH 网络结构

第二层面为二级干线网，主要汇接节点装有DXC4/4或DXC4/1，其间由STM-4组成，形成省内网状或环形骨干网结构，并辅以少量线性网结构。由于DXC4/1有2Mbit/s、34Mbit/s或140Mbit/s接口，因而原来PDH系统也能纳入统一管理的二级干线网，并具有灵活高度电路的能力。

第三层面为中继网（即长途端局与市话端局之间以及市话局之间的部分），可以按区域划分为若干个环，由ADM组成速率为STM-4/STM-16的自愈环，也可以是路由备用方式的两节点环。这些环具有很高的生存性，又具有业务量疏导功能。环形网主要是复用段转换环方式，究竟是四纤还是二纤取决于业务量和经济比较。环间由DXC4/1沟通，完成业务量疏导和其他管理功能。同时也可以作为长途网与中继网之间以及中继网和用户网之间的关口网元或接口，还可以作为PDH与SDH之间的关口网元。

最低层面为用户网，又称接入网。由于处于网络的边界处，业务容量要低，且大部分业务量汇集于一个节点（端局）上，因而通道转换环和星形网都十分适合于该应用环境，所需设备除ADM外还有光用户环路载波系统（OLC）。速率同STM-1/STM-4，接口可以为STM-1光/电接口，PDH体系的2Mbit/s、34Mbit/s或140Mbit/s接口，普通电话用户接口，小交换机接口，2B + D或30B+D接口以及城域网接口等。

我国SDH网的主要设备有以下4类。

（1）STM-1/STM-4/STM-16线路终端设备和线路中继设备。光接口速率为155Mbit/s或622Mbit/s或2.5Gb/s，线路终端设备的支路接口主要为2Mbit/s，（140/155）Mbit/s电接口或155Mbit/s光接口。

（2）数字交叉连接设备。一种是长途网用的DXC4/4，接口为（140/155）Mbit/s，内部交叉连接速率为VC-4，采用空分交换网络。另一种是DXC4/1，接口速率为（140/155）Mbit/s、34Mbit/s、\2Mbit/s，内部交叉连接速率通常为VC-12/VC-3/VC-4等级，最大拥有不少于32个（140/155）Mbit/s端口或等效容量的2Mbit/s端口。

（3）光用户环路载波系统。光接口速率为155Mbit/s或622Mbit/s，用户接口能适应多种业务，包括电话、用户小交换机、2Mbit/s、34Mbit/s、140Mbit/s、155Mbit/s、2B+D、30B+D、基带数据以及城域网（IEEE802.6）等。

（4）网络管理系统。包括能管理普通SDH的网元管理系统、专门管理DXC的网络管理系统以及管理全网的网络管理系统。

传统的PDH光缆数字线路系统是一个自封闭系统，光接口是专用的，外界无法接入。而同步光缆数字线路系统是开放系统，任何厂家的任何网络单元都能在光路上互通，即具备横向兼容性。显然，这要求光同步传输网的物理层光接口和电接口具有完整而严格的规范。

在原理上，SDH信号既可以用电方式传输，又可以用光方式传输。然而，采用电气方式来传输高速SDH信号有很大局限性，一般仅限于短距离和较低速率的传输，而采用光纤做传输手段可以适应从低速到高速、从短距离到长距离等十分广泛的应用场合。为了简化横向兼容系统的开发，可以将众多的应用场合按传输距离和所用技术归纳为3种最基本的应用场合，即局内通信、短距离局间通信和长距离局间通信。这样，需要对这3种应用场合规范3套光接口参数即可。再考虑采用电缆作传输介质的应用场合，则共有4类不同的应用场合。

为了便于应用，将上述 3 种采用光纤的应用场合分别用不同代码来表示。第一个字母表示应用场合，用字母 I 表示局内通信，S 表示短距离局间通信，L 表示长距离局间通信。字母后面的第一位数字表示 STM 的等级，例如数字 4 表示 STM-4 等级。第二位数字表示工作窗口和所用光纤类型：0 或者 1 表示标称工作波长为 1310nm，所用光纤为 G.652 光纤；2 表示标称工作波长为 1550nm，所用光纤为 G.652 光纤和 G.654 光纤；3 表示标称工作波长为 1550nm，所用光纤为 G.653 光纤。下面分别就上述 4 种不同的应用场合作简要介绍。

（1）长距离局间通信（光接口）。长途通信一般指局间再生段距离为 40km 以上的场合。此时既可以工作于 1310nm 窗口，又可以工作于是 1550nm 窗口。若工作于 1310nm 窗口，则只使用 G.652 光纤。若工作于 1550nm 窗口，则 G.652，G.653 和 G.654 光纤均可使用。一般 G.654 光纤主要用于海底光缆通信或那些需要超长再生段距离的场合。所用光源可以为高功率多纵模激光器（MLM），也可以是单纵模激光器（SLM），取决于工作波长、速率和所用光纤类型等因素。

（2）短距离局间通信（光接口）。短距离通信一般指局间再生段距离为 15km 左右的场合，主要适用市内局间通信和用户网环境。工作波长区可以是 1310nm 窗口，也可以是 1550nm 窗口。但由于传输距离较近，从经济角度出发，建议两个窗口都只用 G.652 光纤。所用光源可以是 MLM，也可以是低功率 SLM。

（3）局间通信（光接口）。局间通信一般传输距离为几百米、最多不超过 2km。传输系统的局内设备之间的互连由电缆担任。由于电缆的传输衰减随频率升高而迅速增加，因而随着传输速率的增加，传输距离越来越短，已不能适应使用要求。光纤的传输衰减基本与频率无关，而且衰减值很低，可以大大延伸传输距离。此外，采用光纤做局内通信还可以基本免除电磁干扰，避免地电位差造成的问题。由于传输距离不超过 2km，系统只需工作在 1310nm 窗口，并采用 G.652 光纤即可。所用光源根据要求不同，低功率 MLM 或发光二极管（LED）均可使用。

（4）电接口。电接口只适用于 STM-1 等级，所用传输介质为同轴电缆，此时网络单元之间的最大传输距离为 70m。对于更高的速率，由于技术经济原因，不再提供电接口。

表 8-2 所示总结了上述 3 种采用光纤的光接口分类、应用代码、光纤类型和典型传输距离。

表 8-2　　光接口分类

应　用	局内通信	局间通信				
		短距离		长距离		
光源标称波长/nm	1310	1310	1550	1310	1550	
光纤类型	G.652	G.652	G.652	G.652	G.652 G.654	G.653
传输距离/km	≤2	15		40	60	
STM-1	1-1	S-1.1	S-1.2	L-1.1	L-1.2	L-1.3
STM-4	1-4	S-4.1	S-4.2	L-4.1	L-4.2	L-4.3
STM-16	1-16	S-16.1	S-16.2	L-16.1	L-16.2	L-16.3

8.2.2　SDH 网的物理拓扑

网络物理拓扑即网络节点和传输线路的几何排列，也就是将维护和实际连接抽象为物理上的连接性。网络拓扑的概念对于 SDH 网的应用十分重要，特别是网络的效能、可靠性和经济性在很大程度上与具体物理拓扑有关。

简单的通信是从一点到另一点进行传输，这就是点到点拓扑。常规 PDH 系统和早期 SDH 系统即是基于这种物理拓扑，除此之外，还有 5 种基本类型的物理拓扑。网络拓扑结构如图 8-10 所示。

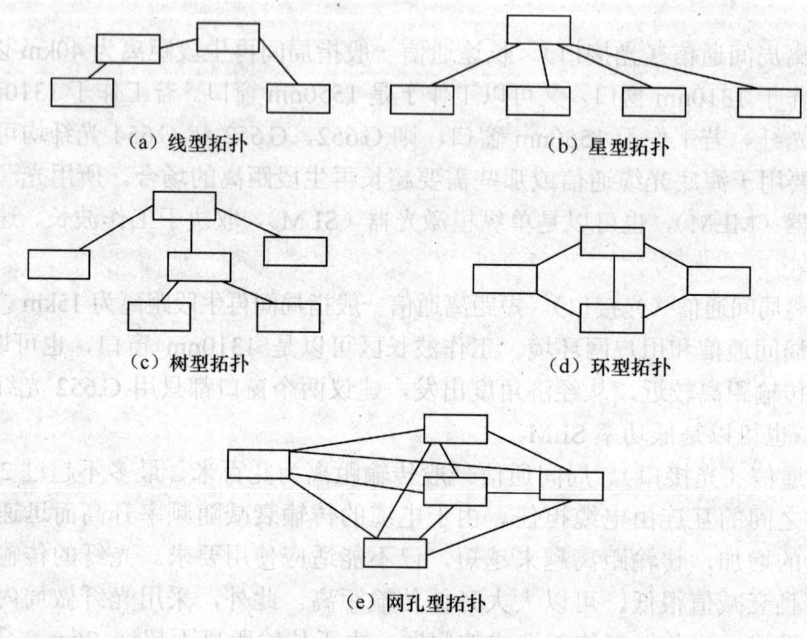

图 8-10　SDH 网络拓扑结构

1．线形

将通信网络中的所有点一一串联，而使首尾两点开放，这就形成了线形拓扑，如图 8-10（a）所示。这种拓扑的特点是其间所有点都应完成连接功能，显然这种结构无法应付节点和链路失效，故生存性较差。

SDH 组网中，在两个终端复用器（TM）中间，接入若干个分插复用器（ADM）就是典型的线形拓扑形式，这也是 SDH 早期应用的比较经济的网络拓扑形式。尽管目前实际工程中使用完全意义上的线形拓扑比较少，但它在网络结构的局部仍有重要的应用，比较典型的结构如“环带链”中的“链”即可视为局部的线形拓扑。

2．星形

当涉及通信的所有点中有一个特殊的点与其余所有点直接相连，而其余点之间互相不能直接相连时，就形成了所谓星形拓扑，又称为枢纽形拓扑。在这种拓扑结构中，除了特殊点外的任意两点间的连接都是通过特殊点进行的，特殊点为经过的信息流进行选路由并完成连接功能。这种网络拓扑可以将枢纽站（即特殊点）的多个光纤终端统一成一个，并具有综合的带宽管理灵活性，使投资和运营成本得到很大节省，但存在特殊点的潜在瓶颈问题和失效问题。

这种拓扑即是通信网络中某一特殊点与其他各点直接相连，而其他各点间不能直接连接，即构成星形拓扑，如图 8-10（b）所示。

3．树形

将点到点拓扑单元的末端点连接到几个特殊点时就形成了树形拓扑，树形拓扑可以看成是线形拓扑和星形拓扑的结合，即将通信网络的末端点连接到几个特殊点，如图 8-10（c）所示。这种拓扑构适合于广播式业务，但存在瓶颈问题和光功率预算限制问题，也不适于提供双向通信业务。

4．环形

环形拓扑实际上就是将线形拓扑的首尾之间再相互连接，从而任何一点都不对外开放，即为环形拓扑，如图 8-10（d）所示。这种环形网在 SDH 网中应用比较普遍，主要是因为它具有一个很大的优点，即很强的生存性，这在当今网络设计、维护中尤为重要。

当涉及通信的所有点串联起来，而且首尾相连。没有任何点开放时，就形成了环形网。在环形网中，为了完成两个非相邻点之间的连接，这两点之间的所有点都应完成连接功能。这种网络拓扑的最大优点是具有很高的生存性（survivability），这对现代大容量光纤网络是至关重要的，因而环形网在 SDH 网中受到特殊的重视。

5．网孔形

当涉及通信的许多点直接互相连接时就形成了网孔形拓扑，若所有的点都彼此连接即称为理想的网孔形拓扑，如图 8-10（e）所示。具备这种拓扑形式的网络，其两点间通信有多种路由可选，故可靠性高，生存性强且不存在瓶颈问题和失效问题，但结构复杂、成本也高、适合于那些业务量很大的地区。

SDH 网络的主要功能是为电信网提供有效的传输手段。为了达到这一目的，SDH 网络必须具有安全、经济、维护管理方便、技术上简单易行等特性。因此，受通信需求、技术水平、地理环境、经济条件等方面具体条件的制约，SDH 传送网的拓扑结构应该是多种多样的，即某些场合需要复杂的网孔形结构，而有些场合以最简单的线形网络就可以满足需求。

各种拓扑结构彼此各有其优缺点，在作具体的选择时，应综合考虑网络的生存性、网络配置的容易性，同时网络结构应当适于新业务的引进等多种实际因素和具体情况。一般来说，用户网适于星形拓扑和环形拓扑，中继网适于环形和线形拓扑，长途网适于树形和网孔形的结合。

6．SDH 典型组网应用

SDH 设备组网十分灵活，可以构建由上述基本拓扑结构组合而成的复杂网络。图 8-11 所示的（a）～（e）均为其常见的典型组网应用。

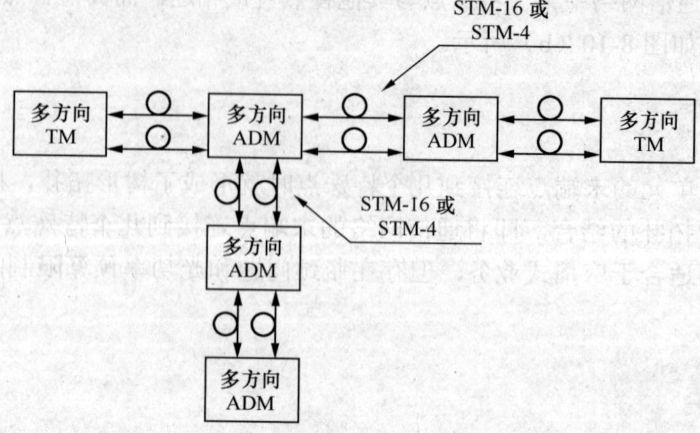

(a) 1+1 保护的链带链应用

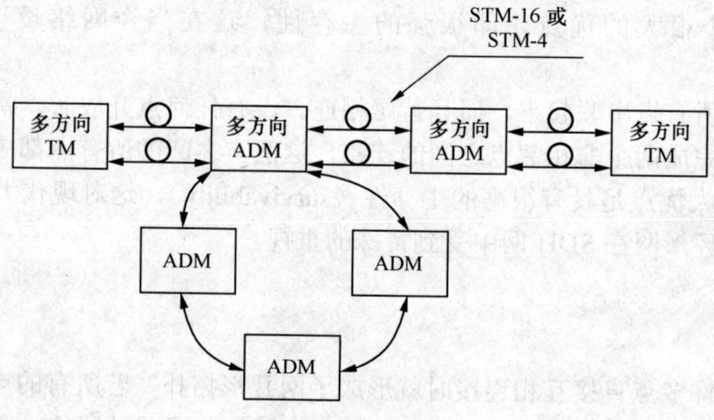

(b) 环带链型应用

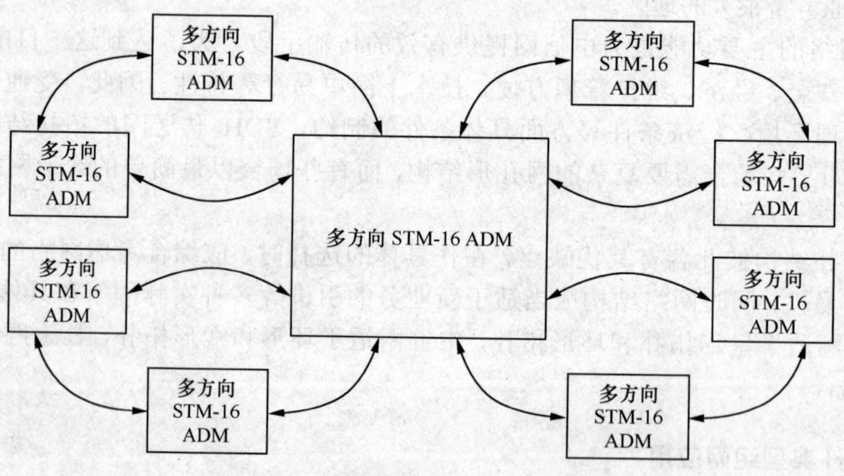

(c) 四环相切应用

图 8-11 SDH 设备常见的典型组网应用

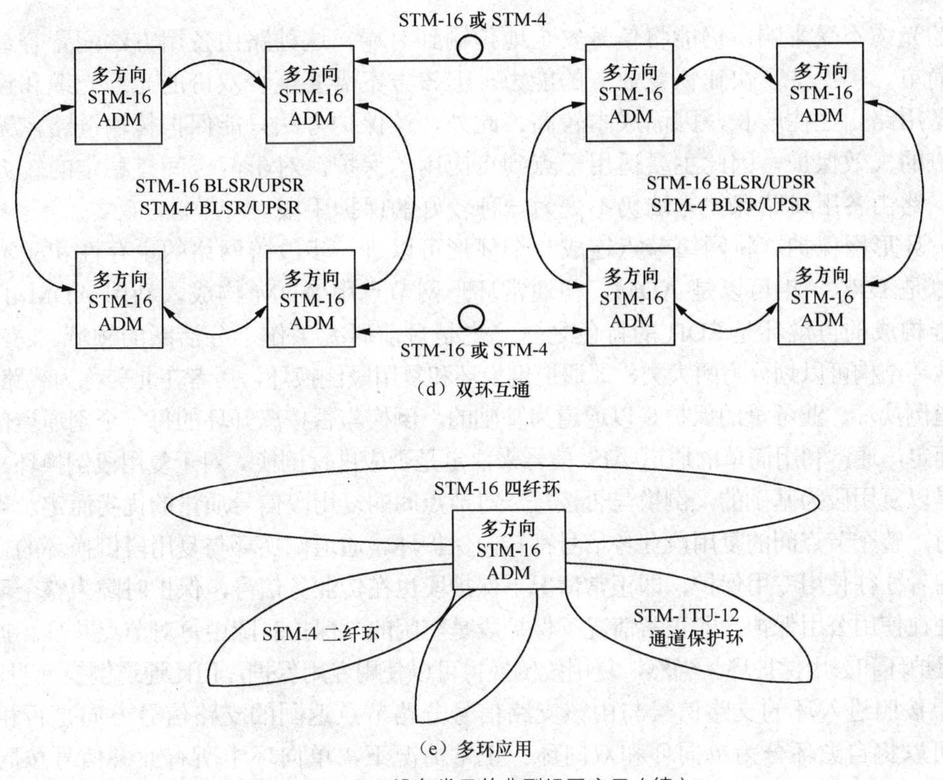

（d）双环互通

（e）多环应用

图 8-11 SDH 设备常见的典型组网应用（续）

8.2.3 SDH 自愈网

1. 网络生存性

随着科学和技术的发展，现代社会对通信的依赖性越来越大，通信网络的生存性已成为至关紧要的问题。近几年来，一种称为自愈网（Self-healing network）的概念应运而生。所谓自愈网就是无需人为干预，网络就能在极短的时间内从失效故障中自动恢复所携带的业务，使用户感觉不到网络已出了故障。其基本原理就是使网络具备替代传输路由并重新确立通信的能力。自愈网的概念只涉及重新确立通信，而不管具体失效元器件的修复或更换，后者仍需人工干预才能完成。

2. 自愈网的类型和原理

按照自愈网的定义可以有多种手段来实现自愈网，各种自愈网都需要考虑下面一些共同的因素：初始成本、要求恢复的业务量的比例、用于恢复任务所需的额外容量、业务恢复的速度、升级或增加节点的灵活性、易于操作运行和维护等。下面分别介绍各种具体的实现方法。

（1）线路保护倒换。最简单的自愈网形式就是传统 PDH 系统采用的线路保护倒换方式。其工作原理是当工作通道传输中断或性能劣化到一定程度后，系统倒换设备将主信号自动转至备用光纤系统传输，从而使接收端仍能接收到正常的信号而感觉不到网络已出了故障。这种保护方式的业务恢复时间很快，可短于 50ms，它对于网络节点的光或电的元部件失效故障十分有效。但是，当光缆被切断时（这是一种经常发生的恶性故障），往往是同一缆芯内的所有光纤（包括主用和备用）一起被切断，因而上述保护方式就无能为力了。

进一步的改进是采用物理上的路由备用。这样，当主通道路由光缆被切断时，备用通道路由上的光缆不受影响，仍能将信号安全地传输到对端。这种路由备用方法配置容易、网络管理很简单、仍保持了快速恢复业务的能力。但该方案需要至少双份的光纤光缆和设备，而且通常备用路由往往较长，因而成本较高。此外，该保护方法只能保护传输链路，无法提供网络节点的失效保护，因此主要适用于点到点应用的保护。对于两点间有稳定的较大业务量的场合，路由备用线路保护方法仍不失为一种较好的保护手段。

（2）环形网保护。将网络节点连成一个环形可以进一步改善网络的生存性和成本。网络节点可以是 DXC，也可以是 ADM，但通常环形网节点用 ADM 构成。利用 ADM 的分插能力和智能构成的自愈环是 SDH 的特色之一，也是目前研究工作十分活跃的领域。

自愈环结构可以划分为两大类，即通道倒换环和复用段倒换环，后者在北美称为线路倒换环。对于通道倒换环，业务量的保护是以通道为基础的，倒换与否按离开环的每一个别通道信号质量的优劣而定，通常利用简单的通道 AIS 信号来决定是否应进行倒换。对于复用段倒换环，业务量的保护是以复用段为基础的，倒换与否按每一对节点间的复用段信号质量的优劣而定。当复用段出问题时，整个节点间的复用段业务信号都转向保护环。通道倒换环与复用段倒换环的一个重要区别是前者往往使用专用保护，即正常情况下保护段也在传业务信号，保护时隙为整个环专用。而后者往往使用公用保护，即正常情况下保护段是空闲的，保护时隙由每对节点共享。据此又分为专用保护环和公用保护环。当然，复用段倒换也可以使用专用保护，但比通道倒换无明显优点。

如果按照进入环的支路信号与由该支路信号分路节点返回的支路信号方向是否相同来区分，又可以将自愈环分为单向环和双向环。正常情况下，单向环中所有业务信号按同一方向在环中传输（例如顺时针或逆时针）；而双向环中，进入环的支路信号按一个方向传输，而由该支路信号分路节点返回的支路信号按相反的方向传输。

如果按照一对节点间所用光纤的最小数量来区分，还可以划分为二纤环和四纤环。

按照上述各种不同的分类方法可以区分出多种不同的自愈环结构。通常，通道倒换环主要工作在单向二纤方式，近来双向二纤方式的通道倒换环也开始应用，并在某些方面显示一定的优点。而复用段倒换环既可以工作在单向方式。又可以工作在双向方式，既可以二纤方式，又可以四纤方式。实用化的结构主要是双向方式：下面我们以四个节点的环为例，介绍 4 种典型的实用的自愈环结构。

① 二纤单向通道倒换环。单向环通常由两根光纤来实现，一根光纤用于传业务信号，称 S 光纤，另一根光纤用于保护，称 P 光纤。单向通道倒换环使用“首端桥接，末端倒换”结构，如图 8-12（a）所示。业务信号和保护信号分别由光纤 S1 和 Pl 携带。例如在节点 A，进入环以节点 C 为目的地的支路信号（AC）同时馈入发送方向光纤 S1 和 Pl，即所谓双馈方式（1+1 保护）。其中 S1 光纤按顺时针方向将业务信号送至分路节点 C，P1 光纤按逆时针方向将同样的支路信号送至分路节点 C。接收端分路节点 C 同时收到两个方向来的支路信号，按照分路通道信号的优劣决定选哪一路作为分路信号。正常情况下，以 S1 光纤送来的信号为主信号。同理，从 C 点插入环以节点 A 为目的地的支路信号（CA）按上述同样方法送至节点 A，即 S1 光纤听携带的 CA 信号（旋转方向与 AC 信号一样）为主信号在节点 A 分路。

当 BC 节点间光缆被切断时，两根光纤同时被切断，如图 8-12（b）所示。在节点 C，由于从 A 经 S1 光纤来的 AC 信号丢失，按通道选优准则，倒换开关将由 S1 光纤转向 P1 光纤，接收由 A 节点经 P1 光纤而来的 AC 信号作分路信号，从而使 AC 间业务信号仍得以维持，不会丢失。故障排除后，开关返回原来位置。

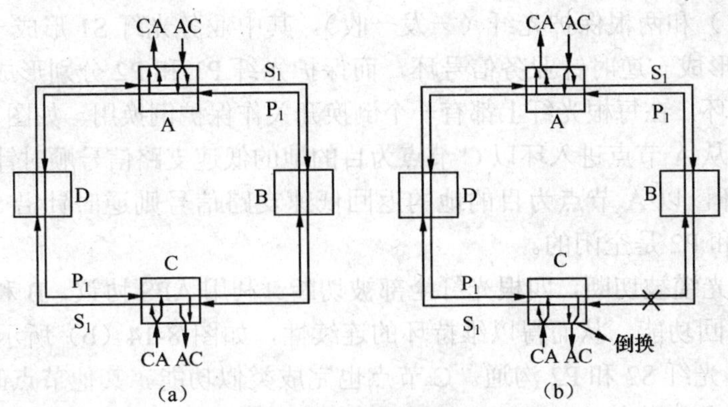

图 8-12 二纤单向通道倒换环

近来，二纤双向通道环也已开始应用，其中 1+1 方式与单向通道倒换环基本相同，只是返回信号沿相反方向返回而已。其主要优点是在无保护环或线形应用场合下具有通道再用功能，从而使总的分插业务量增加。1∶1 方式需要使用 APS 字节协议，但可以用备用通路传额外业务量，可选较短路由，易于查找故障。最主要的是由 1∶1 方式可以进一步演变发展成 M∶N 双向通道保护环，由用户决定只对某些重要业务实施保护，无需保护的通道可以在节点间重新再用，从而大大提高了可用业务容量。缺点是需要由网管系统进行管理，保护恢复时间大大增加。

② 二纤单向复用段倒换环。这种环形结构中节点在支路信号分插功能前的每一高速线路上都有一保护倒换开关，如图 8-13（a）所示。在正常情况下，低速支路信号仅仅从 SI 光纤进行分插，保护光纤 P1 是空闲的。

当 BC 节点间光缆被切断，两根光纤同时被切断，与光缆切断点相邻的两个节点 B 和 C 的保护倒换开关将利用 APS 协议执行环回功能，如图 8.13（b）所示。在 B 节点，s1 光纤上的高速线路信号（AC）经倒换开关从 P1 光纤返回，沿逆时针方向经 A 节点和 D 节点仍然可以到达 C 节点，并经 C 节点倒换开关环回到 S1 光纤并落地分路。其他节点（指 A 和 D）的作用是确保 P1 光纤上传的业务信号在本节点完成正常的桥接功能，畅通无阻地传向分路节点。这种环回倒换功能能保证在故障状况下仍维持环的连续性，使低速支路上的业务信号不会中断。故障排除后，倒换开关返回其原来位置。

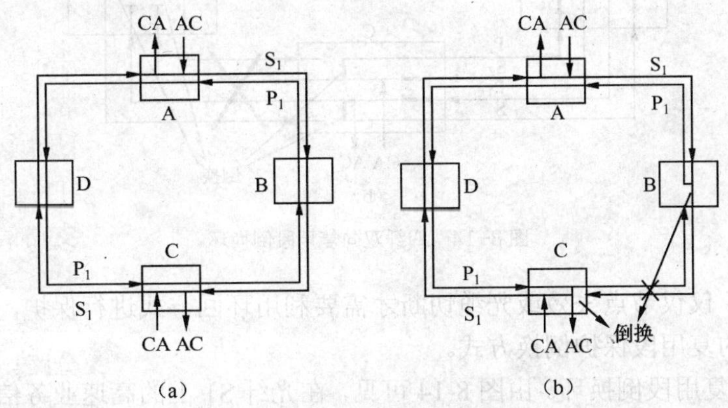

图 8-13 二纤单向复用段倒换环

③ 四纤双向复用段倒换环。双向环通常工作在复用段倒换方式，但既可以有四纤方式，又可以有二纤方式。四纤双向环很像线形的分插链路自我折叠而成（一主一备），它有两根业

务光纤（一发一收）和两根保护光纤（一发一收）。其中业务光纤 S1 形成一顺时针业务信号环，业务光纤 S2 形成一逆时针业务信号环，而保护光纤 P1 和 P2 分别形成与 S1 和 S2 反方向的两个保护信号环，在每根光纤上都有一个倒换开关作保护倒换用，如图 8-14（a）所示。

正常情况下，从 A 节点进入环以 C 节点为目的地的低速支路信号顺时针沿 S1 光纤传输，而由 C 节点进入环，以 A 节点为目的地的返回低速支路信号则逆时针沿 S2 光纤传回 A 节点，保护光纤 P1 和 P2 是空闲的。

当 BC 节点间光缆被切断，四根光纤全部被切断。利用 APS 协议，B 和 C 节点中各有两个倒换开关执行环回功能，从而得以维持环的连续性，如图 8-14（b）所示。在 B 节点，光纤 S1 和 P1 沟通，光纤 S2 和 P2 沟通。C 节点也完成类似功能。其他节点确保光纤 P1 和 P2 上传的业务信号在本节点完成正常的桥接功能，其原理与前述二纤单向复用段倒换环类似。故障排除后，倒换开关返回原来位置。

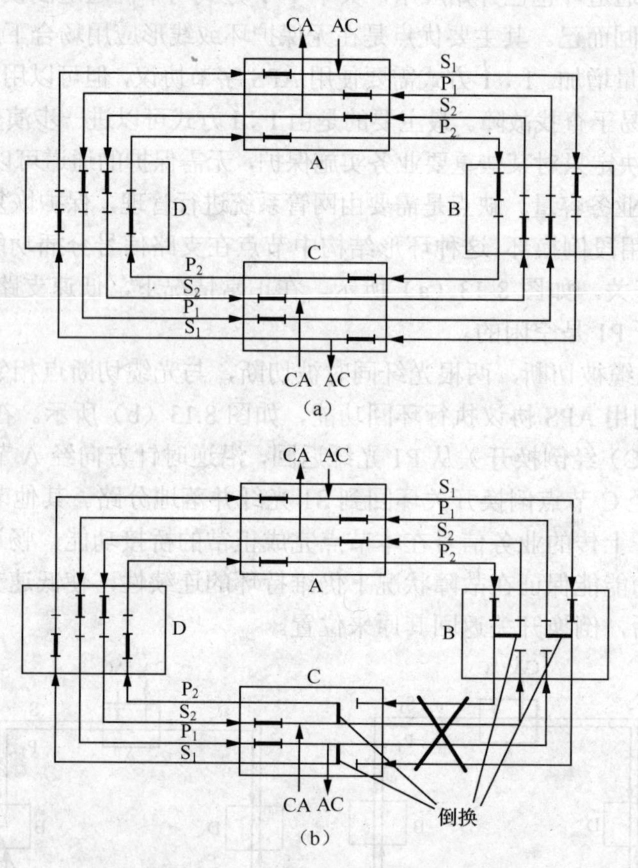

图 8-14　四纤双向复用段倒换环

在四纤环中，仅仅节点失效或光缆切断才需要利用环回方式进行保护，而设备或单纤故障可以利用传统的复用段保护倒换方式。

④ 二纤双向复用段倒换环。由图 8-14 可见，在光纤 S1 上的高速业务信号的传输方向与光纤 P2 上的保护信号的传输方向完全相同。如果利用时隙交换（TSI）技术，可以使光纤 S1 和光纤 P2 上的信号都置于一根光纤（称 S1/P2 光纤）。此时，Sl/P2 光纤的一半时隙（例如时隙 1～M）用于传业务信号，另一半时隙（时隙 M＋1～N，其中 MC≤N/2）留给保护信号。

同样，S2 光纤和 P1 光纤上的信号也可以利用时隙交换技术置于一根光纤（称 S2/P1 光纤）上。这样，在给定光纤上的保护信号时隙可用来保护另一根光纤上的反向业务信号，即 S1/P2 光纤上的保护信号时隙可保护 S2/P1 光纤上的业务信号，而 S2/P1 光纤上的保护信号时隙可保护 S1/P2 光纤上的业务信号。于是，四纤环可以简化为二纤环[9]。

当 BC 节点间光缆被切断，两根光纤也全被切断时，与切断点相邻的 B 节点和 C 节点中的倒换开关将 Sl/P2 光纤与 S2/P1 光纤沟通。利用时隙交换技术，可以将 Sl/P2 光纤和 S2/P1 光纤上的业务信号时隙移到另一根光纤上的保护信号时隙，从而完成保护倒换作用。例如，S1/P2 光纤的业务信号时隙 1～M 可以转移到 S2/P1 光纤上的保护信号时隙 M+1～N。当故障排除后，倒换开关将返回其原来位置。由于一根光纤同时支持业务信号和保护信号，因而二纤环无法进行传统的复用段倒换保护。

复用段倒换环中，如果实施交叉连接的节点失败，则相邻节点实施环回时，对于需要交叉连接的通道可能发生错连现象，因此节点必须有压制功能，从而降低了保护能力，这是复用段倒换环的缺点。

3．各种环形结构的比较

下面从几个主要方面对上述环形结构的性能进行比较。

（1）网络业务容量。环形网的业务容量指环形网能够携带的最大信号容量。对于二纤单向通道倒换环，由于进入环中的所有支路信号都要经两个方向传向接收分路节点，相当于要通过整个环传输，因而环的业务容量等于所有进入环的业务量的总和，即等于节点处 ADM 的系统容量 STM-N。二纤单向复用段倒换环的结论相同。

四纤双向复用段倒换环中业务量的路由仅仅是环的一部分，因而业务通路可以重新使用，相当允许更多的支路信号从环中进行分插，因而网络业务容量可以增加很多。在极端情况下，每个节点处的全部系统容量都进行分插，于是整个环的业务容量可达单个节点 ADM 系统容量的 K 倍（K 是节点数），即 K×STM-N。

二纤双向复用段倒换环只能利用一半的时隙，因此，环的最大业务容量为 K/2STM-N。

实际业务容量与业务量分布密切相关，上述结论只适用于相邻业务量分布（即业务量主要分布在相邻节点之间）。对于比较均匀的分布型业务量，则四纤环和二纤环的业务容量仅能增加 3～3.8 倍和 1.5～1.9 倍。对于集中型业务量分布，则无任何增加。

（2）成本/容量。一般说，由于四纤环所需的 ADM、光纤和再生器数是二纤单向环的两倍，因而在同样速率下，其成本也大约是二纤单向环的两倍。但四纤环可以提供较高的业务容量，因而考虑业务容量因素后，两者的综合成本/容量比较将与网络设计方法、节点数和实际业务量需求模型有关，比较复杂。当业务量需求模型为集中型时，单向环比双向环经济；当业务量需求模型为分布型时，则与节点数有关。当节点数很少时，单向环比双向环经济，但通常双向复用段倒换环更经济。同样双向环前提下，当业务量不大时，二纤环更经济，否则四纤环更经济。

（3）多厂家产品兼容性。所有涉及 APS 协议的环形结构目前都不能满足多厂家产品兼容性要求，而二纤通道倒换环只使用现有 SDH 标准已经完全规定好了的通道 AIS 信号，因而很容易满足多厂家产品兼容性要求。

（4）复杂性。二纤单向通道倒换环无论从控制协议的复杂性，还是操作维护的复杂性上都是最简单的。而且由于不涉及 APS 通信过程，因而业务恢复时间也最短。双向环中则二纤方式又比四纤方式的控制功能要复杂，其 CPU 的逻辑控制步骤大约是四纤方式的 10 倍。

（5）保护级别。复用段保护靠复用段开销，这些开销在线路终端产生和终结，因此保护倒换只能以复用段-级别上的故障为基础，无法以端到端连接的积累性能为基础。简言之，复用段倒换是以链路为基础的。而通道倒换的决定在通道级，与复用段系统的速率、格式和特性无关，保护倒换可以在网络支路级别上实现，较经济灵活。此时可以以支路为基础实施保护，有选择地只保护某些重要通道（支路），而且可以对整个端到端连接（包括线路级和支路级）的积累性能进行监视，决定是否倒换，即保护范围大大扩展，保护特性与网络拓扑无关。

表 8-3 给出了几种主要自愈环特性的详细比较结果，供读者参考。

表 8-3　　　　主要自愈环特性的比较

	二纤通道倒换环（1+1）	二纤双向通道倒换环（1：1）	四纤双向复用段倒换环	二纤双向复用段倒换环
节点数	*K*	*K*	*K*	*K*
额外业务量	无	有	有	有
保护容量（相邻业务量）	1	1	*K*	0.5*K*
保护容量（分布业务量）	1	1	3～3.8	1.5～1.9
保护容量（集中业务量）	1	1	1	1
本容量单位	VC12/3/4	VC12/3/4	AU-4	AU-4
保护时间	30	50	50	50～200
初始成本	低	低	高	中
成本（集中业务量）	低	低	高	中
成本（分布业务量）	高	高	中	中
APS	无	有	有	有
抗多点失效能力	无	无	有	无
错连问题	无	无	需压制功能	需压制功能
端到端保护	有	有	无	无
应用场合	接入网 中继网	接入网 中继网	中继网 长途网	中继网 长途网

综上所述，各种自愈环各具特点，可适应不同的网络应用。对于用户网部分，由于处于网络的边界处，业务容量要求低，而且大部分业务量汇集在一个节点（端局）上，因而适合这种业务量需求模型的、比较简单经济的通道倒换环十分适合。对于局间通信部分，由于各个节点间均有较大业务量，而且节点需要较大的业务量分插能力，此时具有较大业务容量的双向环非常适合。当业务量集中在某个节点（例如枢纽局）时，通道倒换环也是可用的。至于究竟是二纤方式还是四纤方式，则取决于容量要求和经济性考虑的综合比较。通常，业务量不太大时，二纤复用段倒换环比较经济，否则四纤复用段倒换环更经济。此外，四纤环可以抗多点失效，也能与波分复用方式结合，适合大业务量应用场合。若为了降低网络成本，只对重要业务（例如信令和租用线）实施保护，则双向通道倒换环（1：1），特别是 M：N 保护方式有一定优势。当然上述只是一些基本原则，实际应用还要具体情况具体分析，不能一概而论。

4．环的互通

（1）互通准则和目标。随着网络中不同层面环的数量的迅速增加，环的互通需求也在迅速增加。所谓环的互通问题，主要是解决终端点分别在不同环的节点之间的环间业务量自动恢复问题。环的互通需要遵循下述 3 条准则：

① 保证端到端的可用性要求；

② 具有抵抗各种失效事件的能力；

③ 综合考虑实现的复杂性和成本。

一般环的互通应该达到下述 4 条主要目标：

① 如果两个环各自有一个以上的节点互连时，则互连节点中任意一个的失效不应引起任何业务（含环间业务量）的丢失，即环间业务量应具有与环内业务量相同的生存性；

② 互通环之间不应发生倒换动作的传播，即不应有所谓的波动效应（ripple effect）；

③ 环应能在多个节点下载业务，即在不影响业务恢复能力的条件下，工作业务量可以在一个环的两个或两个以上的节点下路；

④ 环的互连可以在多个环间进行，互连边界与两个环间的互通相同。

涉及复用段公用保护环的互通应该达到下述特定具体目标：

① 复用段公用保护环应能在两个节点上与任意保护结构（包括 SNCP 或复用段公用保护环）互连；

② 为了保护一个支路不因环互连失效而受影响，互连结构应该能保护防范由于一个互连节点、两个互连节点（每个环一个）或两个互连节点之间的连接失效所引起的任意故障；

③ 两个互连的节点不必是相邻的节点；

④ 环的互连结构应该支持 STM-1 电口互连或 STM-*N* 光口互连（这里的 STM-*N* 信号可能包含级联的净负荷）；

⑤ 环的互连结构不要求有环间指令；互连节点之间互连线路的保护不认为是环间指令；

⑥ 环的互连失效的保护应基于检测 STM 通道信号缺陷来确定；

⑦ 为了避免失效的传播，应允许有一定的拖延（hold off）时间；

⑧ 应可以利用环互通节点间的保护带宽来实现环的互通。

（2）互通结构。互通结构分为单节点互连和双节点互连。

当两个互连环各自只有一个节点互连时称为单一节点互连，如图 8-15 所示。这种结构的互连部分的保护可以靠互连区段的复用段保护，但是随便哪一个互连节点失效时都无法提供保护，因而生存性不是十分理想。

当两个互连环各自有两个节点互连时称为双节点互连。这种双节点互连的一般结构如图 8-16 所示。两个环的互连段可以提供跨越两个环的业务量保护。一种特定形式的双节点互连称为环互通，此时互连节点中的任意一个失效时都不会导致任何工作业务量的丢失，如图 8-17 所示。

图中 T_A 和 R_A 分别表示 A 节点的发送和接收信号，T_{I1} 和 R_{I1} 分别表示一个互连节点的发送和接收信号，而 T_{I2} 和 R_{I2} 分别表示另一个互连节点的发送和接收信号。在环互通情况，两组互连节点间的接口安排满足：

$$R_{I1} = R_{I2} = T_A$$

$$T_{I1} = T_{I2}$$

$$R_A = T_{I1} \text{ 或 } T_{I2}$$

换言之，从 A 节点发往 Z 节点的信号是呈现在两个互连接口的，同样，从 Z 节点返回给 A 节点的信号也呈现在两个互连接口。最终当然只有其中之一真正为 A 节点或 Z 节点所选择。

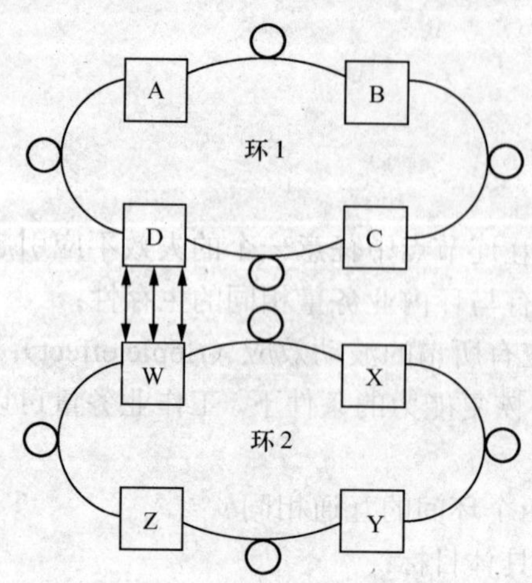

图 8-15　单节点互连环示例

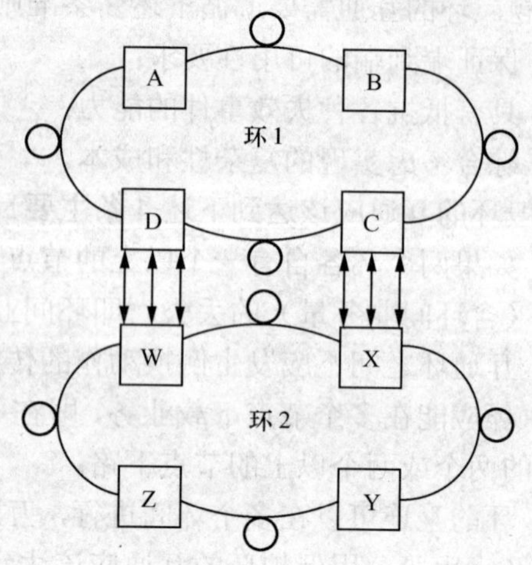

图 8-16　双节点互连环示例

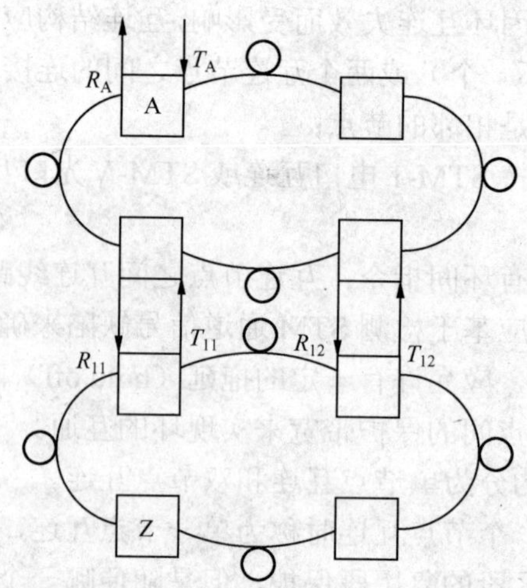

图 8-17　一般化的环互通

（3）互通类型。通道倒换环之间的互通。当若干通道倒换环互连时，如果各个分路节点的本地选择开关设置的方向不合适，一个环的失效故障可能会引起一系列其他环不必要的倒换动作，即发生倒换动作的传播，称之为波动效应（ripple effect ）。通常，由于级别低的 TU 告警指示（例如 TU 通道 AIS）并不转换为 AU 级别的告警指示，因而波动效应主要发生在 AU 级环朝向 AU 级环或 TU 级环，以及 TU 级环朝 TU 级环的情况，而不会发生在相反方向。

复用段倒换环与通道倒换环的互通。这类互通形式仍然对波动效应很敏感。通常，波动效应发生在复用段倒换环朝向通道倒换环的方向。其主要原因是工作通道和保护通道之间在接收告警和去掉告警时的延时不同。当这种延时差别大到一定程度时就会引起倒换动作。

还有一种互通类型是复用段倒换环之间的互通。这类互通形式在环间连接点仍然有是否检测得到有关环间业务量的通道告警和/或线路告警的问题。因此，同样存在类似的互通问题。

（4）其他互通问题。环间同步的基本要求是多环互连时的保护倒换不应影响同步分配的等级。当需要将 STM-*N* 定时从一个环传送到另一个环时，互连信号必须在 STM-*N* 等级，并应支持同步状态字节 S1。

当各种不同类型的环互连时，若进一步考虑不同的保护倒换方式（例如恢复和非恢复、单向倒和双向倒等）时，有可能对环的互通产生影响。通常希望不同的环统一选择同一种恢复方式，以便有助于简化问题的分析处理。总的原则是必须保证前面所述的 3 项目标。

为了避免采用回波消除器，环的最大延时不应超过 20ms。然而，由于环的保护可能需要利用另一方向的保护设施，使延时比正常情况大，因而环不宜设计过大。

对于工作于 VC 等级的很大的逻辑环，其保护倒换时间有可能超标。尽管本地节点的倒换时间可以小于 50ms，但如果通道告警延时很大（大于 10ms），50ms 的指标就容易被突破。同样，如果环采用"分路和继续"功能独立工作，则防止波动效应所采取的措施也有可能影响保护倒换时间，需要注意。

此外，环间互通必须考虑操作、管理、维护和指配（OAM&P）。为了对节点中环间业务量规定正确的指配流程和正确的交叉连接，需要有合适的方法和规程来支持互连环的"分路和继续"功能。基本要求是尽量减少对电路指配和容量效率的限制，改进不同互连环配置条件下的业务量管理效率（例如填充效率）等。

5. DXC 恢复

在业务量高度集中的长途网中，常常一个大节点有很多条大容量光纤链路进出，其中有携带业务的，也有空闲的，网络节点间构成互连的网孔形拓扑，如图 8-18 所示。此时若在节点处采用 DXC4/4 设备，则当某处光缆被切断时，利用 DXC4/4 的快速交叉连接特性可以比较迅速地找到替代路由，并恢复业务。长途网的这种高度互连的网孔形拓扑为 DXC 保护/恢复提供了较高的成功概率。例如从 A 到 D 节点原有 12 个单位的业务量（例如 12×140/155Mbit/s），当其间的光缆切断后，DXC 可能从网络中发现如图 4-15 中所示的 3 条替代路由来分担这 12 个单位的业务量，从 A 经 E 到 D 为 6 个单位，从 A 经 B 和 E 到 D 为 2 个单位，从 A 经 B 和 C 到 D 为 4 个单位。由此可见，网络越复杂，替代路由越多，DXC 恢复的效率越高。从这一角度看，DXC 节点适当多些有利于高效的网络恢复。会增加转接业务的恢复率，但也会增加 DXC 设备间转接业务所需的端口容量及附加线路，因而也不宜过多。

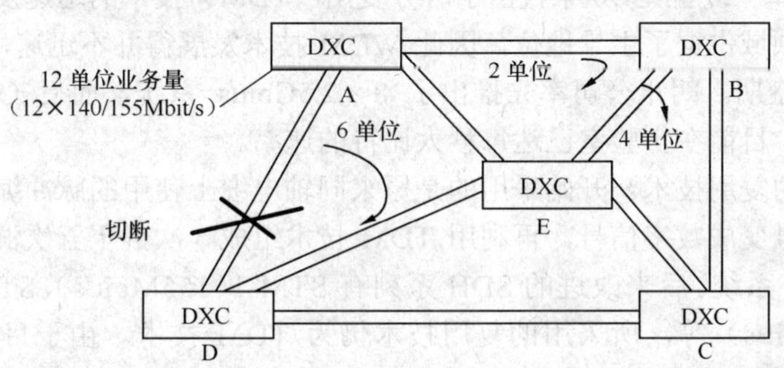

图 8-18 采用 DXC 的保护恢复结构

总的来看，采用 DXC 保护恢复策略的工作过程大致有下面几个主要步骤。

（1）失效故障识别。首先需要准确地确定哪个数字业务通道（140Mbit/s 或 VC-4 通道）出了问题。利用通道开销中的通道追踪字节 J1，网络提供者可以提前发现和解决问题。

（2）失效故障输入。将失效数字业务通道的识别码和故障点输入给控制中心。

（3）优先权。按照事先确定的输入优先等级决定失效数字业务通道恢复的次序和携带业务的低阶 VC 数目。

（4）路由选择。决定和选择可用于选路由的可用容量。通常 DXC 有 3 种方式进行路由选择，即手工配置、依靠预先存放的路由表以及依靠通过动态路由计算所得到的路由表。手工配置需数小时；动态路由计算至少需几分钟（集中控制），但能选择最佳路由；采用预先存放的路由表最多需几秒钟至几十秒钟即可，网络恢复最快，但所选路由未必最理想。

（5）选路实施。将路由选择阶段所选择的可用替代通道部分用各种措施，进行综合应用。特别是适时适地地结合应用 DXC 保护恢复策略和各种自愈环结构是网络保护恢复设计的关键。

表 8-4 总结了自愈环结构与 DXC 选路方式的比较，供读者参考。

表 8-4　自愈环结构与 DXC 选路方式的比较

	自愈环	DXC 选路
业务恢复时间	≤50ms	数秒-数分
备用空闲时间	100%	（30～60）%
规划复杂性	中等	容易
对付严重网络故障的能力	较弱	较强
成本（简单拓扑）	低	高
成本（复杂拓扑）	高	中等
对网络拓扑的限制	仅限于环	可适用任何拓扑
应用场合	接入网 中继网 长途网	长途网 中继网

8.3　波分复用光网络

波分复用（WDM）技术的最早使用是在美国，20 世纪 80 年代建设的被称为“东北走廊”的光缆干线工程就采用了 WDM 技术。WDM 技术既可以用在光纤的某一波长窗口内，也可用在不同的波长窗口。20 世纪 90 年代由于时分复用（TDM）技术的迅速发展及其技术的简单实用，在光通信领域占据了主导地位，因此 WDM 技术发展得并不迅速，直到 1995 年后才进入了发展的旺盛期。朗讯公司率先推出了 8 × 2.5Gbit/s 系统，而后 Ciena 公司推出了 16 × 2.5Gbit/s 系统。目前在实验室已达每秒太比特的速率。

光纤通信系统的复用技术一开始采用的是原来同轴电缆上使用的脉冲编码调制（PCM）方式，先把模拟信号变成数字信号，再利用 TDM 技术组成一次群至五次群等，这种系统就是我们所称的 PDH 系统。后来改进的 SDH 系列有 STM-1（155Mbit/s），STM-4（622Mbit/s）和 STM-16（2.5Gbit/s）等，所采用的复用技术仍为 TDM 技术。由于目前电时分复用技术已大多使用 2.5Gbit/s 的速率，且当传输速率超过 10Gbit/s 时，就会遇到一些困难。目前在一根光纤上利用多个波长传输光信号的 WDM 技术已得到了业界的认可，并被认为是光纤通信系统的主要发展技术。可以利用 WDM 技术在每根光纤上同时传输 n 路光载波，从而使其容量迅速扩大 n 倍。在目前 SDH 系统的速率已达 2.5Gbit/s 的情况下，单通路的传输速率已不再是现代通信系统的性能瓶颈，人们更多的追求在于光纤通信系统的超大容量和宽频带。

所谓波分复用，是指在一根光纤上不只是传送一个光载波，而是同时传送多个波长不同的光载波。这样一来，原来在一根光纤上只能传送一个光载波的单一信道变为可传送多个不同波长光载波的信道，从而使得光纤的传输能力成倍增加。另外，也可以利用不同波长沿不同方向传输来实现单根光纤的双向传输。

WDM 是对多个波长进行复用，能够复用的波长数与相邻两波长的间隔有关：间隔越小，复用的波长数就越多。一般当相邻两峰值波长的间隔为 50～100nm 时，称为 WDM 系统。而当相邻两峰值波长的间隔为 1～10nm 时，则称之为密集波分复用（DWDM）系统。

DWDM 是目前市场最热的技术之一，40 个波长的 DWDM 系统已经进入商用阶段。根据波士顿一家咨询公司最新报告，2000年，DWDM设备的市场增长率达到了65%。随着IP over WDM、IP over DWDM 技术的产生，WDM 与 DWDM 更加备受瞩目。WDM 及 DWDM 在建设中的全光网上必然占据重要的地位。

8.3.1 WDM 系统优点

WDM 技术之所以在近几年得到迅猛发展，是因为它具有下述优点。

1．超大容量传输

WDM系统的传输容量十分巨大。由于 WDM 系统的复用光通路速率可以为 2.5Gbit/s、10Gbit/s等，而复用光信道的数量可以是 4、8、16、32，甚至更多，因此系统的传输容量可达到 300～400Gbit/s。而这样巨大的传输容量是目前的 TDM 方式根本无法做到的。目前，（8～32）× 2.5Gbit/s 和 16 × 10Gbit/s 的 WDM 系统已经达到商用水平，而 132 × 10Gbit/s 的 WDM 系统也已有报道。

2．节约光纤资源

对于单波长系统而言，1 个 SDH 系统就需要一对光纤，而对于 WDM 系统来讲，不管有多少个 SDH 分系统，整个复用系统只需要一对光纤就够了。例如，对于 16 个 2.5Gbit/s 系统来说，单波长系统需要 32 根光纤，而 WDM 系统仅需要两根光纤。节约光纤资源这一点也许对于市话中继网络并非十分重要，但对于系统扩容或长途干线来说就显得非常可贵。

3．各通路透明传输、平滑升级扩容

只要增加复用光通路数量与设备，就可以增加系统的传输容量以实现扩容，而且扩容时对其他复用光通路不会产生不良影响。所以 WDM 系统的升级扩容是平滑的，而且方便易行，从而最大限度地保护了建设初期的投资。WDM 系统的各复用通路是彼此相互独立的，所以各光通路可以分别透明地传送不同的业务信号，如语音、数据和图像等，彼此互不干扰，这给使用者带来了极大的便利。

4．充分利用成熟的 TDM 技术

以 TDM 方式提高传输速率虽然在降低成本方面具有巨大的吸引力，但面临着许多因素

的限制，如制造工艺、电子器件工作速率的限制等。据分析，TDM 方式的 10Gbit/s 光传输设备已非常接近目前电子器件的工作速率极限，再进一步提高速率是相当困难的，（至少目前的技术水平如此）。而 WDM 技术则不然，它可以充分利用现已成熟的 TDM 技术，相当容易地使系统的传输容量达到 80Gbit/s 水平，从而避开开发更高速率 TDM 技术（10Gbit/s 以上）所面临的种种困难。目前 TDM 方式的 2.5Gbit/s 光传输技术已十分成熟，WDM 可以把几个甚至几十个 2.5Gbit/s 的光传输系统作为复用通路进行复用，使传输容量呈几倍甚至几十倍地增加，达到 10Gbit/s、20Gbit/s、40Gbit/s、80Gbit/s，甚至更高水平。而目前用 TDM 方式达到如此高的传输容量几乎是不可能的。

5．利用掺饵光纤放大器实现超长距离传输

掺饵光纤放大器（EDFA）具有高增益、宽带宽、低噪声等优点，在光纤通信中得到了广泛的应用。EDFA 的光放大范围为 1530～1565nm，但其增益曲线比较平坦的部分是 1540～1560nm，它几乎可以覆盖整个 WDM 系统的 1550nm 工作波长范围。所以用一个带宽很宽的 EDFA 就可以对 WDM 系统的各复用光通路的信号同时进行放大，以实现系统的超长距离传输，避免每个光传输系统都需要一个光放大器的情况。WDM 系统的超长传输距离可达到数百公里，因此可以节省大量中继设备，降低成本。

6．对光纤的色散无过高要求

对于 WDM 系统来讲，不管系统的传输速率有多高、传输容量有多大，它对光纤色度色散系数的要求基本上就是单个复用通路速率信号对光纤色度色散系数的要求。例如，20Gbit/s（8 × 2.5Gbit/s）的 WDM 系统对光纤色度色散系数的要求就是单个 2.5Gbit/s 系统对光纤色度色散系数的要求，一般的 G.652 光纤都能满足。但 TDM 方式的高速率信号却不同，其传输速率越高，传输同样距离所要求的光纤色度色散系数就越小。以目前敷设量最大的 G.652 光纤为例，用它直接传输 2.5Gbibs 速率的光信号是没有多大问题的，但若传输 TDM 方式 10Gbit/s 速率的光信号，就对系统的色度色散等参数提出了更高的要求，同时对光纤的偏振模色散值也提出了较高的要求。

7．可组成全光网络

全光网是未来光纤传送网的发展方向。在全光网络中，各种业务的上下、交叉连接等都是在光路上通过对光信号进行调制来实现的，从而消除了 E/O 转换中电子器件的瓶颈。例如，在某个局站可根据需求用光分插复用器（OADM）直接上、下几个波长的信号，或者用光交叉连接设备（OXC）对光信号直接进行交叉连接，而不必像现在这样首先进行 O/E 转换，然后对电信号进行上、下或交叉连接处理，最后再进行 E/O 转换，把转换后的光信号输入到光纤中进行传输。WDM 系统可以与 OADM、OXC 混合使用，以组成具有高度灵活性、高可靠性、高生存性的全光网络，以适应宽带传送网的发展需要。

8.3.2 WDM 光网络的构成

WDM 系统的基本构成主要有两种形式，即双纤单向和单纤双向。双纤单向传输如图 8-19（a）所示，单向 WDM 是指一根光纤只完成一个方向光信号的传输，反方向的光信号由另一光纤完成。即在发送端将载有各种信息的、具有不同波长的已调光信号 λ_1，λ_2，…，λ_n 通过

光复用器组合在一起，并在同一根光纤中沿着同一方向传输，由于各个光信号是调制在不同的光波长上的，因此彼此间不会相互干扰。在接收端通过光解复用器将不同波长的光信号分开，完成多路光信号的传输任务。因此，同一波长可以在两个方向上重复利用。

单纤双向是指光通路同时在一根光纤上向两个不同的方向传输，如图 8-19（b）所示。所用波长相互分开，因此这种传输允许单根光纤携带全双工通路。与单纤单向 WDM 相比，单纤双向 WDM 系统可以减少光纤和线路放大器的数量。但双向 WDM 设计比较复杂，必须考虑多通过干扰（MPI）、光反射的影响，另外还需考虑串音、两个方向传输功率电平数值、OSC 传输和自动功率关断等一系列问题。

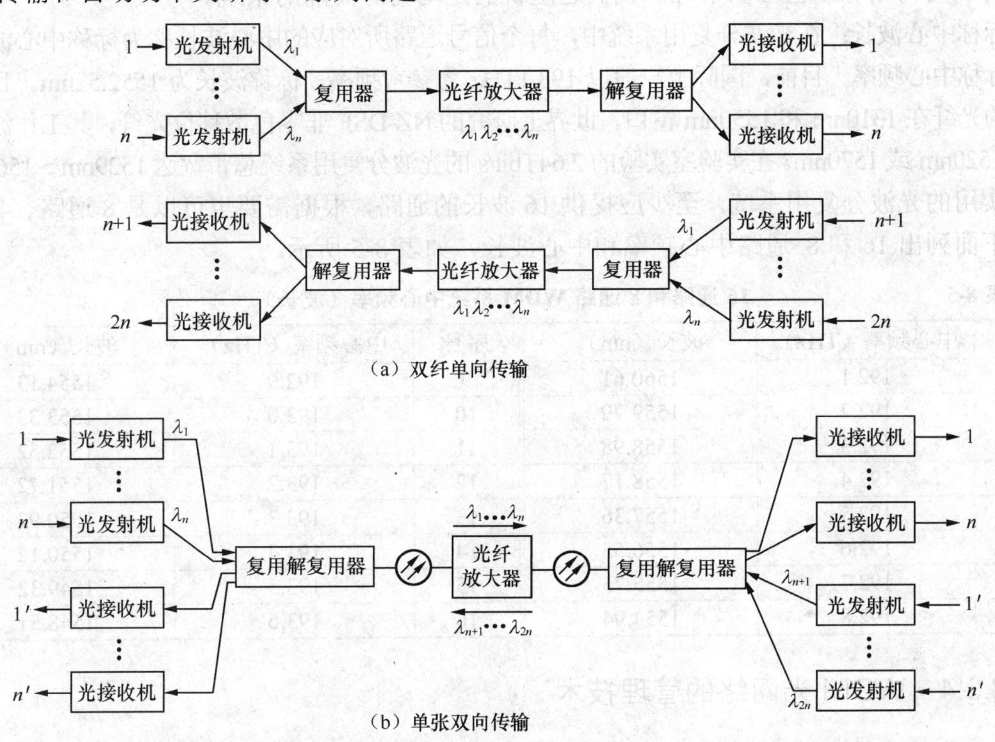

图 8-19 WDM 基本构成（b）单纤双向传输

从目前来看，大部分公司都是采用双纤单向系统。单纤双向 WDM 系统只适用于光缆相对比较紧张的情况，目前只有北电公司采用了这种技术。单纤双向在干线中应用的机会并不多，因为它只适用于光纤芯数极少的地区，而通常干线的芯数都在 24 芯以上。这种技术适合在一些边远地区采用，而边远地区的业务量似乎尚不能达到 $n\times2.5$Gbit/s 的超高速容量，真正实施的可能是 622Mbit/s 或 155Mbit/s 系统的简单两波分或类似系统。

对于单纤双向系统，当光纤芯数可以满足要求时，最好仍采用双纤单向 WDM 系统，只有在那些光纤芯数极少的地区才有必要考虑采用单纤双向系统。

目前，WDM 技术仍处于快速发展阶段，许多厂商的 32×2.5Gbit/s 系统都陆续投入商用。另外，$n\times10$Gbit/s 的 WDM 技术发展也很快，我们目前制订的规范仅仅对当前引进和建设的 16（8）$\times2.5$Gbit/s WDM，系统的参数进行了具体规定，而对于 16 通路以上的 WDM 系统的光接口参数还没有规范。但是许多普遍性原则，如 WDM 分层结构、光接口分类、保护以及安全要求等，在多通路 WDM 系统中仍适用。另外，有关方面也会加快 32×10Gbit/s（2.5Gbit/s）和其他拓扑结构的 WDM 系统（如 WDM 环网）的标准化，以满足国内迅速发展的 WDM 技术的要求。

8.3.3 WDM 光网络的标称波长

在光波分复用系统中，是以波长来表述其通路的，如 λ_1～λ_8 即为 8 通路，有 8 个波长，称为标称中心波长或标称中心频率。各通路间的频率间隔一般有 50GHz、100GHz、200GHz 等。随着间隔的不同，标称中心频率和标称中心波长也不同。

通路间隔：主要是指在光波分复用系统中两相邻通路间的标称波长（频率）之差。通路间隔可以均匀相等，也可以不等，我们这里讲的是均匀等间隔的系统。

标称中心波长：在光波分复用系统中，每个信号通路所对应的中心波长称为标称中心波长或称为标称中心频率。目前，国际上一般以 193.1THz 为参考频率，标称波长为 1552.52nm。目前所开发的光纤在 1310nm 和 1550nm 窗口，世界上研究的 NZ-DSF 非零色散移位光纤，其工作波长可移至 1520nm 或 1570nm。在实验室实验的 2.64Tbit/s 的光波分复用系统总带宽达 1529nm～1564nm。

实用的光波分复用系统，至少应提供 16 波长的通路，根据需要也可以是 8 通路、4 通路等。下面列出 16 和 8 通路中心频率和中心波长，如表 8-5 所示。

表 8-5 **16 通路和 8 通路 WDM 系统中心频率（波长）**

序号	中心频率（THz）	波长（nm）	序号	中心频率（THz）	波长（nm）
1	192.1	1560.61	9	192.9	1554.13
2	192.2	1559.79	10	193.0	1553.33
3	192.3	1558.98	11	193.1	1552.52
4	192.4	1558.17	12	193.2	1551.72
5	192.5	1557.36	13	193.3	1550.92
6	192.6	1556.55	14	193.4	1550.12
7	192.7	1555.75	15	193.5	1549.32
8	192.8	1554.94	16	193.6	1548.51

8.3.4 WDM 光网络的管理技术

WDM 技术的应用极大地推动了通信网络技术的发展，由于 WDM 网络承载的业务量大，一旦发生故障就是灾难性的，所以对 WDM 光传送网络的管理非常血红繁重。

目前 WDM 系统对业务信号采用透明的传输方式，管理维护开销普遍采用光传送层的带外监控信道技术，对光通道客户信号没有统一的开销处理和检测；而对系统传输质量的管理一方面是通过检测系统中光器件和接口的物理量（主要包括输入输出光功率、光信噪比、激光器的偏置电流与温度等）；另一方面是通过波长转换器（OTU）对 SDH 信号再生段开销的处理来保证 QoS。同时，从管理范围看，WDM 光网络是其他客户信号的传送平台，对于实际运行的系统，它既可以承载标准的 SDH 信号，也可以承载 ATM 或其他任何不受限的数字和模拟信号。因而 WDM 的网管系统也应该与其传送的信号网管分离，至少是在网元层要彻底分开。

1. WDM 光网络管理体系结构

按照电信管理网（TMN）的基本框架，对 WDM 光网络的管理采用分级的管理体系结构，即分为网络管理系统（NMS）和网元管理（EM）层，如图 8-20 所示。网络管理系统负责监视全网所有节点设备的工作状态和配置情况，分析网络故障的原因并采取必要的应对措施。

还可以通过网元控制系统对网络的节点重新进行配置；此外网络初始化、波长和时隙资源调度、性能监视等都属于网络管理系统的工作内容。网元管理层提供一个本地的管理平台，直接负责对WDM设备的操作、维护和管理。

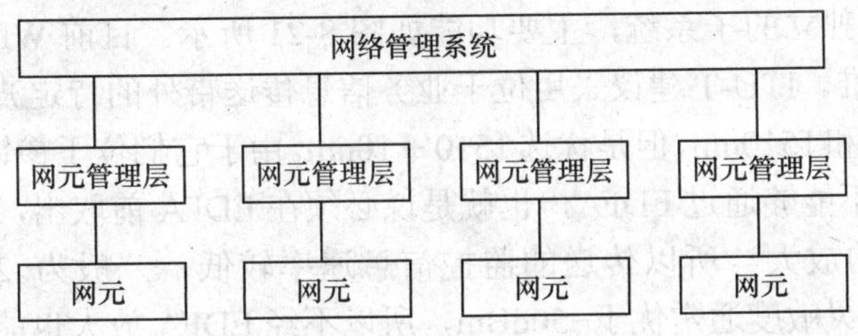

图8-20 WDM光网络的管理体系结构

2. WDM光网络管理的特殊要求

对WDM光传送网进行网络管理有其特殊性，具体要求可归纳为以下几方面。

（1）全光网中由于客户信号的传送、复用、选路和监视等处理都是在光域上进行，因此光网络的管理方式必须适应光层的管理需要。

(2)在光传送网中引入了一些不同于SDH/ATM的管理实体，要对诸如光交叉连接(OXC)和光分插复用（OADM）设备进行管理。

（3）全光网的一个重要优点是协议透明性，即在单一的物理框架中可以同时存在多种形式的协议流，无法预知网络使用的协议，所以光传送网需要有自己的管理信息结构和开销比特方案。

（4）全光网的最终目标是实现可以支持各种传送业务的统一光平台，因此全光网的管理需要考虑与现有的SDH/ATM传送网管理的配合问题。

3. WDM光网络监控和管理的特点

在WDM光传送网中，不同的网络单元之间交换信息以及与管理系统的连接都需要利用信令信息。SDH帧、ATM信元和IP包的结构中包含了专门用于管理功能的开销字节，可以按字节传送相关的信令信息。为了保持客户信息传送的协议透明性，同时由于在光域没有可用的存储、计算、逻辑、时钟等器件而不能直接识别、接入和处理网管开销，必须采用新的管理开销信道的实现方式。目前全光传送网开销信道的实现方案包括带内和带外两种形式。带内开销信道可以利用附加在线路信号上的低频调制来实现，因而不需要额外的光信道，但是带内信道的存在限制了线路信号的可用带宽和信噪比。利用额外的光频率可以很容易地实现带外方式的开销通信，既可以采用某一数据波长传送开销信息，也可以采用其他波长作为管理信道。

由于WDM光传送网络的透明性，其网络监控和管理也出现一些新的特点：第一，由于不能从透明的光网络中获取网络状况的正常数字信号，必须使用新的监控办法；第二，现行的传输系统都有各自定义的表示故障状态监控的协议，光网络层必须与传输层保持一致而不能够影响它；第三，WDM光传送网由不同厂家生产的节点设备混合组成，网络的互连互通要求节点之间互通，因此不仅需要从管理功能上互通，还应该从管理的物理通道、通信协议和上层管理功能上作出统一的规定。

4. 光监控信道技术

WDM光传送网必须提供管理信息的通道以实现系统的监控和管理。从目前的可实现性和技术成熟性来看，采用共路传送方式时，管理开销与相应的通路信息不在一起传送，而是将光信道（OCH）、光复用段（OMS）和光传送段（OTS）的维护管理信息用一个带外的光波长通道——光监控信道（OSC）来传送，这种方式可以节省网络投资，且传送的信息量大。

OSC 是一个相对独立的子系统，主要功能如图 8-21 所示。目前 WDM 系统中的 OSC 技术已有相应的国际标准。ITU-T 建议采用位于业务信息传送带外的特定波长作为光监控信道，可选 1310nm、1480nm 和 1510nm，但是优选 1510 ± 10nm。由于它们位于掺饵光纤放大器（EDFA）增益带宽之外，因此不能够通过 EDFA，也就是说必须在 EDFA 前取出，在 EDFA 之后插入。由于得不到 EDFA 的放大，所以传送的监控信息速率较低，一般为 2048kbit/s，但是由于 2048kbit/s 系统的接收灵敏度通常优于−50dBm，所以不经 EDFA 放大也能够正常工作。

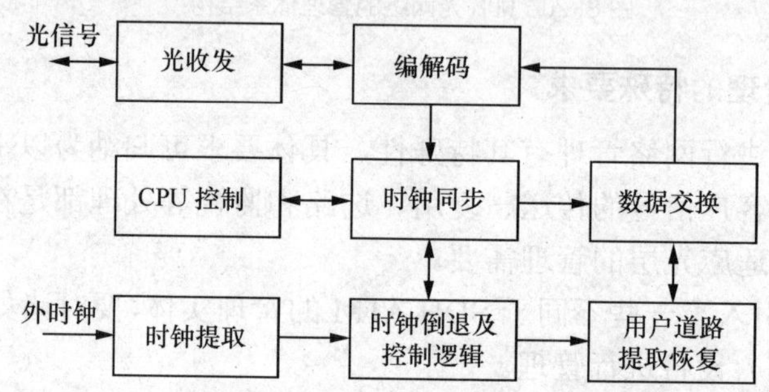

图 8-21 光监控信道系统功能框架

OSC 应该满足以下几点要求：不限制光放大器的泵浦波长；不限制光放大器之间的距离；不限制未来在 1310nm 传送波长的业务；在线路放大器失效时监控信道仍然可用；传输是分段处理的且具有 3R 功能；应该双向传输，而且在某些区段光纤被切断后网络节点仍然可以接收到网络管理信息，接受网管系统的管理和控制；在测试时间不小于 24h 的条件下，平均误码率不高于 1×10^{-11}。

OSC 的帧结构采用 ITU-T G.704 建议的 E1 结构，帧频为 8kHz，帧长为 32 时隙（TSO～TS31），每时隙 8bit，共计 256bit。OSC 的标称比特率为 2048kbit/s。其帧结构如图 8-22 所示，其中 TSO 时隙留作帧定位标志；TS16 时隙留作专门字节，这样用来传送有关网络管理信息和网络工作状态信息的时隙是 TS1～TS15 和 TS17～TS31，总容量为 1920kbit/s。现阶段 WDM 系统中，OSC 帧结构的时隙安排如下：4 个时隙用作公务联络通道；2 个时隙用作光中继段公务联络，在光放大器中继站上接入；另外 2 个时隙用作 OMS 之间的业务联络，在 WDM 系统终端站接入。至少要有 1 个时隙提供给网络使用者并可以在光线路放大器中继站上接入。此外 4 个字节用作光中继段的数据通信通道（DCC），以传送有关 WDM 系统的网络管理信息。

5．光监控信道的保护

从网络管理的角度看，OSC 在光传送网的网管体系结构中完全可以被看作一个相对独立的子层——监控子层。没有 OSC 的有效传输功能，整个光网络的正常工作就无法保证，但是这样也带来了一个潜在的危险，即当某光纤段中 OSC 通道双向都断路时，网元管理系统无法获取网元的监控信息，网络管理系统的连续性也就无法保证。如果 OSC 信道携带有送往或接收自 TMN 的信息，将导致 TMN 不能和再生器通信。

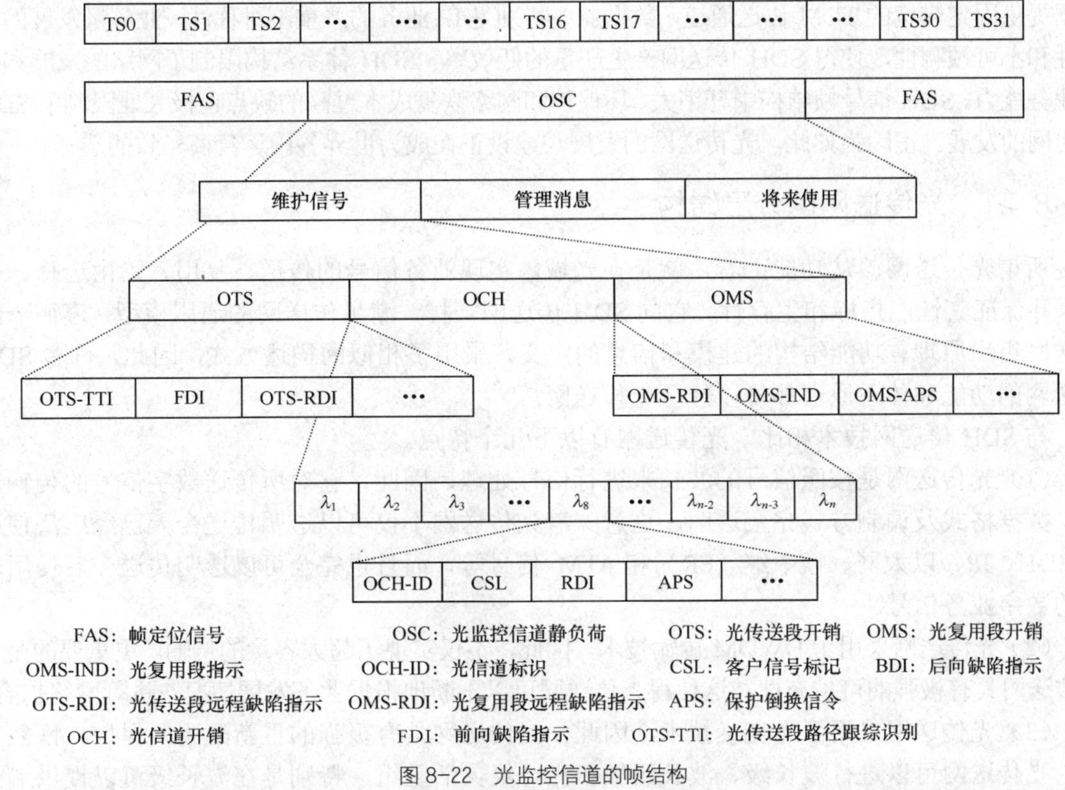

图 8-22 光监控信道的帧结构

为了防止这种情况造成严重后果，WDM 光传送网必须具有 OSC 的保护能力。当前在光线路放大器中，OTS 开销信道的上、下路功能位于光线路放大器单元的末端，所以即使光线路放大器功能发生故障，OSC 仍然可以正常工作。这一点在 OSC 携带有向 TMN 报告的告警信号时显得十分重要，但如果 OSC 信道发生故障，WDM 光传送网将受到极大的影响，此时就必须考虑采用 OSC 的保护路由了。

由于城域网应用时网络的拓扑结构相对复杂，所以对 WDM 设备的组网能力提出了很高的要求。WDM 应用到城域网中时，主要是实现众多业务汇接点之间的数据传送，在这些汇接点上往往有很多业务（波长）的上下，这样 OXC 和 OADM 设备就成为城域光传送网络中至关重要的部分。它们既具有光互连的功能，又是 WDM 光网络中的交换节点，因此包含有 OADM 和 OXC 的 WDM 系统中的 OSC 技术也就显得十分重要。

8.4 光传送网

随着信息技术的发展，各种新业务正在迅速地进入人们的生活，特别是 IP 业务爆炸式的迅猛发展，不仅使人们的生活发生了很大变化，同时，也给电信网的各个方面带来了深刻的影响。到 2000 年年底，全世界 IP 用户数将达 3 亿以上，所有这一切，将使得数据业务量，特别是 IP 业务逐步取代话音业务量成为电信网的主要业务量，这将导致电信网由传统电话网不可避免地过渡到以数据业务为中心的电信网。这一发展趋势要求未来的传送网必须能够支持数据业务传送；除此之外，传送网必须能够动态分配带宽，以确保传送不同业务；还必须有效地进行路由选择，并准确地检测网络或链路故障及性能劣化，进行迅速地恢复；使业务网的逻辑拓扑与传送网物理拓扑无关。由于历史的原因，现有的 SDH 传送网采用时分复用技术，以电路为基础，为音频和数据提供固定带宽的TDM传送通道，数据业务特别是IP业务的严重不对称性，业务量发展的突发性和不可预测性，使得SDH传送网产生严重的低效率。SDH体系结构限制了网络的发展和高速业务能力。SDH信号帧结构中开销大、环保护和网络恢复成本过高的缺点也极大地限制了SDH传送网的发展。正因为如此，光传送网的发展与建设正在成为世界各国运营商一致的选择。

8.4.1 光传送网的分层结构

所谓光传送网，从功能上看，就是在光域内实现业务信号的传送、复用、路由选择、监控，并保证其性能指标和生存性。它同SDH传送网一样，满足传送网的通用模型，遵循一般传送网组织原理、功能结构的建模和信息的定义，采用了相似的描述方式，因此，许多SDH传送网的功能和体系原理都可以移至光传送网。

与SDH传送网技术相比，光传送网有以下几个特点。

（1）光传送网是按照信号的波长来进行信号处理，因此，它对所传送数字信号的传输速率、数据格式及调制方式完全透明，这意味着光传送网不仅可以透明传送今天已经广泛使用的SDH、IP、以太网、帧中继（FR）和ATM 信号等，而且也完全可以透明传送今后使用的新的数字业务信号。

（2）光传送网采用了DWDM传输技术，因此，不仅实现了超大容量的传输，更重要的是使光传送网具有极强的可扩充性，这使得光传送网可以不断地根据业务发展情况，进行网络扩容。

（3）光传送网采用了光交叉技术，因此，光传送网具有极强的重新配置及保护、恢复特性。光传送网可以进行波长级、波长组级和光纤级灵活重组，特别是在波长级可以提供端到端的波长业务。此外，光传送网的恢复时间可以降低到100ms量级。

（4）光传送网简化了网络层次和结构，大量使用了光无源器件，简化了网络管理和规划难度，提高了网络的可靠性，进而大幅度降低了网络建设和运营维护的成本。

（5）光传送网主要在光域内传送和处理信号，因而，消除了电子瓶颈。

（6）光传送网既可以采用专门的波长传送全网统一的参考光载波频率，也可以在光传送网内各节点使用独立的高精度和高稳定度的频率源。

（7）由于光传送网使用模拟波分复用，而SDH传送网采用了时分复用，这一点使得光传送网的网络规划和设计与SDH传送网有很大的不同。

（8）目前，光传送网还缺乏光域内完整和足够的性能监测和故障管理能力，这是制约光传送网发展的重要因素。

（9）光传送网的标准化工作还处于初始阶段，很不成熟与完善。

同SDH传送网一样，光传送网也有线形、星形、树形、环形和网孔形5种网络形式，使用波分复用终端设备、光分插复用设备（OADM）和光交叉连接设备（OXC），适用于接入网，城域网和干线网。

现代电信网已变得越来越复杂，为了便于分析和规划，ITU-T 提出了网络分层和分割的概念，即任意一个网络总可以从垂直方向分解为若干独立的网络层（即层网络），相邻层网络之间具有客户/服务者关系。每一层网络在水平方向又可以按照该层内部结构分割为若干部分。因而网络分层和分割满足正交关系。

采用网络分层模型后有下述主要好处。

（1）单独地设计和运行每一层网络要比将整个网络作为单个实体来设计和运行简单方便得多。

（2）可以利用类似的一组功能来描述每一层网络，从而简化了 TMN 管理目标的规定。

（3）从网络结构的观点来看，对某一层网络的增加或修改不会影响其他层网络，便于某一层独立地引进新技术和新拓扑。

（4）采用这种简单的建模方式便于容纳多种技术，使网络规范与具体实施方法无关，使规范能保持相对稳定性。

总的看，这种功能分层模型摒弃了传统的面向传输硬件的网络概念，十分适用于以业务为基础的现代网络概念，使传送网成为一个独立于业务和应用的动态灵活、高度可靠和低成本的基础网，而在此基础平台之上再组建各种各样的业务网，适应各式各样的业务和应用的需要。

按照 G.805 的原则，光传送网可以从垂直方向划分为三个独立的层网络，即从上往下为光通路（OCH）层、光复用段（OMS）层和光传输段（OTS）层。两个相邻层之间构成客户/服务层关系，目前所支持的客户层信号主要为数字信号（PDH、SDH、ATM 和 IP 信号）。

光通路层网络为透明地传递各种不同格式的客户层信号的光通路提供端到端的联网功能。光通路层的主要传送实体有网络连接、链路连接、子网连接和路径。为了提供上述端到端的联网功能，光通路层网络必须具备下述能力。

（1）光通路连接的重组以便实现灵活的网络选路。

（2）光通路开销处理以便确保光通路适配信息的完整性。

（3）光通路监控功能以便实现网络等级上的操作和管理功能，诸如连接指配、业务参数交换的质量以及网络的生存性。

光复用段层网络为多波长光信号（含单波长光通路）提供联网功能，主要传送实体有网络连接、链路连接和路径。因而光复用段层网络必须具备下述功能。

（1）光复用段开销处理以便确保多波长光复用段适配信息的完整性。

（2）光复用段监控功能以便实现复用段层上的操作和管理功能，诸如复用段生存性等。

光传输段层网络为光信号在各种不同类型光传输介质（例如 G.652、G.653、G.655 光纤）上提供传输功能，主要传送实体有网络连接、链路连接、子网连接和路径。因而光传输段层网络必须具备下述能力。

（1）光传输段开销处理以便确保光传输段适配信息的完整性。

（2）光传输段监控功能以便实现传输段层上的操作和管理功能，诸如传输段的生存性等。

整个光传送网由最下面的物理介质层网络所支持，物理介质层网络是光传输段的服务者，即为各种规定类型的光纤。

8.4.2　光交叉连接节点的结构

电路信号通过相应的交换芯片，可以简单迅速地完成交叉连接的功能，所需要做的是在线路与线路、通道与通道之间进行跳接或转接。当面临着选择时，电路信号遵循走最短路径的原则。但在纤维光学中，整个想法一般是要让光信号保留在光纤中。如何完成光纤之间的转接又不需要光电信号的转换呢?这正是光交叉连接所要完成的功能。

考虑一个 OXC 有四根输入光纤，每纤承载 4 个波长（对于 DWDM 这并不多，只是为了说明的简单），而且重新安排承载的 16 个波长进入四根输出光纤。如果四个光纤通道利用相同的波长，那么将会出现使用相同波长的两个输入信道要争用一根输出光纤的危险。因此，采用了光交叉连接中的一个简单的光转发器来改变可用信道的波长。

典型的光转发器是电器件，也就是说，需要将发生波长争用的业务信号进行光电转变，再用恢复的比特流来调制第二个波长的激光器。虽然，最近已经研制出了全光域的光转发器，但是，它们的性能还存在一定的局限性。有关光转发器的细节将在本章的后续部分进行讨论。

光交叉过程有时又称为“光交换”，但是这是不准确的。交换（或选择路由）要完成验证到达的业务流内的一些字头信息或标志信息实现交换或选择路由的功能。但是，交叉连接并没有做这些事情。交叉连接过程是简单的端口与端口重新排列的过程，与交换或选择路由相比，交叉连接与复用的关系更密切。“证据”是，如果一根输出光纤可以承载四个波长，则只有四个波长可以交叉连接到该输出光纤。在这个例子中，16 个输出信道被重新排列，而且重新分配了波长。但是总共只有 16 个输出信道。如果需要，真正的可以将所有到达的业务交换进入一个输出端口，而且有时几乎总是这样的情况。光交叉原理应用到 DWDM 的情况如图 8-23 所示。

可以注意，只要是按照交叉连接表配置的方式，波长是可以输入一根光纤又可以从另一根光纤中输出的。也可以变化所用的波长，而且常常是这样的。这种“波长改变”需要简单的光转发器探测一个波长和发射另一个波长（波长甚至可以在光纤中移动）。

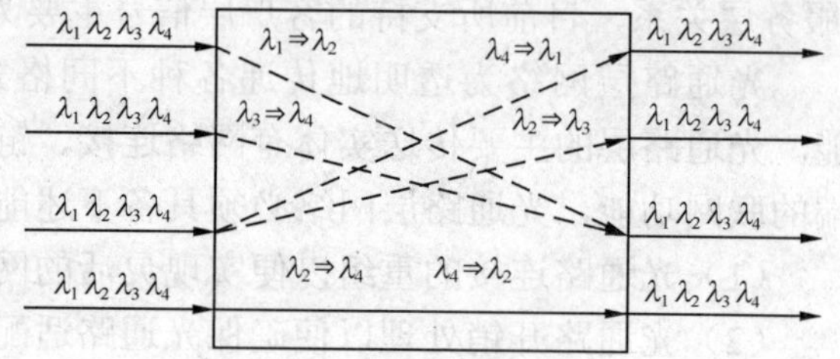

图 8-23 光交叉连接

在图 8-23 中，从输入到输出的波长与端口的映射关系可以用一个简单的表来表示。这些表类似于 ATM 交换机的交换表，而且有助于保证没有端口“双重注册”或遗漏。这种交叉连接配置如表 8-6 所示。

表 8-6 由图 8-23 中的光交叉连接完成的交叉连接配置

输入窗口	输入波长	输出窗口	输出波长
1	λ_1	3	λ_2
1	λ_2	1	λ_2
1	λ_3	1	λ_3
1	λ_4	1	λ_4
2	λ_1	2	λ_1
2	λ_2	2	λ_2
2	λ_3	3	λ_4
2	λ_4	2	λ_4
3	λ_1	3	λ_1
3	λ_2	2	λ_3
3	λ_3	3	λ_3
3	λ_4	1	λ_1
4	λ_1	4	λ_1
4	λ_2	4	λ_4
4	λ_3	4	λ_3
4	λ_4	4	λ_2

像电交叉连接一样，光交叉连接完成的是端口间的重新配置功能。但是现在业务流不是SONET中的某个STS-12的STS-1，而是光纤中的波长资源，所做的一切都是在光域内完成的。允许这样做的关键器件是光交叉连接器件或光纤交叉连接，这正是有时该器件称为“开关”的原因所在。

但矛盾的是，在OXC中涉及到大量的电域功能。不是供电的问题，而是功能问题。解决办法就是在光交叉连接元件中简单地制造出“光纤”（在一些情况下，它们实际应用上将信道刻蚀在一个芯片的硅基底上），通过一定的耦合长度来实现光纤之间进行交叉连接的相互作用。通常，这一耦合长度不超过3～4mm，但是在这里有许多变化。由于光波本身又属于电磁现象的范畴，在两根光纤的连接区域施加合适的电压能够导致光纤之间芯中的光发生变化。光交叉连接元件的原理如图8-24所示。

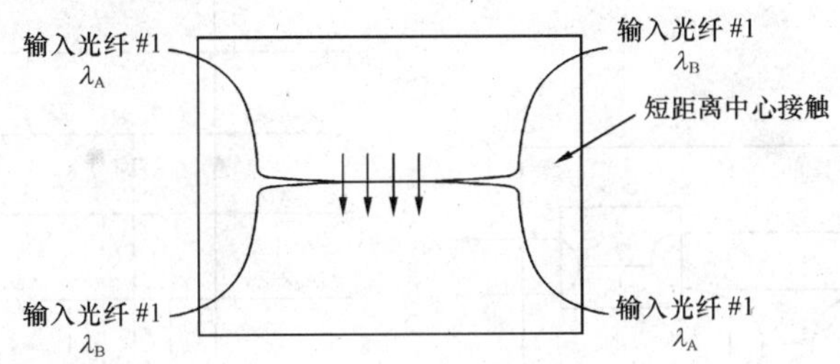

图8-24　光交叉连接元件

因为光的交叉连接作用是在同一波长上进行的，所以进入这一交叉连接元件的波长分别表示为λ_A和λ_B。但是两个输入流“触发”送入输出光纤。

基本的光交叉连接元件能够组成一个简单的光交叉连接构件，如图8-25所示。按照如何配置器件的要求图8-25中没有表示出DWDM，只要在输入和输出光纤周围引出了四个移动的波长。

图8-25中，λ_A的通道用虚线来表示，但是其他波长的通道与“路由”方式类似。

图中（DBCA）输出方式并不是任意的。当交换器件的交换结构中的所有波长移动到输出光纤时就产生了输出方式。但是这只是一个为了说明交叉连接元件的简单配置情况。在器件中，各波长不能共同分享一根光纤，只有在波长出现简单“触发”的情况才是可能的。换言之，在具有这样基本功能的交叉元件中避免了波长的冲突。输出方式是精确的，但是并不是非常适用的，因为不可能用这个交叉连接元件的简单汇集来实现输出方式的所有的组合。为了达到所有输入和输出端口之间能自由对应，需要用更多的元件来实现工作设备上的光全交叉。

通过创造性的使用转发器来改变输入和输出光交叉连接元件的波长，可以将波分复用技术引入到基本的光交叉连接中。这种光“交换”迈进了的巨大的一步，其原因是，在每根输入光纤上进行了多个业务流的“交换”。当然，应特别小心防止发生两个波长试图共用一个输出端口的问题。

无论什么时候，要求SDH/SONET作为DWDM系统中的一个波长来承担OADM或OXC作用，光转换器几乎都是这样使用的。这是因为SDH/SONET信号都要使用它们建立的标准波长1310nm，而DWDM工作波长范围为1550nm。因此，光转换器不仅应将SDH/SONET波长转换到DWDM工作波长范围，而且要防止正在承载的两个或多个OC-12/STM-3发生“冲突”。

8.4.3　光分插复用器的结构

在电域的网络中，最基本的网络组成元件是交叉连接和分插复用器（ADM）。它们在一个复用系统中具有重新安排和调度信道的功能。信道经过分插或是交叉连接可对复用的业务流进行指配或调度。虽然，交叉连接和分插复用这两个非常的相似功能也可以在同一设备上完成，但实际应用中并非如此，主要是为了增加系统配置的灵活性和降低设备的成本。

在光网络中，这些紧密相关的功能是在各自独立的设备——光分插复用器（OADM）和光交叉连接（OXC）中完成的。

构建光网络的第一步是要开发出不需要在电域中上、下信道的器件，而是要在 DWDM 光链路层上直接完成波长的组合和分开。考虑波长本地的分插，光分插复用器（OADM）的基本原理是十分简单的。我们用滤波器从光纤中的多个波长中分出或滤出所需要的波长。多个波长可以上、下，当然，或是直通，具体的实现与滤波器的实际结构有关。一旦某个波长在本地分出，并离开 OADM 时，则另一个信道便可以采用此波长插入光纤，如图 8-26 所示。

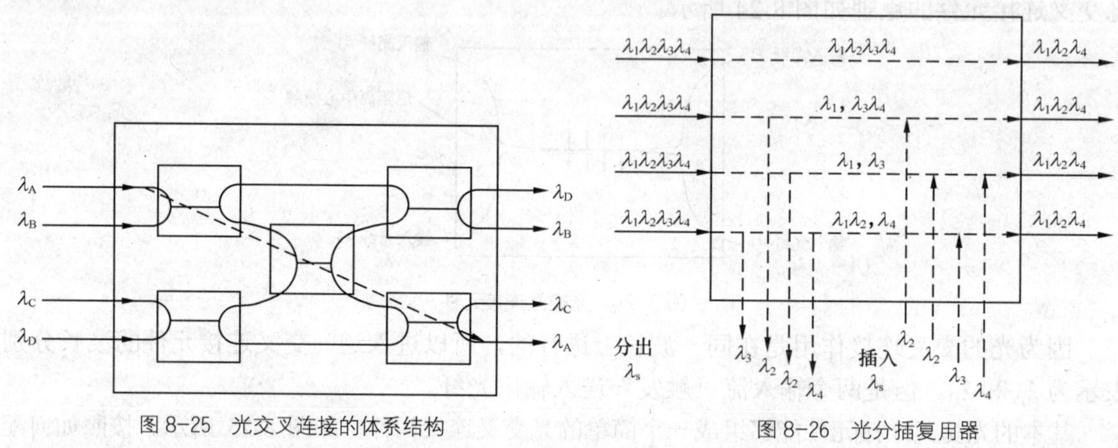

图 8-25 光交叉连接的体系结构　　图 8-26 光分插复用器

这个简单的 OADM 有 4 个输入信道和 4 个输出信道，每个信道带有 4 个波长。在 OADM 内，分出的波长空位通过 OADM 内部光纤上的波长分布位置来表示。在某种意义讲，这些是“空 λ”，即在 OADM 中不存在波长内部连接。

还需要指出，在上、下波与 OADM 的端口之间并没有绝对的对应关系。这是一个配置问题。当然，使用同一波长的两个信道不能“共享”一根输出光纤。在它们通过 OADM 的路径中，各波长可以被放大、进行功率均衡或进一步处理。重要的是，所有这些处理都是以光的形式发生的，而不需要任何光电的转变。图 8-26 表示了只要不存在着波长争用的情况，相同波长是如何在不同的输出光纤上输出的。

另一方面，从图 8-26 也可看到，OADM 完成的所有上作都只是对某个特定的波长进行选择性处理，而真正需要的是能够在不同的光纤中进行波长的重新安排。因为基础的传输线路只是实际的光纤本身，OADM 应该具有一些重排来自输入光纤到输出光纤的波长功能。

8.5 分组传送网

分组传送网（PTN）支持多种基于分组交换业务的双向点对点连接通道，具有适合各种粗细颗粒业务、端到端的组网能力，提供了更加适合于 IP 业务特性的“柔性”传输管道；点对点连接通道的保护切换可以在 50 ms 内完成，可以实现传输级别的业务保护和恢复；继承 SDH 技术的操作、管理和维护机制，具有点对点连接的完整 OAM，保证网络具备保护切换、错误检测和通道监控能力；完成了与 IP/MPLS 多种方式的互连互通，无缝承载核心 IP 业务；网管系统可以控制连接信道的建立和设置，实现了业务 QoS 的区分和保证，灵活提供 SLA 等优点。

另外，它可利用各种底层传输通道（如 SDH/Ethernet/OTN）。总之，它具有完善的 OAM 机制，精确的故障定位和严格的业务隔离功能，最大限度地管理和利用光纤资源，保证了业务安全性，在结合 GMPLS 后，可实现资源的自动配置及网状网的高生存性。

PTN 技术主要有 T-MPLS 和 PBT。

T-MPLS 经由阿尔卡特朗讯、爱立信、富士通、华为和泰乐等众多支持者提议，于 2006 年 2 月由 ITU-T 实现了技术的标准化，是 PTN 的首次尝试。它基于 ITU-TG.805 传输网络结构，由 ITU 完成标准化（G.8110.1、G.8112、G.8121），其主要改进包括通过消除 IP 控制层简化 MPLS 以及增加传输网络需要的 OAM 和管理功能。

T-MPLS 是一种基于 MPLS、面向连接的分组传送技术。与 MPLS 不同，T-MPLS 不支持无连接模式，实现上要比 MPLS 更简单，更易于运行和管理。T-MPLS 取消了 MPLS 中与 L3 和 IP 路由相关的功能特性，其设备实现将满足运营商对低成本和大容量的下一代分组网络的需求。T-MPLS 沿袭了现有基于电路交换传送网的思想，采用与其相同的体系架构、管理和运行模式。

而 PBT 则由北电予以支持，它源自 IEEE802.1ah 定义的"PBB-TE"（运营商骨干网桥接传输技术），并希望 2007 年能够开始技术的标准化。PBT 着眼于解决以太网的缺点，T-MPLS 着眼于解决 IP/MPLS 的复杂性。它们都为从现有的 SONET/SDH 向完全分组交换网络的转变提供了平滑过渡的方法。从标准化的程度上看，T-MPLS 更成熟，ITU-T 已经完成了大部分标准化工作，正在修订部分标准并与 IETF 合作；PBT 则处于标准发展的早期，2007 年 3 月在 IEEE 批准立项，标准化过程需持续 2～3 年，IETF 的 GELS 工作组预备成立，提交了 2 个 IETFdraft，并且，802.1agCFM 本身尚未批准。

PBT 是在 IEEE802.1ahPBB（MACin MAC）的基础上进行的扩展，目前正在 ITU-T 和 IEEE 进行标准化（IEEE 称其为 PBB-TE）。PBT 的主要特征是关闭了 MAC 地址学习、广播、生成树协议等传统以太网功能，从而避免广播包的泛滥。PBT 具有面向连接的特征，通过网络管理系统或控制协议进行连接配置，并可以实现快速保护倒换、OAM、QoS、流量工程等电信级传送网络功能。PBT 建立在已有的以太网标准之上，具有较好的兼容性，可以基于现有以太网交换机实现。这使得 PBT 具有以太网所具有的广泛应用和低成本特性。

总的说来，PBT 和 T-MPLS 技术结合了以太网和 MPLS 的优点，提供了一种扁平化、可运营、低成本的融合网络架构。两者都提供类似 SDH 的性能和可靠性，都提供标准的面向连接的隧道，区别主要体现在数据转发、保护、OAM 的实现方式不同。PBT 和 T-MPLS 都能满足运营商面向连接的、可控、可管理的以太网传送要求，运营商可以根据自己的网络结构和管理模式做出选择。

对于 T-MPLS 和 PBT，将主要应用在城域网中，提供以太网传送业务和 L2VPN 业务，如 DSLAM 到 BRAS 的业务汇聚，3G 基站到 RNC 的分组化传送，提供 MEF 定义的 E-Line、E-Lan 业务等。由于国内运营商的长途骨干网络已经比较成型，所以对于 PTN 在骨干网中的应用模式还没有定论。但是，用 T-MPLS 低成本和便于维护管理的特性，在骨干网提供 L2VPN 或许也是一个不错的选择。

8.5.1　分组传送网关键技术

目前业务网正处在发展转型时期，在电信业务 IP 化趋势推动下，传送网承载的业务从以

TDM为主向以IP为主转变。未来的市场需要一种能够有效传递分组业务，并提供电信级OAM和保护的分组传送技术。在这样的需求驱动下，业界开始提出分组传送网PTN的概念，打造一个适合分组业务为主的传送网。就实现力一案而言，在目前的网络和技术条件下，总体来看可分为以太网增强技术和传输技术结合（MPLS）两大类，前者以PBB-TE为代表，后者以T-MPLS为代表。当然，作为分组传送演进的另一个方向——电信级以太网（Carrier Ethernet, CE）也在逐步的推进中，这是一种从数据层面以较低的成木实现多业务承载的改良方法，相比PTN在全网端到端的安全可靠性方面及组网方面还有待进一步改进。

1. PBT技术

面向连接的具有电信网络特征的以太网技术——PBT最初在2005年10月提出，PBT主要具有以下技术特征：基于MAC-in-MAC，但并不等同于MAC-in-MAC、使用运营商MAC（Provider MAC）加上VLAN ID进行业务的转发、基于VLAN关掉MAC自学习功能，避免广播包的泛滥，重用转发表丢弃一切在PBT转发表中查不到的数据包。

PBT希望基于现有城域以太网体系构架达到电信级运营要求，在电信级保护、可管理性、扩展性方面均有发展，也能提供低于50ms的恢复时间、以太网连接由网管系统进行配置等功能，同时运营商MAC对用户不可见，骨干网不需处理用户MAC，业务更安全；此外I-SID（I-TAG）突破VLAN ID的限制，可支持16M（24-bit）的业务实例。但由于多了一层MAC封装的硬件代价必然升高，且对POS支持的效率低在初期会是一个位得考虑的问题。在标准方面不成熟，产业支持少也是一个形响其应用的关键因素。从行业情况来看，个别厂家的路由器/交换机已支持PBT，在国外网络中已有应用。这种技术适合于已有大规模城域以太网，以以太网为业务主体的运营环境。

2. T-MPLS技术

T-MPLS（Transport, MPLS）是一种面向连接的分组传送技术，在传送网络中，将客户信号映射进MPLS帧利用MPLS机制（例如标签交换、标签堆栈）进行转发，同时它增加传送层的基木功能，例如连接和性能监测、生存性（保护恢复）、管理和控制面（ASON/GMPLS）。总体上说，T-MPLS选择了MPLS体系中有利于数据业务传送的一些特征，抛弃了IETF（Internet Engineering Task Force）为MPLS定义的繁复的控制协议族，简化了数据平面，去掉了不必要的转发处理。

T-MPLS从面向连接的分组传送角度扩展出发，通过上述一些机制使其达到电信级运营要求，包括在电信级保护、可管理性、扩展性方面考虑完善，如提供低于50ms的恢复时间；分级、分段的电路级管理，类似SDH的OAM；基于MPLS的帧及转发机制，对包括POS等接口的支持较好。但总体看来此技术的相应产业支持还不够成熟。在应用场景上适合基于TDM业务为主向IP化演进的运营环境。

3. PTN典型技术比较

PTN可以看作二层数据技术的机制简化版与OAM增强版的结合体。在实现的技术上，两大卞流技术PBT和T-MPLS都将是SDH的替代品而非IP/MPLS的竞争者，其网络原理相似，都是基于端到端、双向点对点的连接，并提供中心管理、在50ms内实现保护倒换的能力；两者之一都可以用来实现SONET/SDH向分组交换的转变，在保护已有的传输资源方面，都可以类似SDH网络功能在已有网络上实现向分组交换网络转变。

总体来看，T-MPLS 着眼于解决 IP/MPLS 的复杂性，在电信级承载方面具备较大的优势；PBT 着眼于解决以太网的缺点，在设备数据业务承载上成本相对较低。标准方面，T-MPLS 走在前列；PBT 即将开展标准化工作。芯片支持程度上，目前支持 Martini 格式 MPLS 的芯片可以用来支持 T-MPLS，成熟度和可商用度更高。在现实中的应用以及其对成本和收入的影响将会是判断它们是否成功的最终条件，现在判断谁会胜出还为时尚早。

4．PTN 解决方案

PTN 产品为分组传送而设计，其主要特征体现在如下方面：灵活的组网调度能力、多业务传送能力、全面的电信级安全性、电信级的 OAM 能力、具备业务感知和端到端业务开通管理能力、传送单位比特成木低。

为了实现此目标，同时结合应用中可能出现的需求，需要重点关注 TDM 业务的支持能力、分组时钟同步、互连互通问题。

（1）TDM 业务的支持方式。在对 TDM 业务的支持上，目前一般采用端到端伪线仿真（Pseudo Wire Emulation Edge-to-Edge, PWE3）的方式，目前 TDM　PWE3 支持非结构化和结构化两种模式，封装格式支持 MPLS 格式。

（2）分组时钟同步。分组时钟同步需求是 3G 等分组业务对于组网的客观需求，时钟同步包括时间同步、频率同步两类。在实现方式上，目前主要有如下三种：同步以太网、TOP（Timing Over Packet）方式、IEEE 1588v2。

（3）互连互通问题。PTN 是从传送角度提出的分组承载解决方案。技术可以革命，网络只能演进。运营商现网是庞大的 MSTP 网络，MSTP 节点已延伸到城域的各个角落。PTN 网络必须要考虑与现网 MSTP 的互通。互通包括业务互通、网管公务互通两个方面。

目前在商用化方面来看，鉴于标准、产业成熟度、关键问题的解决进度等问题，各个厂商在标准、产品等方面虽然都投入了不少精力，但总的来说，推出解决方案和成熟产品的企业并不是太多，实际商用的并不多。

8.5.2　PTN 优化演进方案实例

传送网是网络业务开展的基础，一个具备快速灵活调度和对业务网络具有良好适应能力的传送网，往往会在业务快速部署和降低网络运营成本方面起到关键作用。

业务需求是通信网络发展的驱动力，图 8-27 展示了传送网的发展与变革过程。

频分复用（Frequency Division　Multiple, FDM）是将多路信号经过高频载波信号调制后在同一介质上传输的复用技术，即 FDM 是利用不同的频率使不同的信号同时传送而互不干扰。历史上，电话网络曾使用 FDM 技术在单个物理电路上传输若干条语音信道。在其后电话系统所使用的传输方式中，时分多路复用（Time Division Multiplexing,TDM）逐步替代了 FDM 技术。

在数字通信发展的初期，大量的数字传输系统都是准同步数字体系（Plesiochronous Digital Hierarchy, PDH），PDH 设备在业务接口侧提供 2Mbit/s（或 1.5 Mbit/s）的基群接口。虽然被称作是光的处理，但基本上是电信号层的处理。随着数字交换的引入，光通信技术的发展带动的长距离、大容量数字电路的建设。以及网络控制和宽带数字综合业务发展的需要，暴露出了 PDH 一些固有弱点，如存在的开销太少、上下链路困难和因定时损伤而难以实现 E5 速率上的异步复用等。

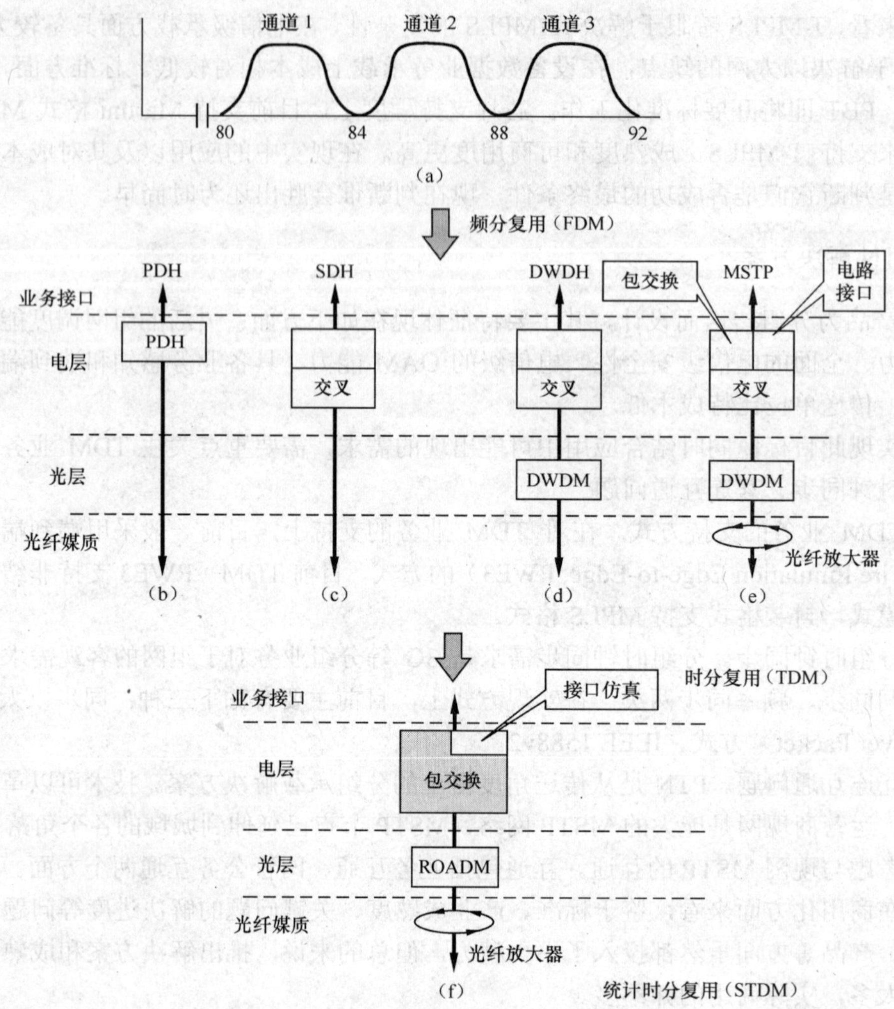

图 8-27　传送网的发展与变革

随着光纤通信技术和大规模集成电路的高速发展，1986 年，美国提出了一种以光纤通信为基础的同步光纤网（Synchronous Optical Net, SONET）概念，作为现代化通信网的基本结构。1988 年，ITU-T 对 SONET 概念进行了修改，重新将其命名为同步数字体系（Synchronous Digital Hierarchy, SDH），使之成为不仅适用于光纤通信、也适合于微波类传输的体制。自 20 世纪 90 年代开始，SDH 设备通过同步性能的改善，首次提供了灵活的业务颗粒（如虚容器 VC-12 和虚容器 VC-4）调度能力，传送网的组网和保护功能得到了充分的发挥。因而，SDH 技术作为传送网主体技术，以其特有的优势在传送网中占据了绝对主导地位，为通信业务的发展发挥了巨大作用。

而对通信业务的加速数据化和 IP 化以及多样化的业务环境，SDH 技术加强了支撑数据业务的能力并向多业务平台发展，形成 SDH 多业务平台（Multi-Service Transport Platform, MSTP）。作为 SDH 设备的演进。MSTP 主要改善了用户接口一侧，而内核一侧仍然是电路结构。因此，可以说 MSTP 技术 IP 化的程度不够彻底。随着 TDM 业务的相对萎缩及“全 IP 环境”的逐渐成熟，传送设备要从“多业务的接口适应性”转变为“多业务的内核适应性”。

WDM 设备首次拓展了光信道的波分特性，大大提高了传送网的容量。自 20 世纪 90 年代中期商用以来，WDM 系统发展极为迅速，已成为实现大容量长途传输的主流手段。但现阶段大多数 WDM 系统主要用在点对点的长途传输上，交换功能依然在 SDH 电层上完成。

在条件许可和业务需要的情况下，在 WDM 系统中有业务上下的中间节点可采用光分插复用器（Optical Add-Drop Multiplexer，OADM）设备，从而避免使用昂贵的波长转换器进行光-电-光变换，节省网络建设成本，增强网络灵活性。目前具有固定波长上下的 OADM 已经广泛商用，而能够通过软件灵活配置上下波长的动态可重构 OADM（即 ROADM）也开始步入市场。

虽然 PTN 技术的标准化工作尚未完成，但由于国内外市场需求迫切，目前已有一系列 PTN 产品相继面市，如上海贝尔阿尔卡特 1850TSS 和华为的 OSN3900/1900。

对于 T-MPLS 的设备形态，目前还没有形成一致的意见，根据对已有相关设备的分析和归纳，T-MPLS 设备可能存在 3 种类型：基于新型以太网交换机的 T-MPLS 设备，如爱立信公司新推出的 OMS 系列分组交换机产品；基于通用交换矩阵的 T-MPLS 设备，典型产品是阿尔卡特公司推出的 1850 TSS 传送业务交换机；基于现有 MSTP 架构的 T-MPLS 设备，目前部分 MSTP 设备已经支持简单的 MPLS 功能，只是由于网络应用需求小，且无法实现与 IP/MPLS 网络的互通，因此实际应用还很少。

8.6 微波与卫星通信网

8.6.1 数字微波通信网

微波通信是一种先进的通信方式，它利用微波来携带信息，通过电波空间同时传送若干相互无关的信息，并且还能进行再生中继。它具有传输容量大、长途传输质量稳定、投资少、建设周期短和维护方便等特点，得到了广泛的应用。而建立在微波通信和数字通信基础上的数字微波通信，同时具有数字通信和微波通信的优点，更是受到各国的普遍重视。因此数字微波中继通信、光纤通信和卫星通信一起被称为现代通信传输的三大主要手段。

1931 年出现了最初的调幅微波通信设备，它的工作频率为 1.667GHz。在第二次世界大战后，由于雷达的发展，使微波技术和微波中继通信得到迅速的发展。从 1947～1951 年，相继完成了 4GHz 480 路电话和一个电视波道的多路微波中继通信系统。1951 年，“TDZ”设备开始使用，它的工作波长均为 7.5cm，具有 6 个宽频带双向波道，每个高频波道可通一路电视节目或 600 路电话的调频多路微波通信系统。之后发展为每个波道可通 1200 路电话，共有 10 个双向波道的“TD-3”系统。1960 年，出现了具有 8 个波道，每个波道容量为 2200 路电话或一个彩色电视节目再加几百路电话的 6 UHz 宽频带系统。20 世纪 70 年代，调频微波通信已把每个波道的电话容量扩大到 2700 路。随着通信领域各种通信方式的出现和数据交换对通信的要求，微波通信技术得到了迅速发展。自 1965 年来，各国相继投入了对 2、4、6、8、11、15、20GHz 及毫米波段的数字微波通信系统的研究，其调制方式相继出现 2PSK、4PSK、8PSK（移相键控），以及 16QAM、64QAM（正交调幅）等新型的调制和解调方式，其传输速率可达几百 Mbit/s。

我国的数字微波通信研究始于 20 世纪 60 年代。在 20 世纪 60 年代开始为起步阶段，研制出了小、中容量数字微波通信系统，并很快投入了应用，调制方式以四相相移键控（QPSK）为主，并有少量设备使用了八相相移键控（8PSK）调制。20 世纪 80 年代，我国数字微波通信的单波道传输速率上升到 140Mbit/s，调制方式一般采用正交幅度调制 16QAM，同时自适应均衡、中频合成和空间分集接收等高新技术开始出现。20 世纪 80 年代后期至今，随着同步数字序列（SDH）在传输系统中的推广应用，数字微波通信进入了重要的发展时期。目前，单波道传输速率可达 300Mbit/s 以上，为了进一步提高数字微波系统的频谱利用率，同波道交叉极化传输、多重空间分集接收和无损伤切换等技术得到了使用。这些新技术的使用将进一步推动数字微波中继通信系统的发展。

根据所传输基带信号的不同，微波通信又分为两种制式。用于传输频分多路—调频（FDM-FM）基带信号的系统叫做模拟微波通信系统；用于传输数字基带信号的系统叫做数字微波通信系统。后者又进一步分为 PDH 微波和 SDH 微波通信两种体制。SDH 微波通信系统是今后微波通信系统发展的主方向。

不管是模拟微波通信还是数字微波通信，其微波通信最基本的特点可以概括为 6 个字："微波、多路、接力"。"微波"是指工作频段宽，它包括了分米波、厘米波和毫米波三个频段，可容纳较其他频段多得多的话路。微波频率高，波长短，易制成高增益微波天线。此外，微波通信的可靠性和稳定性可以做得很高，因为基本不受天电干扰、工业干扰和太阳黑子变化的影响。"多路"是指微波通信的通信容量大，即微波通信设备的通频带可以做得很宽。"接力"是目前广泛使用于视距微波的通信方式。

近些年来，由于通信技术的发展及通信设备的数字化，数字微波设备与模拟微波设备相比，在微波设备中占有绝对大的比重。而数字微波除了具有上面所说的微波通信的。普遍特点外，还具有数字通信的特点：

（1）抗干扰性强，整个线路噪声不累积；

（2）保密性强，便于加密；

（3）器件便于固态化和集成化，设备体积小、耗电少；

（4）便于组成综合业务数字网（ISDN）。

数字微波的主要缺点是要求传输信道带宽较宽，因而产生了频率选择性衰落，其抗衰落技术比模拟微波中相应的技术要复杂。

8.6.2 卫星通信网

卫星通信是指利用人造地球卫星作为中继站转发或反射无线电波，在两个或多个地球站之间进行的通信。由于作为中继站的卫星处于外层空间，这就使卫星通信方式不同于其他地面无线电通信方式，而属于宇宙无线电通信的范畴。通信卫星按其结构可分为无源卫星和有源卫星。按其运转轨道可分为运动卫星（非同步卫星）和静止卫星（同步卫星）。目前，在通信中应用最广泛的是有源静止卫星。所谓静止卫星就是发射到赤道上空 35800km 附近圆形轨道上的卫星，它运行的方向与地球自转的方向相同，绕地球一周的时间，即公转周期恰好是 24h，和地球的自转周期相等，从地球上看去，如同静止一般。由静止卫星作中继站组成的通信系统称为静止卫星通信系统或称同步卫星通信系统。图 8-30 所示为一个简单的卫星通信系统。

由图 8-28 可知，地球站 A 通过定向天线向通信卫星发射的无线电信号，首先被卫星的转发器接收，经过卫星转发放大和变换后，再由卫星天线转发到地球站 B，当地球站 B 接收到信号后，就完成了从 A 站到 B 站的信息传递过程。从地球站发射信号到通信卫星所经过的通信路径称为上行线路。同样，地球站 B 也可以向地球站 A 发射信号来传递信息。

与其他通信手段相比，卫星通信的主要优点是：

（1）通信距离远，且费用和通信距离无关；

（2）工作频段宽，通信容量大，适用于多种业务传输；

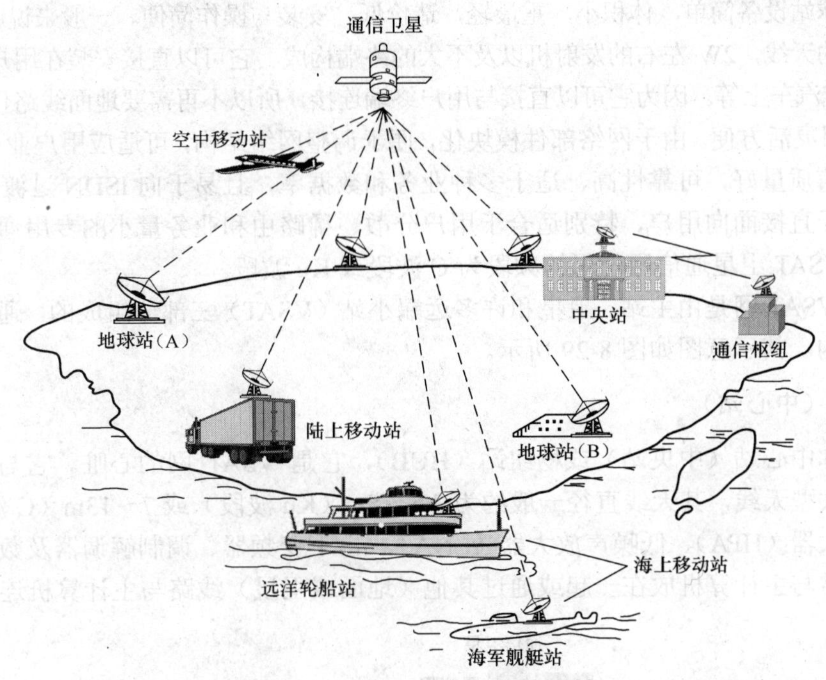

图 8-28　简单的卫星通信系统

（3）通信线路稳定可靠，通信质量高；

（4）以广播方式工作，具有大面积覆盖能力，可以实现多址通信和信道的按需分配，因而通信灵活机动；

（5）可以自发自收进行监测。

静止卫星通信也存在某些不足：

（1）两极地区为通信盲区，高纬度地区通信效果不佳；

（2）卫星发射和控制技术比较复杂；

（3）存在日凌中断现象；

（4）有较大的信号延迟和回波干扰；

（5）卫星通信需要有高可靠、长寿命的通信卫星；

（6）卫星通信要求地球站有大功率发射机、高灵敏度接收机和高增益天线。

总而言之，卫星通信有优点，也存在一些缺点。这些缺点与优点相比是次要的，而且有的缺点随着卫星通信技术的发展，已经得到或正在得到解决。

8.6.3 VSAT 卫星通信网

所谓 VSAT（VerySmallApertureTeminal）卫星通信网，是指利用大量小口径天线的小型地球站与一个大站协调工作构成的卫星通信网。这是 20 世纪 80 年代发展起来的一种卫星通信网。通常可以通过它进行单向或双向数据、语音、图像及其他通信业务，VSAT 卫星通信网是采用一系列先进技术的结果。譬如：大规模/超大规模集成电路，高增益、低旁瓣小型天线，微机软件，数字信号处理，分组通信，扩频、纠错编码，高效、灵活的网络控制与管理技术等。

VSAT 卫星通信网的主要优点如下。

（1）地球站设备简单，体积小，重最轻，造价低，安装与操作简便。一般来说，VSAT 小站由 0.3～2m 的天线，2W 左右的发射机以及不大的终端构成。它可以直接安装在用户所在的楼顶上、庭院内或汽车上等。因为它可以直接与用户终端连接，所以不再需要地面线路作引接设备。

（2）组网灵活方便。由于网络部件模块化，便于调整网络结构，可适应用户业务量的变化。

（3）通信质量好，可靠性高，适于多种业务和数据率，且易于向 ISDN 过渡。

（4）由于直接面向用户，特别适合于用户分散、稀路由和业务量小的专用通信网。

目前，VSAT 卫星通信网使用的频段为 C 波段或 Ku 波段。

典型的 VSAT 网是由主站、卫星和许多远端小站（VSAT）三部分组成的。通常采用星形网络结构。其示意图如图 8-29 所示。

1．主站（中心站）

主站又称中心站（中央站）或枢纽站（HUB），它是 VSAT 网的心脏。它与普通地球站一样，使用大型天线，其天线直径一般约为 3.5～8m（Ku 波段）或 7～13m（C 波段），并配有高功率放大器（HPA）、低噪声放大器（LNA）、上/下变频器、调制解调器及数据接口设备等。主站通常与主计算机放在一起或通过其他（地面或卫星）线路与主计算机连接。

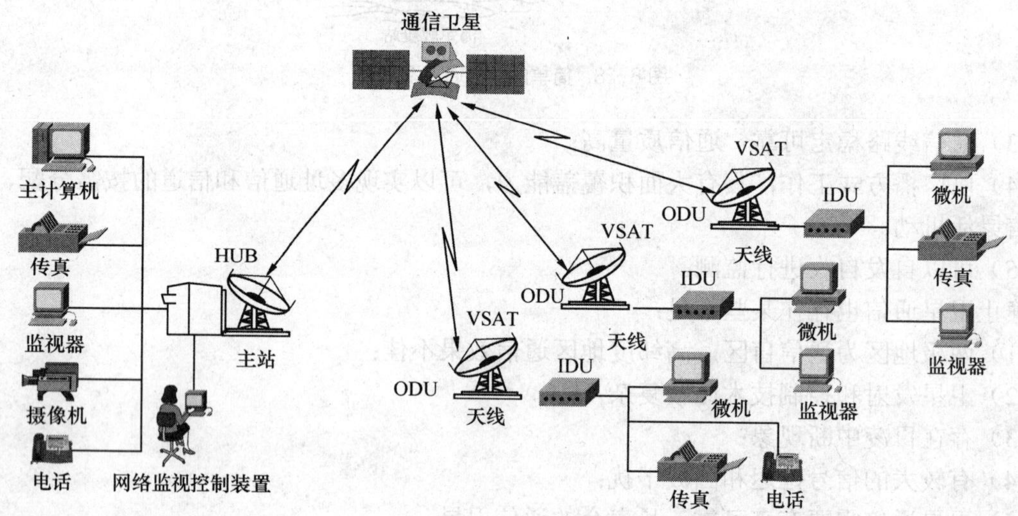

图 8-29 VSAT 网构成示意图

为了对全网进行监测、管理、控制和维护，一般在主站内（或其他地点）设有一个网络控制中心，对全网运行状况进行监控和管理，如实时监测、诊断各小站及主站本身的工作情况，测试信道质量，负责信道分配，统计，记费等。操作员可在控制台使用键盘进行操作，通过屏幕显示和打印出结果。由于主站涉及整个 VSAT 网的运行，其故障会影响全网的正常工作，故其设备皆设有备份。为了便于重新组合，主站一般采、用模块化结构，设备之间采用高速、局域网的方式互连。

2．小站

VSAT 小站由小口径天线、室外单元和室内单元组成。VSAT 小站天线有正馈和偏馈两种形式，正馈天线尺寸较大，而偏馈天线尺一寸小、性能好（增益高、旁瓣小），且结构上不易积冰雪，因此常被采用。室外单元主要包括 GaAsFET 固态功放、低噪声场效应管放大器、上/下变频器和相应的监测电路等。整个单元可以装在一个小金属盒子内直接挂在天线反射器背面。室内单元主要包括调制解调器、编译码器和数据接口设备等。室内外两单元之间以同轴电缆连接，传送中频信号和供电电源，整套设备结构紧凑、造价低廉、全固态化、安装方便、环境要求低，可直接与其数据终端（微计算机、数据通信设备、传真机、电传机等）相连，不需要地面中继线路。

3．空间段

VSAT 网的空间部分是 C 频段或 Ku 频段同步卫星转发器。C 频段电波传播条件好、降雨影响小、可靠性高、小站设备简单、可利用地面微波成熟技术、开发容易、系统费用低。但由于有与地面微波线路干扰间题，功率通量密度不能太大，限制了天线尺寸进一步小型化。而且在干扰密度强的大城市选址困难。C 波段通常采用扩频技术降低功率谱密度，以减小天线尺寸。但采用扩频技术限制了数据传输速率的提高。通常 Ku 频段与 C 频段相比具有以下优点。

（1）不存在与地面微波线路相互干扰问题，架设时不必考虑地面微波线路而可随地安装。

（2）允许的功率通量密度较高，天线尺寸可更小，传输速率可更高。

（3）天线尺寸一样时，天线增益比 C 频段高 6～10dB，虽然 Ku 频段的传播损耗特别是降雨影响大，但实际上线路设计时都有一定的余量，线路可用性很高，在多雨和卫星覆盖边缘地区，使用稍大口径的天线即可获得必要的性能余量。因此目前大多数 VSAT 系统主要采用 Ku 频段。只有 Contel ASC（原赤道公司）的扩频系统主要工作在 C 频段。当其他非扩频系统工作在 C 频段时，则需要较大的天线和较大的功率放大器，并占用卫星转发器较多的功率。我国的 VSAT 系统工作在 C 频段，这是由于目前所拥有的空间段资源所决定的。

由于转发器造价很高，空间部分设备的经济性是 VSAT 网必须考虑的一个重要问题，因此，可以只租用转发器的一部分，地面终端网可以根据所租用卫星转发器的能力来进行设计。

随着 VSAT 技术的迅速发展，人们正在研究、开发各种新的组网形式，以满足用户日益增长的需要。下面简一单介绍卫星广域网（SWAN）的组网应用。

VSAT 的发展是卫星工业历史上的转折点。以 VSAT 为基础的卫星广域网（SWAN）可以在局域网（LAN）之间、局域网与大都市地区网（MAN）之间提供灵活的互连，以及提供 LAN 访问中央信息数据库和计算设施的网关（Gateway）。从而为 LAN 的终端用户提供巨大的通信、计算和信息处理能力。

随着公用和专用数据库和计算机设施的日益增长，对广域网通信的需求越来越增长。用现有地面网公用/专用设施实现 LAN 互连，受到如下一些因素的影响：网络不灵活、缺乏业务自适应性、速率受限、多址协议、成本高、业务延迟、覆盖范围、对网络发展的适应能力等等。对 LAN 应用的分析表明：用户终端的报文长度、终端活动率和数据率变化几个数量级，LAN 间的业务量在一个很宽的动态范围内变化。而地面设施不能根据瞬时业务量动态分配传输容量。但 SWAN 能提供大的覆盖范围、高的网络灵活性，并易于提供不同带宽通路使远端 LAN 和 MAN 实现互连。有些高速 VSAT 具有根据输入业务类型向用户动态分配带宽的能力。进一步，用户还可以具有为其广域网（WAN）选择网络拓扑（即点对：点，星形、网形）的灵活性。且 VSAT 费用低，因此，VSAT 对许多 LAN 实现互连具有很大的吸引力。

SWAN 可以支持如下几种拓扑。

（1）点对点结构：

① LAN-LAN；

② LAN-MAN；

③ LAN-远方主机。

（2）星形结构：

① LAN-IDC（信息数据库中心）；

② LAN-SCC（超级计算机中心）；

③ LAN-MAN。

（3）网形结构：

① LAN-LAN。

② LAN-MAN。

图 8-30 所示为一种可行的 SWAN 结构。它是叠加在现有星形 VSAT 网上形成的 SWAN。在星形网中，远端对远端通过中心站的转接装置实现连接。利用 LAN 到卫星的网关（LAN to Satellite Gateway，LSG）使 LAN 和卫星网两者的性能和协议要求都达到最佳。

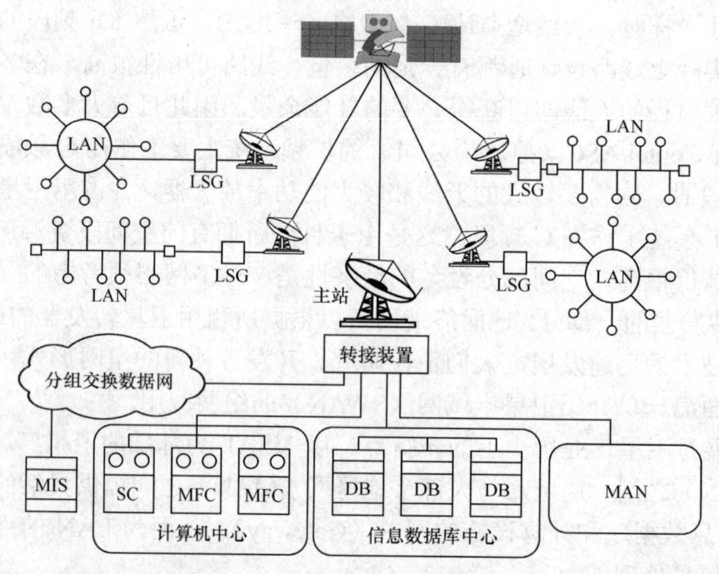

图 8-30　SWAN 结构

8.6.4　低轨道卫星通信网

低轨道卫星通信的提出是相对于地球同步卫星通信而言，它距地面 500～1500km。如果低于 500km，地球受到大气及电离层的影响，就会降低卫星的使用寿命。目前一般同步卫星的使用寿命是 12～15 年，而低轨道卫星的寿命约在 5～8 年。

首先低轨道卫星通信系统要求多个卫星同时使用。因为卫星轨道低，只有用多个卫星组织起来才能覆盖整个地球表面。卫星轨道愈低，要求的卫星数目愈多。它们可在地球之外，以地心为中心的一个球面上均匀分布。也可以分开成两个或二个同心的球形层面上运行。这种卫星群与地球的组成形式很像在一个原了中的原了核和围绕着它的许多电了的运行状态，所以有一个低轨卫星系统便使用铱（lridium）来命名。

在地球的一点上发出电磁波信号，距其最近的低轨卫星可以接到这个信号。如果指定的接收点不是很远，便由这颗卫星将信号转发到地面的接收点。如果需要较远距离的传输，最近的卫星可以将收到的信号转到邻近的其他卫星再转到地面的接收点。

如果是个人通信，卫星地面站所使用的通信频段上行是 1.610～1.625GHz，下行是 2.4853～2.500GHz。铱系统中星与星之间的传统通信是使用 23.18～23.386GHz 频带。

由于低轨道卫星通信系统包括的卫星数量多，使用的轨道低，卫星本身的寿命较短，所以在实际运用中要有几个备份卫星放在空中，以保证整个系统的正常运行。

对于一个低轨卫星通信系统还需一项不可缺少的设备，就是在地面上对卫星的测量及控制系统。人造卫星在天上的运行虽是依靠天体力学规律来进行，但是在运行中难免会受到意外力的作用使其略脱离正常轨道或改变其姿态（本身的角度）。有时还需要将损坏的星用备份的星来代替，这就需要在地面设置测控设备。因低轨道卫星通信系统有多个卫星同时运转，地面测控系统尤为重要。

下面介绍两个低轨道卫星通信系统，即铱系统及 Globalstar 系统。

1．铱系统

铱系统是提出最早的低轨道卫星通信系统。也是最早实现使用的系统，建设这个系统估计总费用为 44 亿美元。

在铱系统中所使用的卫星是由一个方柱形的主体，两片方形太阳能电源板，三片斜向地面长方形与地通信的天线板组成。在方柱形主体内部装置有与地面通信的无线电收发设备及与星间通信的设备。此外有校正卫星位置及方向的控制设备及其所需用的燃料、电源设备等，太阳能电源使用砷化钵材料的光电池，将所接到的太阳能转化为电能供应卫星使用。

在卫星发射前，每个卫星的全部设备缩装成一个 4.5m 长每边为 1.0m 的三角柱体，连同控制卫星所使用的燃料总的重量为 690kg。在发射时如果使用强推力的发射火箭，每次可以将多个卫星同时发送到距地面 780km 的天空。如果使用俄罗斯的 Proton 火箭，可以一次发射 7 枚卫星，美国的 Delta 型火箭每次可以发射 5 枚卫星，中国的长征二号火箭每次可以发射两枚卫星。

铱系统由 66 颗星组成，它们均匀分布在 6 条距地面 780km 的轨道上。这些轨道与赤道成 86.4°交角均匀地排列在地球表面上空。这样在任何时间，任何地点在地球上空附近都有卫星工作。铱系统中另有 6 颗卫星在空中备用。这样，在地面任何一点使用总可以和天上铱系统中最近一颗卫星通信。当第一颗卫星离远之后，它邻近的第二颗卫星会接替上来通信。若是较远程的通信，将需要用几个卫星进行接力通信。

铱系统在美国的业务总部设在 Lansolown，VA 在夏威夷及加拿大有对卫星的测控系统。目前，在 29 个国家中已注册使用。

2．Globalstar 低轨道卫星通信系统

Globalstar 系统（以下简称 G 系统）是比铱系统进行得晚一些的低轨道卫星通信系统。在系统设计及卫星方面与铱系统有所不同。从整个系统看，在 G 系统中首先是减少了运行的卫星数量。卫星的高度从铱系统的 780km 提高到 1414km，这样使每个卫星照射地球上的面积加大，从而减少在系统中所需卫星的总数日。再从业务上考虑，在地球南北纬度 70°以上的地区，居住密度低，通信业务也较少。在这方面也可以减少系统中所需的卫星数日。G 系

统由 48 颗星组成。在卫星数量上比铱系统减少了 30%。这 48 颗卫星平均分配到 8 条轨道上，轨道的间距是 45°，与地球赤道间的斜角是 52°。

在 G 系统中所使用的每颗卫星发射重量是 450kg，而铱卫星重量是 690kg，亦即 G 卫星在重量上比铱卫星减少了 35%。这样就降低了卫星的造价及发射卫星所需的费用。在 G 系统中所用卫星减去了星间的通信功能和卫星在转发中的信号处理功能，这自然也减轻了在卫星上的供电功能。在 G 系统中卫星所装的两个太阳能电池板所供的电功率只有 1100 瓦，这比每个地球同步卫星所需要的 12000 瓦就节省多了。预计 G 系统所需费用为 26 亿美元，约是铱系统的 60%。

在 G 系统中为补偿卫星上设备的减少，需要增加地面的设备点（网关）。因星与星间缺少通信设备，对于较远程的通信，可以先将信号送上距地面发射点最近的卫星，这个卫星将信号转到地面一处网关，该网关将信号再发送到一个较远的卫星，最后转到较远的地面接收点。对于在星上减少了信号处理设备问题，可以先自地面发射点将信号送上卫星，由卫星将原信号转回到地面的一个网关，这个网关将处理好的信号再送上天空的卫星（就是前次用的卫星），再将处理好的信号转到地面接收点。

8.6.5 宽带多媒体卫星移动通信系统

1. 系统结构

近年来 IP 和多媒体技术在卫星通信中的应用已成为一个研究热点。ITU－R 早在 1999 年 4 月在日内瓦举行了会议，在会议上 IP 和多媒体技术在卫星中的应用作为新技术课题提案获得了通过，这对宽带卫星移动通信系统的发展具有重要的影响。参加会议的有关人士认为，IP 很有可能成为未来的主要通信网络技术，大有取代目前占主导地位的 ATM 技术的势头。IP 数据包通过卫星传输的可用度和性能目标与 ATM 建议要求是不同的。关键技术包括卫星 IP 网络结构如何支持卫星 IP 运行的网络层和传输层协议的性能要求，IP 层协议可以加强卫星链路性能的更高层协议需要做什么样的潜在改善，IP 保密安全协议及相关问题对卫星链路的要求将产生什么影响。这种技术若能实现与地面 IP 网络的兼容，将影响卫星通信业务的变革。

2. 移动管理

在无线 ATM 移动性目标管理方面，目前已解决了 ATM 终端用户在大楼或校园内的实时移动的管理问题，实验的移动距离从数米到数百米，数据速率为 2～24Mbit/s，频段为 2.4GHz 或 5GHz。但是，含有 ATM 交换机的子网整体的移动性管理至今未能解决。一个新的移动管理目标是在全球卫星与收信机间通信的特定环境下实现网络段的移动管理。这一目标可以发展为未来全球非 GEO 宽带卫星 ATM 系统的移动管理目标。目前有专家提议将 ATM 的专用网络节点接口（PNNI）V.1 协议扩展为一个支持网络段移动的有关定位管理和路由的建议。

3. 星上处理

在星上设备小型化方面，人们提出使用 FPGA（现场可编程门阵列）。最新的 FPGA 具有先进的封装技术、抗辐射能力和现场可编程能力，在工程上容易实现星上处理硬件的高度小型化，而且速度较快，利于大批量生产。但目前所使用的抗辐射 FPGA，其选通时间较难匹配，并且 SRAMFPGA 的容量较小，读写速度也不够快。

4．多址技术和调制技术

为了提高宽带移动卫星通信系统的容量和业务质量，必须发展新的传输技术和调制技术。近年来 CDMA 多址技术和 OFDM（正交频分复用）多载波调制方式受到通信产品制造商的重视。由于 CDMA 技术具有联合信道估计和消除干扰的特点，因此采用此技术可实现多用户接收机的多用户检测功能，有利于通过消除干扰来提高系统容量。OFDM 的难点是它对系统的同步要求，特别是突发状态下传输的符号时间恢复问题，常规的同步算法不能用于具有快衰减特性以及突发传输要求的 NON－GEO 卫星信道。看来在宽带卫星移动通信系统中采用 ATM 与 CDMA 以及 OFDM 相结合的方式将是较为理想的方式。

5．信道编码

宽带卫星系统要求在较差的信道误码率情况下传输高速数据，这就要求有高效率的信道编/解码技术，以满足各类多媒体业务 QoS 的要求。而宽带多媒体业务因为质量要求的不同，故信道编码将要求采用速率可变的差错控制编码。另外，应充分利用信源和信道的联合编码，以便在提高系统整体性能的同时尽量降低解码技术的复杂性。

总之，今后的卫星通信系统技术将会有更进一步的发展，通信卫星的应用范围也将扩展，其前景非常广阔。

练 习 题

一、填空题

1．SDH 传送网的分层模型由________组成。

2．我国 SDH 网的主要设备有________。

3．光传送网可以从垂直方向划分为________。

4．微波通信最基本的特点是________。

二、简答题

1．引入 SDH 的原因是什么？与 PDH 相比，SDH 的优点是什么？

2．说明传送网和传输网的不同。

3．简述光分插复用器的功能。

4．WDM 技术的优势是什么？

5．说明 WDM 光传送网监控和管理的特点。

6．说明 PTN 的特点及其关键技术。

7．简述数字微波通信系统的优缺点。

8．简述卫星通信系统的发展趋势。

9．简述 VSAT 卫星通信网的组成及特点。

三、综述题

简述信息传输网的发展过程。

第9章 宽带IP网

随着 Internet 的迅速普及，网络上开展的业务已经从以数据业务为主，发展到多种业务并存，新的网络应用层出不穷，传统的 IP 网络已经不能适应现状。新的适应综合业务发展的宽带网络是整个网络发展的必然趋势。

9.1 宽带 IP 网产生的原因

Internet 在它诞生的时候，主要是用于实时性不高的数据业务。随着通信技术的不断发展，人们越来越多的希望数据网络能够提供更多的多媒体业务，能够将实时性要求高的语音、视频业务也纳入到 Internet 中。新一代宽带通信网络将成为新一代电信的明显特征，宽带 IP 网络技术应运而生。宽带 IP 网络产生的原因主要有以下几个方面。

（1）用户数量急剧增长。Internet 的规模现每月增长 10%左右，业务量每 6～9 个月翻一番。新增网络用户的速度超过以往任何一种通信技术。业务的发展也越来越多的向综合业务发展，特别是即时通信、网络游戏、网络视频业务发展迅速。网络购物已经成为众多网民购物的首选。

（2）业务带宽呈指数增长。除了用户数量指数增长外，业务带宽也呈现指数增长态势。2000 年，中国网络国际出口带宽为 2799Mbit/s，截至到 2009 年底，我国的网络国际出口带宽为 866367Mbit/s。10 年间，业务带宽的增长了近 310 倍。

（3）业务内容综合化。Internet 提供的服务正在向着业务内容综合化的方向发展，而 TCP/IP 最初是为提供非实时数据业务而设计的。为了使 IP 网络不仅能传送非实时的数据信息，而且还能传送实时多媒体数据信息，国际标准化组织起草并完成的一些用于 IP 实时通信的标准以及服务质量方面的标准，如实时传输协议/实时传输控制协议（RTP/RTCP）、资源预留协议（RSVP）、IP 多播技术以及 H.323 建议等，也进一步促进了宽带 IP 网的产生。

（4）传统 IP 网络不能保证服务质量。IP 是一个无连接协议，采用的是“尽最大能力传输”的工作方式，在这种方式下所有的业务是没有服务质量（QoS）保证的。对于网络中语音、视频业务这是不能忍受的。

除了上述的几点外，网络规模扩大导致路由器寻址时跳数过多，传输时延增大，网络性能下降；目前所使的 IPv4 协议对灵活的路由器限制、安全性能的不足等原因都促使宽带 IP 网络的产生与发展。

9.2　宽带数据交换技术

在第 7 章提到针对网络性能与与网络规模之间的矛盾，主要有 3 种解决的方法。但这 3 种方法不能有效地解决综合业务的实现以及提供服务质量等问题。这些问题的解决需要有新的交换技术及传输技术。

IP 技术具有良好的扩展性及很强的适应性，是目前 Internet 中广泛使用的网络通信协议，而 ATM、SDH 技术具有高速、大容量以及能够提供很好的 QoS 的能力，将 IP 技术与这两种技术的结合将给整个 Internet 的性能带来很大的提高。

9.2.1　IP 交换

IP 交换是在第三层上进行的交换技术，它是 Ispilon 公司提出的专门用于在 ATM 网上传送 IP 分组的技术。它是将第三层的路由选择功能与第二层的交换功能结合起来，在下层通过 ATMVC 虚电路建立连接，上层运行 TCP/IP。

流是 IP 交换的基本概念，流是从 ATM 交换机输入端口输入的一系列有先后关系的 IP 包，它将由 IP 交换机控制器的路由软件处理。

IP 交换的核心是把输入的数据分为下述两种类型。

（1）持续期长、业务量大的用户数据流，包括文件传输协议（FTP）、远程登录（Telnet）、超文本传输协议（HTTP）数据、多媒体音频、视频等数据。这些用户数据流，是在 ATM 交换机硬件中直接交换（即快速通道）；可以在 ATM 交换机中交换时利用 ATM 交换机硬件的广播和组播能力。

（2）持续期短、业务量小、呈突发分布的用户数据流，包括域名服务器（DNS）查询、简单邮件传输协议（SMTP）数据、简单网络管理协议（SNMP）查询等。这些用户数据流，可通过 IP 交换机控制器中的 IP 路由软件传输，采用逐跳（hop-by-hop）和存储转发方法，省去了建立 ATMVC 的开销。这种传输方式也称为慢速通信。

1．IP 交换机的组成

IP 交换机是 IP 交换的核心，它由 IP 交换控制器和 ATM 交换机组成，如图 9-1 所示。

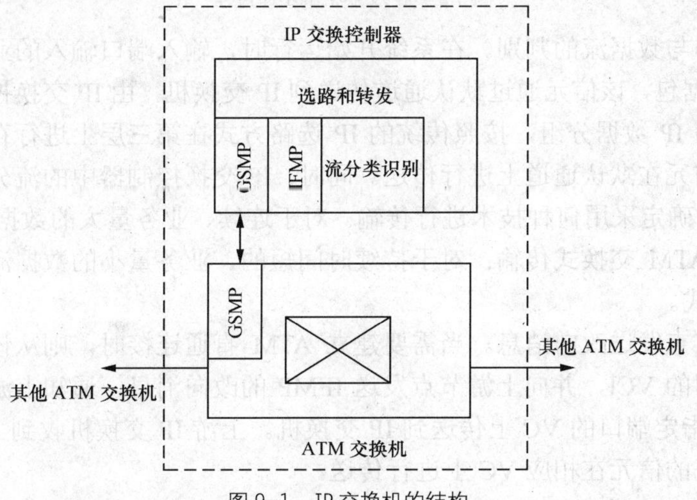

图 9-1　IP 交换机的结构

（1）IP 交换控制器。IP 交换控制器是系统的控制处理器。交换控制器既实现传统路由器的 IP 选路和转发功能，也能完成对 ATM 交换机的控制，当 IP 交换机之间进行通信时，还能标记 IP 交换机之间的数据流，即传递分配标记信息和将标记与特定 IP 流相关联的信息，从而实现基于流的第二层交换。

（2）ATM 交换机。ATM 交换机硬件保持原状，去掉 ATM 高层信令和控制软件，用一个标准的 IP 路由软件来取代，同时支持 GSMP，用于接受 IP 交换控制器的控制。

2．IP 交换机的工作原理

IP 交换机通过传统的 IP 方式和通过 ATM 交换机的直接交换方式来实现 IP 分组的传输。其工作过程可分为 4 个阶段，如图 9-2 所示。

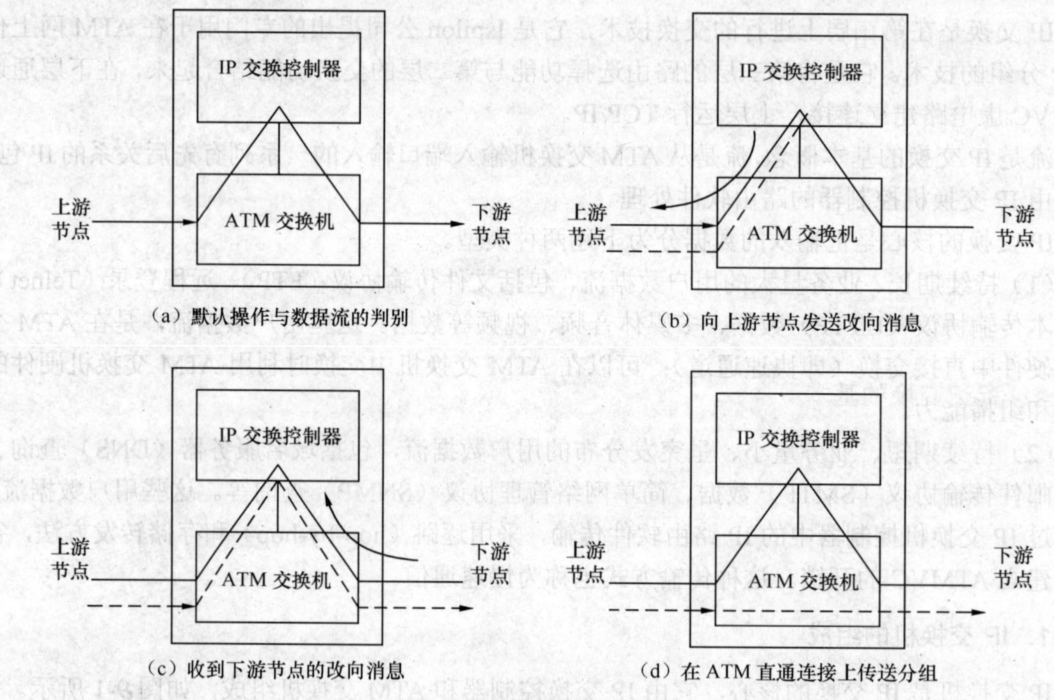

图 9-2　IP 交换机的工作过程

（1）默认操作与数据流的判别。在系统开始运行时，输入端口输入的业务流是封装在信元中的传统 IP 数据包，该信元通过默认通道传送到 IP 交换机，由 IP 交换控制器将信元中的信息重新组合成为 IP 数据分组，按照传统的 IP 选路方式在第三层上进行存储转发，在输出端口上再被拆成信元在默认通道上进行传送。同时，IP 交换控制器中的流分类识别软件对数据流进行判别，以确定采用何种技术进行传输。对于连续、业务量大的数据流，则建立 ATM 直通连接，进行 ATM 交换式传输；对于持续时间短的、业务量小的数据流，则仍采用传统的 IP 存储转发方式。

（2）向上游节点发送改向消息。当需要建立 ATM 直通连接时，则从该数据流输入的端口上分配一个空闲的 VCI，并向上游节点发送 IFMP 的改向消息，通知上游节点将属于该流的 IP 数据分组在指定端口的 VC 上传送到 IP 交换机。上游 IP 交换机收到 IFMP 的改向消息后，开始把指定流的信元在相应 VC 上进行传送。

（3）收到下游节点的改向消息。在同一个 IP 交换网内，各个交换节点对流的判识方法是一致的，因此 IP 交换机也会收到下游节点要求建立 ATM 直通连接的 IFMP 改向消息，改向消息含有数据流标识和下游节点分配的 VCI。随后，IP 交换机将属于该数据流的信元在此 VC 上传送到下游节点。

（4）在 ATM 直通连接上传送分组。IP 交换机检测到流在输入端口指定的 VCI 上传送过来，并收到下游节点分配的 VCI 后，IP 交换控制器通过 GSMP 消息指示 ATM 控制器，建立相应输入和输出端口的入出 VCI 的连接，这样就建立起 ATM 直通连接，属于该数据流的信元就会在 ATM 连接上以 ATM 交换机的速度在 IP 交换机中转发。

3. IP 交换的特点

（1）将输入的用户业务按数据流的概念分为两大类，节省了建立 ATM 虚电路的开销，提高了效率。

（2）只支持 IP，同时它的效率依赖于具体用户业务环境。对于大多数业务是持续期长、业务量大的用户数据，能获得较高的效率。但对于大多数持续期短、业务量小、呈突发分布的用户数据业务，IP 交换的效率大打折扣，一台 IP 交换机只相当于一台中等速率的路由器。

9.2.2 标记交换

1. 标记交换的基本概念

标记交换是 Cisco 公司推出的一种传统路由器与 ATM 技术相结合的多层交换技术。在标记交换中，每一个进入交换网的数据分组都会被附加一个短小的标记，所有的数据分组的转发均根据标记来完成。由于标记短小，因而可以大大提高分组的传输速率和转发的效率。

（1）标记交换的基本概念。

标记是一个长度较短且固定的数字，该数字本身与网络层地址（如 IP 地址）并无直接关系，且只具有本地意义，因此不同的标记交换机可以使用相同的标记。标记交换是一种不依赖于链路层协议的技术，这个特性使得标记交换技术相对于 IP 交换有很大的适用范围。

标记是存放在标记信息库中。标记信息库用于存放标记传递的相关信息，这些信息包括输入端口号、输出端口号、输入标记、输出标记、目的网段地址等。

标记交换中的数据分组是 IP 分组，因此标记交换所面对的业务不同于其他数据通信中常用的面向连接，而是无连接业务。

（2）标记交换网络的网络组成。标记交换网络包含 3 个成分：标记边缘路由器（TER）、标记交换机和标记分发协议（TDP），如图 9-3 所示。

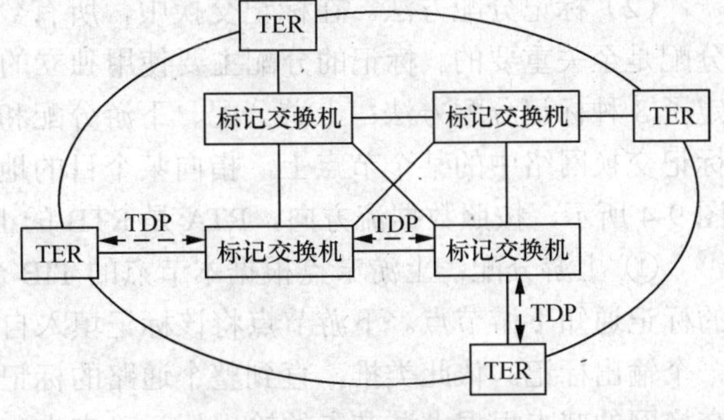

图 9-3 标记交换网的网络结构

标记边缘路由器位于标记交换网络的边缘。含有完整3层功能，它们检查到来的分组，在转发给标记交换网络前打上适当的标记，当分组退出标记交换网络时删去该标记。此外，由于具有完整的第三层功能，标记边缘路由器还可应用增值的3层服务，如安全、记费和QoS分类等。标记边缘路由器使用标准的路由协议（OSPF、BGP）来创建转发信息库（FIB），根据转发信息库的内容，使用标记分发协议（TDP）向相邻的设备分发标记。标记边缘路由器的能力可通过Cisco软件的一个附加特性来实现，不需要特别的硬件，原有的路由器或三层交换机可通过软件升级具有标记边缘路由器的功能。

标记交换机是标记交换网络的核心。负责根据标记来转发数据分组。除了标记交换外，还支持完整的第三层路由或第二层功能。标记交换由两个部分组成：传递元件和控制元件。

① 传递元件：传递元件可以看作是标记交换机中的标记交换器。根据标记交换分组中携带的标记信息与标记交换信息库（TIB）中保留的标记信息，进行将数据分组在输入端口上获得的标记替换为输出端口上分配的标记，进而完成数据分组的传递。

② 控制元件：控制元件负责产生标记，并负责维护标记的一致性。它可以使用单独的标记分发协议或利用现有的控制协议携带相关信息，实现标记分发和标记的维护。控制元件采用模块化结构，每个模块支持一种特定的选路功能。

标记分发协议提供了标记交换机和其他标记交换机或标记边缘路由器交换标记信息的方法。标记边缘路由器和标记交换机用标准的路由协议（如BGP、OSPF）建立它们的路由数据库。相邻的标记交换机和边缘路由器通过标记分发协议彼此分发存贮在标记信息库（TIB）中的标记值。

2．标记交换的工作原理

（1）标记交换的工作过程。标记交换网络中进行的只是“标记”的交换，根据“标记”对贴有“标记”的数据分组进行分组交换。具体的工作过程如下：首先当一个要转发的数据分组进入标记交换网络时，由标记分发协议和路由协议建立路由和标记映射表，并将标记信息放入标记信息库。其次当标记边缘路由器接收到需要通过标记交换网络的数据分组，分析其网络层头信息，执行可用的网络层服务，从其路由表中给该分组选择路由，打上标记然后转发到下一节点的标记交换机。标记交换机接收到加有标记的数据分组时，不再分析数据分组头，只是根据标记结合标记信息库中的内容进行快速的交换。最后加有标记的数据分组到达出口点的标记边缘路由器，标记被剥除，然后把数据分组交给上层应用，从而完成数据分组在标记交换网络中的传输。

（2）标记分配方法。在标记交换中，所有数据分组的交换都是基于标记的，因此标记的分配是至关重要的。标记的分配主要使用独立的标记分发协议（TDP）来完成。在TDP中规定了3种标记分配方法：上游分配、下游分配和下游按需分配。所谓的上游和下游是指站在标记交换网络中的某个节点上，指向某个目的地址的路由方向称为下游，反之称为上游。如图9-4所示，按照数据流方向，RTA是RTB的上游，RTC是RTB的下游。

① 上游分配：上游节点根据本节点的TIB分配一个输出标记，然后通过TDP将所分配的标记通知下游节点。下游节点将该标记填入自己的TIB中后，按照路由表中的信息，分配一个输出标记。依此类推，直到整个通路的标记交换设备建立起相应的TIB。也就是说标记交换网的节点根据上游节点的输出标记确定本节点的输入标记，然后根据TIB确定输出标记。

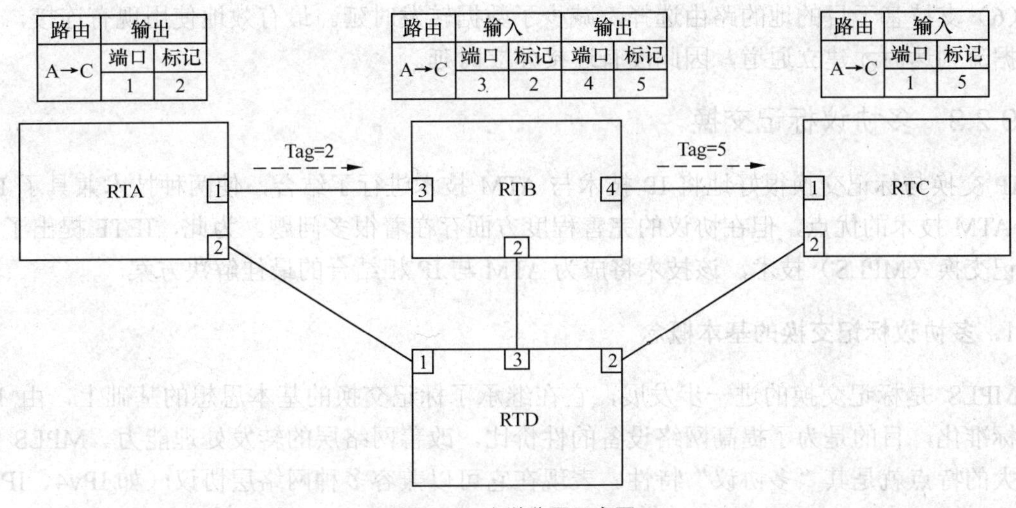

图 9-4　上游分配示意图

② 下游分配：下游节点根据本节点的 TIB 分配一个输入标记，然后通过 TDP 将所分配的标记通知上游节点。上游节点将该标记填入自己的 TIB 中后，按照路由表中的信息，分配一个输入标记。依此类推，直到整个通路的标记交换设备建立起相应的 TIB。也就是说标记交换网的节点根据下游节点的输入标记确定本节点的输出标记，然后根据 TIB 确定输入标记。

③ 下游按需分配：下游按需分配与下游分配过程相似，所不同的是只在上游节点提出标记分配请求的时候，下游节点才分配标记。

3 种分配方式中每个节点的 TIB 至关重要。对于节点中的 TIB 有两种管理方式。一种称为单接口 TIB，另一种称为单节点 TIB。在第 1 种方式中，一个接口配置一个 TIB，所有接口的 TIB 相互独立，所有的标记只在本接口或本段有效，跟节点的其他接口无关。这时标记的选择只需考虑本接口的使用情况，使用上游分配和下游分配均可。在第 2 种管理方式下，一个节点只设一个 TIB，所有接口使用的标记均取自该 TIB。在这种情况下，只能使用下游分配而不能使用上游分配。

3．标记交换的特点

标记交换的本质特点并没有脱离传统的路由器技术，只是在一定程度上将数据的传送由路由方式转变为交换方式，从而提高了传送效率。具体的特点如下。

（1）与 IP 交换不同，标记交换不是基于数据流驱动，而是采用基于拓扑结构的控制驱动，即在数据流传输之前预先建立二层的直通连接，并将选路拓扑映射到直通连接上。

（2）标记交换不依赖于链路层协议，二层技术可以使用 ATM 技术，还可以使用其他二层技术，如帧中继、以太网等。

（3）标记交换支持路由信息层次化结构，并通过分离内部路由和外部路由，来扩展现有网络的规模，使网络具有较强的扩展能力和可管理性。

（4）具有一定的服务质量保证。标记交换提供两种机制来保证服务质量。其一是将业务进行分类，通过资源预留协议（RSVP）为每种业务申请相应的服务质量等级。其二是若需要特殊质量保证的业务则需要申请专用标记虚电路，提供端到端的业务质量保证。

（5）具有支持多媒体应用中所需的 QoS 和组播能力，但组播需要预先配置，灵活性较差。

（6）支持基于目的地的路由选择，减少了数据转发时延。最有效地使用现有连接，无须在数据流到达时才建立通道，因此没有连接建立时延。

9.2.3 多协议标记交换

IP 交换与标记交换很好地将 IP 技术与 ATM 技术进行了结合，使两种技术兼具了 IP 技术与 ATM 技术的优点，但在协议的完善程度方面存在着很多问题。为此，IETF 提出了多协议标记交换（MPLS）技术，该技术将成为 ATM 与 IP 相结合的最佳解决方案。

1. 多协议标记交换的基本概念

MPLS 是标记交换的进一步发展，它在继承了标记交换的基本思想的基础上，由 IETF 进行标准化，目的是为了提高网络设备的性价比，改善网络层的转发处理能力。MPLS 的一个最大的特点就是其“多协议”特性。表现在它可以兼容多种网络层协议（如 IPv4、IPv6、IPX），同时还支持多种数据链路层协议（如 ATM、PPP、Ethernet、SDH、DWDM 等）。它的另一个特点是采用面向连接的工作方式，而传统的 IP 网络采用的是无连接的工作方式。

（1）MPLS 的网络结构。MPLS 的网络是指运行 MPLS 协议的交换节点构成的区域，如图 9-5 所示，由标记边缘路由器（LER）和标记交换路由器（LSR）组成。通过标记协议（LDP）在节点间完成标记信息的发布。同时节点间依旧需要运行路由协议（如 OSPF、BGP 等），来获取网络拓扑信息，进而根据这些信息决定第三层转发时的下一跳地址或第二层转发时交换路径的建立。

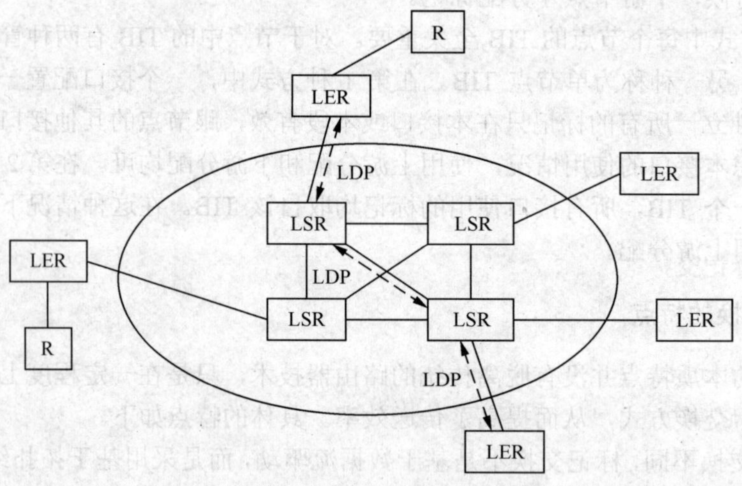

图 9-5 MPLS 的网络结构

标记边缘路由器（LER）：是一个位于 MPLS 交换网络边缘的转发分组的传统路由器。它分析 IP 包头，决定相应的传送级别，与 MPLS 内部的标记交换机通信交换与标记相关的信息。

标记交换路由器（LSR）：是负责第三层转发分组和第二层标记分组的设备，是 MPLS 的基本构成单元。

标记分配协议（LDP）。LDP 是一个单独的 MPLS 控制协议，它用于 LSR 之间信息的交换，使得对等的 LSR 针对一个特定标记的数值达成一致。每个 LSR 关联它们标记信息库中的入口标记与一个对应的出口标记。

（2）MPLS 的封装。MPLS 引入了一种层次化结构路由的新概念，层次化结构对于提高网络的可扩展性是非常重要的。要介绍该内容之前先对 MPLS 标记格式及封装作一扼要的说明。

① 标记的格式：一个标记的格式依赖分组封装所在的介质。例如，ATM 封装的分组（信元）采用 VPI/VCI 数值作为标记，而帧中继采用 DLCI 作为标记。对于那些没有内在标记结构的介质封装，则采用一个特殊的数值填充。

② 标记交换的封装：标记交换是一种支持多协议的技术，它可以在多种链路协议上运行。当标记交换以 ATM 或帧中继作为其链路层协议时，就借用 ATM 和帧中继的封装，标记也相应地采用 VPI/VCI 或 DLCI。但当标记交换的链路层是 FDDI、Ethernet 或 PPP 时，因为它们原有的格式中完全不具备标记信息，必须加上额外的封装，标记交换采用的是被称为“Shim”的格式的封装。在采用层次化路由时，一个 Shim 会拥有多个标记栈条目，这被称为“标记栈”。Shim 位于第二层和第三层之间，因而可以应用于任何链路层协议之上。

③ MPLS 的封装：为了能够在数据包中携带标记栈信息，需要在封装中引入栈字段。MPLS 为底层的链路规定了不同的封装格式。在 MPLS 专用的环境中，也就是在以太网和点到点这样的链路上采用“Shim”封装。“Shim”位于第三层和第二层协议头之间，与两层协议无关，因而被称为通用 MPLS 封装。MPLS 的封装及标记栈格式如图 9-6 所示。在图 9-6 中，通用 MPLS 封装包括栈标识符 S、TTL（生存期）、CoS（业务等级）等字段。

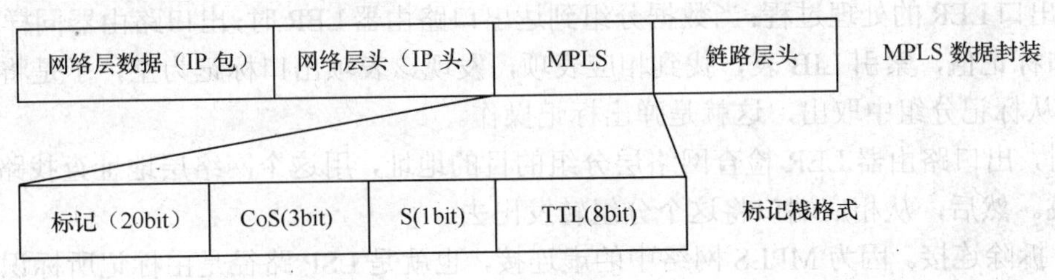

图 9-6 MPLS 的封装及标记格式

2．多协议标记交换的工作原理

MPLS 采用面向连接的工作方式，所以 MPLS 工作过程中将经历建立连接阶段即形成标记交换路径 LSP 的过程、数据传输阶段即数据分组沿 LSP 进行转发的过程和连接拆除阶段即通信结束或发生故障异常时释放 LSP 的过程。

（1）建立连接。MPLS 网络中的各 LSR 要在路由协议的控制下，分别建立路由表。MPLS 技术中常用的路由协议为 OSPF 和 BGP。

MPLS 技术在标记分配协议的控制下，在路由表的作用下，由 LSR 进行标记分配，LSR 之间进行标记分发，分发的内容是具有相同特性的数据分组与标记的映射关系，从而通过标记的交换建立起针对某一相同特性的数据分组的标记交换式路径。

分发的内容被保存在标记信息库（LIB）中，LIB 类似于路由表，记录与某类流相关的信息，如输入端口、输入标记、流标识（例如目的网络地址前缀、主机地址等）、输出端口、输出标记等内容。LSP 的建立实质上就是在 LSP 的各个 LSR 的 LIB 中，记录某类流在交换节点的入出端口和入出标记的对应关系。

（2）数据传输。MPLS 网络的数据传输采用基于标记的转发机制，其工作过程有以下几个步骤。

① 入口LER的处理过程：当数据流到达入口LER时，入口LER需完成3项工作：将数据分组映射到LSP上；将数据分组封装成标记分组；将标记分组从相应端口转发出去。

入口LER的封装操作就是在网络层分组和数据链路层头之间加入“Shim”垫片，如图9-7所示。“Shim”实际上是一个标记栈，其中可以包含多个标记，标记栈这项技术使得网络层次化运作成为可能，在MPLS VPN和流量工程中有很好的应用。

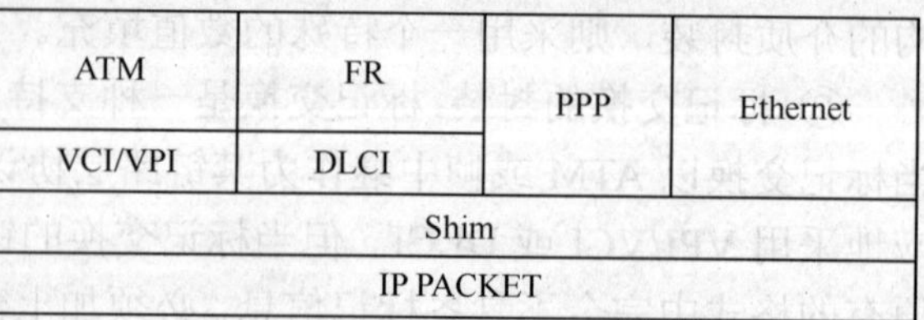

图9-7 入口LER的封装操作

② LSR的处理过程：LSR从“Shim”中获得标记值，用此标记值索引LIB表，找到对应表项的输出端口和输出标记，用输出标记替换输入标记，从输出端口转发出去。对于采用标记栈的情况，只对栈顶标记进行操作。

由于在核心LSR上对分组转发不必检查分析网络层分组中的目的地址，不需要进行网络层的路由选择，仅需通过标记即可实现数据分组的转发。这一点极大地简化了分组转发的操作，提高了分组转发的速度，从而实现了高速交换，突破了传统路由器交换过程复杂、耗时过长的瓶颈，改善了网络性能。

③ 出口LER的处理过程：当数据分组到达出口路由器LER时，出口路由器同样从“Shim”获得入口标记值，索引LIB表，找到相应表项，发现该表项出口标记为空，于是将整个垫片“Shim”从标记分组中取出，这就是弹出标记操作。

同时，出口路由器LER检查网络层分组的目的地址，用这个网络层地址查找路由表，找到下一跳。然后，从相应端口将这个分组转发出去。

（3）拆除连接。因为MPLS网络中的虚连接，也就是LSP路径是由标记所标识的逻辑信道串接而成的，所以连接的拆除也就是标记的取消。标记取消的方式主要有两种。一种是采用计时器的方式，即分配标记的时候为标记确定一个生存时间，并将生存时间与标记一同分发给相邻的LSR，相邻的LSR设定定时器对标记计时。如果在生存时间内收到此标记的更新消息，则标记依然有效并更新定时器；否则，标记将被取消。另一种就是不设置定时器，这种方式下LSP要被明确地拆除，网络中拓扑结构发生变化（例如某目的地址不存在或者某LSR的下一跳发生变化等）或者网络某些链路出现故障等原因，可能促使LSR通过LDP取消标记，拆除LSP。

3．MPLS的特点

根据上述对MPLS技术的介绍，可以看出MPLS具有如下特点。

（1）兼容多种网络层协议（如IPv4、IPv6、IPX），同时支持多种数据链路层协议（如ATM、PPP、Ethernet、SDH、DWDM等）。

（2）与标记交换相同使用标记作为标识，通过路由表寻找下一跳地址，时延减少，适应于高速中继，如STM-4，STM-16和STM-64。

（3）MPLS采用VC融合的机制，同一终点的多个VC可以汇集成为一个VC，从而节省了VCI的资源。

（4）简化了ATM与IP的集成技术，使L2和L3技术有效地结合起来，降低了成本，保护了用户的前期投资。

（5）MPLS 网络中标记栈的使用将庞大的路由表变得很小，极大地改善了路由扩展能力。

（6）MPLS 网络能够提供数据、语音、视频相融合的能力，并根据业务提供相应的 QoS。

9.2.4 弹性分组环

以太网具有很好的扩展性并能够支持动态带宽共享且成本低，结构简单，因此成为局域网中的主流技术。但以太网固有的可靠性差，不能提供服务质量保证，以及为了防止数据包的循环而设置的 802.1d 协议使得网络的自愈时间达到 40s 以上，这些缺点使得以太网不适用到城域网或广域网。而 SDH 环网的自愈时间仅为 50ms，而且可以根据业务提供相应的服务质量，但由于 SDH 网络是针对承载流式业务进行优化，采用静态分配链路资源的策略，对承载具突发特性的业务并不优化。因此，人们希望有一种新的技术出现，既能利用以太网的动态带宽共享程度好，结构简单的特点，又能将网络的自愈时间提高到 50ms，针对不同的业务能够提供不同的服务质量，于是产生了弹性分组环（RPR）技术。

IEEE 在 2004 年 6 月 22 日公布了弹性分组环（RPR）的官方标准：IEEE 802.17。RPR 技术是一种新型的环网技术，具有良好的冗余能力和故障恢复能力，从而使其具有很好的弹性，针对承载突发性业务进行了优化并保留对承载流式业务的支持，能有效地传送基于分组的业务流量。该技术适合于数据、语音以及视频应用，有希望成为新一代城域网的主流标准。

1．RPR 的工作原理

如图 9-8 所示，RPR 系统是由两个独立的、方向相反的单向环组合成的双环结构。一个单向环由一系列相连的节点组成，每个节点具有相同的数据速率，但可能具有不同的延时特性。RPR 环上的节点数最多为 255 个，最长距离为 2000km，数据传输速率可达 10Gbit/s。

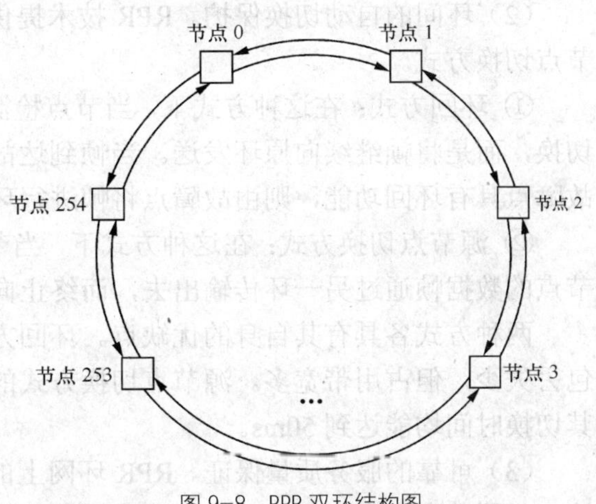

图 9-8 RPR 双环结构图

正常情况下两个环同时工作，当一个环发生故障时则由另一个环承担所有帧的传输。环网上的节点共享带宽，不需要进行电路指配。利用公平控制算法环网上的各个节点能够自动地完成带宽协调。每个节点都有一个环形网络拓扑图，都能将数据发送到光纤子环上，送往目的节点。两个子环都可作为工作通道。为了防止光纤或节点故障发生时导致链路中断，利用保护算法来消除相应的故障段。

环中传送的帧类型可以包括单播帧、多播帧和组播帧。单播帧与多播帧及组播帧的处理方式是不相同的。单播帧由目的节点将数据帧接收并将其从环网上删除。多播帧及组播帧采用广播方式在环网中传输一周后，由源节点将其从环网上删除，同时为了防止帧在网上的无限循环，帧结构中还设置了 TTL 字段，帧每经过一个节点，TTL 值减 1，当 TTL 值为 0 时，收到该帧的任意节点都将其从网上删除。

2．RPR 的特点

结合上面介绍的 RPR 的工作原理可以看到 RPR 拥有以下的一些特点。

（1）传输带宽的有效利用。首先，正常情况下两个环都作为工作通道，大大节约了光纤资源。同时还保留了当出现环网故障时作为备份通道的特性。其次，在 RPR 中利用空间重用技术实现同一环上同时传输多个数据帧或不同环同一跨距上传输不同数据帧。如图 9-9 所示。

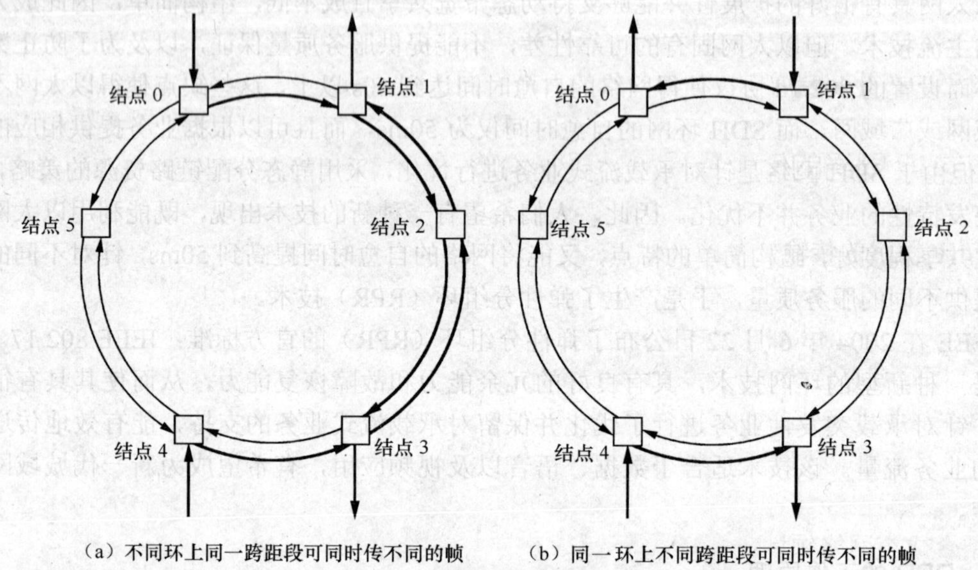

（a）不同环上同一跨距段可同时传不同的帧　（b）同一环上不同跨距段可同时传不同的帧

图 9-9　RPR 空间重用技术示意图

（2）环间的自动切换保护。RPR 技术提供两种环间的自动切换保护方式：环回方式和源节点切换方式。

① 环回方式：在这种方式下，当节点检测到传输链路出现故障时，并不立即进行环保护切换，而是将帧继续向原环发送。当帧到达故障点（设备故障或传输介质故障）时，若此时故障点具有环回功能，则由故障点将帧进行环回，通过另一环进行传输。

② 源节点切换方式：在这种方式下，当节点检测到传输链路出现故障时，立即将进入本节点的数据帧通过另一环传输出去，而终止向故障环的数据帧发送。

两种方式各具有其自身的优缺点。环回方式在故障点具有环回功能时，结构简单，数据包丢失少，但占用带宽多。源节点切换方式的优缺点正好与环回方式相反。无论那种方式，其切换时间均能达到 50ms。

（3）可靠的服务质量保证。RPR 环网上的节点针对业务动态分配带宽，工作、业务、统计、复用共享带宽，不需要进行电路型的预指配。支持 3 种业务类型：A 类、B 类和 C 类。

A 类：保证信息速率（CIR）业务，需要固定分配带宽。这种业务支持有保证的带宽、低时延、低时延抖动的应用。适合语音、视频、电路仿真业务的应用。对于这类业务 RPR 采用预留带宽的方式予以保证。

B 类：支持有保证信息速率（CIR）和附加信息速率（EIR）。其中，CIR 需要预分配带宽，而 EIR 并不预指派带宽而是通过公平算法动态获取带宽。B 类业务对时延抖动要求低于 A 类，但仍然有指标要求。适合多种企业级的业务应用。对于这类业务中的有最低保证速率的业务采用带宽预留的方式，而对于附加流量，则自动参与公平算法。

C类：尽力传送业务。不分配带宽，不能保证数据传送速率、也不保证严格的时延抖动指标，适合IP业务的应用。对于这类业务则完全参与动态的带宽分配算法。

（4）自动拓扑发现。这个功能是RPR中各项主要功能的基础。在RPR中可以实现即插即用，RPR通过拓扑发现协议精确识别网中各节点以及节点间链路的状态及配置情况。每个节点都有一个拓扑数据库，共同维护整个环网的拓扑结构。在新节点加入，节点发生故障或删除时，节点将自动发送TP（Topology and Protection TP）帧。环上其他节点接收到这些帧并修改自己的拓扑数据库，一旦拓扑收敛，则当前拓扑立即生效。

9.3 宽带IP网络的传输技术

宽带IP网络的传输技术主要有3种：IP Over ATM，IP Over SDH和IP Over WDM。

9.3.1 IP Over ATM

ATM同时具有传统电信网络的实时性好、业务控制能力强的优点，以及具有传统分组交换网络动态数据业务支持范围广、适应能力强的优点。但由于其复杂的维护管理以及较高的费用，因此并不能取代现有的电信网络和计算机网络。目前在高速主干网方面，ATM占优势，而在局域网方面已经与各种应用相结合的领域，则是IP技术占有优势。因此，将ATM与IP技术相结合成为网络领域研究的重要课题。

表9-1所示为ATM技术与IP技术的特性比较，通过比较可以看出IP技术和ATM技术各有优缺点，若将两者结合起来，即将IP路由的灵活性和ATM交换的高效性结合起来，将给网络发展带来很大的推动。

表9-1　　IP与ATM的特性比较

特性	连接方式	最小信息单位	交换方式	路由方向	组播	QoS	成本	发展推动力
IP	无连接	可变长度分组	数据报方式	双向	多点到多点	没有，尽力而为	低	市场驱动
ATM	面向连接	53byte	ATM方式	单向	点到多点	有，按业务提供	高	技术驱动

1. IP与ATM相结合的模型

实现ATM与IP相结合的基本思路是通过IP进行选路，利用ATM技术建立面向连接的传输通道，将IP封装在ATM信元中，IP分组以ATM信元形式在信道中传输和交换，从而使IP分组的转发速度提高到了交换的速度。目前有两种模式：集成模型和重叠模型。

（1）集成模型。

集成模型的核心思路是：将ATM层看成IP层的对等层，把IP层的路由功能与ATM层的交换功能结合起来，使IP网络获得ATM的选路功能。在该模型中只使用IP地址和IP选路协议，不使用ATM地址与选路协议，即具有一套地址和一种选路协议，因此也不需要地址解析功能。通过另外的控制协议将三层的选路映射到二层的直通交换上。集成模型通常也采用ATM交换结构，但它不使用ATM信令，而是采用比ATM信令简单的信令协议来完成连接的建立。

集成模型将三层的选路映射为二层的交换连接，变无连接方式为面向连接方式，使用短的标记替代长的IP地址，基于标记进行数据分组的转发，因而速度快。其次集成模型只需一套地址和一种选路协议，不需要地址解析协议，将逐跳转发的信息传送方式变为直通连接的信息传送方式，因而传送IP分组的效率高。但它只采用IP地址和IP选路协议，因此与标准的ATM融合较为困难。

集成模型的实现技术主要有：Ipsilon公司提出IP交换（IP Switch）技术、Cisco公司提出的标记交换（Tag Switch）技术和IETF推荐的多协议标记交换（MPLS）技术。这些技术已在本章9.2节介绍。

（2）重叠模型。

重叠模型的核心思路是：IP运行在ATM之上，IP选路和ATM选路相互独立，系统中运行两种选路协议：IP选路协议和ATM选路协议，IP的路由功能仍由IP路由器来实现。通过地址解析协议（ARP）实现介质访问控制（MAC）地址与ATM地址或IP地址与ATM地址的映射。

重叠模型使用标准的ATM论坛/ITU-T的信令标准，与标准的ATM网络及业务兼容。利用这种模型构建网络不会对IP和ATM双方的技术和设备进行任何改动，只需要在网络的边缘进行协议和地址的转换。但是这种网络需要维护两个独立的网络拓扑结构、地址重复、路由功能重复，因而网络扩展性不强、不便于管理、IP分组的传输效率较低。

重叠模型的实现方式主要有：Internet网络工程部（IETF）推荐的IPOA、ATM Forum推荐的LAN仿真（LANE）和多协议MPOA等。下面我们就对采用重叠模型的IP OVER ATM作简要的介绍。

2．IP Over ATM的工作原理

IP Over ATM简称为IPOA，是早期利用ATM网络传输IP数据包的一种解决方案。在这种方案中，ATM作为IP的低层数据链路层，而应用层还是基于传统的IP。由于ATM网中没有广播功能，因此，传统的广播地址解析协议（ARP）被基于客户/服务器模式的ATM ARP协议所取代，同时将ATM网络分割成不同的逻辑IP子网（LIS），每一个LIS中设置一个ATM ARP服务器（由ATM统一编址），负责本LIS中IP地址与ATM地址的映射。LIS之间通信仍需通过路由器来完成。

由于IPOA只是将ATM作为IP的低层数据链路层，因此其工作过程与IP网络中的工作过程类似，但在寻址及数据传输过程中稍有不同。

首先，要完成主机IP地址与ATM地址的映射。主机首次接入一个LIS时，先与该LIS中的ATM ARP服务器建立一个ATM虚连接，当ATM ARP服务器检测到新的连接后，向主机发送反向的ATM ARP（1n ATM ARP）请求，询问主机的IP和ATM地址，然后利用主机的应答信息建立ATM ARP服务器中的地址对应表，为随后的数据通信以及当其他客户需要通过ATM ARP请求作地址解析提供服务，到此主机完成了LIS的接入任务。为了保持IP—ATM地址映射表的有效性，ATM ARP服务器应定期对主机进行1n ATM ARP询问来更新服务器中地址映射表。ARP服务器与主机之间的连接可以通过PVC，也可以采用SVC方式。

其次，当两个节点要进行数据传输时，分以下两种情况考虑，如图 9-10 所示。

（1）两个节点位于同一 LIS。源 IP 节点利用地址解析 ATM ARP 得到对方的 ATM 地址，启动 ATM 信令建立到对方的虚连接。然后将 IP 数据包按照 AAL5 封装为 ATM 信元，通过建立好的 VC 传送到终点。目的主机接收到 ATM 信元后，拆掉封装，将数据传送到对应的高层实体，实现同一 LIS 中两个 IP 主机间的通信。

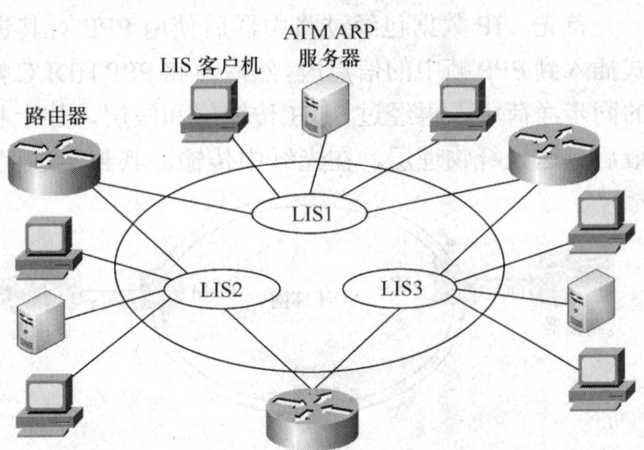

图 9-10 IP Over ATM 网络结构示意图

（2）两个节点位于不同的 LIS（以两个 LIS 连接同一个路由器为例）。首先，源节点向它所在 LIS 中的 ATM ARP 服务器发出服务请求，以查询相应路由器的地址。然后建立源 IP 节点与路由器间的 VC。在收到源 IP 节点发出的数据包后，路由器根据目的地址结合路由器内的路由列表，向目的 IP 节点所在 LIS 的 ATM ARP 服务器发出地址解析请求，以查询目的节点的地址，在此基础上建立路由器与目的 IP 节点间的 VC，并转发数据包。在这个过程中需要建立两个 VC，以实现两个 IP 站点经路由器的虚连接。对于数据来说，则经历了从 IP 数据包到 ATM 信元，再到 IP 数据包的转换。当源与目的节点间需通过多个路由器时，其转发过程类似，寻址过程由路由器来完成。

3. IP Over ATM 的优缺点

通过对 IP Over ATM 工作原理的描述，可以得出传统的 IP Over ATM 具有如下的优缺点。

（1）优点：

① 由于 ATM 技术本身能提供 QoS 保证，因此可利用此特点提高 IP 业务的服务质量；

② 具有良好的流量控制均衡能力以及故障恢复能力，网络可靠性高。

（2）缺点：

① 由于 ATM 本身技术复杂，导致整个系统结构复杂，开销大；

② 各 LIS 间不能进行直接通信，需借助于网桥或路由器，因而存在传输瓶颈和附加传输时延问题。

9.3.2 IP Over SDH

SDH 主要应用在通信网的主干网络上，具有大容量，降低成本，可靠性高和稳定性好等特点，将它与 IP 技术结合将能极大地提高 IP 网络的传输性能。

IP Over SDH 是 IP 技术与 SDH 技术的结合，又称为 Packet Over SDH（POS）。其实质是路由器加专线的传统组网模式，在这种模式下 SDH 网络作为 IP 数据网的传输网络，连接不同的路由器。IP 数据包的寻址由路由器来完成，SDH 网为 IP 数据包提供点到点的链路连接。

1. IP Over SDH 的工作原理

IP Over SDH 的网络结构如图 9-11 所示。IP 数据网络通过路由器与 SDH 网络的 ADM 相连。当数据包由路由器经 SDH 网络进行传输时，工作过程如下。

首先，IP 数据包经过路由器后使用 PPP 对其进行封装，把 IP 数据包按照 HDLC 的帧格式插入到 PPP 帧中的信息段，然后再将 PPP HDLC 帧由 SDH 通道层的业务适配器映射到 SDH 的同步净荷中，再经过 SDH 传输层和段层，加上相应的开销，把净荷装入一个 SDH 帧中，最后到达光纤物理层，在光纤中传输。其封装过程如图 9-12 所示。

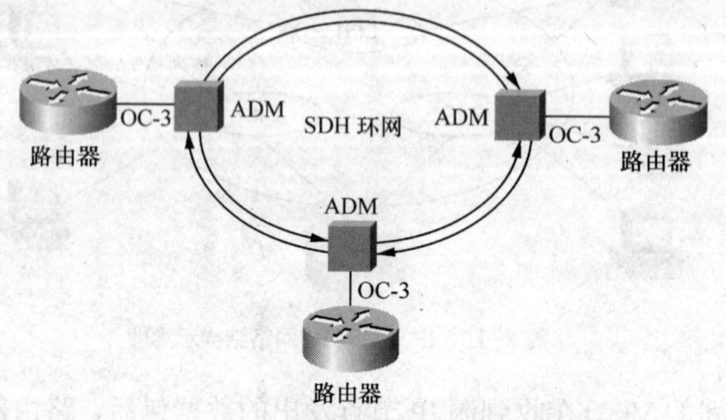

图 9-11 IP Over SDH 网络结构示意图

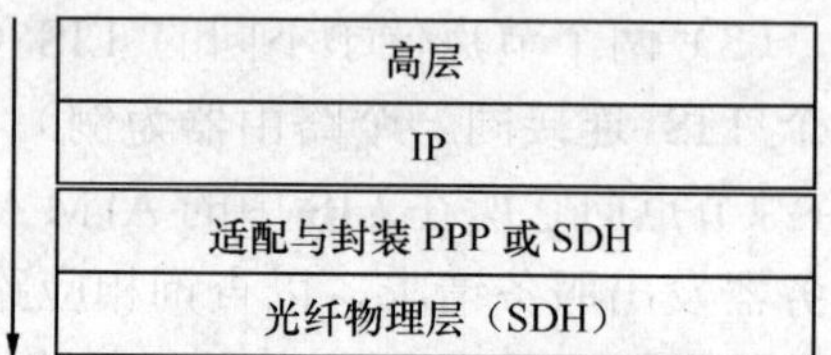

图 9-12 IP Over SDH 封装过程

在 IP/PPP/HDLC/SDH 中，使用的基于 HDLC 的帧定界协议存在一些问题，主要表现在：用户使用 HDLC 帧时，需要监视每一个输入、输出字节。当用户数据字节的编码与标志字节相同时，需要进行填充/去填充操作，这种填充/去填充操作使实现变得复杂，引起带宽管理问题。为此，朗讯公司提出了简化数据链路协议 SDL。SDL 协议可使用户对同步或异步传送的可变长的 IP 数据包进行高速定界，可适用于 OC-48/STM-16 以上速率的 IP Over SDH。SDL 的帧格式如图 9-13 所示，SDL 帧由数据字段长度指示符、QoS 字段、CRC 字段、用户数据字段等部分组成。

数据字段长度指示符（16 bit）	QoS（4 bit）	CRC（4 bit）	用户数据字段（可变长度）

图 9-13 SDL 帧格式

（1）数据字段长度指示符：16bit，用来指示数据字段的长度。

（2）QoS 字段：4bit，用于支持 QoS 和复用功能。

（3）CRC 字段：4bit，用来校验 SDL 帧头。

（4）用户数据字段：长度可变，用来承载用户数据。

SDL 协议主要应用于点到点的 IP 传送，可以用于任何类型的数据包（如 IPv4、IPv6 等）。与 HDLC 相比，SDL 更容易应用于高速链路，并且可能提供链路层的 QoS。

由于 IP Over SDH 是以 SDH 作为 IP 业务的传输承载平台，因此 IP Over SDH 可以使用的 2Mbit/s、45Mbit/s、155Mbit/s、622Mbit/s 甚至 2.5Gbit/s 以上的接口。在采用 IP Over SDH 的数据网络中影响网络传输速度的因素将主要是由路由器的性能来决定。

2．IP Over SDH 的优缺点

（1）优点：

① 直接将 IP 数据包映射到 SDH 帧中，简化了 IP 网络体系结构，降低了运行费用，提高了数据传输效率；

② 保留了IP网的无连接特性，易于兼容各种不同的技术体系和实现网络互联，适应性强；

③ 充分利用SDH技术所带来的自愈时间短，网络可靠性高等特点。

（2）缺点：

① 仅对IP业务提供好的支持，不适于多业务平台；

② 不能像IP Over ATM技术那样提供较好的服务质量保障（QoS）。

9.3.3 IP Over DWDM

IP Over DWDM是将IP技术与密集波分复用（DWDM）技术相结合的一种宽带IP骨干网技术。DWDM 是基于光纤的密集波分复用技术，而光纤能够提供非常宽的网络带宽，因此，IP Over DWDM能够极大地扩展现有的网络带宽，最大限度地提高线路利用率，为Internet上开展更多的多媒体业务提供一个良好的网络平台。

1. IP Over DWDM的基本概念及工作原理

密集波分复用（DWDM）是波分复用（WDM）的一种，是在一根光纤中同时传输多个波长光信号的光波复用技术。在第8章已经就其概念及工作原理进行了介绍。IP Over DWDM也称为光Internet，是由高性能的DWDM设备以及高性能路由器或三层交换机组成的数据通信网。其实质就是利用密集波分复用技术将三层IP数据包直接映射到光路上进行传输，省去了ATM层和SDH层，是一个真正的数据链路层数据网。可以通过指定波长作旁路或直通连接。由于使用了指定的波长，结构更灵活，并具有向光交换和全光选路结构转移的可能。

构成IP Over DWDM网络的部件有：激光器、光纤、光放大器、DWDM光耦合器、光分插复用器（OADM）、光交叉连接器（OXC）、光转发器、高速路由器等。IP Over DWDM的网络结构如图9-14所示，图中IP Over DWDM环网中路由器通过光分插复用器（OADM）、DWDM终端复用器、ATM交换机或SDH网络的ADM相连。不同的DWDM环网间通过光交叉连接设备（OXC）互连。OADM允许不同光网络的不同波长信号在不同的地点分插复用。整个网络支持传统的语音、ATM、SDH、IP等多种业务。

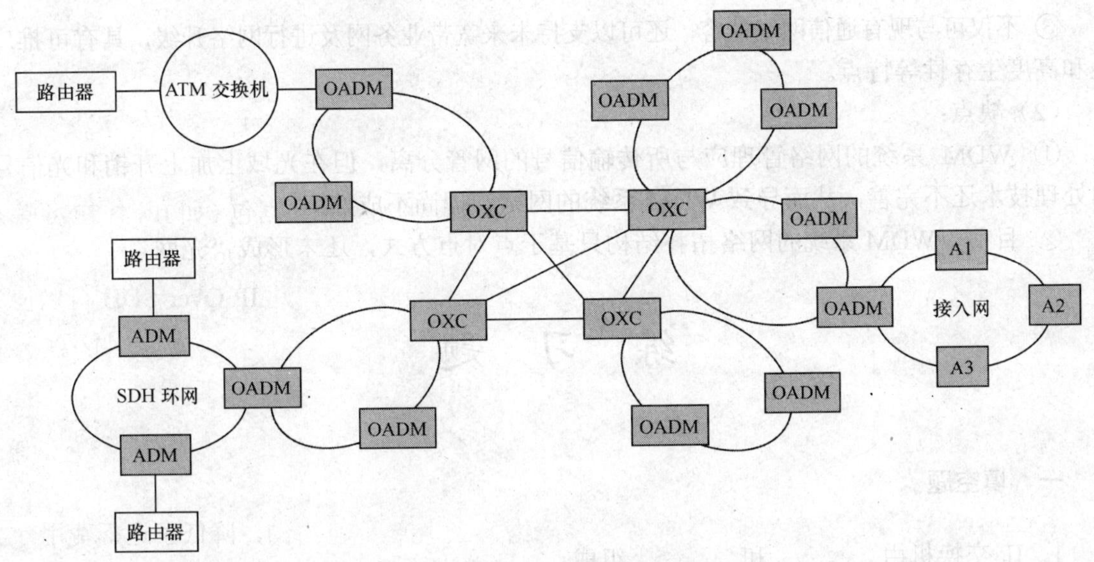

图9-14 IP Over DWDM网络结构示意图

IP Over DWDM 网络体系结构从上而下可分为IP层和光层，如图9-15所示。IP层产生IP数据包，并负责对IP数据包的封装、分组定界、差错检测、服务质量控制等。光层又分为光通道子层、DWDM光复用段子层和DWDM光传输段子层。光通路子层负责为多种形式的用户提供端到端的透明传输，包括数字客户适配、带宽管理和接续确认等功能。DWDM光复用段子层负责提供同时使用多波长传输光信号的能力，包括带宽复用、线路故障分段、保护切换及传送网维护功能等。DWDM光传输段子层负责提供使用多种不同规格光纤来传输信号的能力，包括高速传输和光放大器故障分段等功能。

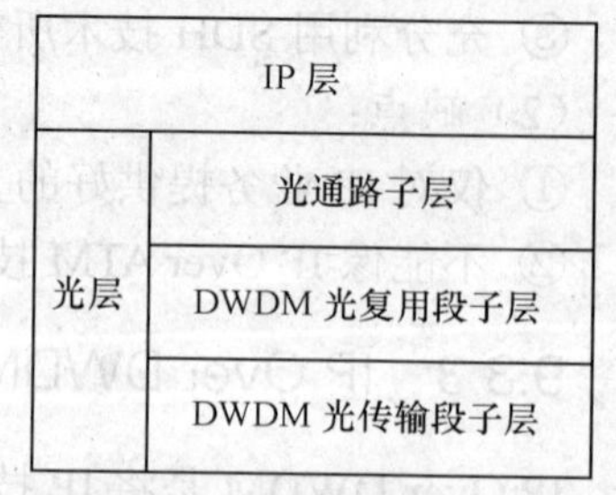

图9-15 IP Over DWDM 网络体系结构图

目前，数据包在IP Over DWDM 网络中传输时采用的帧格式主要有以下两种。

（1）SDH帧格式。若网络中采用SDH再生设备和转发器时，来自路由器的IP分组必须装放在SDH帧内。此种格式下报头载有信令和足够的网络管理信息，便于网络管理。但比较而言，在路由器接口上针对SDH帧的拆装分割处理耗时。影响网络吞吐量和性能，且采用SDH帧格式的转发器和再生器造价昂贵。

（2）千兆以太网帧格式。目前，在局域网中主要采用千兆以太网帧结构。此种格式下报头包含的网络状态信息不多，但由于没有使用一些造价昂贵的再生设备，因而成本相对较低。由于使用的是“异步”协议，故对抖动和定时不像SDH那样敏感，只要控制好，就不会有明显的分组丢失。另外，千兆以太网设备成本也较低。

2．IP Over DWDM 的优缺点

（1）优点：

① 充分利用光纤的带宽资源，极大地提高了带宽和相对传输速率；

② 对传输码率、数据格式及调制方式透明，可传送不同码率的ATM、SDH和千兆以太网格式的业务；

③ 不仅可与现有通信网络兼容，还可以支持未来宽带业务网及进行网络升级，具有可推广性和高度生存性等特点。

（2）缺点：

① WDM系统的网络管理应与所传输信号的网管分离，但在光域上加上开销和光信号的处理技术还不完善，从而导致WDM系统的网络管理尚不成熟；

② 目前，WDM系统的网络拓扑结构只基于点对点方式，还未形成“光网”。

练 习 题

一、填空题

1．IP交换机由________和________组成。

2．MPLS 支持的数据链路层协议有____________________________________。

3．IP 与 ATM 结合的模型有________和________两类。

4．IP Over SDH 网中，路由器通过________与 SDH 网相连。

二、名词解释

1．空间重用

2．MPLS

3．标记

三、简答题

1．简述 RPR 的工作原理。

2．简述 IP Over DWDM 的工作过程

四、综述题

试比较 3 种宽带数据交换技术的优缺点。

第10章 用户接入网

随着各种通信业务的迅速发展，用户不仅要求利用电话业力，还要求接入计算机数据、传真、电子邮政、图像、有线电视等多媒体服务，解决如何将多种业务综合传送到用户的方法就是建设宽带用户接入网。

10.1 接入网的定义

接入网是由有业务节点接口（SNI）和相关用户网络接口（UNI）组成的，为传送电信业务提供所需承载能力的系统，经 Q 接口进行配置和管理。根据国际电信联盟电信标准部（ITU-T）关于接入网框架建议（G.902）和我国的接入网体制，描述了接入网功能结构、接入类型、业务节点及网络管理接口等相关内容，使接入网有了一个较为公认的定义。

1．接入网的定义

从整个电信网的角度，可以将全网划分为公用电信网和用户驻地网（Customer Premises Network，CPN）两大块，其中 CPN 属用户所有，故通常电信网指公用电信网部分。公用电信网又可划分为三部分，即长途网（长途端局以上部分）、中继网（即长途端局与市话局之间以及市话局之间的部分）和接入网（即端局至用户之间的部分）。目前国际上倾向于将长途网和中继网合在一起称为核心网（Core Network，CN）或转接网（Txansit Network，TN），相对于核心网的其他部分则统称为接入网（Access Network，AN）。接入网主要完成将用户接入到核心网的任务。可见，接入网是相对核心网而言的，接入网是公用电信网中最大和最重要的组成部分。如图 10-1 所示的是电信网的基本组成，从图中可清楚地看出接入网在整个电信网中的位置。

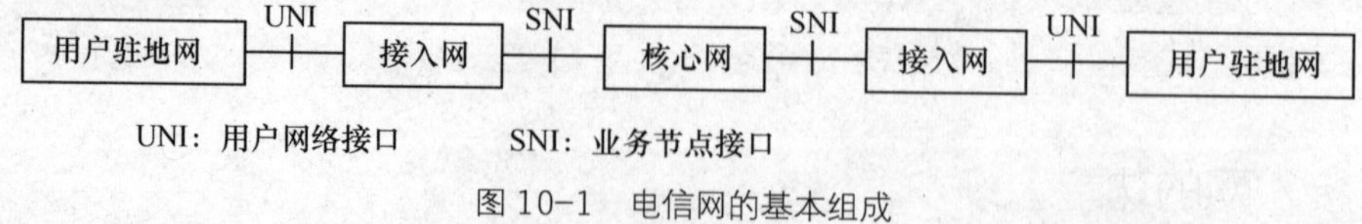

图 10-1 电信网的基本组成

按照 ITU-T G.902 的定义，接入网（AN）是由业务节点接口（Service Node Interface，SNI）和相关用户网络接口（User Network Interface，UNI）之间的一系列传送实体（诸如线路设施和传输设施）所组成的，它是一个为传送电信业务提供所需传送承载能力的实施系统。接入网可以经由Q3接口进行配置和管理。

2．接入网的定界

在电信网中，接入网的定界如图10-2所示。接入网所覆盖的范围可由三个接口来定界，即网络侧经由SNI与业务节点（Service Node，SN）相连，用户侧经由UNI与用户相连，管理侧经Q3接口与电信管理网（Telecommunications Management Network，TMN）相连。

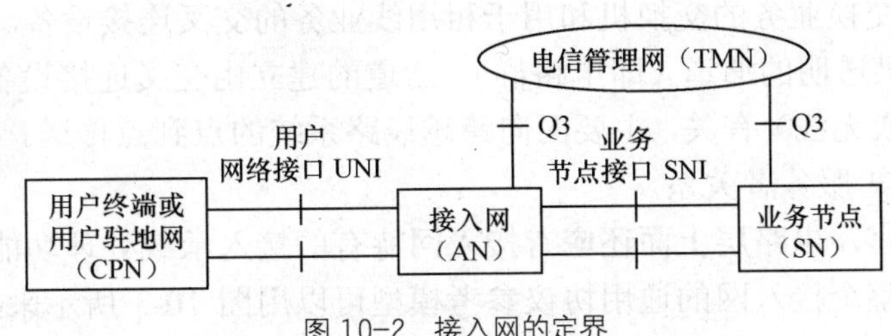

图10-2 接入网的定界

业务节点（SN）是提供业务的实体，可提供规定业务的业务节点有本地交换机、租用线业务节点或特定配置的点播电视和广播电视业务节点等。

业务节点接口（SNI）是接入网（AN）和业务节点（SN）之间的接口。如果AN-SNI侧和SN-SNI侧不在同一个地方，可以通过透明传送通道实现远端连接。通常，接入网（AN）需要支持大量的SN接入类型，SN主要有下面三种情况：仅支持一种专用接入类型；可支持多种接入类型，但所有接入类型支持相同的接入承载能力；可支持多种接入类型，而且每种接入类型支持不同的承载能力。按照特定SN类型所需要的能力，以及根据所选接入类型、接入承载能力和业务要求，可以规定合适的SNI。支持单一接入的标准化接口主要有提供综合业务数字网（Integrated Service digital Network，ISDN）基本速率（2B+D）的V1接口和一次群速率（30B+D）的V3接口。支持综合接入的接口目前有V5接口，包括V5.1和V5.2接口。

用户网络接口（UNI）是用户和网络之间的接口。在单个UNI的情况下，ITU-T所规定的UNI（包括各种类型的公用电话网和ISDN的UNI）应该用于接入网中，以便支持目前所提供的接入类型和业务。

接入网与用户间的UNI接口能够支持目前网络所能提供的各种接入类型和业务，但接入网的发展不应限制在现有的业务和接入类型。通常，接入网对用户信令是透明的，不作处理，可以看作是一个与业务和应用无关的传送网。通俗地看，接入网可以认为是网路侧V（或Z）参考点与用户侧T（或Z）参考点之间的机线设施的总和，其主要功能是复用、交叉连接和传输，一般不含交换功能（或含有限交换功能），而且应独立于交换机。

接入网的管理应纳入电信管理网（TMN）范畴，以便统一协调管理不同的网元。接入网的管理不但要完成接入网各功能块的管理，而且要完成用户线的测试和故障定位。

10.2 接入网的功能结构

1．通用协议参考模型

接入网的功能结构是以ITU-T建议G.803的分层模型为基础的，利用该分层模型可以对

AN 内同等层实体间的交互作明确的规定。G.803 的分层模型将网络划分为电路层（Circuit Layer，CL）、传输通道层（Transmission Path layer，TP）和传输介质层（Transmission Media layer，TM），其中 TM 又可以进一步划分为段层和物理媒质层。

最新建议规定传送网只包含 TP 和 TM 层，电路层将不包含在传送网范畴内，而 AN 目前仍将电路层包含在内。

电路层是面向公用交换业务的，按照提供业务的不同可以区分不同的电路层。电路层的设备包括用于各种交换业务的交换机和用于租用线业务的交叉连接设备。通道层为电路层节点（如交换机）提供透明的通道（即电路群），通道的建立由交叉连接设备负责。传输介质层与传输介质（光缆或无线）有关，主要面向跨越线路系统的点到点传送。三层之间相互独立，相邻层之间符合客户/服务者关系。

对于接入网而言，电路层上面还应有接入网特有的接入承载处理功能。再考虑层管理和系统管理功能后，整个接入网的通用协议参考模型可以用图 10-3 所示来描述，图 10-3 清楚地描述了各个层面及其相互关系。

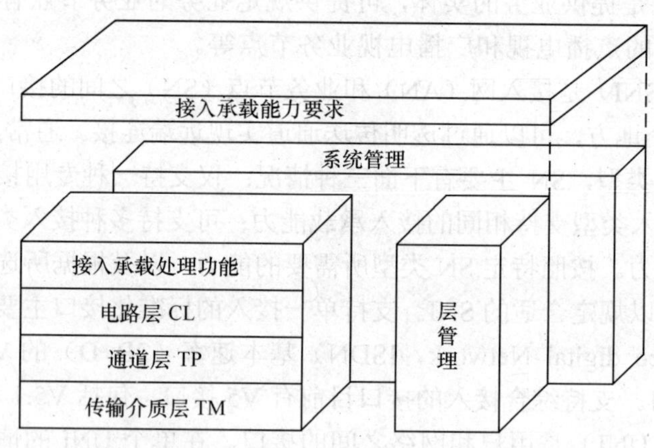

图 10-3　接入网的通用协议参考模型

根据接入网框架结构和体制要求，接入网的重要特征可归纳为如下几点。

（1）接入网对于所接入的业务提供承载能力，实现业务的透明传送。

（2）接入网对用户信令是透明的，除了一些用户信令格式转换外，信令和业务处理的功能依然在业务节点中。

（3）接入网的引入不应限制现有的各种接入类型和业务，接入网应通过有限个标准化的接口与业务节点相连。

（4）接入网有独立于业务节点的网络管理系统（简称网管系统），该网管系统通过标准化接口连接电信管理网 TMN 实施对接入网的操作、维护和管理。

2．主要功能

如图 10-4 所示，接入网主要有 5 项功能，即用户口功能（User Port Function，UPF）、业务口功能（Service Porgy Function，SPF）、核心功能（Core Function，CF）、传送功能（Transfort Function，TF）和 AN 系统管理功能（System Management Function，SMF）。

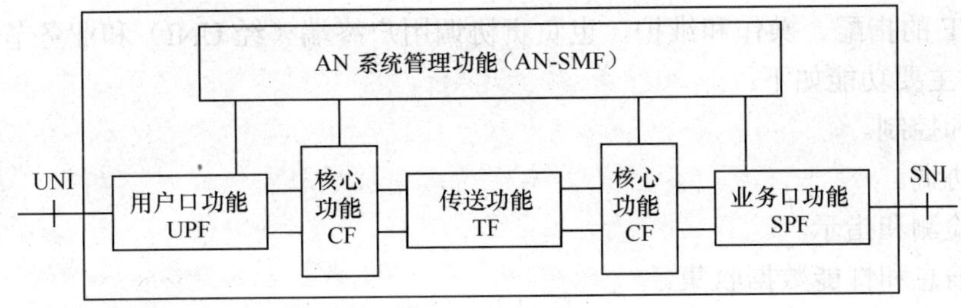

图 10-4　接入网功能结构

（1）用户口功能：用户口功能（UPF）的主要作用是将特定的 UNI 要求与核心功能和管理功能相适配，主要功能有如下几点：

① 终结 UNI 功能。

② A/D 转换和信令转换。

③ UNI 的激活/去激活。

④ 处理 UNI 承载通路/容量。

⑤ UNI 的测试和 UPF 的维护。

⑥ 管理和控制功能。

（2）业务口功能：业务口功能（SPF）的主要作用是将特定 SNI 规定的要求与公用承载通路相适配，以便于核心功能处理；也负责选择有关的信息，以便在 AN 系统管理功能中进行处理。业务口主要功能如下：

① 终结 SNI 功能。

② 将承载通路的需要和即时的管理以及操作需要映射进核心功能。

③ 特定 SNI 所需要的协议映射。

④ SNI 的测试和 SPF 的维护。

⑤ 管理和控制功能。

（3）核心功能：核心功能（CF）处于 UPF 和 SPF 之间，其主要作用是负责将个别用户口承载通路或业务口承载通路的要求与公用传送承载通路相适配，还包括为了通过 AN 传送所需要的协议适配和复用所进行的协议承载通路处理。核心功能可以在 AN 内分配，其主要功能如下：

① 接入承载通路处理。

② 承载通路集中。

③ 信令和分组信息复用。

④ ATM 传送承载通路的电路模拟。

⑤ 管理和控制功能。

（4）传送功能：传送功能（TF）为 AN 中不同地点之间公用承载通路的传送提供通道，也为所用传输介质提供媒质适配功能，主要功能如下：

① 复用功能。

② 交叉连接功能（包括疏导和配置）。

③ 管理功能。

④ 物理媒质功能。

（5）AN 系统管理功能：AN 系统管理功能（AN-SMF）的主要作用是协调 AN 内 UPF、

SPF、CF 和 TF 的指配、操作和维护，也负责协调用户终端（经 UNI）和业务节点（经 SNI）的操作功能，主要功能如下：

① 配置和控制。

② 指配协调。

③ 故障检测和指示。

④ 用户信息和性能数据收集。

⑤ 安全控制。

⑥ 协调 UPF 和 SN（经 SNI）的即时管理和操作功能。

⑦ 资源管理。

AN-SMF 经 Q3 接口与 TMN 通信以便接受监视和/或接受控制；同时为了实时控制的需要，也经 SNI 与 SN-SMF 进行通信。

10.3 铜线接入网

在有线接入网中，常用的传输介质包括双绞线、同轴电缆、光缆等几种。目前大部分接入网仍是铜缆，而且这种状况还将持续相当长的时间。与此同时，用户对宽带业务的需要不断增长，使现有用户环路所承受的压力越来越大。在这种形势下，便产生了许多基于铜缆的接入网新技术。

10.3.1 xDSL 接入

数字用户线路（Digital Subscriber Line，DSL）是以双绞线铜缆即电话线为传输介质的点对点传输技术。DSL 技术包含几种不同的类型，它们通常称为 xDSL，其中 x 将用标识性字母代替。DSL 技术在传统的电话网络（POTS）的用户环路上支持对称和非对称传输模式，解决了经常发生在网络服务供应商和最终用户间的“最后一英里”的传输瓶颈问题。

1. 高速数字用户线技术

高速率数字用户线（High-data-rate Digital SubscriberLine，HDSL）利用两对双绞线实现数据的双向对称传输，传输速率 2048Kbit/s/1544kbit/s（E1/T1），使用 24 美国线缆规程（American Wire Gauge，AWG）双绞线（相当于 0.51mm）时传输距离可以达到 3.4km，可以提供标准 E1/T1 接口和 V.35 接口。因为 HDSL 的传送速率刚好与 T1 管线的速率相匹配，所以北美本地电信局在可能的情况下、使用该技术提供本地接入 T1 业务。

（1）HDSL 技术特点：

① 可在现成的无加感线圈的双绞铜线对上以全双工方式传输 1.544Mbit/s 和 2.048Mbit/s 数据信息。

② HDS L 采用先进的电子技术，具备有 DSP 的超大规模专用 IC 芯片，可以均衡各种频率的线路衰减，并且使用了回波抵消技术来减少串音，比一般的调制解调器更具有适应性。

③ HDSL 具有可靠的传输特性，能够在 2 对线 HDSL 系统中的 1 对铜双绞线上实现高达 768kbit/s 的双向高速传输速率，其吞吐量为基本 ISDN 的 6 倍。

④ HDSL 信号同其他数字信号和普通电话信号互不干扰。

（2）HDSL 的优点：

① 不需要加装中继器及其他相应的设备。

② 不必拆除线对原有桥接配线。

③ 不需要仔细挑选线对，或把各 T_1/E_1 线对安排在不同的屏蔽束内。

④ 提高了运行可靠性和传输质量。

总之，使用 HDSL 系统可以降低工程的初期投资及安装维护成本，施工工期大大缩短，铺设一条 T_1/E_1 线路只需要几天时间，可向用户及时提供服务。

（3）HDSL 的应用。HDSL 的应用范围很广，可以应用于公用网和专用网。HDSL 技术的一个关键特点就是提供对称的带宽，即上行和下行速率是一样的，这使得它们在那些需要对称速率的环境下能够得到最广泛的应用。也就是说，HDSL 技术更适合于商业应用，常见的 HDSL 的应用有以下几种。

① 企业的综合业务。企业需要综合的语音和数据业务。对于中小企业来说，HDSL 为他们提供了一个经济实用的解决方案。

② 专用 T1 线路。它用来连接到企业所在地的视频会议线路或者帧中继/ATM 线路。

③ 视频会议系统。对于 HDSL 来说，能够进行高质量的视频会议数据传输。

④ 局域网互连。HDSL 的对称带宽可支持较远距离的企业局域网进行互连。

⑤ 居家办公（SOHO）。对于居家办公来说，由于要经常上传一些文件，因此 HDSL 就成为一种合适的选择。

综上所述，HDSL 技术以它较高的传输速率和较远的传输距离，解决了企业网中的一些不便敷设光缆的边远地区与企业网的连接问题，越来越受到人们的关注。当然，在企业网中，目前主要还是以光纤网络为骨干网络，采用以太网技术为主流技术，HDSL 技术是作为一种辅助手段和补充技术，使得企业计算机网络系统更加完善。在企业计算机网络系统的建设中，HDSL 技术以其经济实用的特点，已成为企业计算机网络系统不可缺少的一部分。

2．第二代 HDSL——HDSL2

尽管现在铜原料的价格可能很低，但安装新型铜设施的成本却比原来高。这就意味着电信公司必须尽可能地利用其现有的铜制基础设施。使用 1 对线对于厂家来说可以得到直接的好处。在这种背景下便产生了 HDSL2 。

HDSL2 是在 HDSL 技术的基础上开发出第二代的高速率数字用户线。可以在单对铜双绞线上实现 T1/E1 传输。它主要是由美国 ANSITIEI1.4 委员会在 ADC 通信公司、Adtran 公司、Levelone 公司和 Pair Gain 技术公司等设备商的支持下研制开发的。

对于大多数电话公司来说，采用高比特率数字用户线路（HDSL）或更新的两线 HDSL2。广泛部署的对称 DSL 服务 HDSL 能够在两条双绞线上提供全 T1 服务，即实现双向 1.5Mbit/s 传输。与此相比，HDSL2 只使用 1 条双绞线就提供了相同水平的服务。中小型企业有望看到电信公司使用 HDSL2 作为 T1 的替代技术，它将实现更经济的部署。

通过将线路编码从 2B1Q 变更为具有频谱整形功能的 TC PAM，HDSL2 不仅利用环路（环路符合 Carrier Service Area 部署规范）上的一条双绞线提供了全 T1 服务，而且还可以削减与其他 DSL 服务共存而产生的噪音。由于它只使用两条线，HDSL2 消耗的铜资源只有 4 线的 HDSL 的一半。

当然，HDSL2 也可以使电信公司利用现有铜设施部署高速数据服务。这意味着服务提供商不必投入时间和资金用光缆来替换铜线，特别是对于那些已经向铜设施投入巨额资金并且需要不断升级服务的地方，HDSL2 无疑是最好的解决方案。

另外，与 HDSL 一样，HDSL2 的端到端延时必须小于 500μs。换句话说，带宽和延迟效应（导线的传播延迟和 HDSL 成帧的处理延迟）加在一起必须小于 0.5 ms。为了减小延迟，可通过减小 HDSL2 语音通信时的远端回波来实现。如果需要在“普通”HDSL 中的一对线上运行全速率的 T1 或 E1，可以采用的一种方法就是在 HDSL 帧中加入一些前向纠错（Forward Error Correction，FEC）控制。这些额外的比特既可以在 HDSL 帧中检测到一些错误，也可以纠正一些错误。然而，在 HDSL2 设备中加入 FEC 功能会增加端到端延时。

3．非对称数字用户线技术

非对称数字用户线（Asymmetric Digital Subscriber Line，ADSL）是 xDSL 系列中应用比较成熟的一种。ADSL 是一种通过现有普通电话线为家庭、办公室提供宽带数据传输服务的技术。其最远传输距离可达 3～5 km，下行传输速率最高可达 6～8Mbit/s，上行最高 768 kbit/s，速度比传统的 56 kbit/s 模拟调制解调器快 100 多倍，这也是传输速率达 128 kbit/s 的窄带 ISDN 所无法比拟的。

（1）ADSL 技术特点：

① ADSL 技术可以充分利用现有的电话线网络，在线路两端加装 ADSL 调制解调器，为用户提供高宽带服务。安装 ADSL 也极其方便快捷。在现有的电话线上安装 ADSL，除了在用户端安装 ADSL 调制解调器外，不用对现有线路做任何改动。ADSL 设备随用随装，无须进行严格业务预测和网路规划，施工简单，时间短，系统初期投资小。

② ADSL 能够在现有的普通电话线上提供高达 1.5～9.0 Mbit/s 的高速下行速率，远高于 ISDN 速率；而上行速率为 16 kbit/s～1 Mbit/s，传输距离达 3～5 km。这种技术固有的非对称性非常适合于 Internet 浏览，因为浏览 Internet 网页时往往要求下行信息比上行信息的速率更高。

③ 改进的 ADSL 具有速率自适应功能。这样就能在线路条件不佳的情况下，通过调低传输速率来实现“始终接通”。

④ ADSL 可以与普通电话共存于一条电话线上，在一条普通电话线上接听、拨打电话的同时也可进行 ADSL 传输，两者互不影响。

⑤ 用户通过 ADSL 接入宽带多媒体信息网和 Internet，同时可以收看影视节目，举行一个视频会议，以很高的速率下载文件，还可以在这同一条电话线上使用电话而又不影响以上所说的其他活动。

随着 ADSL 技术的发展，“ADSL 论坛”及一些标准机构正将 ADSL 速率提高到 52Mbit/s，甚至 155Mbit/s，即高速 ADSL 技术（VADSL），用于接入网中最后一段的连接。VADSL 技术的下行速率依据不同的接入距离可达 13Mbit/s、26Mbit/s、52Mbit/s 及 155Mbit/s，上行速率可达 1.5～2Mbit/s。但其传输距离只有 100m（155Mbit/s）～1km（13Mbit/s），只能为用户提供最后一段的接入，或用于局域网内的连接。

（2）基于 ADSL 技术的接入参考模型。

基于 ADSL 技术的宽带接入网模型主要由局端设备和用户端设备组成：局端设备（DSL Access Multiplexer，DSLAM）、用户端设备、话音分离器、网管系统。局端设备与用户端设备完成 ADSL 频带的传输、调制解调，局端设备还完成多路 ADSL 信号的复用，并与骨干网相连。话音分离器是无源器件，停电期间普通电话可照样工作，它由高通和低通滤波器组成，其作用是将 ADSL 频带信号与话音频带信号合路与分路。这样，ADSL 的高速数据业务与话音业务就可以互不干扰。基于 ADSL 技术的接入参考模型如图 10-5 所示。

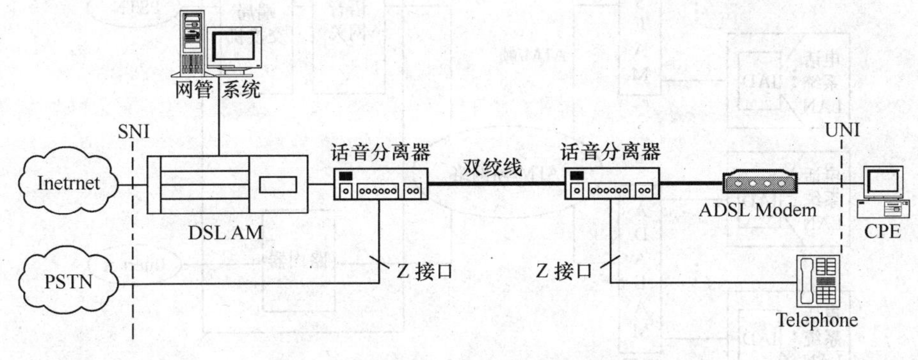

图 10-5　基于 ADSL 技术的接入参考模型

（3）ADSL 技术的应用。

① Internet 快速接入，直行速度达 7.1 Mbit/s，比普通电话线快 200 倍，更可以在公司局域网内集体使用。

② 视频点播（Video On Demand，VOD）、网上游戏、交互电视、网上购物等宽带多媒体服务。

③ 远程 LAN 接入、远地办公室、远程医疗、远程教学、远地可视会议、体育比赛现场传送等。

4．VoADSL 技术

ADSL 的一个最新发展趋势是 Voice over ADSL（VoDSL 或 VoADSL）。其基本思路是在用户侧增加一个网关设备，又称综合接入设备，与 DSL 线路相连，同时作为电路交换和分组交换的转换设备，可以在原模拟语音业务不变的情况下，再提供 8～20 条数字语音通路，还能提供以太网接口乃至 Home PNA 和机顶盒接口。该技术的出现更加强化了 ADSL 对小企业应用的性能价格比优势，并对 ISDN 业务造成巨大冲击。VoADSL 已不仅是一项新的传送技术，还将可能成为中小企业的主要分组语音技术。

VoADSL 有以下多种传输方案：

（1）Voice -over Bit-Pipe of ADSL；

（2）Voice over STM over ADSL；

（3）Voice over ATM over ADSL；

（4）Voice over IP over ATM over ADSL；

（5）Voice ever IP over STM over ADSL。

VoADSL 中的一个突出问题是时延问题，例如 IP 或 ATM 的分组时延、ADSL 中 Bit-Pipe 同步过程产生的传输时延等，这些时延有的已获解决，有的尚待解决。

VoADSL 的接入方案示例如图 10-6 所示。该方案在用户侧设置了综合接入设备 IAD，每个 IAD 向用户提供 48 条数字语音线或多个模拟 POTS 端口，还可提供一个以太网接口和机顶盒接口。

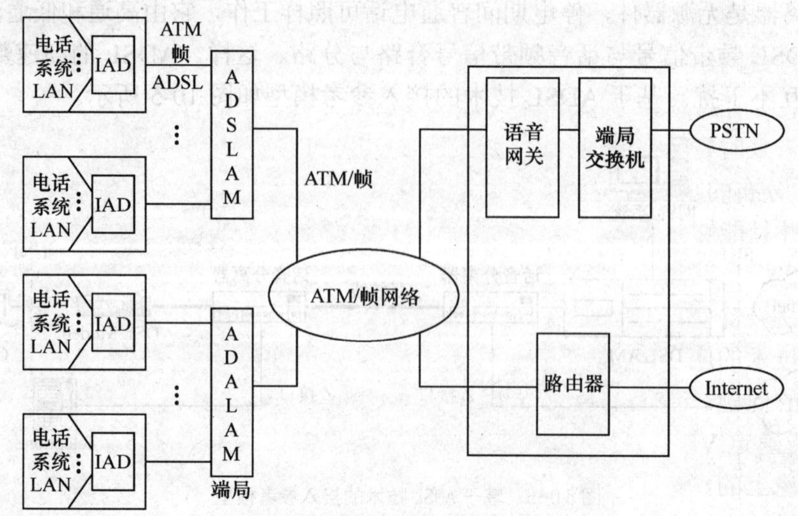

IAD：集成接入设备
ADSLAM：ADSL接入多路复用器

图 10-6 VoAOSL 接入方案示例

在端局设置 ADSL 接入多路复用器（ADSLAM），每个 ADSLAM 对多条用户线送来的信号进行复用，通过高速接口转发至语音网关和路由器，并分别通过它们与 PSTN 和 Internet 相连。

VoADSL 还需要相应的管理系统。VoADSL 系统可具有较大的覆盖范围、较大的承载容量和较低的平均成本。

5. 超高速数字用户线技术

鉴于现有 ADSL 技术在提供图像业务方面的带宽十分有限以及经济上的成本偏高的弱点，人们又进一步开发出了一种称为超高速数字用户线（VDSL）的系统。VDSL 技术类似于 ADSL，但是它所传输的速率几乎要比 ADSL 高 10 倍。VDSL 速率大小取决于传输线的长度，最大下行速率目前考虑为 51～55 Mbit/s，长度不超过 300 m，13 Mbit/s 以下的速率的可传输距离为 1.5 km 以上。这样的传输速率可扩大现有铜线传输容量达 400 倍以上，一般下行速率为 13～55 Mbit/s，传输距离不超过 1.5 km。VDSL 在用户回路长度小于 1.5km 的情况下，可以提供的速率高达 13 Mbit/s 甚至还可能更高，这种技术可作为光纤到路边网络结构的一部分。此技术可在较短的距离上提供极高的传输速率，但应用还不是很多，目前尚处于研究阶段。

（1）VDSL 的技术特点

① VDSL 下行速率的大小取决于传输线的长度，目前最大下行速率为 51～55 Mbit/s，长度不超过 300 m，13 Mbit/s 以下的速率可传输距离为 1.5 km 以上。这样的传输速率可扩大现有铜线传输容量达 400 倍以上。一般下行速率为 13～55 Mbit/s，传输距离不超过 1.5 km。

② VDSL 的上、下行速率是不对称的，上行速率一般可以选择为 1.6 Mbit/s、2.3 Mbit/s、19.2 Mbit/s 或者等同于下行速率。由于技术等因素，估计最初的 VDSL 产品将采用较低的上行速率，较高的下行速率或对称的速率方式只适用非常短的线路，在换代产品中可以考虑。上、下行信道使用频分复用技术（FDM），并与 POTS 和 ISDN 信号分开，从而在现有网上的业务基础上再额外提供 VDSL 业务，如果需要更高速的上行或对称的数据速率，VDSL 系统可以使用回波抵消技术。

③ VDSL 必须能传输压缩的视频信号，由于该信号的实时性使它不适合采用在数据通信中普遍采用的连接或网络水平上的误差控制方案。为了使传输误码率与压缩的视频信号相适应，VDSL 必须采用前向误码纠错方案（FEC），并采用交织技术以纠正由于脉冲噪声产生的误码，但交织会带来时延，这个时延估计为最大可纠错脉冲长度的 40 倍。

④ 考虑用户分布的随机性以及要求服务的多样性，VDSL 系统最好能适用于不同数据速率的传输要求，并且能够自动识别新连接的用户和传输速率的变化。当一个新的 VDSL 终端单元进入网络时，无源网络接口界面必须具有热接入功能，以不影响正在进行的其他业务。

⑤ 价格始终是一个重要的问题。考虑到用户的承受能力，VDSL 产品必须具有低廉的价格。

（2）VDSL 技术的应用。VDSL 在应用方面除了上行数据流复用问题比较复杂外，还存在一些需要考虑的问题。

① 一是不能确定 VDSL 可靠传输数据的最大距离。因为在实现 VDSL 所需的频段上，实线特性只是理论上的，有些因素如短的桥接抽头或室内未终接的分支线有可能对 VDSL 造成很不利的影响，并且 VDSL 占用了业余无线电频率范围，每根地面上的电话线均成为发射或接收能量的天线，因而需保持低的信号电平，以免产生干扰。

② 二是业务环境尚不清楚。虽然最佳的下行和上行数据速率不很明确但仍可相信 VDSL 将使用 ATM 信元格式来载送视频和不对称数据信息，而较难以评估的是非 ATM 格式承载信息和宽带速率对称信道对 VDSL 的需求。VDSL 将不完全独立于上层协议，特别是由多个 CPE 复用的上行数据流方向，可能需要关于链路层格式（是否是 ATM）的知识。

③ 三是驻地分配和电话网与 CPE 之间的接口。安装在 CPE 上的驻地 VDSL 以及上行复用处理很有点像局域网总线，有利于从成本上来考虑采用无源网络接口;而有源网络终端在系统管理、可靠性和适应情况变化方面比较有利，可以像集线器那样采用点到点或共享连至多个 CPE 的媒质方式运行，与网络布线无关。VDSL 的目标成本比 ADSL 要低得多，它可直接与配线中心或电缆调制解调器连接，公共设备成本可分摊到更多的用户身上。

虽然 VDSL 可获得数倍于 ADSL 的最高数据传送速率，但由于 ADSL 数据速率要适应大的动态范围的变化，故 VDSL 在技术上要比 ADSL 简单。尽管 VDSL 适用于全业务网络，但即使是所有技术均很成熟的电话公司也不可能一夜之间就采用 ONU，因此，VDSL 目前尚不可能像 ADSL 那样很快得到推广应用。

10.3.2 Cable Modem 接入

电缆调制解调器（Cable Modem）是一种可以通过有线电视网络进行高速数据接入的装置。它一般有两个接口，一个用来接室内墙上的有线电视端口，另一个与计算机连接。Cable Modem 通过双向传输的电视频道进行接收和发送数据，它把上行数字信号转换成类似电视信号的模拟射频信号，在有线电视网上传送；把下行信号转换为数字信号进行接收，送交计算机处理。Cable Modem 的速率范围很大。在下行方向（即有线电视前端到计算机），速率可从很低一直到 36Mbit/s。实际上数据速率 3～10Mbit/s 即可满足要求。而在上行方向（由计算机到 CATV 网络前端），数据速率最高可达 10Mbit/s。然而，大多数 Cable Modem 的生产厂家会在 200kbit/s～2Mbit/s 之间选择一个较为合理的速率。因此它从网上下载信息的速度比现有的电话 Modem 快 100～1000 倍。通过电话线下载需要 20 分钟完成的工作，使用 Cable Modem 只需要 1.2 秒。不同的用途，不同的范围和规模，用户可选择不同的传输模式和不同的产品。

按不同的角度划分，Cable Modem 大致可以分为以下几种类型。

1．按传输方式来分

接传输方式 Cable Modem 可分为双向对称式传输和非对称式传输。对称式传输是指上行/下行信号各占用一个普通频道 6MHz（或 8 MHz）带宽，采用相同传输速率的传输模式，但可能采用不同的调制方法。对称式传输速率为 2Mbit/s～4Mbit/s，最高可达 10Mbit/s。非对称式传输是指上行与下行信号占用不同的传输带宽。由于用户上网发出请求的信息量远远小于信息下行量，非对称式传输既能满足客户信息传输的要求，又避开了上行通道带宽相对不足的问题。采用频分复用、时分复用和新的调制方法，每 6MHz（或 8MHz）带宽下行速率可达 30Mbit/s 以上（如 16QAM 下行数据传输为 10Mbit/s，64QAM 下行数据传输为 27Mbit/s，256QAM 下行数据传输为 36Mbit/s），上行传输速率为 512kbit/s～2.56Mbit/s。总体上讲，非对称式传输比对称式传输有着更大的应用范围，它可以开展电话、高速数据传递、视频广播、交互式服务和娱乐等服务，能最大限度地利用可分离频谱，按客户需要提供带宽。

2．按数据传输方向来分

按数据传输方向分有单向传输和双向传输之分。双向 Cable Modem 系统由前端设备（CMTS）、HFC 网络和用户端 Cable Modem（CM）组成，如图 10-7 所示。上下行均通过双向 HFC 网络来实现。

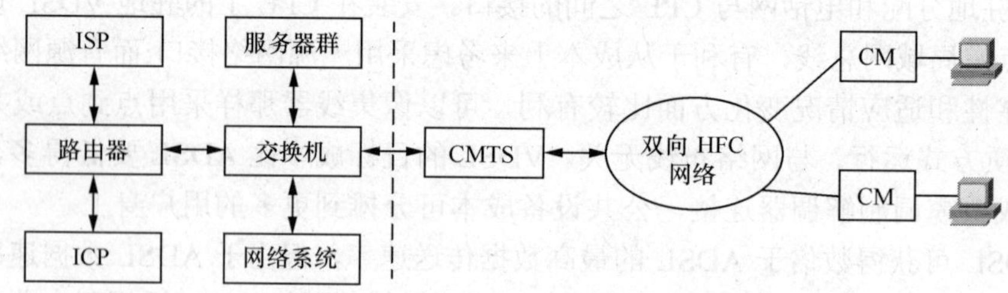

图 10-7　双向 Cable Modem 系统组成

在双向 HFC 网络上构建双向 Cable Modem 数据通信系统，具有如下优点：

① 上行可用带宽为 5～56MHz，上行传输速率快；

② 用户一直连接在网络上，便于 Cable Modem 引进各种新型业务及其应用的推广；

③ 自成体系，无须与电信、ISP 等合作，便于制定灵活的资费政策。

但实现双向 Cable Modem 系统需要进行双向 HFC 网络建设，投入很大。在开展数据业务的初级阶段，由于数据用户比较分散，将所有单向 HFC 网络全部改造成双向网，不仅投资巨大，而且经济效益会很差，因此，很多有线电视台考虑借用电信部门的电话线提供上行交互式信道，实现用户的宽带下行接入。由于上行信道只用来传递一些浏览信息、查询指令，因此只需很小的带宽。而下行带宽很高，特别适合于上 Internet 浏览等非对称通信应用。这种系统称为单向 Cable Modem 系统。

图 10-8 给出了单向 Cable Modem 系统组成，主要包括前端设备（CMTS）、单向 HFC 网络、电话回传系统和用户端 Cable Modem。下行信号通过单向 HFC 网络来传送，上行回传信号通过通过电话局的电话交换网（PSTN）来传输。

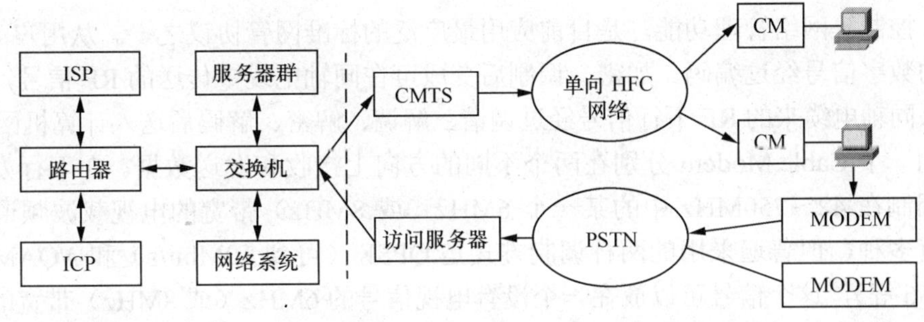

图 10-8 单向 Cable Modem 系统组成

3. 按网络通信来分

按网络通信分 Cable Modem 可分为同步（共享）和异步（交换）两种方式。同步（共享）类似以太网，网络用户共享同样的带宽。当用户增加到一定数量时，其速率急剧下降，碰撞增加，登录入网困难。而异步（交换）的 ATM 技术与非对称传输正在成为 Cable Modem 技术发展的主流趋势。

4. 按接入用户来分

按接入用户可分为个人接入 Cable Modem 和宽带接入 Cable Modem（多用户），宽带 Modem 可以具有网桥的功能，可以将一个计算机局域网接入。

5. 按适用用户层次来分

按适用用户层次分，Cable Modem 可分为以下三种。

（1）GMP（Cable Modem Personal）：CMP 是适用于个人用户 Cable Modem，它适用于家庭个人计算机，具有即插即入，全面的媒体访问控制层（MAC）桥接功能、传送和接收数据功能等。

（2）CMW（Cable Modem Workgroup）：CMW 适用于小型企业和多 PC 家庭，最多可支持 4 个用户，每个用户均具备 CMP 功能。

（3）CMB（Cable Modem Business）：CMB 可用于企业网、学校系统、政府机关等，可连接成千上万个用户，每个用户均具有 CMP 功能，并可根据不同的访问和操作安全性要求实现保护功能。

6. 按接口来分

按接口分 Cable Modem 可分为外置式、内置式和交互式机顶盒。外置 Cable Modem 的外形像小盒子，通过 10BASE-T 或 100BASE-T 网卡连接计算机，可以支持局域网上的多台计算机同时上网。内置 Cable Modem 是一块 PCI 插卡，是最便宜的解决方案，其缺点是只能在台式计算机上使用。交互式机顶盒是真正 Cable Modem 的伪装，其主要功能是在频率数量不变的情况下提供更多的电视频道，通过数字电视编码，使用户可以直接在电视屏幕上访问网络，收发 E-mail 等。

Cable Modem 要比电话线 Modem 复杂得多。Cable Modem 主要由调制/解调器、调谐器、加密/解密模块、网桥/路由功能模块、网络接口卡（NIC）、简单网络管理协议（SNMP）、部分 Ethernet Hub 功能模块组成。其中 SNMP 主要完成参数配置、带宽分配以及网络运行维护、诊断、监视、控制等网络管理功能，是目前应用最广泛的标准网管协议之一。从用户PC的数字接口送来的数字信号经过编码、加密、调制后变成可在同轴电缆中传送的RF信号，进入同轴电缆。而从同轴电缆来的RF下行信号经过调谐、解调、解密、解码后送入计算机网络。

典型的一个Cable Modem分别在两个不同的方向上接收和发送数据。在下行方向，数字数据信号调制在42～750MHz中的某一个6MHz（或8MHz）带宽的电视载波频道上。调制方式虽然有多种，但普遍采用的两种调制方式是QPSK（可到10Mbit/s）和NQAM（N可为16，64，256等），这个信号可以放在一个没有电视信号的6MHz（或8MHz）带宽的频道上。上行信道则更不易处理，在一个双向CATV网络上，上行（反向）通道通常设在4～40MHz之间。这意味着上行通道处在一个噪声环境中，这些噪声来自业余无线电、载波电台和家用电器的脉冲噪声的干扰。另外，由于接头不牢，或低质量的同轴电缆，屏蔽干扰很容易从家里侵入。由于CATV网络是树形的分支结构，这些所有的噪声和上行有用信号一起累积汇合到网络前端。为此，在上行方向大都采用QPSK调制方式，因为QPSK比更高一级的调制方式有更好的抗干扰。当然，它的缺点是比QAM调制方式要"慢"一些。

Cable Modem有多种与计算机的连接方式，但以太网lOBase-T接口目前是最常见和最可行的。虽说将Cable Modem做成一个内置式的卡，插在计算机内可能会更便宜些，但针对不同的计算机就需要不同的卡，也会引起兼容问题。因此，Cable Modem作成外接方式更方便灵活。

Cable Modem上行链路常用多址接入方式如下。

（1）基于FDMA/TDMA技术的Cable Modem。

Cable Modem对上行/下行数据信号采用不同的接入方式。下行采用广播形式，Cable Modem对数据信号进行调制解调和同步处理后传送给用户计算机。上行采用FDMA/TDMA接入方式，上行数据信号经过Cable Modem处理后送入HFC网络。FDMA技术的使用不仅能增加上行信道的容量，又能够减弱上行数据的冲突，同时也避免信道资源的浪费。采用TDMA技术可以将信道划分成时隙，CMTS集中控制Cable Modem处信道/时隙的选择，进行测距和同步，以确保Cable Modem能准确地将数据送入指定的时隙。

（2）基于同步码分多址（S-CDMA）技术的Cable Modem。

在现有树形结构的HFC网络中，用户端的噪声会在系统前端叠加，FDMA和TDMA技术容易受窄带噪声干扰。尽管通过HFC网络技术和上行模块进行设置可以抑制窄带干扰，但这不足以从根本上解决干扰性问题。同时，HFC网络上行信道资源相对贫乏，这对网络容量有很大的限制。同步码分多址（S-CDMA）技术可以较完美地解决干扰性和容量问题。

码分多址（GDMA）是一种基于扩频（扩展频谱）技术的通信方式，扩频是指发送信号所占频谱远大于信号本身所需的最小带宽。由于在信息速率不变的情况下，信号频谱扩展越宽，抗干扰能力越强。当频带宽度很大时，即使在信噪比很低的情况下，也能可靠地传输信息，所以CDMA抗干扰能力较强，是以牺牲频带的利用率为代价的。

传统的CDMA技术虽然很好地解决了噪声环境下的高速数据传输问题，但是多用户的多址干扰会使系统的性能下降。S-CDMA技术则在这方面作了很大的改进，它要求在系统初始化时要进行同步，即在HFC系统初始化时，用户终端的Cable Modem需要和系统头端设备进行同步，控制码字间的正交性，这样做就大大降低了系统自身的多址干扰（在异步通信模式下，部分来自不同用户的码元会发生重叠，这就会使接收端在进行解扩频码时，受自身噪声的影响，造成噪声电平升高，引起系统性能的下降）。S-CDMA技术主要通过测距和均衡两项校正措施，确保所有 HFC 用户端的调制解调器和网络前端 CMTS 同步，从而使各用户端的扩频信号之间保证很好的正交特性，这就最大程度地克服了自身干扰，提高了信道的利用率。

测距技术依赖于具体的测距算法（Ranging-Agoritnm），用来确定每个调制解调器到系统前端 CMTS 信号的路径长度，从而在具体发送时保证一定的先后顺序，距离远的先发送，距离近的后发送。需要注意的是测距算法应该是动态的和连续的。均衡技术（Equalization）则是在每个发送端前置一个编码器，从而消除由于信道响应所造成的信道失真。所以在相同大小的多址干扰电平下，S-CDMA 系统的容量比传统 CDMA 系统的容量大。

Cable Modem 最普遍的服务无疑是高速 Internet 接入，其他服务包括数字音频广播、视频点播、本地信息在线查询、接入 CD-ROM 服务器等非常广泛的应用。

Cable Modem 有两个标准体系：MCNS 标准和 IEEE802.14 标准。

目前，国内外研制出的 Cable Modem 系统已超过几十种，几种类型的 Cable Modem 的技术参数见表 10-1。

表 10-1　　几种典型 Cable Modem 技术参数

<table>
<tr><th colspan="2">产 地 型 号</th><th>四川九洲
CM2000</th><th>上海广电</th><th>美国 com21
Doxport1110</th><th>美国寒特太阳
Terapro</th></tr>
<tr><td rowspan="5">下行
（接收）</td><td>频率范围/MHz</td><td>54～860</td><td>88～860</td><td>88～860</td><td>88～750</td></tr>
<tr><td>信道带宽/MHz</td><td>6</td><td>6</td><td>6</td><td>6</td></tr>
<tr><td>调制方式</td><td>64/256QAM</td><td>64/256QAM</td><td>64/256QAM</td><td>S-CDMA/256QAM</td></tr>
<tr><td>传输速率/Mbit/s</td><td>30.34/42.88</td><td>30/40</td><td>30/43</td><td>10/30</td></tr>
<tr><td>信号电平/dBmV</td><td>±15</td><td>±15</td><td>±15</td><td>±15</td></tr>
<tr><td rowspan="5">上行
（发射）</td><td>频率范围/MHz</td><td>52～42</td><td>52～42</td><td>52～42</td><td>52～42</td></tr>
<tr><td>信道带宽/ MHz</td><td>200，400，800，
1 600，3 200</td><td>200，400，800，1
600，3 200</td><td>1.8×10^3</td><td>5×10^3</td></tr>
<tr><td>调制方式</td><td>QPSK/16QAM</td><td>QPSK/16QAM</td><td>QPSK/16QAM</td><td>QPSK/16QAM</td></tr>
<tr><td>传输速率/Mbit/s</td><td>5.12～10.24</td><td>5.12～10.24</td><td>5.12～10.24</td><td>5.12～10.24</td></tr>
<tr><td>输出电平/ dBmV</td><td>+8～+58</td><td>+8～+58</td><td>+8～+58</td><td>32～60</td></tr>
<tr><td colspan="2">输入阻抗/Ω</td><td>75</td><td>75</td><td>75</td><td>75</td></tr>
<tr><td colspan="2">备注</td><td>以太网/MCNS</td><td>以太网/MCNS</td><td>支持 ATM</td><td>支持 ATM</td></tr>
</table>

10.3.3　泄漏电缆接入

第三代移动通信（3G）发展态势已经形成，国内三大移动运营商已经分别获得 3G 牌照，其业务将不断增加。根据香港 SUNDAY 对业务数据的采集分析可知，3G 的室内话务量将占总话务量的一半以上。而对日本 NTTDoCoMo 最新统计数据分析，大约 70%的业务量来自室内。

第三代移动通信的发展，使得非语音通信以及数据传输快速发展，在移动通信网络中，对于像隧道、地铁、公路、煤矿、长廊等需要数据覆盖的狭长环境，漏泄射频同轴电缆布线是最佳方案。

漏泄电缆集馈线、天线功能于一体，根据不同的使用场合设计出适用不同频带宽度的电缆，频率覆盖从 50MHz～2500MHz，可涵盖 2G 与 3G 的所有频段。用于无线电波无法直接传播到的场合比如隧道、大型建筑物内、地铁、地下停车场、地下室、矿井以及高速公路、铁路等特殊环境，通过射频电缆和漏泄射频电缆混用配合，具有相当灵活的可扩展性，是无线移动产业发展不可缺少的一种产品。图 10-9 所示是漏泄射频同轴电缆使用环境的示意图，图 10-10 所示为耦合型漏泄射频同轴电缆的结构图。另外，多方位移动通信的发展又为漏泄同轴电缆提供了新的发展机遇。

漏泄射频同轴电缆是集射频同轴电缆及天线于一体，因此其有三个功能：信号传输线功能；发送天线的功能；接收天线的功能。

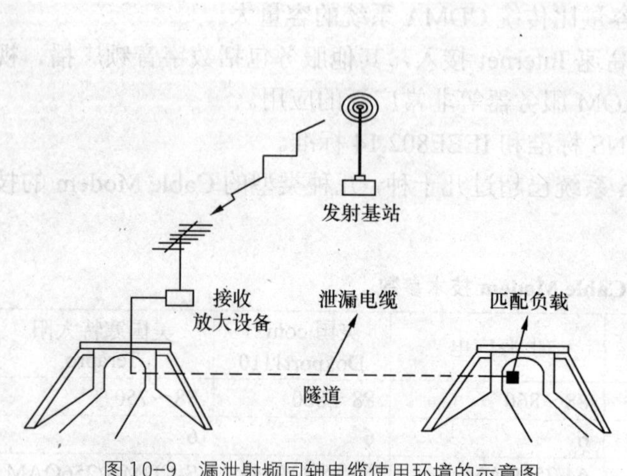

图 10-9　漏泄射频同轴电缆使用环境的示意图

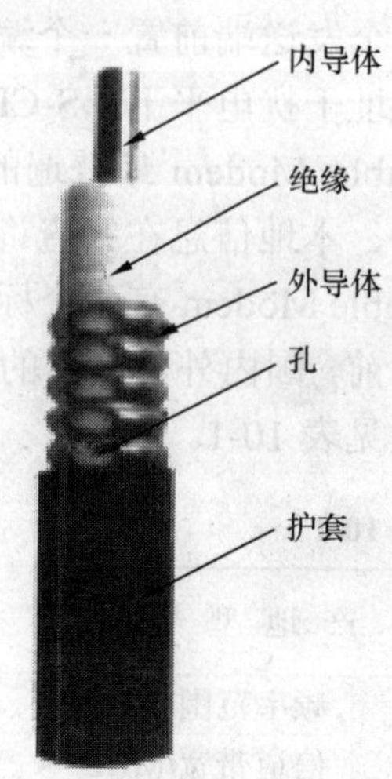

图 10-10　耦合型漏泄射频同轴电缆的结构图

1．漏泄射频同轴电缆的传输原理

漏泄射频同轴电缆所要达到的功能就是在其经过路线上的任何一点实现三个功能：传输电磁波、向外发射电磁波、接收外面特定的电磁波。

经过研究，发现在现有封闭的射频同轴电缆上开一定尺寸的槽孔就可以达到这三个功能，其原理如下。

横向电磁波通过同轴电缆从发射端传至电缆的另一端，当电缆外导体完全封闭时，电缆传输的信号与外界是完全屏蔽的，电缆外没有电磁场，或者说，测量不到有电磁辐射。同样地，外界的电磁场也不会对电缆内的信号造成影响，如图 10-11 所示。

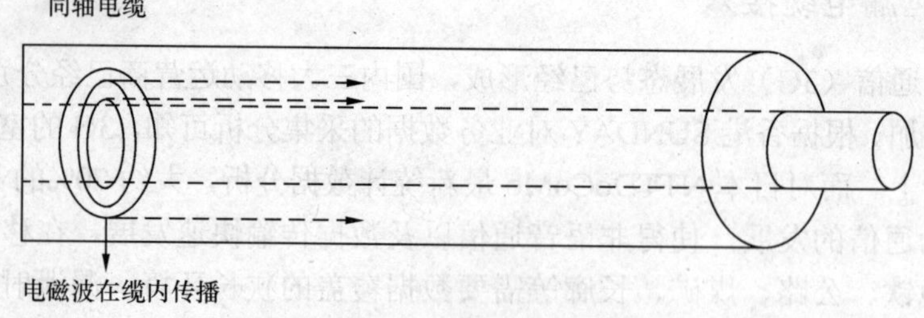

图 10-11　同轴电缆的信号传输原理

通过在同轴电缆外导体上开槽孔，电缆内传输的一部分电磁能量可以发送至外界环境。同样，外界能量也可通过槽孔传入到电缆内部。如图 10-12 所示，这样的结构就可以在电缆上实现收发信号的功能，集缆、天线的功能于一体。

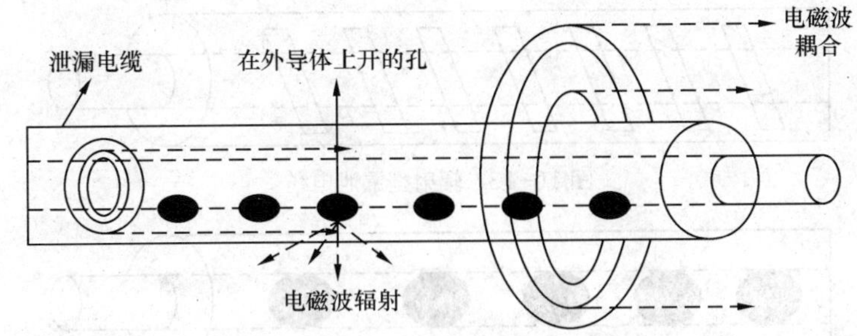

图 10-12 漏泄电缆的信号传输原理

2．漏泄同轴电缆的技术标准

当前漏泄同轴电缆的行业标准为：YD/T 1120-2001 通信电缆——物理发泡聚乙烯绝缘漏泄同轴电缆。由于技术及市场应用的发展，当前的标准存在一些不合理，需要进行一些修正，以规范用于 3G 的漏泄射频电缆的生产及检验。

漏泄射频同轴电缆的主要性能指标有纵向衰减常数和耦合损耗，这两个指标都随频率而变化。

纵向衰减：此指标考核的是在电缆内部传输的电磁波能量损失特性。对于漏缆来说，除电缆本身因素外，外界环境也会影响其衰减特性，因为有少部分能量在外导体附近的外界环境中传播。

耦合损耗：此指标描述的是电缆外部因耦合产生且被外界天线接收的能量大小特性，它定义为：特定距离下，被外界天线接收的能量与电缆中传输的能量之比。其公式为

$$Le=10\text{Log}(Pt/Pr) \qquad (10\text{-}1)$$

式中：Le—耦合损耗，dB；

Pt—泄露电缆内的传输功率，W；

Pr—标准偶极天线的的接收功率，W；

耦合损耗受电缆槽孔形式及外界环境对信号的干扰或反射的影响，宽频范围内，辐射越强意味着耦合损耗越低。耦合损耗的大小取决于电缆的结构、电缆的敷设环境、敷设方式、天线的种类及方位、电缆与移动终端的距离以及系统的工作频段等。

由于漏泄射频同轴电缆的辐射及耦合效果受敷设方式和敷设环境的影响，大部分隧道内、大型建筑物内还有各种各样金属导体，比如沿两侧墙面安装的电力电缆、铁轨、水管等，这些导体将彻底改变电磁场的特性，因此漏泄电缆要根据其具体的使用环境来设计生产制造，针对于 3G 系统的复杂性及多系统同存的环境下，一般要先要根据理论模拟出现场的电磁环境，然后根据分布系统的衰减及耦合损耗的设计要求来设计缆的开槽方式及相关尺寸。

3．漏泄电缆的种类

根据信号与外界耦合的机制及电缆的使用场合，当前市场上的漏泄电缆一般分为两种类型：辐射型及耦合型。

（1）辐射型：其电磁场由电缆外导体上周期性排列的槽孔产生，槽孔间距与工作波长相当，如图 10-13 所示。

（2）耦合型：耦合型漏泄电缆则有许多不同的结构形式，例如，在外导体上开一长条形槽，或开一组间距远远小于工作波长的小孔（如图 10-14 所示），还有就是两侧开缝。

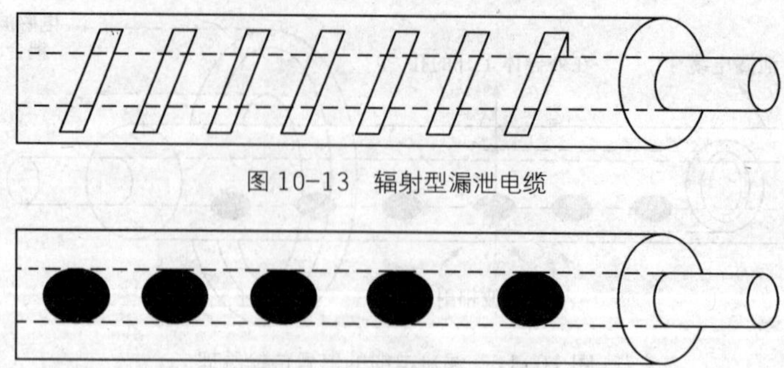

图 10-13　辐射型漏泄电缆

图 10-14　耦合型漏泄电缆

4．漏泄射频同轴电缆的生产工艺

（1）耦合型漏泄射频同轴电缆。物理发泡工艺及开槽工艺是耦合型漏泄同轴电缆生产的关键工艺。其中物理发泡工艺直接影响缆的阻抗及衰减性能，开槽工艺直接影响漏泄同轴电缆耦合损耗。

对于阻抗的工艺控制，主要是控其发泡度，阻抗（Z_0）的理论计算公式为

$$Z_0 = \frac{138}{\sqrt{\varepsilon_r}} \times Log\frac{D}{d_1} \tag{10-2}$$

式中：ε_r—同轴电缆的绝缘发泡层（皮/泡/皮）的等效介电常数；

D—同轴电缆绝缘发泡层外径；

d_1—同轴电缆内导体直径。

d_1 是工艺上固定的内导体外径，生产线上有固定的模具拉拨，所以是稳定均匀的；D 由专用模具进行控制，再加上稳定的控制系统，其变化也不是很大的；但对于 ε_r 就是一个难点了，其理论计算公式为

$$\varepsilon_r = \frac{2\varepsilon + 1 - 2p(\varepsilon - 1)}{2\varepsilon + 1 + p(\varepsilon - 1)}\varepsilon \tag{10-3}$$

式中：ε—被发泡绝缘介质的介电常数；

P—发泡度，它表示泡沫介质中所有小气泡体积与总体积之比，P=1-$d_{泡沫}$/$d_{材料}$；

其中 $d_{泡沫}$为泡沫介质的密度；

$d_{材料}$为被发泡的绝缘材料的密度。

从式（10-3）可以看出，P 值直接影响到阻抗性能。因此控制好 P 值（发泡度）的工艺至关重要。当前采用二氧化碳进行物理发泡，加上精确的高密度 PE 聚乙烯加成核剂配比，制成发泡光纤。生产出的发泡缆芯性能稳定、一致性好，可以满足 3G 分布系统布线的需求。

（2）辐射型漏泄射频同轴电缆。

辐射型漏泄射频同轴电缆的生产的关键工艺流程如图 10-15 所示。一是物理发泡工艺，二是铜带冲孔：可编程开

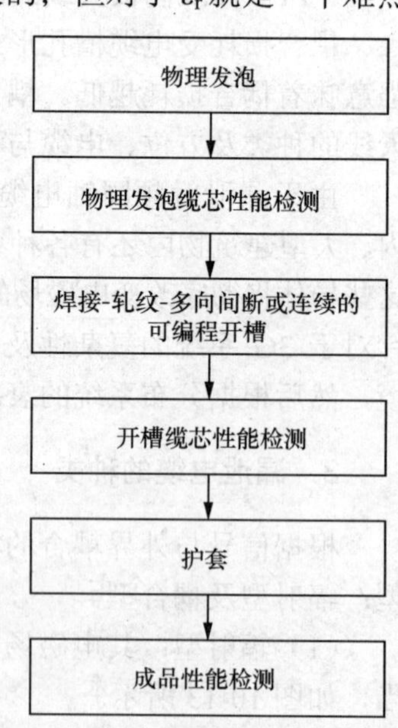

图 10-15　辐射型漏泄射频同轴电缆的生产流程

槽工艺。物理发泡的工艺与耦合型漏泄电缆的工艺是一样的；铜带冲孔就是在铜带上冲一定尺寸及间距的孔，这些孔的形状、大小以及精度直接影响电磁波辐射量以及耦合量。

10.4 光纤接入网

光纤接入网是指采用光纤传输技术的接入网，一般指本地交换机与用户之间采用光纤或部分采用光纤通信的接入系统。按照用户端的光网络单元（ONU）放置的位置不同又划分为 FTTC（光纤到路边）、FTTB（光纤到楼）、FTTH（光纤到户）等。因此光纤接入网又称为 FTTx 接入网。

光纤接入网的产生，一方面是由于 Internet 的飞速发展促进了市场迫切的宽带需求，另一方面得益于光纤技术的成熟和设备成本的下降，这些因素使得光纤技术的应用从广域网延伸到接入网成为可能，目前基于 FTTx 的接入网已成为宽带接入网络的研究、开发和标准化的重点，并将成为未来接入网的核心技术。

10.4.1 光纤接入网概述

1. 光接入网的参考配置和功能结构

光接入网（OAN）为共享相同网络侧接口并由光传输系统所支持的接入链路群，有时称之为光纤环路系统（FITL）。从系统配置上可以分为无源光网络（PON）和有源光网络（AON），如图 10-16 所示。

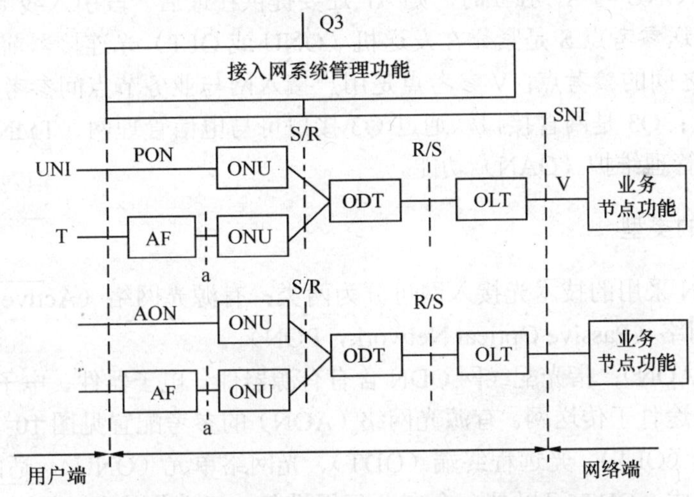

图 10-16 光纤接入网的功能参考配置

下面介绍几个主要功能结构的作用。

（1）光线路终端：光线路终端（OLT）为光接入网提供至少一个与本地交换机的接口。OLT 可以直接设在本地交换机处，也可以设置在远端，与远端集中器或复用器接口，分离交换和非交换业务，管理来自光网络单元的信令和监控信息，为 ONU 及本身提供维护和供给功能。其功能框图如图 10-17 所示。

（2）光配线网：光配线网（ODN）为 OLT 和 ONU 提供光传输手段，完成光信号功率的分配。ODN 是由无源光器件（诸如光纤光缆、光连接器、光分路器和波分复用器等）组成的纯无源光配线网，其拓扑结构一般取树形、星形及总线型。

（3）光网络单元：光网络单元（ONU）提供用户侧通往 ODN 的光接口。其网络侧是光接口，而用户是电接口，因此光网络单元需有光/电和电/光转换功能，还要完成对语音信号的数/模和模/数转换、复用、信令处理和维护管理功能。根据 ONU 在光接入网中所处位置不同，可以将光接入网划分为 4 种类型，即光纤到路边（FTTC）、光纤到大楼（FTTB）、光纤到办公室（FTTO）和光纤到家（FTTH）。ONU 的结构功能框图如图 10-18 所示。

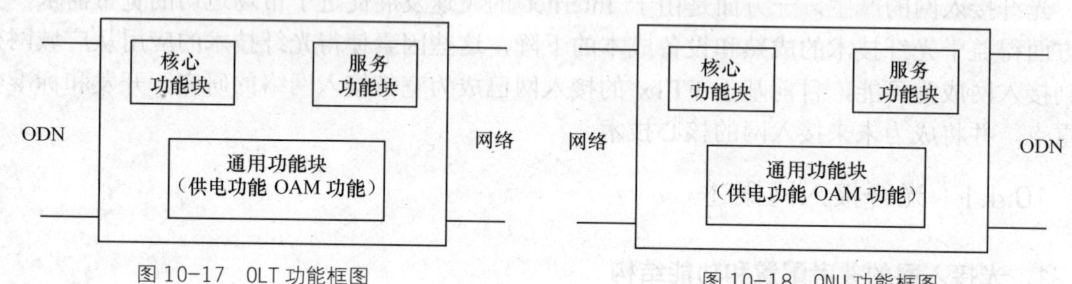

图 10-17　OLT 功能框图　　图 10-18　ONU 功能框图

（4）适配功能：适配功能（AF）为 ONU 和用户设备提供适配功能，具体物理实现既可以包含在 ONU 内，也可以完全独立。以 FTTC 为例，ONU 与基本速率 NTl（相当 AF）在物理上是分开的。当 ONU 与 AF 独立时，则 AF 还要提供在最后一段引入线上的业务传送功能。

图 10-16 中发送参考点 S 是紧靠在发送机（ONU 或 OLT）光连接器前的光纤点；a 参考点是 ONU 与 AF 之间的参考点；V 参考点是用户接入网与业务节点间参考点；T 参考点是用户网络接口参考点；Q3 是网管接口，通过 Q3 接口可与电信管理网（TMN）相连，TMN 实施对 OAN 的操作管理维护（OAN）功能。

2．光接入网的类型

一般按照 ODN 采用的技术光接入网可分为两类：有源光网络（Active Optical Network，AON）和无源光网络（Passive Optical Network，PON）。

有源光网络（AON）：指光配线网 ODN 含有有源器件（电子器件、电子电源）的光网络，该技术主要用于长途骨干传送网。有源光网络（AON）的参考配置见图 10-16 中的下半部分，主要由光线路终端（OLT）、光远程终端（ODT）、光网络单元（ONU）、适配功能单元（AF）和光纤传输线路构成。ODT 可以是一个有源复用设备、远端集线器（HUB），也可以是一个环网，其主要功能与 OLT 类似，故也称为远端光线路终端（ROLT）。

无源光网络（PON）：指 ODN 不含有任何电子器件及电子电源，ODN 全部由光分路器（Splitter）等无源器件组成，不需要贵重的有源电子设备。无源光网络（PON）的参考配置见图 10-16 中的上半部分，从业务节点接口（V 接口）到用户网络接口（T 接口）称为无源光接入链路。

AON 与 PON 主要区别在 PON 对各种业务是透明的，易于升级扩容，便于维护管理，缺点是 OLT 和 ONU 之间的距离和容量受到限制。AON 的传输距离和容量大大增加，易于扩展带宽，运行和网络规划的灵活性大，不足之处是有源设备需要供电、机房等。如果综合使用两种网络，优势互补，就能接入不同容量的用户。

目前，用户网光纤化的途径主要有两个：在现有电话铜缆用户网的基础上，引入光纤传输技术改造成光接入网；在现有有线电视（CATV）同轴电缆网的基础上，引入光纤传输技术使之成为光纤/同轴混合网（HFC）。

10.4.2　有源光网络

根据接入网室外传输设施中是否含有源设备，光纤接入网（OAN）又可以划分为无源光网络（PON）和有源光网络（AON），本节主要介绍有源光网络的基本概念。

有源光纤接入网或称有源光网络（AON），是指从局端设备到用户分配单元之间均用有源光纤传输设备，即光电转换设备、有源光电器件以及光纤等。目前有代表性的 AON 有光纤用户环路载波，灵活接入系统，以及 PDH/SDH 的 IDLC 接入网。

光纤用户环路载波采用光纤作为传输介质，应用脉冲编码调制（PCM）技术和光纤传输技术在一对光纤上复用数百路到上千路电话、ISDN 基本业务和数据等多种业务。光纤用户环路载波与 V 接口技术，特别是与 VS 接口相结合可以降低接入网的成本。

灵活接入系统是在光纤用户环路载波基础上发展起来的一种光纤接入方式，可采用星形，也可采用点对点方式。灵活接入系统也可传输多种业务，与光纤用户环路系统不同的是，它所复用的业务种类与路数可以由网络来设置，因此有“灵活”之说。

数字同步体系（Synchronos Digital Hierarchy，SDH）已经广泛应用于长距离传输系统，并且正在逐步地取代准同步数字系列（PDH）。如果单从技术角度考虑，SDH 技术当然也可用于接入网。构成 SDH 接入网的，主要有光纤环路，分插复用（ADM）设备和数字交叉连接（DXC）设备等。这种 SDH 接入网主要有以下几个优势。

（1）兼容性强 SDH 的各种速率接口都有标准规范，在硬件上保证了各供应商设备互连互通，为统一管理打下了基础。

（2）完善的自愈保护能力，增加网络可靠性借助 SDH 的大容量、高可靠性，可组成传输与接入的混合网。AN 除承载接入业务外，还可承载 GSM 基站、交换机中断等其他业务，降低了整个电信网络的投资。

（3）面向网络发展的升级能力，目前的接入网建设一般 155Mbit/s 速率就能满足需要，但是随着电话普及率的提高及宽带化需求，内置 SDH 标准化结构可灵活扩展升级。

（4）网络操作、维护、管理功能（OAM）大大加强 SDH 帧结构中定义丰富的管理维护开销字节，方便了维护、管理，由此建立的管理维护系统很容易实现自动故障定位，可以提前发现和解决问题，降低维护成本。

（5）有利于向宽带接入发展，SDH 利用虚容器（VC）的特点可映射各级速率的 PDH，而且能直接接入 ATM 信号，为向宽带接入发展提供了一个理想的平台。

但是在现阶段，因为 SDH 的设备复杂，成本很高，所以由于经济上的原因使之在接入网中只能应用到主干段这一级，而难以再继续向用户靠近，满足光纤到家庭的应用要求，这就使得这项技术很难在未来 FTTH（光纤到户）的应用中成为主流。

10.4.3　无源光网络

虽然目前有源和无源两种网络均在发展，但多数国家和国际电联电信标准化部门（ITU-T）更注重推动 PON 的发展，ITU-T 第 15 研究组已于 1996 年 6 月通过了第一个有关 PON 的国际建议 G.982，因此相比较而言，无源光网络的发展前景会更好一些，也就受到了更多的关注。

无源光网络（PON）的一个重要应用是传送宽带图像业务（特别是广播电视）。这方面尚无任何国际标准可用，但已形成一种趋势，即使用 1310 nm 波长区传送窄带业务，而使用 1550 nm 波长区传送宽带图像业务（主要是广播电视业务）。

原因是 1310/1550 nm 波分复用（WDM）器件已很便宜，目前 1310 nm 波长区的激光器已很成熟，价格便宜，适于经济地传送急需的窄带业务；另一方面，1550 nm 波长区的光纤损耗低，又能结合使用光纤放大器，因而适于传送带宽要求较高的宽带图像业务。

具体的传输技术主要是：频分复用（FDM）、时分复用（TDM）和密集波分复用（DWDM）。

图 10-19 所示为使用 1310/1550nm 两波长 WDM 器件来分离宽带和窄带业务的 TDM+FDM+WDM 无源光网络结构，其中 1310 nm 波长区传送 TDM 方式的窄带业务信号，1550 nm 波长区传送 FDM 方式的图像业务信号。

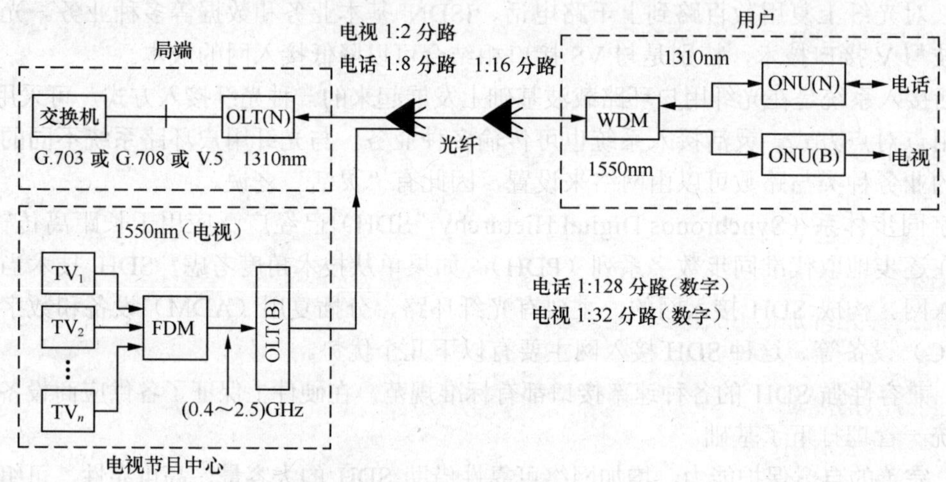

图 10-19　采用 TDM+FDM+WDM 的 PON 结构

图 10-20 所示为使用 1310/1550nm 两波长 WDM 器件来分离宽带和窄带业务的 TDM+WDM 无源光网络结构，与图 10-19 所示不同之处在于先将电视信号编码为数字信号，再用 TDM 方式传输。

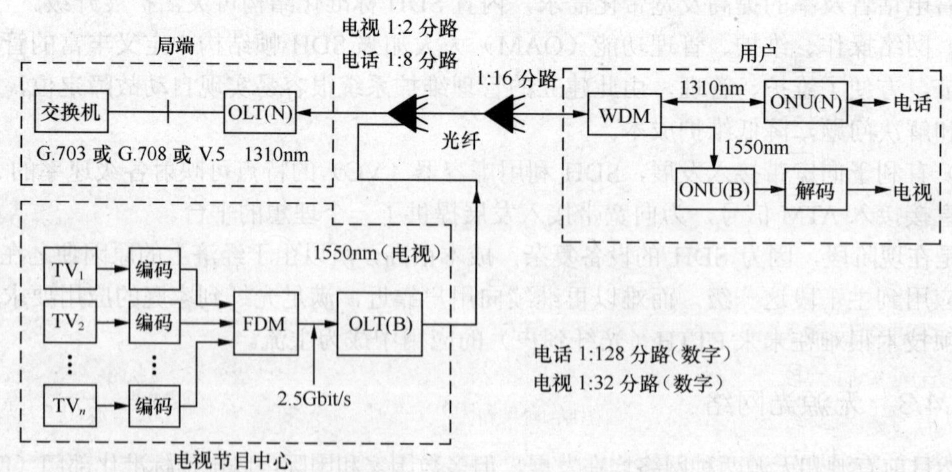

图 10-20　采用 TDM+WDM 的 PON 结构

PON 具有以下技术优势。

（1）理想的光纤接入网无源纯介质的光分配网络对传输技术体制的透明性，使之成为未来光纤到户（FTTH）、光纤到办公室（FTTO）、光纤到大楼（FTTB）最理想长远的解决方案。

（2）低成本树形分支结构，多个 ONU 共享光纤介质使系统成本低。纯介质网络，彻底避免了电磁和雷电影响，使维护运营成本大为降低。

（3）高可靠性局端至远端用户间没有有源器件，使可靠性较有源光纤接入网大大提高。

10.4.4　光电混合接入网

混合接入网是指接入网的传输介质采用光纤和同轴电缆混合组成的。主要有三种方式，即光纤/同轴电缆混合（HFC）方式、交换型数字视像（Switched Digital Video，SDV）方式以及综合数字通信和视像（Integrated Digital communication and Video，IDV）方式。

1. 光纤/同轴电缆混合方式

（1）HFC 系统的组成与原理。

光纤/同轴电缆混合方式（HFC）是有线电视（CATV）网和电话网结合的产物，是目前将光纤逐渐推向用户的一种较经济的方式。20 世纪 80 年代以来开始在其角天线的基础上，建起有线电视（CATV）系统，并在近年来得到了飞速的发展。CATV 系统的主干线路.用的是光纤，在 ONU 之后，进入各家各户的最后一段线路大都利用原来共用天线电视系统的同轴电缆，但这种光纤加同轴电缆的 CATV 方式仍是单向分配型传输，不能传输双向业务。

HFC 技术的工作原理如图 10-21 所示。局端把视像信号和电信业务综合在一起，利用光载波，将信号从前端通过光纤馈线网传送至靠近用户的光节点上，光信号经过 ONU 恢复为原来的电信号，然后用同轴电缆分别送往各个住户的网络接口单元（Network Interface knit，NIU），每个 NIU 服务于一个家庭。NIU 的作用是将整个电信号分解为电话、数据和视像信号后，再送到各个相应的终端设备。对模拟视像信号来说，用户可利用现有电视机而无须外加机顶盒就可以接收模拟电视信号了。

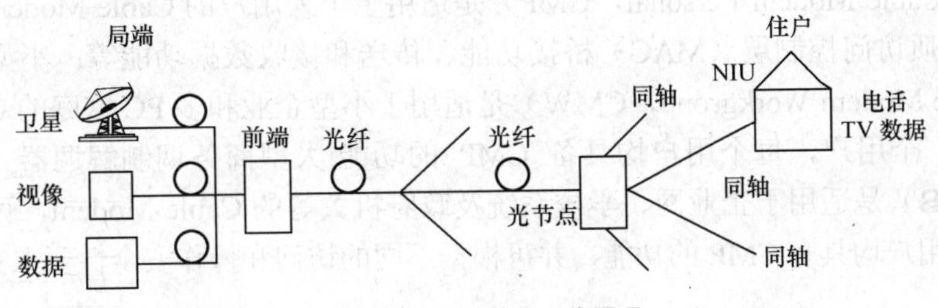

图 10-21　HFC 技术工作原理

HFC 是一种副载波调制（SCM）系统，是以（电的）副载波去调制光载波，然后将光载波送入光纤进行传输。HFC 的最大特点是技术上比较成熟，价格比较低廉，同时可实现宽带传输，能适应今后一段时间内的业务需求而逐步向光纤到家（FTTH）过渡。无论是数字信号还是模拟信号，只要经过适当的调制和解调，都可以在该透明通道中传输，有很好的兼容性。

（2）HFC 技术应用中要考虑的几个方面。在 HFC 上实现双向传输，需要从光纤通道和同轴通道这两方面来考虑。

① 从前端到光节点这一段光纤通道中，上行回传可采用空分复用（SDM）和波分复用（WDM）这两种方式。

② 从光节点到住户这段同轴电缆通道，其上行回传信号要选择适当的频段。这个频段必须与下行的频段分开，各位于不同的频谱上，实行频分复用（FDM）方式。图10-22所示的是低分割方案中的一个例子，其上行信号占用5～42MHz颇段。还有中分割方案，上行信号占用5～108MHz频段;高分割方案，上行信号占用5～174MHz。从前端到光节点这一段光纤通道中，上行回传可采用空分复用（C SDM ）和波分复用（WDM）这两肿方式。对于WDM来说，通常是采用1310nm和1550nm这两个波长，较为方便。

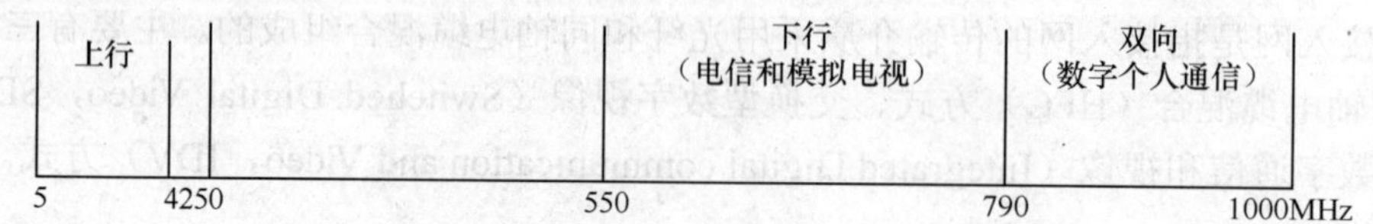

图10-22 HFC的频谱分配方案之一（低分割方式）

从通信的角度看，上行信号占用的频带太窄，不利于对称型双向传输。面对宽带综合信息越来越大的需求，特别是当Internet进入HFC时，突发式和长延时的上行信号增多，因此，拓展上行带宽就成了无法回避的需求。这时，可以考虑用以下两种对策解决。

① 频率搬移方法：比如接往同一光节点的4个分路，每个分路用户回传信号都是5～42MHz时，则除了其中一个分路的频谱为5～42MHz外，其他三个分路频谱可以分别为50～100MHz，100～150MHz和150～200MHz。这就可以使4个分路的回传信号互不重叠。

② 采用CDMA技术：把来自用户的上行频道信号进行码分多址（CDMA）方式扩频编码，使各用户虽然共用5～42MHz频谱，但彼此用相应的不同编码来区分。

HFC要进行数据传输，关键是通过电缆调制解调器（Cable Modem）来实现。Cable Modem是专门为在CATV网上开发数据通信业务而设计的用户接入设备，是有线电视网络与用户终端之间的转接设备。Cable Modem传输速率比传统的电话Modem传输速率可高出100～1000倍。为适应各个层次的需要，Cable Modem主要有CMP，CMW和CMB三种类型。个人用户电缆调制解调器（Cable Modem Personal，GMP）是适用于个人用户的Cable Modem，具有即插即用、全面的媒质访问控制层（MAC）桥接功能、传送和接收数据功能等；小型企业电缆调制解调器（Cable Modem Workgroup，CMW）是适用于小型企业和多PC家庭的Cable Modem，最多可支持 4 个用户，每个用户均具备 CMP 的功能;大型商务调制解调器（Cable Modem Business，CMB）是适用于企业网、学校系统及政府机关等的Cable Modem，可连接成千上万个用户，每个用户均具有CMP的功能，并可根据不同的访问和操作安全性要求实现保护功能。

2．交换型数字视像方式

HFC接入网主要是为住宅用户提供视像（以模拟视像业务为主）宽带业务的一种接入网方式，特别适合于单向、模拟的有线电视传送。为了进一步适用于双向数字、通信等业务迅速发展的需要，出现了交换型数字视像（Switched Digital Video，SDV）方式。实际上，SDV是将HFC与FTTC结合起来的一种组网方式。它是由一个FTTC数字系统与一个单向的HFC有线电视系统重叠而成。SDV主干传输部分采用共缆分纤的SDM（空分复用）方式，分别传送双向数字信号（包括交换型数字视像和语音）和单向模拟视像信号。上述两种信号在设置于路边的 ONU 中分别恢复成各自的基带信号；从 OND 出来以后，语音信号经双绞线送往用户，数字和模拟视像信号经同轴电缆送往用户；同时，ONU 由同轴电缆负责供电。

SDV 不是一种独立的系统结构，而仅是 FTTC + HFC 的一种合并起来应用的方式，其基本技术和系统结构是无源光网络（PON）；同时，SDV 也不是一种全数字化系统，而是数字和模拟兼容系统；SDV 也不单传送视像，还可以同时传送语音和数据。

在 SDV 中，是用 FTTC 来传送所有交换式数字业务（包括语音、数据和视像），而用 HFC 来传送单向模拟视像节目的网络基础设施同时向 F1TC 和 HFC 供电。这种结构实际上是由两套基本独立的系统组成的。SDV 结构原理图如图 10-23 所示。

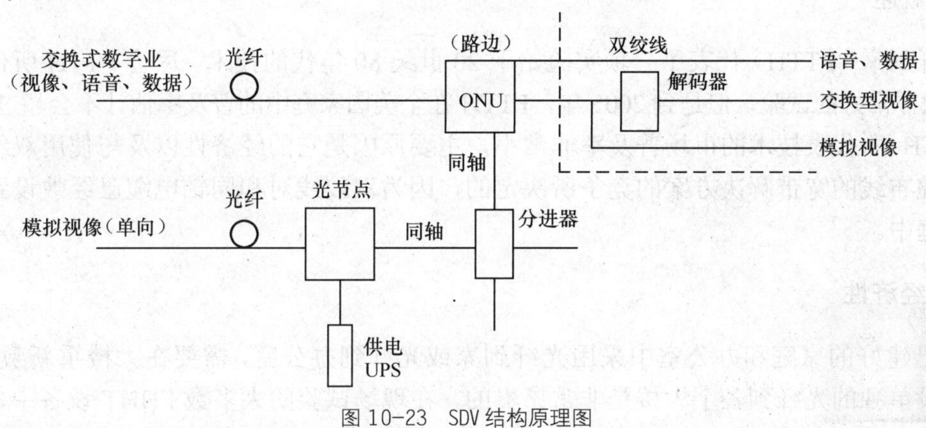

图 10-23　SDV 结构原理图

图 10-23 中的光纤实际上是一个以 ATM 化的 BPON（Broadband PON）为基础的 FTTC。信号到达 ONU 后，与来自 HFC 网的模拟视像信号按频分复用方式结合在一起，其中，SDV 信号为基带调制信号（占低频段），模拟视像信号占高频段。上述这些频分复用信号经由同轴电缆传送给用户终端，其中模拟视像射频（Radio Frequency，RF）电视信号直接送往模拟电视接收机即可；SDV 信号需要经过解码器转换为标准摸拟即信号频谱后，才能为模拟电视接收机所接收。图 10-23 下面的光纤是单向 HFC，只用来传送模拟视像。这种结构的好处在于：一是可以免去传输双向视像业务所带来的一系列麻烦，网络大大简化；二是利用同轴电缆总线给 ONU 提供 RF 模拟视像信号的同时，也解决了 ONU 供电问题。这两点恰好是一般 FTTC 结构的所难达到的。

3．综合数字通信和视像（IDV）方式

从上面的讨论可知，国际上新开发的 SDV 技术是将电信、视像数字传输和视像模拟传输综合在一起，这既保持了数字传输质量高的优点，又保留了当前视像以模拟传输的现实情况，还可能适应将来交互式数字化视像发展，并具有交换等多种功能，是一种比较先进和有广泛应用前景的技术。根据我国国情，采用并推广综合数字通信和视像（IDV）全业务网接入系统是可行的。

IDV 方式的基本原理与 SDV 方式的原理近似，它是在 ATM 技术还未成熟推广之前，所采用的一种过渡方式。其中，CATV 仍然是以模拟视像方式采用 AM-VSB 技术，通过光纤利用电/光（E/O）和光/电（O/E）变换器进行传输，其他数字信号工作过程与 SDV 相似。

IDV 可以将传送 59 路以上模拟视像节目的 AM-VSB 接入系统和采用 VS 标准接口的数字环路载波（DLC）或无源光网络（PON）接入系统综合在两根光纤上组成全业务网（Full Service Network，FSN）。建成 IDV 全业务网以后，如果 ATM 技术已经成熟，可将 IDV 系统

升级为 SDV，原有的系统大部分设施仍可利用，很容易升级为最先进的全业务网接入，故 IDV 全业务网接入是未来先进网络的重要基础。

10.4.5 光纤到家

我们使用术语“光纤到家”来表示通信运营商把光纤安装到特定的大楼中，如住宅或公寓或办公楼。在本节，我们首先简短地讨论光纤到家的历史，以及为什么它的应用没有发展起来的原因。然后介绍光纤到家所代表的实际技术。

1．概述

光纤到家（FTTH）代表了一项实验始于 20 世纪 80 年代的技术。尽管 FTTH 所代表的技术有几次非常好的试验，但是到 2005 年，FTTH 在全美国家庭中的普及率估计不会超过 1%。

FTTH 所代表技术的市场普及率非常小，主要原因是它的经济性以及与使用双绞线对和同轴电缆布线的宽带解决方案的竞争所决定的，因为双绞线对和同轴电缆已经敷设到全球数亿的家庭中。

2．经济性

在已建好的家庭和办公室中采用光纤到家或光纤到办公室，需要在大楼重新敷设光纤。因为敷设单独的光纤到各个大楼是非常昂贵的，在现场试验的大多数 FHHT 设备中，可使用一光纤接头供 4 家或更多家使用。这种技术的一个例子是马可尼通信公司的“深入光纤”设备，这种设备通过 3 根电话线可供 4 家使用，并且提供一个 25Mbit/s 的数据信道、模拟 TV 和一个直接广播卫星（DBS）的数字 TV 信号。

尽管用单根光纤为众多用户服务的方案能降低费用。但是将延伸到每家每户的分支进行汇聚时又会增加安装投资。此外，光纤到家不仅要和电信公司以及新崛起的本地电信公司所提供的各种各样的数字用户线竞争，而且还要和 CATV 运营商提供的电缆调制解调器竞争。由于采用光纤到家的方案时供应商需要进行全新的配线，所以它很难与仅将电缆调制解调器或 DSL 调制解调器邮寄给用户让其自行安装后就能提供服务的竞争者进行竞争。

当需要为用户提供包括语音、数据的捆绑服务以及视频业务已上市并被用户使用时，光纤到家就可能拥有最好的市场。可能正是因为朗讯科技意识到了这一点，所以他们已经研制了能同时支持四路电话、高质量的数字视频以及在 82Mbit/s 时的数据传输。朗讯的设备要求每个家庭用户采用一根专用光纤，这种方式并不比采用一根光纤为众多汇聚用户服务的方式昂贵。然而，朗讯的设备和其他光纤设备的共同点就是光纤反映了全体用户对新电缆的实际需求，而不是在建设或设计中的情况。

在美国每年都有数百万的新家庭组建和新公寓的建造，电信公司可以和建筑商在房屋的建造过程中进行协作，使其能为住户提供基于光纤的捆绑服务。既然我们欣赏那些在经济性上比光纤有优势的技术，那我们就来研究一下现在正急速发展的领域。这就是著名的旁路技术。

3．旁路

有许多旁路方法，包括居民用户通过拨一个前缀为“1010”的数字绕过（旁路）长途电话公司到公寓或办公楼的经理；或是他们允许有竞争力的本地电话公司直接将他们的大楼连接到 CLEC 网络。在本节，我们将集中讨论后者，它一般通过使用光纤来完成。

图10-24所示说明了CLEC的布线结构与一个已有的本地电话公司(LEC)之间的关系。后者通常是专营的电话公司。虽然，CLEC 可能是独立的本地化的公司，它可能在专营的电话公司中心局设有办公室。因此，它们之间的主要不同是布线方式和布线结构。

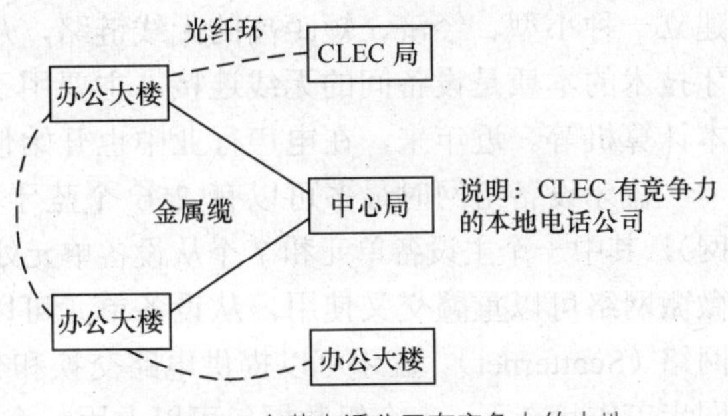

图 10-24 专营电话公司有竞争力的本地电话公司的布线方法比较

专营电话公司已经经历了 50～100 年的网络基础设施建设，他们已经把铜缆直接敷设到大楼了。与此相比，一个 CLEC 提供的旁路能力使用户避免在签署了服务的大楼带有终端点城市地区建设光纤环，使得本地终端需要高的成本。一个最早提供这种类型服务的公司是城域光纤服务（MFS），现在这个公司已经是世界电信通信公司的一部分。今天，已经有超过 100 家 CLEC 提供旁路本地电话公司的服务。因为提供到大楼的连接是非常昂贵的，主要的焦点集中在安装一个光纤环，为具有数十万工作人员的办公大楼提供连接。因此从经济上考虑，旁路技术主要对大用户提供接入，这也解释了为什么旁路技术会“旁路”小的楼房和家庭，因为对楼房和家庭提供旁路技术，其提供服务的成本比得到的收益要高。不像必须提供普遍服务的本地电话公司，对旁路运营商则没有这样的需要。因此，他们可以自由地选择提供收益大的服务，旁路小的顾客，这也解释了为什么包括将光纤延伸到办公大楼和公寓大楼的 FTTH，但其普及率不会显著地增加。

10.5 无线接入技术

无线接入技术（也称空中接口）是无线通信的关键问题。它是指通过无线介质将用户终端与网络节点连接起来，以实现用户与网络间的信息传递。无线信道传输的信号应遵循一定的协议，这些协议即构成无线接入技术的主要内容。无线接入技术与有线接入技术的一个重要区别在于可以向用户提供移动接入业务。

无线接入网是指部分或全部采用无线电波这一传输介质连接用户与交换中心的一种接入技术。在通信网中，无线接入系统的定位：是本地通信网的一部分，是本地有线通信网的延伸、补充和临时应急系统。

10.5.1 蓝牙无线接入

1. 蓝牙概述

蓝牙是由爱立信（Ericsson）、国际商用机器（IBM）、英特尔（Intel），诺基亚（Nokia）和东芝（Toshiba）5 家公司于 1998 年 5 月共同提出开发的一种全球通用的无线技术标准，这些公司又联合其他一些公司成立了蓝牙特殊利益小组（SIG），负责开发无线协议规范并设定交互操作的需求。蓝牙技术的支持者很多，现在的 S1G 组织已发展到拥有 3000 多个企业成员。

蓝牙是实现语音和数据无线传输的开放性规范，工作在 2.4GHz 的 ISM 频段，主要用于在笔记本计算机、移动电话以及其他移动设备（如打印机、数码相机、高品质耳机等）之间建立一种小型、经济、短距离的无线链路，从而方便、快速地实现各类设备之间的通信。蓝牙技术的本质是设备间的无线连接。主要用于通信与信息设备，如手机、掌上计算机、笔记本计算机等。近年来，在电声行业中也开始使用蓝牙技术。

蓝牙设备组网时最多可以有 256 个蓝牙单元设备连接起来组成微微网（Piconet，1 匹克网），其中一个主设备单元和 7 个从设备单元处于工作状态，而其他设备单元则处于待机模式。微微网络可以重叠交叉使用，从设备单元可以共享。由多个相互重叠的微微网可以组成分布网络（Scatternet）。蓝牙可以提供电路交换和分组交换两种技术，以适应不同场合的应用。在同步工作状态下，一个组数据包可以占用一个或多个时隙；最多可达 5 个蓝牙同时在异步条件下支持话音和数据传输。

蓝牙技术的主要特点包括：

（1）采用跳频技术。数据包短，抗信号衰减能力强；

（2）采用快速跳频和前向纠错方案以保证链路稳定，减少同频干扰和远距离传输时的随机噪声影响；

（3）使用 2.4GHz 的 ISM 频段，无须申请许可证；

（4）可同时支持数据、音频、视频信号；

（5）采用 FM 调制方式，降低设备的复杂性。

2．蓝牙的体系结构

（1）蓝牙的无线射频单元。蓝牙的无线射频单元即其无线收发器，它集成了蓝牙技术的工作程序，被设计成一块尺寸大约为 9mm*9mm 的 IC 芯片，可方便地嵌入到各种数码设备中，应用非常广泛。

蓝牙采用跳频扩频技术，蓝牙 1.0 技术规范所规定的蓝牙传输速率为 1 Mbit/s（实际传输速率在 432kbit/s 到 721kbit/s 不等），未来的蓝牙版本将达到 2Mbit/s。蓝牙工作于全球统一的 ISM 频段（2.4GHz），无须申请许可证。与其他工作在 2.4GHz 频段上的系统相比，蓝牙采用了快跳频和短分组技术，减少了同频干扰，数据包更短，因而也更加稳定和可靠。蓝牙的跳频收发器采用了二进制调频（FM）技术，不仅能够较好地抑制干扰和防止信号衰落，也降低了设备的复杂性。

蓝牙系统的天线发射功率符合 FCC 关于 ISM 波段的要求。发射功率可增加到 100mW。系统的最大跳频速率为 1600 跳/S，在 2.480GHz 之间采用 79 个 1MHz 带宽的频点。蓝牙系统的设计通信距离为 0.1m～10m，发射功率也可以延长至 100m。

（2）蓝牙的连接控制单元。蓝牙的连接控制单元是数字信号处理的硬件部分，又称为基带控制器或链路控制器，用于实现基带协议和其他底层连接规程。

在差错控制方面，蓝牙的基带控制器采用 3 种检纠错方式。

① 1/3 前向纠错编码（Forward Error Correction，FEC）。

② 2/3 前向纠错编码。

③ 自动请求重传（ARQ）。

采用 FEC 信道纠错编码技术能够抑制长距离链路的随机噪声影响，减少数据重发次数。但在无差错环境中，FEC 方式产生的无用检验位降低了数据吞吐量，因此，业务数据是否采用 FEC，应视需要而定。

分组报头含有重要的连接信息和纠错信息，始终采用 1/3FEC 方式进行保护性传输。

ARQ 方式用于在数据发送后的下一时隙给出确认的数据传输，返回 ACK 意味着头信息校验及循环冗余校验都正确，否则将返回 NAK 。

（3）蓝牙基带协议。蓝牙基带协议是电路交换与分组交换的结合。在被保留的时隙中可以传输同步数据包，每个数据包以不同的频率发送。一个数据包名义上占用一个时隙，但实际上可以被展到占用 5 个时隙。蓝牙可以支持异步数据信道、可以同时进行多达 3 个的同步话音信道，还可以用一个信道同时传送异步数据和同步话音。每个话音信道支持 64kbit/s 同步话音链路。异步信道可以支持一端最大速率为 721kbit/s，而另一端速率为 57.6kbit/s 的不对称连接，也可以支持 43.2kbit/s 的对称连接。

（4）蓝牙基带技术的连接方式。蓝牙基带技术的连接方式主要有两种：无连接（ACL）方式主要用于分组数据传输；面向连接（SCO）方式主要用于话音传输。

在同一微微网中，不同的主从设备可以采用不同的连接方式；在一次通信中，连接方式可以任意改变。每一连接方式可支持 16 种不同的分组类型，其中控制分组有 4 种，是 SCO 和 ACL 通用的分组，两种连接方式均采用时分双工（TDD）通信。SCO 为对称连接，支持限时话音传送，主从设备无需轮询即可发送数据。SCO 的分组既可以是话音也可以是数据，当发生中断时，只有数据部分需要重传。ACI 是面向分组的连接，它支持对称和非对称两种传输流量，也支持广播信息。在 ACI 一方式下，主设备控制链路带宽，负责从设备带宽的分配；从设备按轮询发送数据。

（5）蓝牙系统的网络拓扑结构。蓝牙系统支持点对点或点对多点通信。几个相互独立、以特定方式连接在一起的微微网构成分布式网络，各微微网由不同的跳频序列来区分。在同一微微网中，所有的用户均用同一跳频序列同步。

（6）蓝牙的认证与加密。蓝牙技术的认证与加密服务由连接层提供。认证采用“口令一应答”方式，在连接过程中，可能需要一次或两次认证，或者无需认证。认证对任何一个蓝牙系统都是重要的组成部分，它允许用户自行添加可信任的蓝牙设备。例如，用户可以只允许自己的笔记本计算机才能同自己的手机进行通信。蓝牙系统采用流密码加密技术，便于硬件实现，密钥长度可以是 40 位或 64 位，密钥由高层软件管理。蓝牙安全机制的目的在于提供适当级别的保护，如果用户有更高级别的保密要求，可以使用有效的传输层和应用层安全机制。

蓝牙特殊利益组织（SIG）花了相当多的时间来开发安全模式作为连结层级的保护机制，如 128 位加密算法、装置认证以及授权等，但是如果要达到最高的信任要求，应用开发商或者 IT 组织必须在连结层级安全上增加应用安全，以便实现端对端的保护。由于蓝牙系统通信距离短（通常不超过 10m），而且有自动电力调节机制来限制信号半径，因此想进行远程拦截并不容易。

蓝牙装置可以与经过认证的一方进行双边连接，或者是永久性连接（配对联机，Pai-ring），但这样一来受信赖的一方就不需要每次都要经过认证流程（比如耳机与电话之间），这是蓝牙安全最弱的一个环节。配对联机使用装置上的蓝牙地址（由制造商设置的固定地址）与个人 ID 号码（PIN）来创建一个连接锁钥。在配对过程中，黑客有可能会猜中过于简短的 PIN，进而得知连接锁钥，并窃听一切对话，或者是捏造一个装置添加到配对中。

（7）蓝牙技术的链路管理。链路管理器（LM）软件实现链路的建立、认证及链路配置等。链路管理器可发现其他的链路管理器，并通过连接管理协议（LMP）建立通信联系。链路管理器利用链路控制器（LC）提供的服务实现上述功能。链路控制器的服务项目包括：接收和发送数据，请求设备号，查询链路地址，认证、协商并建立连接方式，确定分组的帧类型、设置监听方式，设置保持方式，以及设置休眠方式等。

（8）蓝牙技术的软件结构。蓝牙设备应具有互操作性。对于某些设备，从无线电兼容模块和空中接口，直到应用层协议和对象交换格式，都要实现互操作性；对另外一些设备（如头戴式设备等）的要求则宽松得多。蓝牙计划的目标就是要确保任何带有蓝牙标记的设备都能进行互操作。软件的互操作性始于链路级协议的多路传输、设备和服务的发现，以及分组的分段和重组。蓝牙设备必须能够彼此识别，并通过安装合适的软件识别出彼此支持的高层功能。互操作性要求采用相同的应用层协议栈。不同类型的蓝牙设备（如 IC、手持设备、头戴设备、蜂窝电话等）对兼容性有不同的要求，用户不能奢望头戴式设备内含有地址簿。蓝牙的兼容性是指它具有无线电兼容性，有话音收发能力及发现其他蓝牙一设备的能力，更多的功能则要由手机、手持设备及笔记本计算机来完成。为实现这些功能，蓝牙软件架构将利用现有的规范，如 OBEX、vCard/vCalendar、HID（人性化接口设备）及 TCP/IP 等，而不是再去开发新的规范。设备的兼容性要求能够适应蓝牙规范和现有的协议。

蓝牙系统的软件结构将实现以下功能：配置及诊断、蓝牙设备的发现、电缆仿真、与外围设备的通信、音频通信及呼叫控制，以及交换名片和电话号码等。

3. 蓝牙技术的通信过程

在微微网建立之前，所有设备都处于就绪（STANDBY）状态。在该状态下，未连接的设备每隔 1. 28s 监听一次消息，设备一旦被唤醒，就在预先设定的 32 个跳频频率上监听信息。虽然跳频数目因地区而异，但绝大多数国家和地区都采用 32 个跳频频率。

连接进程由主设备初始化。如果一个设备的地址已知，就采用页信息（Page rnes-sage）建立连接；如果地址未知，就采用紧随页信息的查询信息（W quiry message）建立连接。查询信息与页信息类似，主要用来查询地址未知的设备（如公用打印机、传真机等），但需要附加一个周期来收集所有的应答。在初始页状态（Page seated）主设备在 16 个跳频频率上发送一串相同的页信息给从设备，如果没有收到应答，主设备就在另外的 16 个跳频频率上发送页信息。主设备到从设备的最大时延为两个唤醒周期（2.56s），平均时延为半个唤醒周期（0.64s）。

在微微网中，无数据传输的设备会自动转入节能工作状态。主设备可将从设备设置为保持方式（HOLD mode），此时只有内部定时器工作；从设备也可以要求转入保持方式。设备由保持方式转出后，可以立即恢复数据传输。连接几个微微网或管理低功耗器件（如温度传感器）时，通常使用保持方式。监听方式（SNIFF mode）和休眠方式（PARK made）是另外两种低功耗工作方式。在监听方式下，从设备监听网络的时间间隔增大，其间隔大小视应用情况由编程确定;在休眠方式下，设备放弃了 MAC 地址，仅偶尔监听网络同步信息和检查广播信息。各节能方式的节电效率由高到低依次为：体眠方式→保持方式→监听方式。

4. 基于蓝牙技术的数码产品

蓝牙技术作为一种开放式无线通信标准，能够让台式机、笔记本计算机、掌上计算机、手机、打印机、数码相机、耳机、键盘、鼠标等互相通信。就目前来看，蓝牙的主流应用仍集中在掌上计算机、手机及耳机等产品上。

（1）蓝牙网卡。蓝牙网卡即蓝牙适配器，它是各种设备实现蓝牙功能的必备设备。内置的蓝牙适配器为芯片模式，外置的蓝牙适配器主要采用 USB 接口。对于没有内置蓝牙适配器的设备来说，只要配置一个蓝牙网卡就可以轻松组网或对传数据。

相对于红外线传输来说，蓝牙对接更为方便和快捷。蓝牙的传输距离可达10m或100m，且无方向性，可穿越墙体等障碍，只要双方设备都具备蓝牙适配器就可很轻松地联网。蓝牙1Mbit/s的带宽对于上网来说也基本够用。更为重要的是，蓝牙设备十分省电，对障碍物的穿越性也较出色，因此成为很多掌上计算机或手机用户共享上网的好选择。

（2）蓝牙耳机。随着蓝牙技术的普及，越来越多的主流手机开始将蓝牙耳机作为准配置。蓝牙和耳机结合可以有效解决蓝牙设备移动使用中的很多问题，摆脱线缆的困扰。目前最轻便的篮牙耳机已做到了10g以内。

（3）蓝牙手机。主流的高档手机或智能手机大都支持蓝牙。与以前手机常用的红外线和串行数据线这两种数据传输方式相比，蓝牙使用起来更为方便。

（4）蓝牙掌上计算机。早期的掌上计算机一般只配置红外线接口，近几年来，主流的掌上计算机开始内置蓝牙芯片，进一步完善掌上计算机的无线功能。由于蓝牙在传输距离、速度、成本等方面颇具优势，使得蓝牙在掌上计算机领域成为IEEE 802. 11b/g强有力的竞争对手。

（5）蓝牙打印机/扫描仪。虽然蓝牙技术在打印机/扫描仪领域的普及度并不高，但对于一些行业用户来说却是非常适用的。例如，蓝牙打印机可以直接打印蓝牙可拍照手机中的照片，而无须将照片上传到计算机中；蓝牙扫描仪可以让收银员在距离收银基站10m左右或更远的地方扫描一些大型笨重货品上的条码。

（6）蓝牙鼠标/键盘。蓝牙鼠标/键盘多见于中高档鼠标/键盘产品中，例如，微软推出的无线键盘/鼠标套装“Optical Desktop Elite for Bluetooth”，以及罗技推出的蓝牙无线鼠标MX900。

（7）由于大多数人使用蓝牙只是用来进行点对点传输，因而蓝牙网关（路由器）在市场上并不多见。蓝牙网关可让家庭或办公网络内部的蓝牙移动终端基于TCP/IP以无线方式访问局域网以及Internet，可跟踪、定位办公网络内的所有蓝牙设备，在两个属于不同微微网的蓝牙设备之间建立路由连接，并在设备之间交换路由信息。

10.5.2 家庭网络的HomeRF

HomeRF是专门为家庭网络应用而制定的一项无线局域网技术标准，由HomeRF工作组（Home RF working group）负责开发。HomeRF工作组成立于1998年，主要由Intel、IBM、Cornpanq、3Com、Philips、Microsoft和Motorola等几家大公司组成，旨在制定PC和用户电子设备之间无线数字通信的开放性工业标准，为家庭用户建立具有互操作性的音频和数据通信网。

2000年，HomeRF在美国家庭无线网络市场的普及率曾一度高达45%。但由于HomeRF技术标准没有公开，仅获得了数十家公司的支持，并且在抗干扰能力等方面与其他技术标准相比也存在不少缺陷，从而导致了HomeRF标准应用和发展的前景受到限制。自2000年之后，由于HomeRF的市场营销策略失当以及后续研发与技术升级进展迟缓，HomeRF开始逐渐丧失市场优势。2006年1月，HomeRF工作组前任主席及Proxim公司产品营销主管表示，今后HomeRF工作组将停止研发和推广HomeRF规范，曾经风光无限的HomeRF终于走完了它的历史征途。

1．共享无线访问协议

在美国联邦通信委员会（FCC）正式批准HomeRF标准之前，HomeRF工作组于1998年制定了一个针对家庭范围内实现语音和数据无线通信的规范共享无线访问协议（Shared

Wireless Access Protocol，SWAP）。SWAP 的数据通信采用简化的 IEEE 802.11 协议标准，沿用了以太网的带有冲突检测的载波监听多址技术（CSMA/CD）。在进行语音通信时，它采用数字增强型无绳通信（Digital Enhanced Cordless Telephony，DECT）标准，使用时分多址（TDMA）技术。SWAP 的问世，不仅扩展了高性能、多波段无绳电话技术，同时也促进了低成本无线数据网络技术的发展。

用户使用符合 SWAP 规范的电子产品可实现如下一些功能。

（1）在 PC 外设、无绳电话等设备之间建立一个无线网络，以共享语音和数据。

（2）在家庭区域范围内的任何地方，可以利用笔记本计算机或掌上计算机浏览 Internet。

（3）在 PC 和其他设备之间共享同一个 ISP 连接。

（4）家庭中的多个 PC 可共享文件、调制解调器和打印机。

（5）前端智能导入电话机可一呼叫多个无绳电话听筒、传真机和语音信箱。

（6）从无绳电话听筒可以再现导入的语音、传真和 E-mail 信息。

（7）将一条简单的语音命令输入 PC 无绳电话听筒，便可以启动其他家庭电子系统。

（8）可实现基于 PC 或 Internet 的多玩家游戏。

2．HomeRF 1.0 与 HomeRF 2.0

HomeRF 1.0 是 IEEE 802.11 与 DECT 的结合，工作于 2.4GHz 频段，采用跳频扩频（FHSS）技术，跳频速率为 50 跳/s，最大功率为 100mW，有效范围约 50m，共有 75 个带宽为 MHz 的跳频信道。调制方式为恒定包络的 FSK 调制，分为 2FSK 与 4FSK 两种，2FSK 方式下最大数据传输速率为 1Mbit/s，4FSK 方式下最大数据传输速率为 2Mbit/s。

HomeRF 2.0 标准集成了语音和数据传送技术，工作于 10GHz 频段，采用宽带跳频（Wide Band Frequency Hopping，WBFH）技术来增加跳频带宽，由 HomeRF 1.0 的 1MHz 跳频信道增加到 3MHz 与 5MHz，跳频的速率也增加到 75 跳/s，数据峰值达到 10Mbit/s。

HomeRF 采用了 IEEE 802.11 标准的 CSMA/CA 模式，以竞争的方式来获取信道的控制权，在一个时间点上只能有一个访问点在网络中传输数据，提供了对“流业务”的真正意义上的支持，规定了高级别的优先权并采用了带有优先权的重发机制，确保了实时性“流业务”所需的带宽（2Mbit/s～11Mbit/s）和低干扰、低误码。

HomeRF 是针对 IEEE 802.11 的综合和改进，当进行数据通信时，采用 IEEE802.11 标准中的 TCP/IP 传输协议；进行语音通信时，则采用数字增强型无绳通信标准 DECT。因此，接收端必须捕获传输信号的数据头和几个数据包，判断是音频还是数据包，进而切换到相应的模式。

HomeRF 采用对等网的结构，每个网络上最多可以有 127 个设备。网络中每一个节点相对独立，不受中央节点的控制。因此，任何一个节点离开网络都不会影响其他节点的正常工作。在话音连接方面，HomeRF 可支持 6 个全双工通话信道；在数据安全方面，HomeRF 采用 Blowfish 加密算法。

3．HomeRF 无线家庭网络的主要特点

（1）通过拨号、xDSL，或 Cable Mlodem 上网。

（2）传输交互式话音数据采用 TDMA 技术，传输高速数据包分组采用 CSMA/CA 技术。

（3）数据压缩采用 LZRW3-A 算法。

（4）不受墙壁和楼层的影响。

（5）通过独特的网络 ID 来实现数据安全。

（6）无线电干扰影响小。

（7）支持近似线性音质的语音和电话业务。

10.5.3　IEEE802.11 连接技术

1. IEEE 802.11 标准概述

无线局域网从 20 世纪 90 年代出现以来市场的增长一直缓慢，并没有出现厂家期望的无线网络市场应用的热潮。这个问题主要的原因是传输的速率较低且价格昂贵，特别是没有统一标准使得各个厂家的设备缺乏兼容性。

对那些拥有适应较低数据速率的应用软件和足够的费用开支来保证购买无线连接设备的用户来说，1997 年之前，唯一的选择是安装专用硬件来满足要求。结果，许多组织拥有专用无线网络，为此不得不替换硬件和软件以适应 IEEE802.11 的标准。标准缺乏成为困扰无线网络的主要问题。针对标准缺乏的现状，1991 年，IEEE 成立了 802.11 工作组，由 Victor Hayes 担任工作组主席，经过 7 年的努力，1997 年 IEEE 开发了第一个国际认可局域网（W 的无线 LAN）标准：IEEE 802.11。

IEEE 802.11 标准的制定对于 WLAN 的发展具有非常重要的作用，主要有以下几个方面。

（1）设备互操作性。使用 IEEE 802.11 标准，可以使多厂家设备之间具备互操作性。这意味着可以从 Cisco 购买一个符合 IEEE 802.11 标准的 AP，而从 Lucent 购买无线网卡。标准增强了价格的竞争，使公司能以更低的研究和发展经费开发 WLAN 组件，同时也使一批较小的公司能够开发无线网络组件。设备的互操作性避免了对某一个厂家设备的依赖性。例如，如果没有标准，那么一个拥有非标准专有网络的公司就得购买在该公司网络上运行的设备，而其他公司设备不能在该公司的网络上运行。有了 IEEE 802.11 标准以后，选用任何符合 IEEE 802.11 标准的设备，将具备更大的选择性。

（2）产品的快速发展。IEEE 802.11 标准受到无线网络专家严格的论证和检测，开发者可以大胆采用该标准来开发无线网络。因为制定标准的专家组已经倾注了大量的时间和精力消除了在执行应用技术上的障碍，利用该标准可以使厂家少走学习专门技术的弯路，这大大减少了开发产品的时间。

（3）便于升级，保护投资。利用标准的设备有助于保护投资，可以避免专有产品将来被新产品代替后造成系统的损失。WLAN 的变革类似于 IEEE 802.3 以太网。开始时以太网的标准为 110Mbit/s，采用同轴电缆，后来 IEEE 802.3 工作组增加了双绞线、光纤作为传输介质，速度提高到 100Mbit/s 和 1000Mbit/s，几年时间使标准得到了完善和提高。正如 IEEE 802.3 标准那样，无线网络标准也有未来的升级和产品更新问题，采用 IEEE 802.11 标准可以保护在网络基础结构上的安排和投资。所以，当性能更高的无线网络技术出现时，如 IEEE 802.11b 等，IEEE 802.11 将毫无疑问能确保从目前的无线 LAN 上稳定迁移。

（4）价格的降低。昂贵的设备价格一直困扰着 WLAN 行业，但是，当更多的厂家和终端用户都采用 IEEE 802.11 标准时，价格就会大幅下降。其中一个原因是厂家将不再需要发展和支持低质量的专有组件以及制造和配套设备的开支。这与以前 IEEE 802.3 标准的有线网络相似，经历了一个价格迅速降低的过程，无线网络设备也将有一个价格降低的过程。

2．IEEE 802.11 逻辑结构

IEEE 802.11 标准的逻辑结构如图 10-25 所示，每个站点所应用的 IEEE 802.11 标准的逻辑结构包括一个单一 MAC 层和多个 PHY 中的一个。

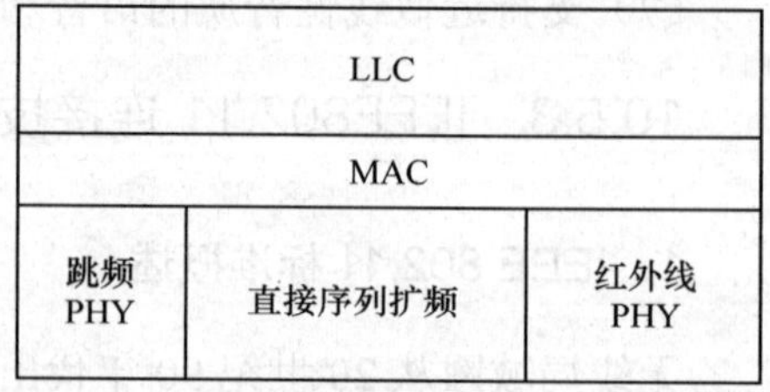

图 10-25　IEEE 802.11MAC 层支持三个分离的 PHY

（1）IEEE 802.11 MAC 层：MAC 层在 LLC 层的支持下为共享介质物理层提供访问控制功能（如寻址方式、访问协调、帧校验序列生成的检查，以及 LLC PDU 定界等）。IEEE 802.11 标准 MAC 层采用 CSMA/CA（载波侦听多址接入/冲突检测）协议控制每一个站点的接入。

（2）IEEE 802.11 物理层：1992 年 7 月，IEEE 802.11 工作组决定将无线局域网的工作频率定为 2.4GHz 的 ISM 频段，用直接序列扩频和跳频方式传输。因为 2.4GHz 的 ISM 频段在世界大部分国家已经放开，无需无线电管理部门的许可。

1993 年 3 月，IEEE 802.11 标准委员会接受建议，制定一个直接序列扩频物理层标准。经过多方讨论，直接序列物理层规定两个数据速率：

① 利用差分四相相移键控（DQPSK）调制的 2Mbit/s；

② 利用差分二相相移键控（DBPSK）调制的 1Mbit/s。

在 DSSS 中，将 24GHz 的频宽划分成 14 个 22MHz 的信道，邻近的信道互相重叠，在 14 个信道内只有 3 个信道是互相不覆盖的，数据就是从这 14 个频段中的一个进行传送而不需要进行频道之间的跳跃。在不同的国家信道的划分是不相同的。

与直接序列扩频相比，基于 IEEE 802.11 的跳频 PHY 利用无线电从一个频率跳到另一个频率发送数据信号。跳频系统按照跳频序列跳跃，一个跳频序列一般被称为跳频信道（frequency hopping channel）。如果数据在某一个跳频序列频率上被破坏，系统必须要求重传。

IEEE 802.11 委员会规定跳频 PHY 层利用 GFSK 调制，传输的数据速率为 1Mbit/s。该规定描述了已在美国被确定的 79 个信道的中心频率。

红外线物理层描述了采用波长为 850～950nm 的红外线进行传输的无线局域网，用于小型设备和低速应用软件。

3．IEEE 802.11 拓扑结构

在 IEEE 802.11 标准中，有以下 4 种拓扑结构：

（1）独立基本服务集（Independent Basic Service Set，IBSS）网络；

（2）基本服务集（Basic Service Set，BSS）网络；

（3）扩展服务集（Extend Service Set，ESS）网络；

（4）ESS（无线）网络。

这些网络使用一个基本组件，IEEE 802.11 标准称之为基本服务集（BSS），它提供一个覆盖区域，使 BSS 中的站点保持充分的连接。一个站点可以在 BSS 内自由移动，但如果它离开了 BSS 区域内就不能够直接与其他站点建立连接了。

（1）IBSS 网络。IBSS 是一个独立的 BSS，它没有接入点作为连接的中心。这种网络又叫做对等网（peer to peer）或者非结构组网（Ad Hoc），网络结构如图 10-26 所示。

这种方式连接的设备互相之间都直接通信而不用经过一个无线接入点来和有线网络进行连接。在 IBSS 网络中，只有一个公用广播信道，各站点都可竞争公用信道，采用 CSMA/CA MAC 协议。

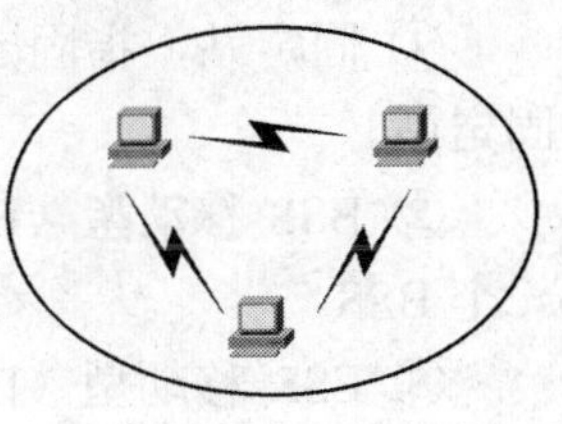

图 10-26 对等网

这种结构的优点是网络抗毁性好、建网容易且费用较低。但当网络中用户数（站点数）过多时，信道竞争成为限制网络性能的要害。并且为了满足任意两个站点可直接通信，网络中站点布局受环境限制较大。因此，这种拓扑结构适用于用户相对较少的工作群网络规模。IBSS 网络对于不需要访问有线网络中的资源，而只需要实现无线设备之间互相通信的环境中特别有用，如宾馆、会议中心或者机场。

（2）BSS 网络。在 BSS 网络中，要求有一个无线接入点充当中心站，所有站点对网络的访问均由其控制。这样，当网络业务量增大时网络吞吐性能及网络时延性能的恶化并不剧烈。由于每个站点只需在中心站覆盖范围之内就可与其他点站通信，故网络中站点布局受环境限制亦小。此外，中心站为接入有线主干网提供了一个逻辑接入点。

BSS 网络拓扑结构的弱点是抗毁性差，中心点的故障容易导致整个网络瘫痪，并且中心站点的引入增加了网络成本。在实际应用中，WLAN 往往与有线主干网络结合起来使用。这时，无线接入点充当无线网与有线主干网的转接器。

（3）ESS 网络。为了实现跨越 BSS 范围，IEEE 802.11 标准中规定了一个 ESS LAN，也称为 Infrastructure 模式，如图 10-27 所示。该配置满足了大小任意、大范围覆盖网络需要。在该网络结构中，BSS 是构成无线局域网的最小单元，近似于蜂窝移动电话中的小区，但和小区有明显的差异。

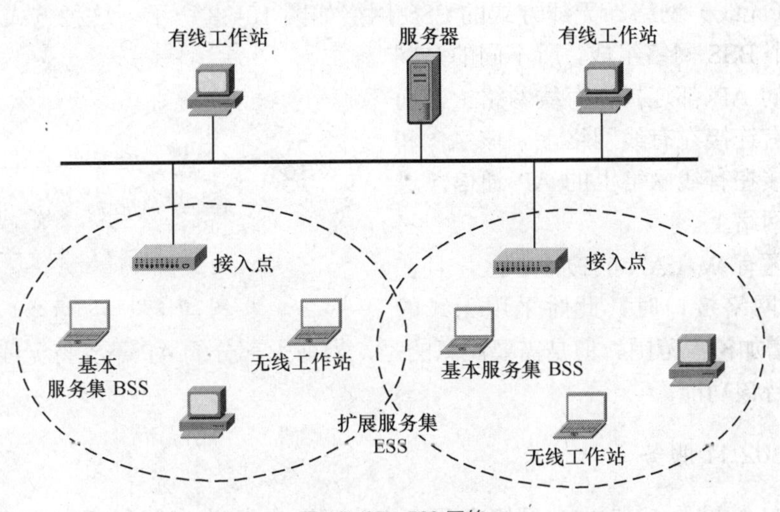

图 10-27 ESS 网络

在 Infrastructure 模式中，无线网络有多个和有线网络连接的无线接入点，还包括一系列无线的终端站。一个 ESS 是由两个或者多个 BSS 构成的一个单一子网。由于很多无线的使用者需要访问有线网络上的设备或服务（如文件服务器、打印机、Internet 连接），他们都会采用这种 Infrastructure 模式。

根据站的移动性，无线局域网中的站点可以分为以下三类。

① 固定站，指固定使用的计算机和在局部 BSS 内移动的站点，有线局域网中的站均为固定站。

② BSS 移动型（BSS-transition），指站点从 ESS 中的一个 BSS 移动到相同 ESS 中的另一个 BSS。

③ ESS 移动型（ESS-transition），指站点从一个 ESS 中的一个 BSS 移动到另一个 ESS 中的一个 BSS。这种站像移动电话一样，在移动中也可保持与网络的通信，是有线局域网没有的，如掌上型计算机，车载计算机等。

IEEE 802.1.1 标准支持固定站和 BSS 移动站两种移动类型，但是当进行 ESS 移动时不能继续保证连接。

IEEE 802.11 标准定义分布式系统为通过 AP 在 ESS 内不同 BSS 之间相互连接，即移动站点在一个网段内。当站点在 ESS 之间移动时，此时需要重新设置 IP 地址。或者采用下面两种方法。

① 使用 DHCP。在高层打开 DHCP 服务，每一个站点选择自动获得 IP 地址。

② 移动 IP。在 IPv6 协议中支持移动 IP，在高层需要使用 IPv6 协议。

IEEE 802.11 标准没有规定分布式系统的构成，因此，它可能是符合 IEEE802 标准的网络，或是符合非标准的网络。如果数据帧需要在一个非 IEEE 802.11LAN 间传输，那么这些数据帧格式要和 IEEE 802.11 标准定义的相同，它们可以通过一个称为入口（portal）的逻辑点进出，该入口在现存的有线 LAN 和 IEEE802.11 LAN 之间提供逻辑集成。当分布式系统被 IEEE 802 型组件（如 IEEE802.3 以太网）或 IEEE 802.5（令牌环）集成时，该入口集成在 AP 内。

（4）ESS（无线）网络。无线方式的 ESS 网络如图 10-28 所示。这种方式与 ESS 网络相似，也是由多个 BSS 网络组成，所不同的是网络中不是所有的 AP 都连接在有线网络上，而是存在 AP 没有连接在有线网络上。该 AP 和距离最近的连接在有线网络上的 AP 通信，进而连接在有线网络上。

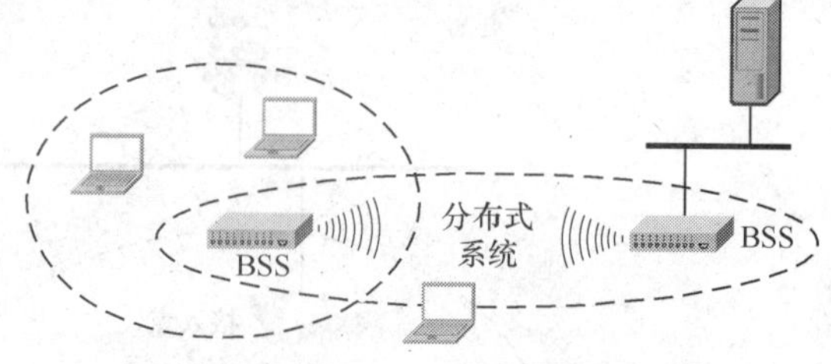

图 10-28 ESS（无线）网络

当一个地区有 W LAN 的覆盖盲区，且在附近没有有线网络接口时，此时采用无线的 ESS 网络可以增加覆盖范围。但是需要注意的是，当前大部分的 AP 不支持无线的 ESS 网络，只有一部分支持该功能。

4．IEEE 802.11 服务

IEEE 802.11 标准给 LLC 层在网络中两个实体间要求发送 MSDU（MAC 服务数据单元）的服务下了定义。MAC 层执行的服务分为站点服务和分布式系统服务两种类型。

（1）站点服务。IEEE 802.11 标准定义的站点服务为各站点所提供的功能。站点可以是 AP，可以是安装有无线网卡的笔记本计算机，也可以是装有 CF 网卡的手持式设备，如 PDA 等。为了发挥必要的功能，这些站点需要发送和接收 MSDU 以及保持较高的安全标准。

① 认证：因为无线 LAN 对于避免未经许可的访问来说，物理安全性较低，所以 IEEE802.11 规定了认证服务以控制 LAN 对无线连接相同层的访问。所有 IEEE 802.11 站点，

不管它们是独立的BSS网络还是ESS网络的一部分，在与另一个想要进行通信的站点建立连接（IEEE 802.11术语称结合）之前，都必须利用认证服务。执行认证的站点发送一个管理认证帧到一个相应的站点。

IEEE 802.11标准详细定义了两种认证服务。

- 开放系统认证（open system authentication）是IEEE 802.11默认的认证方式。这种认证方式非常简单，分为两步：首先，想认证另一站点的站点发送一个含有发送站点身份的认证管理帧；然后，接收站发回一个提醒它是否识别认证站点身份的帧。
- 共享密钥认证（shared key authentication）。这种认证先假定每个站点通过一个独立于IEEE 802.11网络的安全信道，已经接收到一个秘密共享密钥，然后这些站点通过共享密钥的加密认证，加密算法是有线等价加密（WEP）。

这种认证使用的标识码称为服务组标识符（service set identifier，SSID），它提供一个最底层的接入控制。一个SSID是一个无线局域网子系统内通用的网络名称，它服务于该子系统内的逻辑段。因为SSID本身没有安全性，所以用SSID作为允许/拒绝接入的控制是危险的。接入点作为无线局域网用户的连接设备，通常广播SSID。

② 不认证：当一个站点不愿与另一个站点连接时，它就调用不认证服务。不认证是发出通知，而且不准对方拒绝。站点通过发送一个认证管理帧（或一组到多个站点的帧）来执行不认证服务。

③ 加密：有线局域网是通过局域网接入到以太网的端口来管理的，在有线局域网上的数据传输是通过线缆直接到达特定的目的地。除非有人切断线缆中断传输，否则是不会危及安全的。

在无线局域网中，数据传输是通过无线电波在空中广播的，因此在发射机覆盖范围内数据可以被任何无线局域网终端接收。因为无线电波可以穿透天花板、地板和墙壁，所以它可以到达不同的楼层甚至室外等不需要接收的地方。安装一套无线局域网好像在任何地方都放置了以太网接口，因此无线局域网使数据的保密性成为真正关心的问题，因为无线局域网的传输不只是直接到达一个接收方，而是覆盖范围内所有终端。IEEE 802.11提供了一个加密服务选项解决了这问题，将IEEE 802.11网络的安全级提高到与有线网络相同的程度。IEEE 802.11规定了一个可选择的加密称为有线对等加密，即WEP。WEP提供一种无线局域网数据流的安全方法。WEP是一种对称加密，加密和解密的密钥及算法相同。WEP应达到两个目标。

- 接入控制。防止未授权用户接入网络，他们没有正确的WEP密钥。
- 加密。通过加密和只允许有正确WEP密钥的用户解密来保护数据流。该加密功能应用于所有数据帧和一些认证管理帧，可以有效地降低被窃听的危险。

（2）分布式系统服务 IEEE 802.11标准定义的分布式系统服务为整个分布式系统提供服务功能。为保证MSDU正确传输，提供的分布式系统服务主要有下面几种。

① 结合：所谓结合服务，就是指每个站点与AP建立连接，站点在通过分布式系统传输数据之前必须首先通过AP调用结合服务。结合服务通过AP将一个站点映射到分布式系统。每个站点只能与一个AP连接，而每个AP却可以与多个站点连接。结合是每一个站点进入无线网络的第一步。

② 分离：当站点离开网络或AP用于其他方面需要终止连接时需要调用分离服务。分离

服务就是指每一个站点与无线网络断开连接，站点或 AP 可以调用分离服务终止一个现存的结合。结合是一种标志信息，因此，任何一方都不能拒绝终止。

③ 分布：一个站点每次发送 MAC 帧经过分布式系统时都要利用分布式服务。IEEE802.11 标准没有指明分布式系统如何发送数据。分布式服务仅向分布式系统提供足够的信息去判明正确的目的地 BSS。

④ 集成：集成服务使得 MAC 帧能够通过分布式系统和一个非 IEEE 802.11 LAN 间的入口发送。集成功能执行所有必须的介质和地址空间的变换，具体情况依据分布式系统而实施，而且不在 IEEE 802.11 标准的范围之内。

⑤ 重新结合：重新结合服务（reassociation service）能使一个站点改变它当前的结合状态，也就是通常说的漫游功能。当一个站点从一个 AP 到另一个 AP 的覆盖范围时，可以从一个 BSS 移动到另一个 BSS。当多个站点与同一个 AP 保持连接时，重新结合还能改变已确定结合的结合属性。移动站点总是启动重新结合服务。

在 IEEE 802.11 中，由 MAC 层负责解决客户端工作站和访问接入点之间的连接。当一个 IEEE 802.11 客户端进入一个或者多个接入点的覆盖范围时，它会根据信号的强弱以及包错误率来自动选择一个接入点进行连接（这个过程就是加入一个基本服务集 BSS，即结合）。一旦被一个接入点接受，客户端就会将发送接收信号的频道切换为接入点的频道。在随后的时间内，客户端会周期性地轮询所有的频道以探测是否有其他接入点能够提供性能更高的服务。如果它探测到了的话，它就会和新的接入点进行协商，然后将频道切换到新的接入点的服务频道中。

这种重新协商通常发生在无线工作站移出了它原连接的接入点的服务范围，信号衰减后。其他的情况还发生在建筑物造成的信号的变化或者仅仅由于原有接入点中的拥塞。在拥塞的情况下，这种重新协商实现了“负载平衡”的功能，它将能够使整个无线网络的利用率达到最高点。

这个动态协商连接的处理方式使网络管理员可以将无线网络覆盖范围扩大，这是通过在这些地区布置多个覆盖范围重叠的接入点来实现的。

练　习　题

一、填空题

1．接入网所覆盖的范围可由三个接口来定界，网络侧经由________与________相连，用户侧经由________与________相连，管理侧经________与________相连。

2．HDSL 的设备结构，按功能可分为________________________________。

3．ADSL 网络采用的技术包括________________________________。

4．VDSL 系统采用的调制方式有________________________________。

5．Cable Modem 上行链路常用多址接入方式有________________________。

6．漏泄射频同轴电缆的基本功能有________________________。

7．混合接入网是指____。

8．无线接入技术是指____。

二、简答题

1. 说明IEEE802.11标准的主要内容。
2. HFC技术在应用中要从哪几个方面考虑？
3. ADSL技术的特点及相对优势是什么？
4. 试比较PON与AON的异同点。
5. 目前实现FTTH的主要方案有哪些？
6. 叙述蓝牙技术的特点。其关键技术是什么？

第 11 章 软交换及下一代网络

目前的网络，不论是 PSTN 还是 Internet，都难以满足人们对话音、数据与多媒体融合业务的渴望，难以实现人们在任何时间、任何地点、以任何方式通信的美好愿望。人们期待一种新的网络来解决目前网络面临的诸多问题，于是下一代网络（NGN）概念应运而生了。

11.1 软交换技术

11.1.1 软交换技术的基本概念

随着传统公用电话交换网（Public Switched Telephone Network，PSTN）用户数的饱和，IP 数据业务的快速增长，数据业务日渐成为一种新的趋势迅猛发展。而传统 PSTN 仅能够提供话音业务，不能满足用户对宽带多媒体业务的需求。综合交换机的出现虽然在一定程度上兼顾了语音和数据业务，但由于其设计思想仍基于原电路交换机，其数据业务实现能力不强，业务升级周期长且受设备提供商限制等因素仍旧不能满足快速增长的业务需求。在这样的环境下，一些企业采用基于以太网的电话，通过一套基于 PC 服务器的呼叫控制软件实现专用交换分机（Private Branch Exchange，PBX）功能。对于这样一套设备，系统不需单独敷设网络，而只通过与局域网共享就可实现管理与维护的统一，综合成本远低于传统的 PBX。由于企业网环境对设备的可靠性、计费和管理要求不高，主要用于满足通信需求，设备门槛低，许多设备商都可提供此类解决方案，因此 IP PBX 应用获得了巨大成功。受到 IP PBX 成功的启发，为了提高网络综合运营效益，网络的发展更加趋于合理、开放，更好的服务于用户。业界提出了这样一种思想：将传统的交换设备部件化，分为呼叫控制与媒体处理，二者之间采用标准协议且主要使用纯软件进行处理，于是，软交换技术应运而生。

软交换技术的提出有着深厚的历史背景和技术背景。它是一种应用于电话交换控制的新技术的通用名称，是 PSTN 逐步向 IP 网络演进过程中出现的概念，具有解决传统电路交换机缺陷的潜力，顺应了基于电路交换的语音网和基于分组交换的数据网融合的趋势。软交换技术能有效降低语音交换的成本，提供了开发差异化电话服务的手段，而且随着多媒体业务的快速发展，软交换将进一步承担起分组交换网中语音、数据、视频等各种媒体交换的实时控制任务。

软交换的概念是由美国贝尔实验室首先提出来的。软交换是一个软件的实体，用于提供呼叫控制功能。软交换的基本定义为：软交换是一种支持开放标准的软件，能够基于开放的计算平台完成分布式的通信控制功能，并且具有传统的TDM电路交换机的业务功能。

因此，软交换的基本含义就是将呼叫控制功能从媒体网关（传输层）中分离出来，通过服务器上的软件实现基本呼叫控制功能，包括呼叫选路、管理控制、连接控制（建立会话、拆除会话）和信令互通（如从No.7信令网络到IP网络）。其结果就是把呼叫传输与呼叫控制分离开，为控制、交换和软件可编程功能建立分离的平面，使业务提供者可以自由地将传输业务与控制协议结合起来，实现业务转移。软交换主要提供连接控制、协议转换、选路、网关管理、呼叫控制、带宽管理、信令、安全性和呼叫详细记录等功能。与此同时，软交换还将网络资源、网络能力封装起来，通过标准开放的业务接口和业务应用层相连，可方便地在网络上快速提供新的业务。

软交换技术用于解决现代通信中不同网络（电路交换网和分组交换网）、不同设备、不同技术间的互通问题，是传统网络向下一代网络（NGN）演变的核心技术，为NGN提供具有实时性要求的业务的呼叫控制和联机控制功能。软交换设备不仅是下一代分组网中语音业务、数据业务和视频业务的呼叫、控制和业务提供的核心设备，也是电路交换电信网向分组交换网演进的重要设备。

11.1.2　软交换技术的网络结构及功能

1. 软交换网络的结构

广义上说，软交换网络是一个可以同时向用户提供语音、数据、视频等业务的开放网络，它采用一种分层体系结构，利用该体系结构可以建立下一代网络框架，如图11-1所示。从图11-1中可以看到软交换网络一共分为4层，其功能涵盖NGN（下一代网络）的接入层、传输层、控制层和业务层，主要有软交换设备、信令网关（SG）、媒体网关（MG）、应用服务器等组成。从狭义上说，软交换单指软交换设备，它是下一代网络（NGN）的核心设备之一，处在NGN分层结构的控制层，负责提供业务呼叫控制和连接功能控制。人们经常提到的呼叫服务器、呼叫代理、媒体网关控制器等都指的是软交换设备。

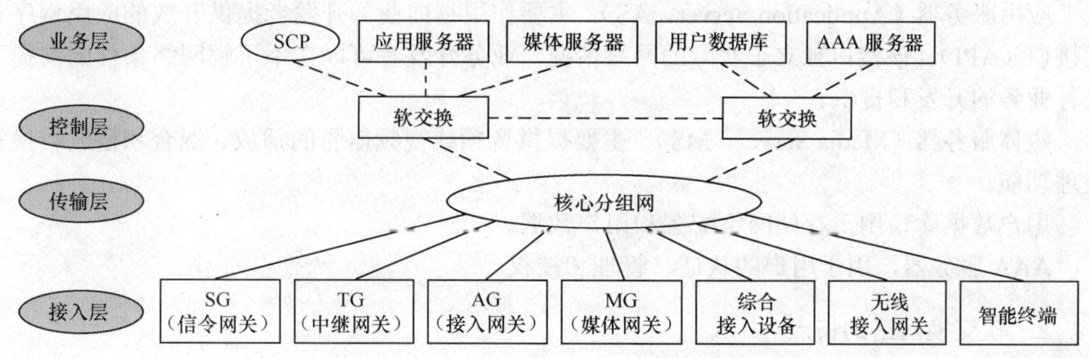

图11-1　基于软交换技术的网络结构图

（1）接入层。接入层的主要作用是利用各种接入设备实现不同用户的接入，并实现不同信息格式之间的转换，其功能有些类似传统程控交换机中的用户模块或中继模块。接入层的设备都没有呼叫控制的功能，它必须要和控制层设备相配合，才能完成所需要的操作。接入层中包括各种各样的接入设备，其中主要设备如下。

信令网关（Signaling Gateway，SG），它的作用是通过电路与No.7信令网相连，将窄带的No.7信令转换为可以在分组网上传送的信令，并传递给控制层设备进行处理。

中继网关（Trunking Gateway，TG），它一侧通过电路与传统电话网连接，一侧与分组网连接，通过与控制层设备的配合，在分组网上实现语音业务的长途/汇接功能。

接入网关（Access Gateway，AG），与中继网关一样，接入网关也主要是为了在分组网上传送语音而设计。所不同的是，接入网关的电路侧提供了比中继网关更为丰富的接口。

媒体网关（Media Gateway，MG）是将一种网络中的媒体转换成另一种网络所要求的媒体格式。如媒体网关能够在电路交换网的承载通道和分组网的媒体流之间进行转换，可以处理音频、视频或T.120（多点数据会议和实时通信协议），也具备处理这三者任意组合的能力，并且能够进行全双工的媒体翻译，可以演示视频/音频消息，实现其他互动式语音应答（Interactive Voice Response，IVR）功能，同时还可以进行媒体会议等。

综合接入设备（IAD，Integrated Access Device）是一个小型的接入层设备。它向用户同时提供模拟端口和数据端口，实现用户的综合接入。

无线接入网关，它的作用主要是实现无线用户的接入。

智能终端，它的形式多种多样，如会话初始协议（Session Initiation Protocol，SIP）终端和H.323终端。

（2）传输层。传输层的主要任务是传递业务信息。传输层要求是一个高带宽的，有一定QoS保证的分组交换网络。目前主要指IP和ATM两种网络。

（3）控制层。控制层是软交换网络的呼叫控制核心，主要功能是呼叫控制，即控制接入层设备，并向业务层设备提供业务能力或特殊资源。控制层的核心设备是软交换，软交换与业务层之间采用开放的API或标准协议进行通信。

（4）业务层。在传统网络中，因受设备限制，业务开发一直是一个比较复杂的事情，软交换网络产生的原因之一就是要降低业务开发的复杂度，让运营商能更灵活地向用户提供更多更好的业务。因此软交换网络采用了业务与控制相分离的思想，将与业务相关的部分独立出来，形成了业务层。业务层的功能是创建、执行和管理软交换网络增值业务，其主要设备如下。

应用服务器（Application Server，AS），主要作用是向业务开发者提供开放的应用程序开发接口（API），该接口独立于实际的网络情况，业务开发者可以在不了解网络条件的前提下进行业务的开发和提供。

媒体服务器（Media Server，MS），主要提供音频或视频信号的播放、混合和格式转换等处理功能。

用户数据库，用于存储网络配置和用户数据。

AAA服务器，用于用户的认证、管理和授权。

2. 软交换网络的特点

与传统网络相比，软交换网络具备以下特点。

（1）基于分组。软交换网络基于IP或ATM的分组交换网络进行传送。与原电话网相比最主要的特点就是核心网从单业务转成多业务的快速通道。

（2）开放的网络结构。软交换网络具有简洁、清晰的层次结构，各个网元之间使用标准的协议和接口，使得各部件在地理上得以自由分离，网络结构逐步走向开放，各部件可以独立发展，运营商可以根据需要自由组合各部分的功能产品来组建网络，实现各种异构网络的互通。

（3）业务与呼叫控制分离，与网络分离。在软交换网络中，控制层的软交换设备只负责处理基本呼叫的接续及控制，业务逻辑基本由应用服务器提供，实现了业务与呼叫控制分离。分离的目标是使业务真正独立于网络，业务的提供更加有效。

（4）业务与接入方式分离。在软交换网络中，业务提供和用户接入属于两个独立层面，业务可以和接入的介质完全分离。

（5）快速提供新业务。软交换网络中，采用标准接口与软交换设备相连的应用服务器，可提供开放的业务生成接口，满足用户不断变化的业务需求。

3．软交换设备的主要功能

（1）媒体网关接入功能。媒体网关功能是接入到 IP 网络的一个端点/网络中继或几个端点的集合，它是分组网络和外部网络之间的接口设备，提供媒体流映射或代码转换的功能。例如，PSTN/ISDN IP 中继媒体网关、ATM 媒体网关、用户媒体网关、无线媒体网关和数据媒体网关等，支持 MGCP 协议和 H.248/MEGACO 协议来实现资源控制、媒体处理控制、信号与事件处理、连接管理、维护管理、传输和安全等多种复杂的功能。

（2）呼叫控制和处理功能。呼叫控制和处理功能是软交换的重要功能之一，可以说是整个网络的灵魂。它可以为基本业务/多媒体业务呼叫的建立、维持和释放提供控制功能，包括呼叫处理、连接控制、智能呼叫触发检测和资源控制等。支持基本的双方呼叫控制功能和多方呼叫控制功能，多方呼叫控制功能包括多方呼叫的特殊逻辑关系、呼叫成员的加入/退出/隔离/旁听等。

（3）业务提供功能。在网络从电路交换向分组交换的演进过程中，软交换必须能够实现 PSTN/ISDN 交换机所提供的全部业务，包括基本业务和补充业务，还应该与现有的智能网配合提供智能网业务，也可以与第三方合作，提供多种增值业务和智能业务。

（4）互连互通功能。下一代网络并不是一个孤立的网络，尤其是在现有网络向下一代网络的发展演进中，不可避免地要实现与现有网络的协同工作、互连互通、平滑演进。例如，可以通过信令网关实现分组网与现有 7 号信令网的互通；可以通过信令网关与现有智能网互通，为用户提供多种智能业务；可以采用 H.323 协议实现与现有 H.323 体系的 IP 电话网的互通；可以采用 SIP 实现与未来 SIP 网络体系的互通；可以采用 SIP 或 BICC 协议与其他软交换设备互连；还可以提供 IP 网内 H.248 终端、SIP 终端和 MGCP 终端之间的互通。

（5）协议功能。软交换是一个开放的、多协议的实体，因此必须采用各种标准协议与各种媒体网关、应用服务器、终端和网络进行通信，最大限度地保护用户投资并充分发挥现有通信网络的作用。这些协议包括 H.248、H.323、SIP、MGCP、SIGTRAN、RTP 及 INAP 等。

（6）资源管理功能。软交换应提供资源管理功能，对系统中的各种资源进行集中管理，如资源的分配、释放、配置和控制，资源状态的检测，资源使用情况统计，设置资源的使用门限等。

（7）计费功能。软交换应具有采集详细话单及复式计次功能，并能够按照运营商的需求将话单传送到相应的计费中心。

（8）认证与授权功能。软交换应支持本地认证功能，可以对所管辖区域内的用户、媒体网关进行认证与授权，以防止非法用户/设备的接入。同时，它应能够与认证中心连接，并可以将所管辖区域内的用户、媒体网关信息送往认证中心进行接入认证与授权，以防止非法用户/设备的接入。

（9）地址解析功能。软交换设备应能完成 E.164 地址至 IP 地址、别名地址至 IP 地址的转换功能，同时也可以完成重定向的功能。

（10）语音处理功能。软交换设备应可以控制媒体网关是否采用语音信号压缩，并提供可以选择的话音压缩算法，算法应至少包括 G.729、G.723 算法，可选 G.726 算法。同时，可以控制媒体网关是否采用回声抵消技术，并可对话音包缓存区的大小进行设置，以减少抖动对话音质量带来的影响。

4．软交换设备的接口协议

软交换网络的特点之一是采用开放的网络架构体系，功能模块分离成为独立的网络部件，各个部件可以按相应的功能划分并独立开发。部件间协议接口的标准化可以实现各种异构网的互通。下面列举了软交换设备与外部的接口。

（1）软交换设备与媒体网关间的接口，用于软交换对媒体网关进行承载控制、资源控制和管理，具体可采用 H.248 协议和 MGCP，其中 H.248 协议作为首选协议，MGCP 作为可选协议。

（2）软交换设备与信令网关间的接口，完成软交换和信令网关间的信令信息传递，使用信令传送协议（SIGTRAN）。

（3）软交换与应用服务器间的接口，提供对三方应用和各种增值业务的支持，可使用 SIP 或 API 协议。

（4）软交换与 AAA 服务器间的接口，将用户名和账号等信息发送到 AAA 服务器进行认证、鉴权和计费，采用 Radius 协议。

（5）软交换设备之间的接口，主要实现不同软交换设备间的交互，可使用 BICC、SIP、SIP-T 和 SIP-I。BICC 协议属于应用层控制协议，可用于建立、修改和终结呼叫。SIP 主要用于支持多媒体和其他新型业务，在基于 IP 网络的多业务应用方面具有更加灵活、方便的特性。BICC 在语音业务支持方面比较成熟，能够支持以前窄带所有的语音业务、补充业务和数据业务等，但协议复杂，可扩展性差。SIP-T 是 SIP 的扩展协议，主要支持基于 IP 的语音中继。SIP-I 协议内容较 SIP-T 丰富得多，该协议系列不仅包括了基本呼叫的互通还考虑了资源预留、媒体信息转换等互通问题。

（6）软交换与中继网关间接口，主要完成媒体网关控制、资源控制和管理功能，使用 H.248（必选）或 MGCP（可选）。

（7）应用服务器与媒体服务器间接口，利用 SIP、H.248（可选）和 MGCP（可选）控制媒体服务器进行媒体资源的处理。

（8）软交换与现有 H.323 网络间接口，互通协议建议采用 H.323 协议。

（9）软交换与智能终端间接口，实现对终端的管理和控制，采用协议为 H.248、SIP、H.323 等协议。

（10）软交换与 SIP 终端间接口，采用 SIP。

相关的协议主要包括 H.248、MGCP、H.323、SIP 和 BICC 等简要介绍如下。

（1）H.248：H.248 称为媒体网关控制协议，主要实现软交换设备与各种媒体网关之间的通信，是为下一代网络实现语音、数据和视频业务还用于呼叫控制的控制设备和受控设备之间的接口协议。引入了 Termination（终端）和 Context（关联）两个抽象概念。在 Termination（终端）中，封装了媒体流的参数、MODEM 和承载能力参数，而 Context（关联）则表明了在一些 Termination（终端）之间的相互连接关系。H.248 是在早期的 MGCP 基础上改进而成。

（2）MGCP：MGCP 是媒体网关控制协议，应用于多媒体网关单元之间。多媒体网关由包含“智能”呼叫控制的呼叫代理和包含媒体功能的媒体网关组成，其中的媒体功能诸如由 TDM 语音到 VoIP 的转化。MGCP 定义的连接模型包括端点（endpoint）和连接（connection）两个主要概念。端点是数据源或数据宿，可以是物理端点，也可以是虚拟端点。端点类型包括数字通道、模拟线、录音服务器接入点及交互式话音响应接入点。端点标识由端点所在网关域名和网关中的本地名两部分组成。连接可以是点到点连接或多点连接。点到点连接是两个互相发送数据的端点之间的一种关联，该关联在两个端点都建立起来后，就可开始传送数据。多点连接是多个端点之间的连接。连接可建在不同类型的承载网络上。呼叫代理可要求端点在检测到某些事件（如摘机、挂机、拍叉或拨号）发生时，向其发出通知，也可请求将某些信号（如拨号音、回铃音、忙音等）加到端点上。事件和信号组合成包，每个包由某一特定端点支持。每个事件（含信号）可用“包名/事件名”表示，每类端点有特定的包，每个包包含有规律的事件和信号，包名和事件名均用数字字母串表示。

（3）H.323：H.323 是一套在分组网上提供实时音频、视频和数据通信的标准，是 ITU-T 制订的在各种网络上提供多媒体通信的系列协议 H.32x 的一部分。H.323 被普遍认为是目前在分组网上支持语音、图像和数据业务最成熟的协议。采用 H.323，各个不同厂商的多媒体产品和应用可以进行互相操作，用户不必考虑兼容性问题。该协议为商业和个人用户基于 LAN、MAN 的多媒体产品协同开发奠定了基础。

从整体上来说，H.323 是一个框架性建设，它涉及到终端设备、视频、音频和数据传输、通信控制、网络接口方面的内容，还包括了组成多点会议的多点控制单元（MCU）、多点控制器（MC）、多点处理器（MP）、网关以及关守等设备。它的基本组成单元是“域”，在 H.323 系统中，所谓域是指一个由关守管理的网关、多点控制单元（MCU）、多点控制器（MC）、多点处理器（MP）和所有终端组成的集合。一个域最少包含一个终端，而且必须有且只有一个关守。H.323 系统中各个逻辑组成部份称为 H.323 的实体，其种类有：终端、网关、多点控制单元（MCU）、多点控制器（MC）、多点处理器（MP）。其中终端、网关、多点控制单元（MCU）是 H.323 中的终端设备，是网络中的逻辑单元。终端设备是可呼叫的和被呼叫的，而有些实体是不通被呼叫的，如关守。H.323 包括了 H.323 终端与其他终端之间的、通过不同网络的、端到端的连接。

（4）SIP：SIP（Session Initiation Protocol）是由 IETF 定义，基于 IP 的一个应用层控制协议。由于 SIP 是基于纯文本的信令协议，可以管理不同接入网络上的会晤等。会晤可以是终端设备之间任何类型的通信，如视频会晤、即时信息处理或协作会晤。该协议不会定义或限制可使用的业务，传输、服务质量、计费、安全性等问题都由基本核心网络和其他协议处理。SIP 得到了微软、AOL、等厂商及 IETF 和 3GPP 等标准制定机构的大力支持。支持 SIP 的网络将提供一个网桥，以扩展向 Internet 和无线网络的各种设备提供融合业务能力。这将允许运营商为其移动用户提供大量的信息处理业务，通过 SMS 互通能力与固定用户和 2G 无线用户交互。SIP 也是在 UMTS3GPP R5/R6 版本中使用的信令协议，因此可以保护运营商目前的投资而极具技术优势和商业价值。

（5）BICC：BICC 由 ITU-T SG11 研究组完成标准化，由 ISUP 协议演进而来，是一种在骨干网中实现使用与业务承载无关的呼叫的控制协议。BICC 定义了信令传送转换器（STC）、应用传送机制（APM）、承载控制隧道协议（BCTP）和 IP 承载控制协议（IPBCP）。通过点编码建立信令联系，信令链路通过静态 SCTP 连接，BICC 节点中采用正常呼叫的选路原则选定路由，为呼叫的信令建立通路。信令信息利用信令传送转换器转换之后，采用 APM 传送 BICC 特定的控制信息。

BICC 从真正意义上解决了呼叫控制和承载控制相分离的问题，可以应用于任何承载网络，如 ATM、IP、STM。ATM 具有很好的 QoS 保证和呼叫处理能力，BICC 能够更好地支持 ATM 网络承载，这可能是业界看好 BICC 的原因之一。

11.1.3 软交换技术的应用及发展

1. 软交换技术的应用

软交换既可以作为独立的下一代网络部件分布在网络的各处，为所有媒体提供基本业务和补充业务，也可以与其他的增强业务节点结合，形成新的产品形态。正是软交换的灵活性，使得它可以应用在各个领域。伴随着软交换多年的发展，现在网上已经出现了很多的软交换应用。

（1）电路领域的应用。

在电路领域，软交换与媒体网关及信令网关相结合，完成控制转换和媒体接入转换。可作为汇接局和长途局的接入，提供现有的 PSTN 中的基本业务和补充业务。软交换在语音长途网中的应用，最能够体现出软交换的技术优势。

首先，软交换应用于语音长途网相比于传统电路交换具有如下优势：第一更大的系统容量使得网络结构更简单。其次资源调配效率更高。软交换设备的呼叫处理能力大于传统交换机，因此在部署语音长途网时，可以设置更少的交换节点。交换节点的减少所带来的优势是非常明显的，最直接的好处是网络结构变得简单，路由的配置和维护也更为容易。间接的好处还有减少了机房的占用面积，降低了传输资源配置的难度等。由于软交换网络是基于分组交换的，并且实现了控制与承载分离，因此相对于电路交换来说对资源进行重新调配更为简单，效率也更高。在调整承载资源时，网络结构以及信令路由等都不需要做相应的变化。

其次，软交换应用于语音长途网，回避了这种技术在其他场景应用所遇到的问题。第一，长途网软交换不携带终端用户，避免了安全攻击、用户资源控制等问题；第二，长途网不涉及城域网或接入网，而骨干 IP 传输网的带宽又比较容易保障，因此也不存在 QoS 保障问题。

正是基于上述原因，软交换在 PSTN 语音长途网的改造和扩容中获得了广泛的应用。

（2）电路—分组领域的应用。

在电路—分组领域，软交换可与分组终端互通，实现分组网与电路网的互通。如在 H.323 呼叫中，软交换可视为 H.323 终端；在 SIP 呼叫中，可视为用户代理（UA）。例如 3GPP 系统网络结构中的电路域（CS）应用。因为 3GPPR4 和 R5 等版本系统网络结构中的 CS 控制实体——移动交换中心服务器（MSCServer），采用的就是移动软交换技术。

（3）智能网领域的应用。

在 PSTN 网络智能化改造过程中使用软交换机也是软交换应用的一个方向。在这种应用中，软交换机主要用于替代 PSTN 汇接局交换机。

用软交换机替代传统汇接局交换机，可以为网络带来更低的维护成本。另外得益于软交换网络容量大、扩容方便的优势，在今后本地网规模不断扩大的情况下，在承载资源充足的前提下，只需在端局层面放置更多接入网关（AG）或中继网关（TG），在软交换设备中相应地增加处理板，对网络的架构没有任何影响。

另一方面，软交换对智能网的支持也使得其足以胜任这一角色。对智能网应用协议（INAP）的支持已经成为软交换设备的一种必备能力，无论采用 IP 承载 INAP（INAPoverIP）的方式，还是通过信令网关（SG）进行信令转接的方式，软交换都可以很容易地实现与传统智能网设备的对接，同时软交换本身还可以具备业务交换点（SSP）的功能。

当然，正如前面讨论软交换网络架构部分中提及的，软交换在应用于网络智能化改造时，可能需要支持外置的用户签约属性集中数据库，因为使用外置的签约属性数据库是实现网络智能化业务触发的主流方式。

在未来的发展中，软交换应该主要定位于继承传统的话音业务，同时可以适当地发展一些基本的 IP 多媒体业务。在此定位的基础上，软交换仍然可以在 PSTN 长途网、网络智能化改造等方面获得大量的应用。同时，基于业务发展及服务质量提高的需求，软交换网络架构也将不断向前发展。总之，只要人们理性地看待软交换，并以实用为原则，即使在 IMS 已经大行其道的今天，软交换仍然能够获得足够的发展空间。

2．软交换技术的发展

（1）软交换网络架构的发展。

尽管软交换的网络架构并没有形成一整套的国际标准，但是在软交换技术的发展过程中逐步形成了相对统一的网络架构，这个网络架构中主要包括软交换机、媒体网关、信令网关、媒体服务器、应用服务器等设备。软交换的架构应该说是非常成熟和稳定的，但是随着业务的发展以及对服务质量增长的需求，人们对这个构架提出了新的要求。其中，引入业务接入控制设备就是变化之一。

在原有的软交换架构下，用户之间的媒体流建立是不受控的，通信双方以及用户与核心交换设备之间相互暴露 IP 地址，这就可能导致非法攻击、盗用带宽以及非法建立连接等一系列问题。业务接入控制设备（SAC）主要部署于软交换核心网络与接入网络之间，主要包括信令流代理、媒体流代理、地址翻译、资源控制、媒体流监控和管理等功能。增加 SAC 设备后，软交换核心设备的 IP 地址对于终端用户来说不可见，通信双方也无法看到对方的 IP 地址，这样能够有效地防止非法攻击和非法建立连接；另外，所有媒体流都必须通过 SAC 转发，可以有效地控制用户对带宽资源的占用，并实现对媒体流的监控。

增加 SAC 设备可能引起软交换架构的另一种变化，就是将用户的鉴权认证功能从软交换设备中分离出来，形成独立的鉴权、认证、计费（AAA）服务器。这是由于 SAC 设备也需要访问 AAA 服务器，检查用户的鉴权信息，内置于软交换设备中难以满足这种需求。AAA 服务器保存用户接入层面的计费、认证和鉴权信息，并负责密钥的分发和管理，同时 AAA 服务器还要保存和软交换用户相关的信息，如位置信息或 IP 地址信息等。

事实上，还有一个争论点，就是软交换是否需要支持外置的用户签约属性集中数据库。这种需求来源于固网智能化改造。外置用户签约属性集中数据库主要用于触发智能网业务。如果用户签约属性数据库外置，并且与 AAA 服务器合设，这个集中数据库在网络中的功能定位就非常相似于 IMS 中的 HSS 了，所不同的是两种网络采用不同的鉴权、认证算法，另外 HSS 保存的是适用于 SIP 的初始过滤规则，而用户签约属性数据库保存的是以码号前缀形式保存的智能网触发规则。

SAC、AAA 服务器、外置用户签约属性数据库等功能实体的引入，无疑会提高软交换网络的安全性和业务灵活性，可能是软交换网络架构的发展方向。但是由于现在电信网设备制造商的开发重心已经向 IMS 网络迁移，对软交换网络架构的继续发展产生了不利影响。

（2）软交换业务的发展。

在软交换刚刚流行的时候，人们曾经希望软交换支持所有可以预见到的业务，包括语音业务、视频多媒体业务、数据业务等。随着时间的推移以及 IMS 的出现，人们应该更理性地对待软交换所支持的业务。

软交换的业务应该首先定位于对传统电话业务的继承。这些业务包括：传统的长途话音业务、传统的 C5 端局本地话音业务、各种公共交换电话网（PSTN）的补充业务，以及传真、综合业务数字网（ISDN）接入、调制解调器（Modem）接入等基本的窄带数据业务。

软交换的业务还可以在传统电话业务基础上进行增强和扩充。比如同样是呼叫前转类业务，在软交换上可以实现更为复杂的功能，只需要借助媒体服务器或者软交换上的媒体资源处理板，就可以很容易地实现语音的混音，因此会议电话业务一般都成为了软交换业务中的标准配置。

最后，在软交换网络中还可以适当引入一些 IP 多媒体类业务，例如基于 SIP 的点对点可视电话。虽然基于 SIP 的业务更多地会在 IMS 中实现，但是对于同样支持 SIP 的软交换而言，提供某些基本的 SIP 业务非常容易，所增加的成本也不高。

3．软交换技术需要关注的主要问题

虽然基于软交换的下一代网络是一个比较完整的网络解决方案，可以应用在各种通信领域，但由于其技术新，目前的解决方案大多处于实验阶段，尚未形成大规模应用，许多问题仍需要继续关注，如 QoS、网关、安全性、业务提供方式、与现有网络的有机结合等问题。

（1）QoS 问题。对任何网络来说，QoS 的保证都是一个非常重要的问题。从根本上说，软交换本身并不能解决 QoS 问题，而是靠其承载网络来保证服务质量的。承载网络目前有两种方式：ATM 和 IP。对于 ATM 的承载网络来说，其本身就有很强的 QoS 机制。但是，对于 IP 的承载网络来说，如何解决好 QoS 问题，在基于软交换的下一代网络中是一个非常关键的问题，因为从目前厂家的设备开发情况和网络发展的总的趋势来看，以 IP 为承载网络应该是大势所趋。

（2）软交换网络的管理。从软交换目前的实现情况来看，大部分都采用 SNMP 作为软交换系统的网管协议，但 SNMP 网管系统具有一定的局限性，SNMP 网管以静态管理方式为主，无法针对各种不同业务的需求变化进行综合管理。由于 SNMP 采用的是基于 UDP 的承载方式，因此不能很好的保证网管信息的可靠传输。同时，基于软交换的下一代网络提供的是实时业务，而要求网管系统必须具有一定的 QoS 管理能力。但目前基于软交换的网管系统处理这方面的能力比较差，还需进一步的改进、完善，才能满足用户对服务质量的要求

（3）软交换涉及的协议尚需继续完善。软交换网络的各个网络接口之间采用开放的协议进行通信。但是，目前不论是从协议的制定情况，还是各个厂家的开发情况来看，接口的标准化还不完善，大多数协议还处于扩充完善阶段。因此，离最终的开放网络还需要有一段时间。

综上所述，软交换虽然具有很大的发展潜力，但目前仍处于发展的起步阶段。以软交换为核心的通信系统将会提供业务开放能力，符合三网合一的发展趋势，提供话音、数据、视频业务和多媒体融合业务，满足通信个性化、移动化和随时随地获取信息的发展目标。

11.2 NGN

11.2.1 NGN 的基本概念

下一代网络（Next Generation Network，NGN）是一种新兴的技术。NGN 就好比一个新生儿，虽然我们知道它一定会成长起来，但我们并不清楚最终它会长成什么样，而且在它的成长过程中必然会遇到这样或那样的问题，有些意料得到，有些则不然。那么，究竟什么是 NGN 呢。

NGN 并不是一个新的专用词汇，一般泛指采用了比目前的网络更为先进技术或能够提供更先进业务的网络。NGN 包含的内容非常广泛，并且随着技术与业务的发展，内涵不断扩大与改变。从网络角度来看，NGN 涉及从干线网、城域网、接入网、用户驻地网到各种业务网的所有网络层面。从业务网层面来看，NGN 是指下一代业务网。例如，对于交换网，NGN 指软交换系统；对于数据网，NGN 指下一代 Internet（NGI）；对于移动网，NGN 指 3G 和 4G 网；从接入网层面来看，则 NGN 是指下一代智能光网络。总之，广义的 NGN 实际上包容了几乎所有的新一代网络技术。广义上的 NGN 是一个从上到下完整的概念，它包含了正在发生的网络构建方式的多种变革。

2004 年 2 月的 ITU-T SG13 会议通过的 Y.NGN-Overview 草案提出了 NGN 的准确定义，即 NGN 是基于分组技术的网络：能够提供包括电信业务在内的多种业务；能够利用多种宽带和具有 QoS 支持能力的传输技术；业务相关功能与底层传输相关技术相互独立；能够使用户自由接入不同的业务提供商；能够支持通用移动性，从而向用户提供一致的和无处不在的业务。

下一代网络将具有更广阔的业务范围，其主要目标是支持语音、实时的多媒体业务，缩减服务投向市场的时间，支持多种接入方式和多种接入终端，支持移动性，确保现有网络的平滑演进以及具有经济、开放和可扩展的网络结构，从而实现任何时间、任何地点、使用任何媒体与任何人的通信。下一代网络允许业务和网络能力的平滑演进，并且可运营、可管理。

NGN 泛指一个不同于目前一代的，大量采用创新技术的，以 IP 为中心的可以同时支持语音、数据和多媒体业务的融合网络。一方面，NGN 不是现有电信网和 IP 网的简单延伸和叠加，也不是单项节点技术和网络技术，而是整个网络框架的变革，是一种整体解决方案。另一方面，NGN 的出现于发展不是革命，而是演进，即在继承现有网络优势的基础上实现的平滑过渡。

11.2.2 NGN 的关键技术

NGN 需要得到许多新技术的支持，目前为大多数人所接受的 NGN 相关技术是：采用软交换技术实现端到端业务的交换，采用 IP 技术承载各种业务，实现三网融合；采用 IPv6 技术解决地址问题，提高网络整体吞吐量；采用 MPLS（多协议标签交换）实现 IP 层和多种链路层协议（ATM/FR、PPP、以太网，或 SDH、光波）的结合；采用 OTN（光传输网）和光交换网络解决传输和高带宽交换问题；采用宽带接入手段解决“最后一公里”的用户接入问题。因此，可以预见实现 NGN 的关键技术是软交换技术、高速路由/交换技术、大容量光传送技术和宽带接入技术。其中软交换技术是 NGN 的核心技术。

1. 软交换技术

作为 NGN 的核心技术，软交换（Softswitch）是一种基于软件的分布式交换和控制平台。

软交换的概念基于新的网络功能模型分层（分为接入层、传送层、控制层与业务层四层）概念，从而对各种功能作不同程度的集成，把它们分离开来，通过各种接口协议，使业务提供者可以非常灵活地将业务传送和控制协议结合起来，实现业务融合和业务转移，非常适用于不同网络并存互通的需要，也适用于从话音网向多业务/多媒体网的演进。

2．高速路由/交换技术

高速路由器处于 NGN 的传送层，实现高速多媒体数据流的路由和交换，是 NGN 的交通枢纽。

NGN 的发展方向除了处理大容量、高带宽的传输/路由/交换以外，还必须提供大大高于目前 IP 网络的 QoS。IPv6 和 MPLS 提供了这个可能性。

作为网络协议，NGN 将基于 IPv6。IPv6 相对于 IPv4 的主要优势是：扩大了地址空间，提高了网络的整体吞吐量，服务质量得到很大改善，安全性有了更好的保证，支持即插即用和移动性，更好地实现了多播功能。

MPLS 是一种将网络第三层的 IP 选路/寻址与网络第二层的高速数据交换相结合的新技术。它集电路交换和现有选路方式的优势，能够解决当前网络中存在的很多问题，尤其是 QoS 和安全性问题。

3．大容量光传送技术

NGN 需要更高的速率，更大的容量。但到目前为止，能够看到的，并能实现的最理想的传送媒介仍然是光。因为只有利用光谱才能带来充裕的带宽。光纤高速传输技术现正沿着扩大单一波长传输容量、超长距离传输和密集波分复用（DWDM）系统 3 个方向在发展。

光交换与智能光网：只有高速传输是不够的，NGN 需要更加灵活、更加有效的光传送网。组网技术现正从具有分插复用和交叉连接功能的光联网向利用光交换机构成的智能光网发展，即从环形网向网状网发展，从光-电-光交换向全光交换发展。智能光网能在容量灵活性、成本有效性、网络可扩展性、业务提供灵活性、用户自助性、覆盖性和可靠性等方面，比点到点传输系统和光联网具有更多的优越性。

4．宽带接入技术

NGN 必须有宽带接入技术的支持，因为只有接入网的带宽瓶颈被打开，各种宽带服务与应用才能开展起来，网络容量的潜力才能真正发挥。这方面的技术五花八门，其中主要技术有高速数字用户线（VDSL），基于以太网无源光网（EPON）的光纤到家（FTTH），自由空间光系统（FSO）、无线局域网（WLAN）等。

11.2.3 NGN 的演进

1．NGN 的演进路线和发展阶段

下一代网络不是现有电信网和 IP 网的简单延伸和叠加，而是两者的融合；所涉及的技术也不仅仅是单向节点技术和网络技术，而是整个网络的框架，是一种整体网络解决方案。另外，下一代网络的出现与发展不是电信业的革命，而是演进，即在集成现有网络优势的基础

上实现的平滑过渡。从传统的电路交换网过渡到分组化网络将是一个长期的渐进过程。

（1）演进路线。目前有两种设计思想：一种是集电信网和 Internet 优点于一身构造一个全业务综合网，实现 B-ISDN 希望而尚未达到的目标，这是一种理想的路线，世界上众多的电信公司正为此而努力；另一种是用多个业务网综合为全业务网，在多个网上业务汇聚，实现一个号码的综合接入，从用户使用的感觉上仍是一个多业务的综合网。ITU 也在一些文件中提出 NGN 作为全球信息基础设施（Global Information Infrastructure，GII）的实现方式，特别是应基于 GII 的多样性技术的网络联邦的概念。更直接地说，NGN 被看作是 GII 网络联邦的一部分。反应用户要求的业务差异化越来越明显，不同的业务各具所长，当用一个网来综合时，一些特点可能难以实现。至少在 NGN 的初期总要面对与多个现有网互通的现实，而且在 NGN 的初期，其主要盈利的业务仍然是语音，原有的 PSTN 是非常适合承担这一任务的。具有 PSTN 的运营商将首先选择在 NGN 中通过 VoIP 的 MG 或软交换设备，利用 PSTN 支持语音业务的方式。

① 向以软交换/IMS 为核心的下一代交换网演进。传统电路交换机将所有功能结合进单个昂贵的交换机内，是一种垂直集成的、封闭的和单厂家专用的体系结构。新业务的开发以专用设备和专用软件为载体，导致开发成本高、时间长、无法适应今天快速变化的市场环境和多样化的用户需求。而软交换打破了传统的封闭交换结构，采用完全不同的横向组合的模式，将交换机各功能间接口打开，采用开放的接口和通用的协议，构成一个开放的、分布的、多厂家应用的系统结构。软交换机硬件分散，业务控制和业务逻辑则相对集中。这样可以使业务提供者灵活选择最佳和最经济的设备组合来构建网络，不仅建网成本低，网络升级容易，而且便于加快新业务和新应用的开发、生成和部署，能快速实现低成本广域业务覆盖，推进语音和数据的融合。据估计，基于软交换的新业务成本仅为 PSTN 的 1/5，开发周期为 PSTN 的 1/10。

软交换具有如下优点：首先，软交换采用开放式体系结构实现分布式通信和管理，具有良好的结构扩展性，其应用层和媒体控制层已经与媒体层硬件分离，并纳入开放的标准的计算环境，允许充分利用商用的标准计算平台、操作系统和开发环境；其次，采用软交换后，实现了多个业务网的融合，简化了网络层次和结构以及跨越不同网络（电路交换网、分组网、固定网和移动网等）的业务配置，避免了建设、维护多个分离业务网所带来的高成本和运维配置升级复杂的问题；第三，采用分组交换技术后，提高了网络资源利用率，减少了交换机间大量网状互连中继带来的复杂性和业务网的承载成本；第四，由于软交换的价格可以遵循软件许可证方式，投资大小随用户数而增长，有利于新的电信运营商或传统运营商开发新市场，软交换的引入也使运营商可以利用其他运营商的 IP 网络迅速进入对方运营区开展业务，避免结算费用的限制；最后，软交换设备占地很小，不仅明显地提高了机房空间利用率，而且也便于节点的灵活部署。

当前，软交换面临的主要问题是缺乏大规模现场应用经验，特别是互操作、实时业务的 QoS 保障、安全性、网络的统一管理和维护操作等。其次，软交换在业务和应用上还很薄弱，特别是多媒体业务支持方面较弱，受部分嵌套式业务的影响，其 API 功能还受一定限制，影响了第三方的业务实现和集成效率。

在软交换即将进入规模商用的同时，3GPP 开发的 IP 多媒体子系统（IMS）标准开始受到全球的关注。这是一种 IP 多媒体核心网络体系架构，基于 SIP 会话的通用平台，适于 IP 为基础的多媒体和电话核心网，且核心网与接入方式和接入技术无关。在应用层、网络层和后台系统之间均采用标准化的接口，是一种开放性更好、标准化程度更高、适用于所有接入和业务的统一网络体系架构，有利于固网和移动网的无缝融合。各种业务具有共同的核心网、网络用户数据库、后台计费系统和业务开发平台，在用户数据管理和漫游方面更加完善。简而言之，IMS 是一种融合的网络体系架构，有利于各种层次的融合业务的快速、有效推出。

但是，源于移动领域的 IMS 在处理固网和移动网融合方面还有很多工作要做，不是一蹴而就的事，因而软交换和 IMS 是 PSTN 向 NGN 演进的两个不同阶段，两者将以互通方式长期共存。从长远看，IMS 将可能最终替代软交换，成为统一的融合平台。

② 向以 3G 和 4G 为代表的下一代移动通信网演进。总地来看，移动通信技术的发展思路是比较清晰的。为了开拓新的频谱资源，最大限度实现全球统一频段、统一制式和无缝漫游，满足中高速数据和多媒体业务的市场需求以及进一步提高频谱效率，增加容量，降低成本，扭转 ARPU 下降的趋势，移动通信向第三代移动通信（3G）的发展已成必然趋势。

2003 年以来，作为 3G 两种频分双工制式的 WCDMA 和 cdma2000 都呈现了良好的发展势头。目前，全球 cdma2000 用户数已经超过 5.12 亿。WCDMA 目前用户已经超过 4.17 亿，共 290 家运营商在 120 个国家部署了 WCDMA 网络。迄今为止，系统硬件已经稳定，软件版本还在不断升级，双模手机的种类正在不断增加。可以认为，WCDMA 和 cdma2000 两种制式均已基本成熟，技术和业务能力相差不大。两者除了在核心网信令、码片率、基站同步方式和导频结构上不同外，其他技术参数和性能均比较接近，在语音容量、数据容量和覆盖方面基本相当，经济性能上也相差不大。近期 cdma2000 在市场上领先，远期由于 WCDMA 具有跟广泛的设备厂家、芯片开发商和业务应用开发商支持，以及全球漫游能力强等优势，将可能逐渐成为主导应用制式。

作为 3G 时分双工（Time Division Duplex，TDD）制式的 TD-SCDMA 的开发要明显落后于 WCDMA 和 cdma2000。除了历史原因外，其标准没有得到全球的广泛支持，以至于在资金和研发人力投入上处于劣势也是重要原因。此外，用 TDD 制式独立组大网的成本高、干扰大、国际漫游受限也是运营商十分关切的问题。然而，TD-SCDMA 是由中国提出并拥有物理层的主要专利，这种制式结合应用了时分、码分和空分 3 种多址技术以及智能天线、联合检测和上行同步等一系列新技术，在频谱效率和频谱灵活性方面具有天然优势。TD-SCDMA 与 WCDMA 在核心网上完全一致，在无线网部分高层协议也一样，可以与 WCDMA 实现优势互补，混合组网，重点覆盖热点地区和支持数据业务，捆绑应用方式将使其漫游能力大大加强。

除了技术因素外，3G 的发展在很大程度上取决于业务、业务的部署以及业务的架构。为了适应数据业务的发展，适应新型产业链和业务模式的要求，提高新业务生成速度，开发一个开放的横向结构的综合业务平台是 3G 业务拓展的关键，其中最关键的是要实施统一配置、统一计费和统一安全管理。至于内部业务接入网关、业务引擎和网络接入网关间的关系，则将是由纵向结构向横向结构逐步演进的长期过程。需要注意的是，在开发业务方面的一个重要的、不可忽略的基本点是在相当长时间内，以语音和窄带数据为主的连接业务仍将是移动运营商的主要业务收入，各类内容业务是一种不断增长的补充业务或用以激发语音用量的手段。

随着 3G 商用化的开始，具有更高速率、更高频谱效率、更好覆盖和更强业务支撑能力的超 3G 或 4G 技术也开始进入预研阶段。开发 4G 计划的基本目标是希望在功能和性能两个方面都比 3G 有明显提高。在功能方面，计划引入新的服务平台，实现不同访问手段间的无缝化。在性能方面，4G 的目标传输速度最高为 100Mbit/s，平均为 20Mbit/s，每比特的成本可望降到 1/10 甚至 1/100，可实现针对各种移动特性的控制和各种 QoS 的数据包传输。对于中国的 4G 来说，时间表在已经规划完成。第一阶段称为概念验证阶段，从 2008 年底到 2009 年上半年，第二阶段为研发技术实验阶段，计划于 2010 年上半年完成。第三阶段规模实验阶段计划在今年第三季度开始准备。中国移动准备在三个城市建实验网就属于这一阶段。当这三个阶段全部完成后，开始正式大规模建设 4G 商用网络。而从全世界的形势来看，4G 的商用时间表已经逐渐清晰。2010 年～2011 年，几乎所有移动运营商都会建立规模不一的测试网络，而少数几家领先运营商会尝试小范围试商用。2012 年～2014 年，全球主流运营商如 NTT DoCoMo、中国移动、Vodafone 等都会在一些主要城市投入小规模商用服务，用户规模可能会达到 100 万人以上。自 2014 年之后，大规模商用将在亚洲、西欧及北美市场规模商用，用户将从 1000 万向上迅速攀升，全球无线通信领域也将正式进入 4G 时期。相信 B3G/4G 将为我们创造一个更加灿烂的个人宽带移动世界。

从发展角度看，移动通信的性能价格比应该还有很大潜力可挖，随着语音压缩技术、信号处理技术、调制技术与智能天线技术的进一步发展，单位语音的成本将继续成倍降低，而新的数据和多媒体业务将有更大的发展空间。

③ 向以 IPv6 为基础的下一代 Internet 演进。目前在全球广泛应用的 Internet 是以 IPv4 协议为基础的，这种协议理论上有 40 亿个地址，但实际上考虑各种因素后只有一半地址可用，如果考虑未来由于 3G 终端、IP 电话、家庭网络等的发展所产生的对地址的加速消耗，则全球 Internet 公用地址有可能全部耗尽。此外，IPv4 在应用限制、服务质量、管理灵活性、安全性方面的内在缺陷也越来越不能满足未来发展的需要，Internet 逐渐转向以 IPv6 为基础的下一代 Internet（NGI）几乎是不可避免的大趋势。

目前关于 NGI 尚无严格的统一定义，其主要特征是具有更大的地址空间，更快的端到端通信速度，更安全可信的网络，更方便丰富的移动通信应用，更便于管理和维护运行的网络，更有效可行的商务模型等。

采用 IPv6 最基本的原因是从根本上解决了 IPv4 存在的地址限制和庞大路由表问题，并支持更加有效的移动 IP。首先，IPv6 使地址空间从 IPv4 的 32bit 扩展到 128bit，提供了几乎无限制的公用地址，完全消除了 Internet 发展的地址壁垒；其次，IPv6 协议已经内置移动 IPv6 协议，可以使移动终端在不改变自身 IP 地址的前提下实现不同接入媒质间的自由移动；第三，IPv6 通过实现一系列的自动发现和自动配置功能，简化了网络节点的管理和维护；第四，采用 IPv6 后可以开发很多新应用，诸如 P2P 业务等；第五，IPv6 采用流类别和流标记实现优先级，使网络具备了良好的 QoS；第六，IPv6 内置 IPSec 以及发送设备有了永久性 IP 地址后，不仅可以实现端到端的加密，而且可以真正实现端到端的安全性；第七，IPv6 的编制采用了层级结构，提高了选路效率，降低了路由器数量；第八，IPv6 协议内置组播功能，简化了流媒体业务的提供。简言之，IPv6 将成为向 NGN 演进的业务层融合协议。

有关 IPv6 的技术标准已经基本成型，但实际网络推进速度很慢，主要原因是 IPv4 通过采用网络地址转换（NAT）等措施尚能应付地址的需求。另外，IP 地址方式与上层协议和网络的运作方式关系紧密，实施 IPv6 不仅需要升级网络层协议，还需要升级应用软件或更换用户的通信程序，改变路由器的包转发模块，几乎涉及网上所有设备，不仅耗时费力，而且目前 IPv6 应用工具和应用软件很少，用户缺乏应用 IPv6 的原动力。

总地来讲，尽管有大量的网络和终端方面的工作需要跟上，特别是如何实施这一重大转型的平滑过渡策略需要仔细研究解决，目前也没有公认周全的解决方案，但向以IPv6为基础的下一代Internet的演进已经开始。我国的第二代中国教育和科研计算机网CERNET2是中国下一代Internet示范工程CNGI最大的核心网和唯一的全国性学术网，是目前所知世界上规模最大的采用纯IPv6技术的下一代Internet主干网。CERNET2主干网将充分使用CERNET的全国高速传输网，以2.5～10Gbit/s传输速率连接全国20个主要城市的CERNET2核心节点，实现全国200余所高校下一代InternetIPv6的高速接入，同时为全国其他科研院所和研发机构提供下一代InternetIPv6高速接入服务，并通过中国下一代Internet交换中心CNGI-6IX，高速连接国内外下一代Internet。CERNET2主干网采用纯IPV6协议，为基于IPv6的下一代Internet技术提供了广阔的试验环境。CERNET2还将部分采用我国自主研制具有自主知识产权的世界上先进的IPv6核心路由器，将成为我国研究下一代Internet技术、开发基于下一代Internet的重大应用、推动下一代Internet产业发展的关键性基础设施。

④ 向多元化的宽带接入网演进。面对核心网和用户侧带宽的快速增长，中间的接入网却仍停留在窄带和模拟水平，而且仍主要是以支持电路交换为基本特征，与核心网侧和用户侧的发展趋势很不协调。显然，接入网已经成为全网宽带化的“瓶颈”。当前，接入网已经成为全网宽带化的最后瓶颈，接入网的宽带化已成为接入网发展的主要趋势。到2004年第2季度，全球宽带总用户已经超过1.3亿，仅DSL就敷设了7800万线，成为主导的宽带接入技术。截止2009年，全球1/4的人口可以上网使用Internet，高速网络的用户还在逐渐增加中，固网宽带用户数从2004年的1.5亿增加到2009年的5亿。但是相比发达国家宽带网络的高普及率，非洲国家仍然相当落后。有些非洲国家每千人才有一人有固网宽带，而欧洲国家是每千人200人有固网宽带。另一方面，中国大陆到2009年年底已经拥有全球最多的宽带用户数，超过了美国。

近年来，国内外接入网的宽带化工作进展很快。然而，接入网对成本、法规、业务、技术均很敏感，迄今并没有一项公认的绝对主导的宽带接入技术。尽管从世界范围看，近期内ADSL、混合光纤同轴电缆网（Hybrid Fiber Coaxial，HFC）和以太网将形成三足鼎立之势，但是ADSL数已经超过HFC，成为主导的宽带接入技术。此外，各种新技术仍然在不断涌现，在相当长的时间内接入网领域都将呈现多种技术共存互补、竞争发展的基本态势。

从长远的观点看，光纤接入网，特别是无源光网络（PON）可能是比较理想的解决方案。其主要特点是在接入网中去掉了有源设备，避免了电磁干扰和雷电影响，减少了线路和外部设备的故障率，降低了相应的运维成本。其次，PON的业务透明性好，带宽宽，可适用于任何制式和速率的信号，能比较经济地支持模拟广播电视业务，具备三重业务功能。最后，由于其局端设备和光纤由用户共享，线路成本较其他点到点方式要低，初建成本也明显降低。PON最适合于分散的小企业和居民用户，特别是那些用户区域较分散而每一区域用户又相对集中的小面积密集用户地区，尤其是新建区域。

近来，ITU通过的新一代的无源体系结构——GPON标准将上下行速率提高到2.5Gbit/s并采用了通用成帧规程（Generic Framing Procedure，GFP）来更有效的支持各种数据业务，使无源光网络技术更具吸引力。与其他PON技术相比，GPON无论在扰码效率、传输汇聚层效率、承载协议效率和业务适配效率方面都是最高的，即便对于TDM业务也能高效低开销地传输。可以帮助运营商完成从传统TDM语音电路向全IP网络的平滑过渡，因此似乎应该具有广阔长远的应用前景。我国的发展趋势将可能跨越APON、宽带无源光网络（Broadband

Passive Optical Network，BPON）和 EPON 阶段，从宽带点到点以太网光纤系统和 GEPON 开始，乃至较快过渡到 GPON 阶段。

从网络运营的角度看，长期支撑和维持不同类型设备在同一个网中运行是十分复杂和昂贵的。因此，面对多元化的接入技术，建立一个模块化结构的公共接入平台应该是发展趋势，可以简化网络结构，减少重复的元部件，降低接入网成本，保护投资，加快业务提供时间，节约网络长期演进和技术更迭的成本。具体实施时可以采用公共的用户线路卡、公共的开放网络接口和网管接口以及其他一些公共子系统，综合各种宽窄接入技术和提供各种宽窄带业务。

⑤ 向以光联网为基础的下一代传输网演进。由于技术上的重大突破和市场的驱动，波分复用系统发展十分迅猛，目前 1.6Tbit/s 的波分复用（WDM）系统已经大量商用。日本 NEC 公司和法国阿尔卡特公司分别在 100km 距离上实现了总容量为 10.9Tbit/s 和总容量为 10.2Tbit/s 的传输容量世界纪录。然而尽管靠 WDM 技术已基本实现了传输链路容量的突破，但是普通点到点 WDM 系统只提供了原始的传输带宽，需要有灵活的节点才能实现高效的灵活组网能力。现有的数字交叉连接（Digital Cross Connection，DXC）系统十分复杂，其节点容量大约为每两到三年翻番，无法赶上网络传输链路容量的增长速度。现在人们将进一步扩容的希望转向光节点，即光分插复用（Optial Add Drop Multiplexer，OADM）设备和光交叉连接（Optical Cross Connect，OXC）设备。

随着网络业务量向动态的 IP 业务量汇聚，一个灵活动态的光网络基础设施不可或缺。最新发展趋势是引入自动波长配置功能，即所谓自动交换光网络（ASON），使光联网从静态光联网走向自动交换光网络，带来的主要好处有：允许将网络资源动态地分配给路由以缩短业务层升级扩容时间；可快速提供和拓展业务；可降低维护管理运营费用；具有光层的快速业务恢复能力；减少了用于新技术配置管理的运营支持系统软件的需要，减少了人工出错机会；可以引入新的波长业务，诸如按需带宽业务、波长出租、分级的带宽业务、动态波长分配租用业务、光虚拟专用网（Optical Virtual Private Network，OVPN）等。

当然，实现光联网还需要解决一系列硬件和软件以及标准化问题，但其发展前景是光明的，智能光网络将成为未来几年光通信发展的重要方向和市场机遇。

向自动交换光网络目标的过渡主要有两种基本演进结构，即重迭模型和对等模型。重迭模型又称客户/服务者模型，是 ITU、光互连论坛和 IETF 等国际标准组织和准标准组织所支持的网络演进结构，也是多数传统运营商喜欢的模型。这种模型的基本思路是将光传输层特定的控制智能完全放在光传输层独立实施，无需客户层干预。其最大好处是可以实现统一透明的光传输层平台，支持多客户层信号，不限定于 IP 路由器；其次，让客户层特定要求通过接口送给光服务层，由光网络层来完成客户的连接要求，可以屏蔽光传输层的网络拓扑细节；第三，这种模型允许光传输层和客户独立演进；第四，采用子网分割后，运营商即可以充分利用原有基础设施，又可以在网络其他部分引入新技术，不为原有基础设施所累；最后，这种模型可以利用成熟的标准化的用户网络接口（User Network Interface，UNI）和网络节点接口（NNI），比较容易在近期实现光网络的互操作性，迅速实施网络商用化敷设。

（2）发展阶段。NGN 可以分为以下 4 个发展阶段。

① 尝试阶段（1996～1998 年）：ITU 首先将 H.323 协议组应用到电信网上，H.323 本身的设计初衷并不是为电信级运营商而设计的，但这一时期的一个机遇是全球性的电信管制的

放开，部分 CLEC（竞争性的本地交换运营商）抓住分组长途这一巨大的市场，应用 H.323 体系构建分组长途电话网络，获得了可观的收益，并为今后 NGN 相关协议和应用的发展打下了一定的技术基础。

② 软交换试验阶段（1999～2003 年）：由于软交换是下一代网络的核心技术，国内外众多电信运营商积极的对软交换进行了试验并取得了一定经验。在制造商和运营商的共同推动下，软交换产品趋于成熟，功能日益丰富，标准化过程正稳步推进，从而使得软交换技术开始走向市场。在这期间，国内外软交换的试验，由于软交换本身的成熟性，试验的内容绝大部分限于软交换的汇接功能、部分 C5 功能和一些补充业务，并能提供一些简单的多媒体业务，并且大部分是单域的小规模的网络。

③ 规模部署阶段（2004～2009 年）：随着软交换和 IMS 体系架构的完善、相关标准和协议的成熟以及产品的商用化，越来越多的运营商为了应对外界和自身的种种挑战，开始有规模的部署 NGN 商用网络。这一阶段主要集中于 NGN 基础结构的建设和现有 PSTN 向 NGN 的持续演进，以及采用 NGN 技术进行交换机的网改和替换。在这一阶段，分组网络的建设具有低成本、高带宽、多业务综合承载特性，人们对低成本的长途通信和高带宽的多业务承载有很高的需求，加上多运营商激烈的市场竞争，都大大的促进了 NGN 的发展。在 NGN 建设和发展的初期，能够给运营商带来丰富利润的仍然是语音业务。和 PSTN 语音业务所不同的是 NGN 的分组语音以其“低成本”更具有竞争力，在这个阶段语音会和 Internet 相结合，开展除基本语音业务、补充业务、智能网业务之外的商业网业务，尤其是 IP Centrex 业务等，满足企业用户的需求。在多媒体业务提供方面，会提供廉价但无理想 QoS 保证的可视电话、会议电视等。随着 3G 网络的发展，NGN 的商用化将向更广义的范围扩展。

④ 稳定期阶段（2010 至今）：NGN 发展进入平台期，NGN 已经为运营商带来稳定的收益和回报。这一阶段的建设重点将转移到开发更先进的业务，寻找更多的业务收入增长点，逐步实现固定网与移动网络的融合。在这一阶段，随着分组网络自身的完善，NGN 业务以具有 QoS 保证丰富的多媒体业务为特征，人们对通信的要求也从“成本为主”转变为“成本质量并重”的阶段。在这个阶段，由于 QoS 取得革命性的突破，使电子商务、远程医疗、远程教学、远程控制、高质量会议电视等应用得到飞速发展，通信给许多行业带来革命性的变化，运营商的通信收入由语音为主转变为多媒体收入为主，对电子商务的支撑给运营商带来丰厚的利润。

2. 网络体系结构的演进

从体系机构上看，下一代网络体系结构经历了 3 个重要的发展阶段。

（1）第 1 阶段：下一代网络发展初期采用的体系结构，基本是对传统电路交换业务在分组交换网络上的仿真。这方面的典型代表是 H.323 协议。H.323 的媒体处理和信令控制都来源于 ISDN 的业务模式，即由终端或代理发起呼叫，对媒体流、承载和呼叫处理的分层控制协议，以点到点连接为基础的步进制分布式呼叫处理和控制。尽管 H.323 支持多媒体综合业务，但是绝大多数的应用是面向小规模网上语音业务的。

（2）第 2 阶段：下一代网络体系结构发展的第 2 个阶段主要对 B-ISDN 业务体系结构中呼叫处理和承载物理分离模型的仿真。这种结构实现了呼叫处理的相对集中化，对不同媒体流和不同承载的统一控制成为技术开发的关键。在这个期间，媒体网关控制协议

（MGCP/H.248）得到了长足的发展。目前，这种媒体网关控制能力已经可以在 TDM 承载网络、ATM 承载网络、POTS 电话线上实现从物理层、业务层到应用层的资源管理、分配以及媒体流转换和信令转换，因而可以支持各种接入网关、中继网关和 Internet 关的功能。同时，用于和传统信令网互连的信令网关（SG）和对传统网络信令的互连性和穿透性支持（BICC/SIP-T）也发展迅速，以支持软交换网络作为传统电路交换网和智能网子集的应用。值得注意的是，该阶段的体系结构是以实现 IP 网和传统电路交换网结合的电话应用为目标的，或者说是以支持端到端电话业务为目标的。

（3）第 3 阶段：下一代网络体系结构发展的第 3 个阶段，引入了 Internet 的体系结构，支持多端的、开放的多媒体业务。这种结构的核心协议是业务无关的会话控制协议 SIP。这个协议从根本上打破了面向连接的传统电路交换网业务提供的功能分层模式和物理分层模式，在用户、业务（媒体控制、承载控制、呼叫处理和业务控制）和应用之间加入了与业务无关的会话层，不仅使得用户/网络信令、网络/网络信令和网络/业务信令得到了统一和简化，而且为多媒体新业务的开发、应用和管理开创了全新的空间。SIP 的会话建立过程是基于客户机/服务器模式的访问过程，不仅用户可以发起并参与会话，服务器也可以是会话的一部分。SIP 完全改变了传统电路网络的层次组网结构，通过 3 种不同的代理，支持驻地网络和访问网络的移动体系结构和分域的管理结构。这种体系结构已经被 3GPP 组织确认为下一代网络中多媒体子系统（IMS）的基本结构，是 3GPP R5 和 R6 的重要组成部分。

目前，研究基于 IMS 网络融合的标准组织主要包括 3GPP、TISPAN 和 ITU-T FG NGN。2004 年 6 月，ITU-T FG NGN 第 1 次会议已经确定将 IMS 作为 NGN 核心网基于 SIP 会话的子系统的基本架构，这标志 ITU-T 正式开始了对 IMS 的研究。于此同时，3GPP 和 TISPAN 一直在进行 IMS 的研究，这两个组织也是 ITU-T FG NGN 的供稿方，通过提案和互致联络函的方式达到沟通，避免重复研究。在 NGN 的框架中，终端和接入网络是各种各样的，而基于 SIP 会话的核心网络只有一个——IP 多媒体子系统（IMS），它同时为固定和移动终端提供服务。

11.3 下一代网络发展趋势

11.3.1 融合与开放是下一代网络发展趋势

1. 三网融合

三网融合是一种广义的、社会化的说法，在现阶段它并不意味着电信网、Internet 和广播电视网三大网络的物理合一，而主要是指高层业务应用的融合。其表现为技术上趋向一致，网络层上可以实现互连互通，形成无缝覆盖，业务层上互相渗透和交叉，应用层上趋向使用统一的 IP，在经营上互相竞争、互相合作，朝着向人类提供多样化、多媒体化、个性化服务的同一目标逐渐交汇在一起，行业管制和政策方面也逐渐趋向统一。三大网络通过技术改造，能够提供包括语音、数据、图像等综合多媒体的通信业务。这就是所谓的三网融合。

三网是指 Internet、电信网与广播电视网。由于现在并不存在单独经营的公众 Internet，Internet 实际上已经与电信网融合了。另外，过去的电信网干线也传电视，目前卫星还用于电视传输，广电的干线传输网有一部分也租给了电信公司传输电信业务，从这个意义上看，干线系统也已经实现了三网融合的业务。所以三网融合的网络主要是指电信网的城域网和有线电视网及城域的无线广播电视网。

三网融合后消费者就有更大的空间选择最适合自己的网络。根据消费者的不同需求与不同选择，三张网通过不断地完善服务和提高质量来争取用户，这是很好的竞争。待三网真正融合后，每张网都可以提供全功能业务。功能更多，价格更低，最终是老百姓获益。为了保障各网健康有序的发展，国家政策可能也会做些相应的调整。对于各参与方来说，"三网融合"能够让它们取长补短。广电在节目内容的制作、播出以及信号传输方面地位强势，它的优势在于传统视频内容领域的监管和分销；电信则强于覆盖面广，用户基数大，有长期积累的大型网络建设、运营和管理经验；拥有海量的内容则是Internet的最大优势，有调查显示，Internet已经超越报纸成为人们获取信息资料的主要来源，约40%的受访者表示，拥有更丰富的内容是他们访问Internet的主要原因，同时，互动性强、可点对点沟通，也是Internet的主要特征。可以预见，如果三网融合能够真正实现，每一个网络的运营商都将会成为多业务运营商，这意味着能够最大限度地盘活资源，实现融合各方和整个产业链的效益最大化。

2．下一代网络的融合

下一代网络是一个高度融合的网络，它是基于同一协议的、基于分组的网络。电信网、Internet及电视网将最终汇集到同一的IP网络，即三网融合大趋势。

下一代网络融合的驱动力来自三个方面。一是提供差异化业务。差异化竞争是运营商吸引用户、提高平均用户贡献度（Average Revenue Per User，ARPU）值的有效途径。通过移动网、固定网融合催生的综合业务，可以提升用户业务体验，树立业务品牌。二是节省运营成本。通过融合可以实现网络资源共享，达到投资利益最大化的目标。同时融合带来多网综合运营，降低运维人力需求，节省运维成本。融合网络在业务平台、运维平台、承载网、网络设备等层面上普遍存在资源共享的可能性和可行性。三是技术发展趋同。通信网络技术的发展使得融合具备了技术上的支撑，CDMA 网、GSM 网和固定网在网络架构上的趋同，以及网络技术发展方向的一致使得融合具备了可行性。

融合是多方面的、分层的，有业务提供的融合、运维体系的融合、承载传输的融合和呼叫控制的融合。

（1）呼叫融合。呼叫控制的融合其实就是软交换服务器的融合，根据软交换在网络中位置的不同，可以分为三种融合形式：融合汇接局、融合关口局和融合局端。

随着网络技术的发展，当前的固定网、移动网和 Internet 必将走向统一，未来网络将是以分组协议为基础、以数据业务为中心的综合网络。

（2）承载网融合。下一代网络的优势体现在业务层，而承载网络的融合是真正实现这些优势的重要基础，因此，承载网络的融合需要考虑的不仅是单纯的承载层的问题，而是兼顾到网络的管理、安全与服务质量、业务类型、业务级别、资源管理和运营模式等一系列的问题，具体包括融合后的下一代业务承载技术、在一个网络平台上同时提供多种业务的机制、各种业务所需要的服务质量保证技术、构建可扩展的电信级的运营网络、业务层面对于网络层面的互操作性等。

（3）运行维护融合。网络融合和业务融合必然导致传统的电信业、移动通信业、有线电视业、数据通信业和信息服务业的融合。运行维护融合主要包括计费融合和网管融合。

① 计费融合：每个专网独立完成采集、预处理的功能，并且按照统一的标准格式输出预处理后的话单。再建设融合计费平台，每个专网的预处理话单就可统一输送到融合计费平台进行批价和融合套餐计费、优惠。建立统一的客户资料平台，可将不同网络用户资料集中。

② 网管融合：NGN 网络运维支撑解决方案分为以下多个层次。

- 网元管理层，包含所有综合网管系统，实现了对所有网元的管理，并对网络管理层提供数据和业务上的支撑。
- 网络管理层，包含故障管理子系统、性能管理子系统、资源管理子系统、配置管理子系统等功能模块，是实现集中管理、集中维护、集中操作的软件工具平台。
- 业务管理层，包括 SLA 管理系统、指挥调度系统、信息管理平台等功能模块，是业务人员按任务合理调度和工作流程实现的核心，是实现对前端服务承诺管理和后端服务监控的保证。
- 业务分析层，从网络管理层数据中心抽取数据，然后转换并装载到数据仓库系统中，进行数据挖掘和分析，并将分析结果自动以多样的形式加以呈现。此层主要提供以下分析功能：互联互通评估、网络安全评估、网络效率评估、设备质量评估、服务质量评估等。

（4）业务融合。下一代网络是业务和应用驱动的网络。NGN 将为用户提供语音、数据、多媒体等丰富多彩的业务和应用。NGN 网络所提供的业务包括传输层、承载层、业务层 3 个方面。

① 传输层业务：传输层是网络的物理基础，主要提供网络物理安全保证以及业务承载层节点之间的连接功能，可以直接提供 L1 VPN 业务、带宽和电路批发业务、管道出租、设备出租、光纤基础设施和波长出租业务等。

② 承载层业务：承载层是基于分组的网络，提供分组寻址、统计复用及路由功能，为不同业务或用户提供网络 QoS 保证和网络安全保证，可以提供宽带专线、ATM/FR 接入、L2 VPN、L3 VPN 等 Internet 接入和承载业务。

③ 业务层业务：业务层控制和管理网络业务，为最终用户提供各种丰富多彩的语音、数据视频等多媒体业务和应用。可以说业务层是 NGN 提供业务最丰富、最重要的层面。

基于上述业务平台，可开展的融合业务有语音融合业务、多媒体融合业务。

（5）融合步骤。融合是渐进的、分阶段的。LMSD/R4 阶段，建立分离架构、融合分组传输的骨干网；准 IMS 阶段，业务层面、运维体系相融合；IMS 阶段，呼叫控制、承载传输、业务提供方面全面融合。

3．下一代网络的开放

传统的固定和移动电话有各自独立的交换网络和传输网络，而移动电话的接入网络更复杂，这些接入网络有着不同的空中传输标准，这不仅增加了成本，也给使用者、管理者带来不便。NGN 是以软交换技术为核心的开放性网络，采用软交换技术，将传统交换机的功能模块分离为独立网络部件，各部件按相应功能进行划分，独立发展。NGN 通过开放式协议和接口，为快速、灵活、有效地提供新业务创造了有利条件，即业务不再受制于网络承载类型及控制方式，便于第三方业务及新型业务的快速接入。在 NGN 中，业务提供商和用户可以配置和定义相应的业务特征，而不必关心具体承载业务的网络形式和终端类型。这种开放式业务架构，使得业务和应用的提供有较大的灵活性，能够不断地满足用户的业务需求，增强运营网络的综合竞争力，实现可持续发展。

NGN 具有开放的体系结构、标准接口和开放式应用编程接口，用户可通过编程接口灵活编写各种业务程序。同时软交换借鉴了智能网“业务与控制分离、呼叫与承载分离”的思路，使网络能以更快捷有效的方式提供原有网络难以提供的新型业务。

（1）开放的网络体系结构。下一代网络将传统交换机的功能模块分离成独立的网络部件，各个部件可以按相应的功能划分各自独立发展，部件间的接口基于开放的标准协议。网络的部件化便于电信网逐步走向开放，运营商可以根据自身业务需求选择市场上的优势产品来组建自己的网络，同时部件间接口的标准化又保证了不同厂家部件的互通及各种异构网的互通。

同时，下一代网络遵从 ISO 开放系统互连的体系结构，其功能结构、控制结构、网络终端和网络管理都是开放的，可以支持各种传统的电信业务和将来可能出现的各种业务。NGN 按照功能划分可分为物理层、边缘层、核心层、控制层和应用层等，各层各司其职，相互之间是完全独立的，只能通过标准接口进行通信。

（2）开放的数据接口。为了支持 NGN 中控制功能的分布特性，需要定义作为标准化控制协议基础的参考点和对应接口以及他们之间的功能群。这些接口包括用户与网络接口、网间接口、网络与业务/应用提供者的接口。功能群则包括媒体接入网关、资源控制、接入会晤控制、业务控制。

业务的多样性以及业务控制与承载网络分离必然要求业务平台提供开放的接口，以便借助 API 和代理服务器引入第三方业务提供者。NGN 采用开放的网络构架体系，运营商可以根据业务的需要，自由组合组建网络。部件间协议接口的标准化可以实现各种异构网的互通。

（3）统一的标准协议。现有的信息网络，无论是电信网、计算机网还是有线电视网，均不可能以单一网络为基础平台来构造信息基础设施，但随着 IP 技术的发展，人们认识到电信网、Internet 及电视网将最终汇集到统一的 IP 网络，基于 IP 的分组交换网络将成为下一代网络的交换和传输平台。下一代网络支持众多的协议，从而能够最大限度地发挥网络的性能。

NGN 采用开放的体系结构、统一的标准协议，任何接入网络只要是采用 IP，都可以和它互连互通。同时，NGN 也支持现有终端和 IP 智能终端，包括模拟电话、传真机、ISDN 终端、移动电话、GPRS 终端、SIP 终端、H.248 终端、MGCP 终端、线缆调制解调器等。接入网可以是固定电话网、移动电话网、有线电视网、ADSL、HDSL、VDSL、WLAN 接入等。统一的 IP 核心网用一套统一的设备代替了原来各系统的独立设备，可以大大降低开发和运营成本。

随着网络技术的发展，当前的固定网、移动网和 Internet 必将走向统一，未来网络将是以分组协议为基础，以数据业务为中心的综合网络。在下一代网络发展和三网融合的过程中，虽然还有很多待解决的技术和商业运营问题，但下一代网络发展的总体趋势是不变的。

11.3.2 基于 IMS 的固定 NGN 已经成为未来发展方向

IP 多媒体子系统（IMS）可看作为丰富的移动多媒体业务提供的一个平台。IMS 的主要技术特点包括：会话控制基于 SIP，采用 IPv6 地址（目前 IPv4 地址也在研究中），用户业务接入全部由归属网络控制，独立于接入（IMS 与下层 IP 接入网络相独立，WLAN 也可以接入），绑定机制（通过 G0 接口建立 SIP 会话和 GPRS 会话之间的关联，实现 QoS 和计费管理）。

基于 IMS 的固定/移动网络融合业务得到认同，主要是因为 IMS 兼有两个基本点，一个是技术融合的汇聚点——IP，一个是业务融合的汇聚点——多媒体。21 世纪将是以信息为核心的时代，基于 IP 的信息网络化是发展趋势。以 IP 为代表的数据业务不仅会超过语音业务，而且仍将继续高速增长。所以，在可预见的未来，IP 将是最适合网络环境的技术，技术融合的汇聚点必然是 IP。多媒体是下一代业务的主要特征之一，把声音、图像和文本结合在一起的多媒体，是最符合 21 世纪特征的信息形态，也是人们最乐意接受的信息形态。多媒体通信已经成为各国实施信息化建设的主要部分，业务融合的汇聚点必然是多媒体。它必定会在生产、管理、教育、科研、医疗和娱乐等领域得到越来越多的应用，成为一个可持续发展的增长点。

1．标准方面

基于 SIP 的 3GPP IMS 是目前比较完善的体系结构，ETSI、ITU-T 等标准组织已经有在固定领域应用 IMS 架构的明确倾向，未来固定 NGN 的多媒体域网络架构，将可能在基于 3GPP IMS 架构基础上发展。同时，ITU-T、ETSI 所定义的 NGN 业务需求包括了通信、信息和娱乐等业务，移动性已经成为固定 NGN 的一个重要需求，NGN 网络将在 IMS 架构的基础上进行扩展，以支持固定接入和其他融合业务。IETF 在 IMS 标准中增加了支持移动性的扩展，包括 SIP、Diameter 和 COPS 等协议。

2．运营商方面

全球主流运营商，如英国电信和法国电信等均已明确提出在固定 IP 多媒体域，甚至 PSTN 电路域应用 IMS 架构的思路。很多运营商希望基于 IMS 的网络架构成为 NGN 的统一业务控制平台，支持多种接入技术和多种业务。

3．制造商方面

不少电信制造商已经开始加大 IMS 在固定网领域应用的研究，并积极参与基于 IMS 的 NGN 标准制定。

因此，基于 IMS 的 NGN 体系结构支持固定网络接入需求和未来网络的各种业务需求，有利于实现未来固定、移动网络在核心业务控制层的共享和融合，并提供对高层多种业务的支持，已经成为下一代网络的发展方向。

11.3.3 下一代网络发展存在的问题

1．IP 网络的 QoS 问题

下一代 NGN 以 IP 网为承载网，IP 网络本身是“尽力而为”将数据包从某个源端点高效传送到某个目的端点，而不提供端到端的可靠和 QoS 保证。随着 NGN 业务发展，多媒体数据在网络应用数据中所占比重增加，业务对网络对实时性的要求也很高，因此对网络的 QoS 提出了很高的要求。端到端的 QoS 保证需要承载网全网支持 QoS 机制。典型的 IPQoS 体系包括综合业务模型（IntServ）和区分业务模型（DiffServ）。综合服务主要采用 RSVP 方式，需要网络中端到端的为用户提供带宽保证，并在用户占用此通道时进行有效的维护，但对网络资源占用较大（主要是路由器）；区分服务定义了 DS 域，提供 12 个不同级别的 PHB 服务，路由器可只分析 DS 域里 PHB 的值即可提供不同的服务级别，而对包内具体的内容信息不关心。然而，这两种 IP 业务型均不能完全满足 QoS 要求。未来承载网络为 IP 网成为不争的事实，对 QoS 保证是 NGN 成为未来统一平台的关键。为了支持端到端的 QoS，将 Intserv 和 DiffServ 技术互相补充，互相协同，共同实现端到端的 QoS 提供机制，在保证现有网络下，实现类似电路交换的服务质量，保证下一代 NGN 的 QoS 发展的方向。

2．软交换的媒体传输

软交换技术以“分离交换和控制”为核心思想，利用现有电信网络基础设施，打破传统电信网络结构，为数据和话音的融合及催生大量新业务做好了充分准备。然而以话音业务为主的传统电信网络带宽有限，不能满足大量媒体信息传输的要求，注定不能作为下一代网络的基础网络。与此同时，由于软交换是建立在多固网智能化改造的基础之上，因此其体系结构只是针对固网而言，不能很好支持移动接入性和漫游性，这和未来 FMC（固网移动融合）的趋势背道而驰，所以软交换终究不是下一代网络的终极技术，它只是一种过渡技术，最终要被 IMS 而取代。

3．IMS 和电信网络融合问题

IMS 是目前核心网络的发展方向，也是公认的多媒体、业务控制和网络融合平台，也是业界公认的 FMC 的最佳途径。但是基于 IMS 的融合是全新的解决方案，不能基于现网来实现，在 IMS 和现有网络的融合中还存在一些问题。基于 IMS 的融合网络在快速灵活提供丰富业务的同时，给电信运营商提出了挑战。电信运营商的优势在于语音服务和其庞大的网络设施和用户群，而对于内容信息服务没有太多经验。目前用户习惯于 Internet 的免费服务，大部分 IMS 都有 Internet 的影子，如何挑战运营模式和收费是电信运营商遇到的困难。传统的 Internet 是一个完全开发，不可运营管理的网络，未来的 IMS 提供端到端的 IP 连接，对于网络维护提出了更高的要求。尽管 3GPP 的 IMS 标准中对于安全、QoS、计费进行了定义，但是还需要进一步的研究和完善。

4．有线电视 IP 化问题

网络覆盖面广，带宽高，潜在用户数量大，是有线电视网络一项独有的优势，将在下一代网络中扮演重要的角色。IPTV 有效地将电视、通信和 PC 三个领域结合在一起，能够很好地适应当今网络飞速发展的趋势，充分有效地利用网络资源。但是，真正将有线电视 IP 化，作为下一代网络的承载网络之一，还有很多需要解决的问题。政策不明朗、内容匮乏、价格不合理、技术不够成熟等，给 IPTV 开展和扩展带来了困难。IPTV 的发展要得益于通信和广播电视行业的互相准入互相合作。在我国政策的限制下，电信运营商拥有网络资源，而广电部门则拥有牌照等政策资源，两个行业彼此封闭且各有优势，双方都希望成为产业链上直接面对用户的关键角色，彼此局部利益冲突给 IPTV 的整体发展带来了巨大障碍。除此以外，业务运营模式，与此相关的新的技术问题都将影响 IPTV 的发展。

下一代网络以承载业务分离为核心概念，实现 Internet、电信网、有线电视网三网融合，固网和移动网络融合，为终端用户提供统一的接口和服务，将给未来人们生活带来新的变革。

练 习 题

一、填空题

1．软交换的网络结构共分为________层，它们是________、________、________和________，其中属于控制层的设备为________。

2．软交换设备的接口协议主要有H.248、H.232、________、________和________等。

二、单项选择题

1．属于软交换网络接入层的设备是（　　）。

A．软交换　　B．媒体网关　　C．媒体服务器　　D．应用服务器

2．下面不属于下一代移动通信网3G技术的是（　　）。

A．TD-SCDMA　　B．cdma2000　　C．CDMA　　D．WCDMA

三、多项选择题

1．软交换设备的主要功能有（　　）。

A．协议功能　　B．计费功能　　C．认证与授权功能　　D．地址解析功能

2．软交换设备接口协议有（　　）。

A．BICC　　B．H.232　　C．SIP　　D．TCP/IP

3．下面属于下一代网络关键技术的是（　　）。

A．宽带接入技术　　B．3G移动技术　　C．软交换技术　　D．大容量光传送技术

四、简答题

1．简述软交换网络的特点。

2．试述NGN的概念及NGN的关键技术。

五、综述题

试述下一代网络在我国的应用。